铜冶炼渣选矿

周松林　耿联胜　编著

北　京
冶金工业出版社
2014

内 容 提 要

　　本书全面介绍了铜冶炼渣选矿理论、工艺、设备及生产实践。全书共分 10 章，主要内容包括铜冶炼渣选矿的基础理论、工艺流程特点、选矿过程的影响因素及技术经济指标、选矿试验、生产实践、生产技术管理、选矿设备、选矿岗位操作规程及未来发展方向。

　　本书可供有色金属行业工程技术人员和管理人员参考，也可供高等院校师生参考。

图书在版编目（CIP）数据

　　铜冶炼渣选矿 /周松林，耿联胜编著 . —北京：冶金工业出版社，2014.12
　　ISBN 978-7-5024-6800-2

　　Ⅰ.①铜⋯　Ⅱ.①周⋯　②耿⋯　Ⅲ.①铜渣—选矿　Ⅳ.①TD952.1

　　中国版本图书馆 CIP 数据核字（2014）第 275978 号

出 版 人　谭学余
地　　　址　北京市东城区嵩祝院北巷 39 号　邮编　100009　电话　(010)64027926
网　　　址　www.cnmip.com.cn　电子信箱　yjcbs@ cnmip.com.cn
责任编辑　杨秋奎　王　优　美术编辑　杨　帆　版式设计　孙跃红
责任校对　李　娜　责任印制　牛晓波
ISBN 978-7-5024-6800-2
冶金工业出版社出版发行；各地新华书店经销；三河市双峰印刷装订有限公司印刷
2014 年 12 月第 1 版，2014 年 12 月第 1 次印刷
787mm×1092mm　1/16；25 印张；604 千字；386 页
80.00 元
冶金工业出版社　投稿电话　(010)64027932　投稿信箱　tougao@cnmip.com.cn
冶金工业出版社营销中心　电话　(010)64044283　传真　(010)64027893
冶金书店　地址　北京市东四西大街 46 号(100010)　电话　(010)65289081(兼传真)
冶金工业出版社天猫旗舰店　yjgy.tmall.com
（本书如有印装质量问题，本社营销中心负责退换）

前　言

20 世纪 50 年代以前，铜冶炼渣主要以火法贫化法处理为主，随着现代铜冶炼向着高强化方向发展，渣中含铜越来越高，火法贫化法已不能完全满足贫化弃渣需求。因此，许多国家纷纷开展渣中资源回收和综合利用研究，铜冶炼渣选矿技术应运而生，从 70 年代开始，经济发达国家逐步采用选矿法处理冶炼渣，80 年代后期，我国部分企业采用选矿法处理冶炼渣。生产实践表明，铜冶炼渣选矿在技术、经济、能耗和环保等方面具有显著优势。

改革开放以来，我国铜产量和消费量迅猛增长，铜产量已连续 13 年位居世界第一，铜冶炼渣数量随之也逐年上升，平均年产铜冶炼渣量约 2000 多万吨，渣中约含金属铜 30 万吨、金属铁 800 万吨以及其他有价元素，具有较高的资源价值和经济价值，换言之，我国铜冶炼企业每年可以创造一座大型储量的铜铁矿山。我国冶炼渣的处理主要以堆放为主，综合利用率低，带来了诸如土地被占用、土壤和水体被污染等一系列的问题。我国是铜矿山资源十分匮乏的国家，大力推广铜冶炼渣选矿技术、促进铜冶炼渣选矿产业化、减少资源浪费、杜绝环境污染、发展循环经济是当务之急。近年来，随着我国经济的高速增长，铜冶炼渣选矿技术迅速发展，新建和改扩建冶炼厂基本上都采用了该技术。铜冶炼渣选矿是未来发展的必然趋势，在铜冶炼行业具有非常广阔的发展空间和应用前景。

然而，至今国内外还没有出版铜冶炼渣选矿方面的著作，对理论研究和生产实践领域的科技人员而言非常欠缺。鉴此，在祥光铜业公司的鼎力支持下，《铜冶炼渣选矿》一书得以撰稿并付梓出版，谨向祥光铜业公司表示衷心感谢。本书全面阐述了铜冶炼渣选矿理论、工艺、设备及生产应用，希望本书出版对推动铜冶炼渣选矿技术进步以及铜冶炼行业可持续发展有所益处和帮助。

本书编写过程中参考了大量文献资料，在此谨向文献作者及出版单位致以诚挚的谢意。

由于作者水平所限，不足之处在所难免，恳请读者批评指正。

周松林

2014 年 9 月 6 日

目　　录

1 绪 论

1.1 选矿概述

1.1.1 选矿的定义

根据矿石的矿物性质，主要是不同矿物的物理、化学或物理化学性质，采用不同的方法，将有用矿物与脉石矿物分开，并使各种共生的有用矿物尽可能相互分离，除去或降低有害杂质，以获得冶炼或其他工业所需原料的分选过程，称为选矿，在此过程中所应用的各种技术都为选矿技术。选矿技术是根据所选矿石的特性及所选矿石存在的形式来划分的。选矿技术是以物理、化学和生物等学科为基础的一门科学技术。物理的方法包括常见矿物的洗选、筛分、重选、磁选等，化学的选矿方法有用药剂改变矿物表面的差异性质的浮选技术、浸出等，生物的方法有细菌氧化选矿技术。常用的选矿方法为机械选矿（包括洗矿、筛分、重选、磁选和浮选）、火法富集、化学选矿法等。总体来讲，选矿技术就是将矿石中的有用物质提选出来的技术方法。

1.1.2 选矿的重要性

选矿使有用组分富集，减少冶炼或其他加工过程中的燃料、运输等的消耗，使低品位的贫矿石能得到利用。选矿试验所得数据，是矿床评价及建厂设计的主要依据。用物理或化学方法将矿物原料中的有用矿物和无用矿物（通常称脉石）或有害矿物分开，或将多种有用矿物分离开的工艺过程，都要应用选矿技术。产品中，有用成分富集的产品称为精矿；无用成分富集的产品称为尾矿；有用成分的含量介于精矿和尾矿之间，需进一步处理的产品称为中矿。金属矿物精矿主要作为冶炼工业提取金属的原料；非金属矿物精矿作为其他工业的原材料；煤的精选产品为精煤。选矿可显著提高矿物原料的质量，减少运输费用，减轻进一步处理的困难，降低处理成本，并可实现矿物原料的综合利用。由于矿物资源日益贫乏，越来越多地利用贫矿和复杂矿，因此需要选矿处理的矿石量越来越大。目前，除少数富矿石外，金属和非金属（包括煤）矿石几乎都需要选矿。

1.1.3 选矿的发展历程

早期的选矿，主要利用矿物间的物理性质或表面物理化学性质的差异，但不改变矿物化学组成的物理选别过程，主要用于处理金属矿石，称为矿石选别；以后扩展到非金属矿物原料的选别，称为矿物选别；后来把利用化学方法回收矿物原料中有用成分的过程，也纳入选矿，称为化学选矿。选矿经历了从处理粗粒物料到细粒物料、从处理简单矿石到复杂矿石、从单纯使用物理方法向使用物理化学方法和化学方法的发展过程。早期，人们用手工拣选，后来，用简单的淘洗工具从河溪砂石中选收金属矿物，湖北铜绿山矿冶遗址中的"船形木斗"就是两千多年前淘洗铜矿石的工具。唐樊绰著《蛮书》中有"麸金出丽水，盛沙淘汰取之"的记载，描述当时淘金选矿的情况。明朝《天工开物》中有矿石采出后"先经拣净淘洗"，然后"入炉煎炼"，以及锡和其他矿石的选矿记载。欧美于1848年出现了机械重选设备——活塞跳汰机，1880年发明静电分选机，1890年发明磁选机，促进了钢铁工业的发展。1893年发明摇床。在浮选广泛应用以前，重选一直是主要的选矿方法。1906年泡沫浮选法取得专利。浮选能处理细粒复杂矿石，显著地促进了选矿技术的发展。20世纪40年代后，化学选矿用于处理氧化铜矿、铀矿，以后又用来处理复杂、难选、细粒浸染的矿物原料。

在选矿理论方面，1867年雷廷格尔（P. R. von Rittinger）著《选矿学》，初步形成选矿体系。1903年里恰兹（R. H. Richards）著《选矿》，构成独立的选矿工程学。1933年列宾捷尔（П. А. Ребиндер）著《浮选过程的物理化学》，1939年高登（A. M. Gaudin）著《选矿原理》，1940年利亚先科（П. В. Лященко）著《重力选矿》，1944年塔格特（A. F. Taggart）著《选矿手册》，1950年米切尔（D. R. Mitschell）著《选煤学》，使选矿形成独立的学科。

选矿涉及的学科主要有矿物结晶学、流体动力学、电磁学、物理化学、表面化学、应用数学以及过程的数学模拟和自动控制等。

我国于20世纪20年代出现机械选矿厂，如湖南水口山选矿厂等。1949年以后，在选矿指标、处理量和选矿科学技术等方面都有很大发展。钨、锡等选矿技术在某些方面有较高的水平，创制出独特的离心选矿机、振摆溜槽、环射式浮选机等新设备，并最先采用一段离析—浮选法来回收氧化铜。20世纪50年代以来，选矿技术又有很大发展。20世纪60年代以来，在化选、细粒重选、微细粒浮选、湿式强磁选和选冶联合流程以及各类选矿设备的研发与制造方面都得到很大发展，到20世纪90年代，我国在选矿技术方面已经达到世界先进水平。

在20世纪50年代以前，在世界火法炼铜行业中，熔炼炉生产出来的炉渣所采用的贫化技术，多以技术比较成熟的电炉贫化、熔炼炉贫化工艺为主，选矿贫化法还没有出现。选矿贫化铜冶炼炉渣自1930年提出技术思路，20世纪50年代末日本率先工业应用，之后很多国家相继采用，发展很快。日本、芬兰、加拿大、澳大利亚等国铜冶炼厂在20世纪70年代就已采用选矿方法处理转炉渣。其原因在于选矿贫化在技术、经济以及节能和环保上都是先进的。它不仅普遍用于贫化转炉渣，一些原先火法不宜再贫化的低铜熔炼炉渣和鼓风炉渣，也属于其有效应用范围。我国对铜炉渣选矿贫化的研究起步较早，仅比日本晚几年，20世纪60年代初白银有色金属公司开始系统研究，随后全国各大铜业公司和研究院所进行的各种规模的试验研究和应用成果相继出现。20世纪80年代后期我国第一座转炉渣选厂在贵溪冶炼厂建成。随着铜冶炼技术引进和技术改造的加快，我国转炉渣的选矿生产实践也越来越多，金隆铜业公司、大冶冶炼厂相继采用选矿方法回收转炉渣中的有价金属，取得良好效果。2007年山东阳谷祥光铜业建成投产，是国内第一家直接采用选矿贫化技术处理铜闪速熔炼炉渣的冶炼企业。2009年东营方圆有色金属有限公司渣选矿建成投产，2010年以后铜陵有色金属集团控股有限公司、白银有色集团股份有限公司、金川集团股份有限公司等单位陆续采用选矿贫化技术并开工建设。

生产实践证明，选矿贫化法应用效果良好，铜炉渣贫化后含铜达到了0.35%以下，有的能降低到0.3%以下。在冶金中间产物分离（比如金川高硫镍的镍铜分离技术）和炉渣资源化回收铜铁方面，科技人员进行了较为深入的研究，在研究和应用过程中，人们逐渐发现了选矿技术综合回收性能好、绿色环保、低成本和效率高的产业优势。在世界资源渣枯竭紧张的大形势下，选矿技术在铜冶炼行业乃至整个冶金行业资源化研究与实践方面，日益得到人们的追捧，我国已经涌现巨大技术研究浪潮，并取得重大研究成果。渣选矿技术的研究与应用必将进入一个蓬勃发展时期。

1.1.4 选矿的基本过程

选矿过程包括入选前矿物原料准备作业、选别作业和选后产品处理作业三个主要过程。选矿过程的核心主要由解离和选别两个基本部分构成。

1.1.4.1 入选前矿物原料准备作业

入选前矿物原料准备作业主要有粉碎（包括破碎和磨碎）、筛分和分级，有时还包括洗矿。

（1）破碎。将矿山采出的粒度为 500~1500mm 的矿块碎裂至粒度为 5~25mm 的过程称为破碎。方式有压碎、击碎、劈碎等，一般按粗碎、中碎、细碎三段进行。

（2）磨碎。磨碎以研磨和冲击为主。将破碎产品磨至粒度为 10~300μm 大小。磨碎的粒度根据有用矿物在矿石中的浸染粒度和采用的选别方法确定。常用的磨矿设备有：棒磨机、球磨机、自磨机和半自磨机等。磨碎作业能耗高，通常约占选矿总能耗的一半以上。20世纪 80 年代以来应用各种新型衬板及其他措施，磨碎效率有所提高，能耗有所下降。

（3）筛分和分级。筛分和分级是指按筛面筛孔的大小将物料分为不同的粒度级别称为筛分，常用于处理粒度较粗的物料；按颗粒在介质（通常为水）中沉降速度的不同，将物料分为不同的等降级别，称为分级，用于粒度较小的物料。筛分和分级是在粉碎过程中分出合适粒度的物料，或把物料分成不同粒度级别分别入选。

（4）洗矿。为避免含泥矿物原料中的泥质物堵塞粉碎、筛分设备，需进行洗矿。原料如含有可溶性有用或有害成分，也要进行洗矿。洗矿可在擦洗机中进行，也可在筛分和分级设备中进行。

1.1.4.2 选别作业

矿物原料经粉碎作业后进入选别作业，使有用矿物和脉石分离，或使各种有用矿物彼此分离，这是选矿的主体部分。选别作业有重选（重力选矿）、浮选（浮游选矿）、磁选（磁力选矿）、电选（电力选矿）、拣选和化选（化学选矿）等。

（1）浮选。利用各种矿物原料颗粒表面对水的润湿性（疏水性或亲水性）的差异进行选别。通常指泡沫浮选。天然疏水性矿物较少，常向矿浆中添加捕收剂，以增强欲浮出矿物的疏水性；加入各种调整剂，以提高选择性；加入起泡剂并充气，产生气泡，使疏水性矿物颗粒附于气泡，上浮分离。浮选通常能处理小于 0.2~0.3mm 的物料，原则上能选别各种矿物原料，是一种用途最广泛的方法。浮选也可用于选别冶炼中间产品、溶液中的离子（如离子浮选）和处理废水等。近年来，浮选除采用大型浮选机外，还出现回收微细物料（小于 5~10μm）的一些新方法。例如选择性絮凝—浮选，用絮凝剂有选择地使某种微细粒物料形成尺寸较大的絮团，然后用浮选（或脱泥）方法分离；剪切絮凝—浮选，加捕收剂后高强度搅拌，使微细粒矿物形成絮团再浮选，及载体浮选、油团聚浮选等。

（2）磁选。利用矿物颗粒磁性的不同，在不均匀磁场中进行选别。强磁性矿物（磁铁矿和磁黄铁矿等）用弱磁场磁选机选别；弱磁性矿物（赤铁矿、菱铁矿、钛铁矿、黑钨矿等）用强磁场磁选机选别。弱磁场磁选机主要为开路磁系，多由永久磁铁构成，强磁场磁选机为闭路磁系，多用电磁磁系。弱磁性铁矿物也可通过磁化焙烧变成强磁性矿物，再用弱磁场磁选机选别。磁选机的构造有筒式、带式、转环式、盘式、感应辊式等。磁滑轮用于预选块状强磁性矿石。磁选的主要发展趋向是解决细粒弱磁性矿物的回收问题。20世纪 60 年代发明的带齿板聚磁介质的琼斯湿式强磁场磁选机，促进了弱磁性矿物的选收。20 世纪 70 年代发明以钢毛或钢网为聚磁介质的具有高磁场梯度和强度的高梯度磁选机以及用低温超导体代替常温导体的超导磁选机，为回收细粒弱磁性矿物提供了良好的前景。

（3）重选。在介质（主要是水）流中利用矿物原料颗粒比重的不同进行选别。有重介质选矿、跳汰选矿、摇床选矿、溜槽选矿等。重选是选别黑钨矿、锡石、砂金、粗粒铁和锰矿石的主要选矿方法；也普遍应用于选别稀有金属砂矿。重选适用的粒度范围宽，从 25mm 到 1mm 以下，选矿成本低，对环境污染少。凡是矿物粒度在上述范围内并且组分间相对密度差别较大，用重选最合适。有时，可用重选（主要是重介质选矿、跳汰选矿等）预选除去部分废石，再用其他方法处理，以降低选矿费用。随着贫矿、细矿物原料的增多，重选设备趋向大型化、多层化，并利用复合运动设备，如离心选矿机、摇动翻床、振摆溜槽等，以提高细粒物料的重选效率。目前重选已能较有效地选别 $20\mu m$ 的物料。重选也是最主要的选煤方法。

（4）电选。利用矿物颗粒电性的差别，在高压电场中进行选别。主要用于分选导体、半导体和非导体矿物。电选机按电场可分为静电选矿机、电晕选矿机和复合电场电选机；按矿粒带电方法可分为接触带电电选机、电晕带电电选机和摩擦带电电选机。电选机处理粒度范围较窄，处理能力低，原料需经干燥，因此应用受到限制；但成本不高，分选效果好，污染少；主要用于粗精矿的精选，如选别白钨矿、锡石、锆英石、金红石、钛铁矿、钽铌矿、独居石等。电选也用于矿物原料的分级和除尘。电选的发展趋向是研制处理量大、选别细粒物料效率高的设备。

（5）拣选。拣选包括手选和机械拣选，主要用于预选丢除废石。手选是根据矿物的外部特征，用人工挑选。这种古老的选矿方法，某些矿山迄今仍在应用。机械拣选有：1）光拣选，利用矿物光学特性的差异选别；2）X 射线拣选，利用在 X 射线照射下发出荧光的特性选别；3）放射线拣选，利用铀、钍等矿物的天然放射性选别。20 世纪 70 年代开始出现了利用矿物导电性或磁性的电性拣选和磁性拣选。

（6）化选。利用矿物化学性质的不同，采用化学方法或化学与物理相结合的方法分离和回收有用成分，得到化学精矿。这种方法比通常的物理选矿法适应性强，分离效果好，但成本较高，常用于处理用物理选矿方法难于处理或无法处理的矿物原料、中间产品或尾矿。随着成分复杂的、难选的和细粒的矿物原料日益增多，物理和化学选矿联合流程的应用越来越受到重视。化学选矿成功应用的实例有氰化法提金、酸浸—沉淀—浮选、离析—浮选处理氧化铜矿等。溶剂萃取、离子交换和细菌浸取等技术的应用，进一步促进了化学选矿的发展。它的发展趋向是：研制更有效的浸出剂和萃取剂，发展生物化学方法，降低能耗和成本，防止环境污染。

1.1.4.3　选后产品处理作业

选后产品处理作业包括精矿、中间产品、尾矿的脱水，尾矿堆置以及废水处理。选矿主要在水中进行,选后产品需要脱水干燥。方法有重力泄水、浓缩、过滤和干燥。块状和粗粒物料可用脱水筛、螺旋分级机和脱水仓等进行重力泄水。细粒物料用浓缩机或水力旋流器和磁力脱水槽等浓缩,再经真空过滤机过滤。20 世纪 70 年代研制出的连续自动压滤机,可以进一步降低水分。也可加入絮凝剂和助滤剂,以加速细粒物料的浓缩和过滤效率。必要时滤饼还要经过干燥机干燥。近年出现的流态化干燥法和喷雾干燥法可以提高干燥效率。尾矿通常送尾矿库堆存,有时先经浓缩或浓缩—过滤后再进行堆存。尾矿水可回收再用。不符合排放标准的废水须经净化处理。旧尾矿场地要进行植被、复垦。

1.2　铜冶炼渣的种类及其选矿方法

1.2.1　铜冶炼渣的种类

在火法铜冶炼过程中,一般经过熔炼、吹炼、精炼三个工序产出粗铜或阳极铜,阳极铜经过电解精炼成为电解铜。吹炼渣返回熔炼工序,精炼渣返回吹炼工序;熔炼渣、吹炼渣有的工厂根据工艺需要配置火法贫化工序,因此会产生贫化渣。熔炼炉采用的传统设备为鼓风炉、反射炉、电炉等,新建的现代化大型炼铜厂多采用比较先进的工艺,归纳起来有两类,一类是悬浮熔炼工艺,比如祥光铜业的悬浮熔炼、奥托昆普的闪速熔炼、INCO 氧气闪速熔炼和德国 KHD 公司的 CONTOP 连续顶吹旋涡熔炼等;另一类是熔池熔炼工艺,比如诺兰达熔炼法、三菱法、瓦纽科夫法、艾萨法、奥斯麦特法、白银法、氧气底吹法等。吹炼炉以采用卧式转炉为主,少数采用虹吸式转炉、三菱法吹炼炉和连续吹炼炉。由奥托昆普和肯尼科特共同研发的闪速吹炼、祥光铜业研发的悬浮吹炼已经成功用于工业化生产,正逐步发展成为主流趋势。精炼广泛采用回转式精炼炉,只有极少数采用反射炉。

铜冶炼渣又称铜渣,按处理方法不同分为火法铜冶炼渣和湿法铜冶炼渣,火法铜冶炼渣又称铜冶炼炉渣或铜冶金炉渣,湿法铜冶炼渣又称铜浸出渣或铜浸渣;按照火法冶炼工艺又分为熔炼渣、吹炼渣、精炼渣和贫化渣。熔炼渣按照熔炼设备不同分为鼓风炉渣、闪速炉渣、电炉渣、反射炉渣、诺兰达炉渣、底吹炉渣等,吹炼渣主要是转炉吹炼产生的渣(简称转炉渣),精炼渣是精炼炉产生的渣,贫化渣是熔炼渣或吹炼渣经火法贫化后产生的渣。根据渣冷却方式不同,分为水淬渣、自然冷却渣、保温冷却渣、渣包缓冷渣和铸渣机铸渣等。

铜冶炼炉渣的贫化采用火法贫化和选矿贫化两种方式。火法贫化多采用电炉法和反射炉法,此外还有真空贫化法、渣桶法、熔盐提取法等。熔炼渣采用火法贫化的较多,只有少数采用选矿贫化,而吹炼渣采用选矿贫化的较多,许多工厂不再返回熔炼炉。以前火法贫化渣含铜品位可以降至 0.3% 以下,能够直接弃渣,但随着铜冶炼不断向着高强化方向发展,火法贫化渣含铜品位很难降至 0.6% 以下,在当今世界铜资源日益贫乏枯竭情况下,直接弃渣是一种极大浪费,可以说纯粹靠火法贫化已不能满足现代铜冶炼工业需要。近年来,由于铜冶炼炉渣选矿贫化工艺具有成本低、效果好、节能环保等非常明显的产业优势,已经逐渐呈现出取代火法贫化工艺的发展趋势。目前采用炉渣选矿贫化的炉渣有熔炼渣、吹炼渣、贫化渣。

铜冶炼炉渣是火法冶金的一种产物,其组成主要来自矿石、熔剂、还原剂(或燃料)灰分中的造渣成分,成分非常复杂。但总的来说,炉渣是各种氧化物的熔体,这类氧化物在不同的组成和温度条件下可以形成化合物,如少量硫化物、氮化物、硫酸盐等。这些盐有的来自原料,有的是作为助熔剂加入的。通常情况下,吹炼渣含铜品位较高,其次是熔炼渣,熔炼渣经过贫化后的贫化渣品位最低,一般在1%以下。铜冶炼炉渣多呈黑色或是褐色,表面有金属光泽,内部结构基本上为玻璃体,结构致密、硬而脆,化学成分比较复杂,炉渣中以铁、二氧化硅、氧化钙、氧化铝的含量较高,占60%以上。由于铜矿来源不同,除了含铜外,还含有钴、镍等有价元素,及铅、锌、金、银等有价金属,但含量较低。从含量范围来看,铁含量约为30%~45%,铜含量有的低于1%,属于贫铜矿范围;有的介乎于1%~2%,属于中等铜矿范围;有的在2%以上,属于富铜矿范围。矿物组成中绝大多数是铁橄榄石,其次是磁铁矿,还有少量脉石组成的玻璃体。其中的铜矿物,由于冶炼工艺不同,以氧化铜、硫化铜、金属铜、化合铜等形式以及不同的含量分布于炉渣之中。此外,个别冶炼厂因处理的铜矿石原料特殊,产生的炉渣中含有金、银、钴等可以回收的有价金属。

铜的湿法冶炼和铜的化学选矿过程原理相似,既有相同点又有不同点。化学选矿处理的一般为有用组分含量低、杂质组分和有害组分含量高、组成复杂的难选矿物原料。湿法冶炼处理的原料为选矿产出的铜精矿,其有用组分含量高、杂质和有害组分含量较低,组成较简单。化学选矿过程只产出化学精矿,湿法冶炼过程则产出适于用户使用的金属。化学选矿属于物理选矿和传统冶金之间的过渡性学科,是组成现代矿物工程学的主要部分之一,属于选矿的范畴。化学选矿过程通常涉及矿物的化学热处理、水溶液化学处理和电化学处理等各种作业。其原则流程一般包括原料准备、矿物原料焙烧、矿物浸出、固液分离、浸出液处理等5个主要作业。但一个具体的化学选矿过程并不一定包括上述全部作业,如有时采用炭浆法、炭浸法、树脂矿浆法、矿浆直接电积法或物理选矿法从浸出矿浆中提取有用组分,即可省去固液分离和净化作业,将浸出、净化和制取化学精矿等作业结合在一起进行。铜的湿法冶炼是利用溶剂将铜矿、精矿或焙砂中的铜溶解出来,再进一步分离、富集提取的过程。根据含铜物料的矿物形态、铜品位、脉石成分的不同,主要分为三种工艺:(1)焙烧—浸出净化—电积工艺,适合处理硫化铜精矿;(2)硫酸浸出—萃取—电积工艺,用于处理氧化矿、尾矿、含铜废石、复合矿石等;(3)氨浸—萃取—电积工艺,适合处理高钙、镁氧化铜矿或硫化铜的氧化砂。在浸出过程中,产生的废渣叫做浸渣,也就是所说的湿法铜冶炼渣,一般有价可回收矿物很低时,便成为弃渣。有色金属与贵金属含量低的浸渣,有的可以作为炼铅溶剂,其中的有色金属、贵金属在冶炼时进入粗铅中;目前人们在浸渣的选矿开发方面的研究和生产应用较少。有的铜矿石中含有可回收的有价金属矿物,经过浸出以后的浸渣可以通过选矿方法进一步处理进行综合回收。性质复杂的浸渣,则用选矿—湿法冶金联合流程进行处理以提取贵金属等有价金属。

1.2.2 铜冶炼渣的物相组成

铜冶炼渣从广义上看是一种“人造矿石”,它的物质组成结构随冶炼过程的条件不同而有所不同。铜冶炼渣是一种组成较为复杂的物质,一般含有5~6种或更多种氧化物及各种硫化物、硫酸盐以及其他微量成分。外观一般为黑色或黑绿色,致密坚硬,相对密度约为4,渣中含量最多的是铁和硅,主要矿物为铁橄榄石和磁铁矿及少量的磁黄铁矿,硅大部分造渣生成铁的硅酸盐,并有少量硅呈硅灰石及不透明的玻璃体;其次为铜的硫化物,金属铜和少量的氧化铜等;还含有极少量的金、银、镍、钴等有价成分,主要分布在磁性铁化合物和铁的硅酸盐中，以亚铁硅酸盐或硅酸盐形式存在。炉渣中的铜多呈硫化物形态存在，主要有似方辉铜矿、辉铜矿、黄铜矿、似斑铜矿和金属铜等。铜矿物在渣中常与铁橄榄石基体和磁铁矿嵌布在一起，或呈球状被磁铁矿所包裹；有的则是铜铁矿物共同形成斑状结构嵌于铁橄榄石基体中，或数种铜矿物嵌布共生。铜渣中的铜矿物和铁矿物的粒度大小随炉渣的冷却条件和炉渣组分不同而有着很大的差异。炉渣中铁与氧有较强的亲和力，形成氧化铁，其中一部分与渣中的二氧化硅形成低熔点的铁橄榄石，即炉渣的基体，占炉渣总铁量的 28% 以上，其余部分则是 Fe_3O_4，占炉渣总铁量的 30% 以上，尚有少量 Fe_2O_3、FeS。渣中二氧化硅除与 FeO 形成铁橄榄石外，还与 CaO 等形成少量的硅灰石和玻璃相。

铜冶炼渣的典型成分为 Fe 29% ~ 40%、SiO_2 30% ~ 40%、$Al_2O_3 \leqslant 10\%$、$CaO \leqslant 11\%$、Cu 0.42% ~ 4.6%；不同的冶炼方法其组成有所差别，表 1 - 1 列出了不同熔炼方法产出的铜渣化学成分组成。不同熔炼炉渣中铜、铁物相组成见表 1 - 2。

表 1 - 1　典型熔炼炉渣的化学成分 （%）

熔炼方法	Cu	Fe	Fe_3O_4	SiO_2	S	Al_2O_3	CaO	MgO
密闭鼓风炉熔炼	0.42	29	—	38	—	7.5	11	0.74
奥托昆普闪速熔炼（渣不贫化）	1.5	44.4	11.8	26.6	1.6	—	—	—
奥托昆普闪速熔炼（电炉贫化）	0.78	44.06	—	29.7	1.4	7.8	0.6	—
INCO 闪速炉熔炼	0.9	44	10.8	33	1.1	4.72	1.73	1.61
诺兰达熔炼	2.6	40	15	25.1	1.7	5	1.5	1.5
瓦纽科夫熔炼	0.5	40	5	34	—	4.2	2.6	1.4
白银法熔炼	0.45	35	3.15	35	0.7	3.3	8	1.4
特尼恩特转炉熔炼	4.6	43	20	26.5	0.8	—	—	—
奥斯麦特熔炼	0.65	34	7.5	31	2.8	7.5	5	—
三菱法熔炼	0.6	38.2	—	32.2	0.6	2.9	5.9	—
云铜艾萨熔炼（电炉贫化）	0.737	41.28	8.25	29.05	0.001	3.86	3.74	1.15

表 1 - 2　典型熔炼渣物相组成及含量 （%）

炉渣种类	指标	铜物相					铁物相						
		硫化铜	氧化铜	金属铜	其他铜	全铜	硅酸铁	磁铁矿	赤褐铁	硫化铁	金属铁	其他铁	全铁
大冶诺兰达炉渣	含量	3.38	0.23	0.93	0.04	4.58	20.22	18.68	1.89	0.96	0.53	1.6	43.88
	分布率	73.8	5.02	20.31	0.87	100	46.08	42.57	4.31	2.19	1.21	3.65	100.00
大冶奥斯麦特炉渣	含量	0.46	0.1	0.08	0.12	0.76	20.22	18.58	1.89	0.96	0.49	—	42.14
	分布率	60.53	13.16	10.53	15.79	100.00	47.98	44.09	4.49	2.28	1.16		100.00
白银炉炉渣	含量	1.03	0.02	0.06	0.07	1.18	—	—	—	—	—	—	—
	分布率	87.13	1.97	5.27	5.63	100	—	—	—	—	—		—
祥光悬浮熔炼炉渣	含量	0.22	0.63	0.11	0.154	1.114	3.39	13.87	23.5	0.16	—	—	40.92
	分布率	19.75	56.55	9.87	13.82	100.00	8.28	33.90	57.43	0.39			100.00
贵冶闪速熔炼炉渣	含量	0.53	0.3	—	—	0.83	28.58	16.45	—	0.96	—	—	45.99
	分布率	63.86	36.14	—	—	100.00	62.14	35.77		2.09			100.00

由表 1-2 可以看出：熔炼炉渣铜品位 0.76% ~4.58%、铁品位 40.92% ~45.99%。从金属分布率来看，铜熔炼渣铜物相中主要以硫化铜为主，绝大多数占到总铜分布率的 60% 以上，最高达到 87.13%，其次为氧化铜和金属铜，氧化铜分布率 5% ~60%，最高可达 56.55%；金属铜分布率 9% ~25%，最高达 20.31%；个别炉渣其他铜达到 10% 以上。铁物相中以铁橄榄石和磁铁矿为主，二者之和占到总铁分布率的 80% 以上；其中铁橄榄石分布率 8% ~65%，最高达 62.14%；磁铁矿分布率 33% ~45%，最高达 44.09%；个别赤褐铁矿分布率较高，达到 57.43%。

吹炼炉渣以转炉渣为主，转炉渣是冰铜经转炉吹炼产出的炉渣。转炉渣外观呈黑色和黑中透绿、性脆、坚硬、结构致密，密度约为 4 ~4.5t/m³，渣中元素含量最多的是铁和硅，它们都以化合态形式存在于渣中，主要成分是铁橄榄石和磁铁矿。水淬铜渣是一种黑色、致密、坚硬、耐磨的玻璃相，外观呈粒状和条状，夹杂有少量的针片状，表面有金属光泽，颗粒形状不规则，棱角分明，密度 3.3 ~4.5t/m³，松散密度为 1.6 ~2.0t/m³。孔隙率为 50% 左右，细度模数为 3.37 ~4.52，属粗砂型渣。此外，炉渣中含有微量的有毒元素、毒性有机物、放射性物质，不具有浸出性毒性、腐蚀性、放射性及急性毒性中的任何一种以上的，为一般固体废物，可以进行开发性研究。由于工艺条件不同，物相组成也存在一定的区别。典型吹炼渣物相组成及含量见表 1-3。

表 1-3 典型吹炼渣物相组成及含量 （%）

炉渣种类	指标	铜物相					铁物相						
		硫化铜	氧化铜	金属铜	其他铜	全铜	硅酸铁	磁铁矿	赤褐铁	硫化铁	金属铁	其他铁	全铁
贵冶转炉渣	含量	3.65	0.95	2.32	0.34	7.26	—	—	—	—	—	—	—
	分布率	50.28	13.09	31.96	4.68	100.00	—	—	—	—	—	—	—
某铜冶炼厂转炉渣	含量	0.672	0.276	0.513	0.045	1.506	37.45	15.29	—	0.85		—	53.59
	分布率	44.62	18.33	34.06	2.99	100.00	69.88	28.53	—	1.59		—	100.00
赤峰金峰铜业转炉渣	含量	1.66	—	0.03	0.05	1.74	—	12.91	—	—	—	36.54	49.45
	分布率	95.40	—	1.72	2.87	100.00	—	26.11	—	—	—	73.89	100.00
国内某铜冶炼厂转炉渣	含量	2.14	0.66	0.53	—	3.33	11.49	41.71	—	0.12	0.03	—	53.35
	分布率	64.26	19.82	15.92	—	100.00	21.54	78.18	—	0.22	0.06	—	100.00
大冶厂转炉渣	含量	1.22	—	0.91	0.46	2.59	4.46	30.34	2.95	0.7	—	14.96	53.41
	分布率	47.10	—	35.14	17.76	100.00	8.35	56.81	5.52	1.31	—	28.01	100.00

由表 1-3 可以看出：吹炼转炉渣铜品位为 1.506% ~7.26%、铁品位为 49.45% ~53.59%。从金属分布率来看，在铜转炉渣铜物相中主要以硫化铜和金属铜为主，二者之和占到总铜分布率的 78% 以上；其中硫化铜分布率 44% ~96%，最高可达 95.4%；金属铜分布率 1.72% ~36%，最高达 35.14%；氧化铜分布率 10% ~20%，最高可达 19.82%。铁物相中以铁橄榄石和磁铁矿为主，二者之和占到总铁分布率的 50% 以上；铁橄榄石分布率 8% ~70%，最高可达 69.88%；磁铁矿分布率 26% ~80%，最高可达 78.18%。

1.2.3 铜冶炼渣的选矿方法

铜冶炼炉渣在大多数情况下含有可回收的黑色金属、有色金属以及稀贵金属等，往往是成分变化很大的混合物。如果想回收铜冶炼炉渣中的各种有价矿物，可以采用多种选矿方法。具体的炉渣选矿方法应根据炉渣性质和可回收金属的种类而定。总的说来，铜冶炼炉渣的选矿方法包括浮游选矿、磁力选矿、重力选矿、化学选矿以及联合选矿等多种选矿方法。以上每种选矿方法又根据具体的流程和设备的不同组合分为更多的选矿方法。含有有色金属的铜冶炼炉渣中的矿物一般可浮性强，多采用浮选法对有色金属进行回收，例如含有铜、铅、锌等金属的冶炼炉渣均采用浮选方法。有的炉渣含有氧化铜、金属铜、金、银矿物，除了浮选外，根据铜、金、银等矿物比重差异和化学特性可以选用重选或者化学选矿的方法进行处理。有的铜冶炼炉渣中含有铁和钴矿物，因为均具有较强的磁性，可以选择磁选方法进行回收。含有稀贵金属矿物的冶炼炉渣一般根据金属矿物的比重差异和化学特性多采用重力选矿和化学选矿回收。比如含金炉渣可以用重选方法回收炉渣中的金，也可以用混汞或化学浸出等化学选矿方法回收，也可以利用含金矿物的可浮性用浮选进行回收；一般多采用联合选矿方法。目前世界范围内，根据铜冶炼炉渣的性质，应用于生产实践的、成熟的选矿工艺，基本上以铜、铁为主要回收对象。根据矿物学炉渣性质特征，通常采用浮选和磁选的选矿方法。对于含有稀散金属矿物、难选矿物的炉渣，要采用化学选矿或联合选矿工艺来进行综合回收处理。

在世界资源日益匮乏的今天，深入研究铜冶炼渣选矿技术，充分回收冶炼渣中的有价资源，具有非常重要的意义。如果针对某种特定性质的铜冶炼渣选择选矿方法，必须以选矿试验研究获得的选矿流程和工艺条件为基础，然后再以此为依据进行选矿设计、施工，最后才能组织工业化生产。只有这样才能够保证选矿方法选择得当、工艺流程经济合理，才能保证工业化生产的稳定和最大程度回收炉渣中的有价资源。

1.3 铜冶炼渣选矿的背景和意义

近 30 年来，随着世界经济的快速发展，世界铜需求量和产量迅速增长。1980 年世界铜产量为 929 万吨，2007 年增长到了 1763 万吨，到 2013 年产量突破性地增长到 2139 万吨。我国是铜消费大国和铜进口大国，我国铜矿石资源具有含量低、共伴生矿多的特点，在冶炼后的炉渣中含有大量可以利用的金属和非金属，在铜冶炼炉渣中含有铜、铁、钴、镍、铅、锌和硅等大量的有价元素。我国自改革开放以来，铜产量也在迅猛增长，2000 年我国铜产量超越智利跃居世界第一，2011 年我国铜产量为 520 万吨，2012 年达到 582 万吨，2013 年达到 684 万吨。世界上铜产量中约 80% 由火法冶炼生产，约 20% 由湿法冶炼生产。我国铜产量的 97% 以上由火法冶炼产生，含铜冶炼渣数量巨大，而且年排放量一直呈逐年增加的趋势；至今冶炼渣累计达 5000 多万吨，其中含有50 多万吨铜、2000 多万吨铁、1500 多万吨二氧化硅及一定数量的贵金属和稀有金属没有得到资源化回收。根据我国近几年铜产量的增长速度，预测到 2020 年将突破 800 万吨，铜渣年产量将达到 2400 多万吨。目前，我国对这些铜渣的处理方法主要以露天堆放为主，综合利用率较低，平均利用率约为 45%。大量堆放的铜渣，给我国带来了诸如土地被占用、土壤和水体被污染等一系列的社会问题。如果不尽快改变目前铜冶炼渣综合利用的工业格局，以上存在的问题随着中国的迅速发展将会更加突出和严重。同时也应该看到，我国现在的资源状况非常严峻，目前的资源基本态势是：铜资源严重不足，铝、铅、锌、镍资源保证度不高，对国外依赖增加；钨、锡、锑由于过度开采，资源保证度不乐观，优势地位在下降。同时，我国钢铁工业发展迅速，对铁矿石需求激增，而国内供给却远不能满足钢铁工业的需求。国际市场上铁矿石价格连续几年暴涨，影响了我国钢铁工业的健康发展。总体来说，我国的有色金属和黑色金属资源都存在一个共同的现状：国内储量严重不足，矿石大量依赖进口。2013年我国产生铜渣大约2040万吨，如果将铜渣品位降低0.1个百分点，按照铜现价计算，将会多创造约11亿元的经济效益；铜渣中含有近40%的铁，如果多回收1个百分点的铁，其经济效益也相当可观。因此，结合我国现有的资源形势和铜渣里的固有成分，不难预测铜渣在将来会有较好的利用前景。

过去，铜冶炼转炉渣返回熔炼炉重新熔炼时，由于熔炼炉渣黏性增大，使冰铜和炉渣分离条件变坏，导致冶炼综合指标下降。后来，随着世界铜冶金技术的不断优化升级，铜冶炼渣选矿技术在铜冶炼过程中得到应用和发展，选矿贫化技术逐步取代了铜渣火法贫化工艺后，渣返回量少，大大减少炉床占用面积，消除了四氧化三铁对熔炼的不利影响，该技术具有铜回收率高、能耗低、环保友好以及充分回收有用资源等优点。首先，在铜回收率和能耗方面，冶炼厂转炉、闪速炉和诺兰达炉等熔炼后的含铜较高的炉渣要返回贫化处理，其过程比较复杂。过去采用电炉贫化后弃渣，这种方法弃渣铜含量高达0.5%～0.6%，耗电达到145kW·h/t，环境污染严重。从20世纪50年代开始，世界上许多国家的冶炼厂先后将选矿技术作为铜渣贫化工艺，并取得成功。渣选矿技术具有比常规火法熔炼成本低、铜回收率高（约90%以上）、弃渣品位低（0.30%～0.35%）和耗电较少（40～80kW·h/t）等优点。芬兰奥托昆普公司1996年以前采用电炉贫化法处理闪速熔炼渣和吹炼渣，弃渣含铜为0.5%～0.7%，铜回收率为77%，而改用选矿法后，尾矿中含铜量为0.3%～0.35%，铜回收率提高至91.1%。大冶诺兰达炉试生产时，诺兰达熔炼渣用反射炉贫化，弃渣含铜平均为0.73%，而改用选矿法贫化后，尾矿含铜降到0.35%以下，铜回收率高达94%以上。奥托昆普公司用电炉贫化时的电耗为90kW·h/t$_渣$，而选矿法为44.2kW·h/t$_渣$。其次，在环境保护和资源化方面。选矿贫化技术与火法贫化相比，无论是在基建投资还是设备维护上都较为低廉。火法贫化产生低浓度（小于0.5%）的SO_2烟气，不能经济地处理而直接排放到大气中，严重污染环境。而选矿法一般在常温常压及弱碱介质中进行，只要解决好浮选废水的处理及回用问题，就可以做到对环境的"零污染"。火法贫化工艺仅限于对铜金属的回收，而渣选矿技术不仅可以作为铜渣的贫化工艺，回收其中的铜矿物；还可以资源化回收铜渣中的其他有价资源。近年来，我国科技人员已经做了大量的研究工作，在铜渣改性综合回收合格品位的铁精矿、铁合金及附属金属方面，已经取得了可喜成果，所以渣选矿技术在铜冶炼行业具有非常广阔的发展空间和应用前景。

使铜冶炼渣资源化、无害化，减少占地和促进企业可持续发展是我国保证企业健康发展的基本国策，也是当今世界发展的时代潮流。自2006年我国实行铜冶炼行业准入制度后，基本确立了渣选矿贫化技术在铜冶炼行业的重要地位，使我国铜冶炼企业的渣贫化工艺逐步走上了选矿贫化技术之路。我国渣选矿技术仍然处于发展阶段，目前主要应用于转炉渣、电炉渣及二者的混合渣的贫化处理，少数用于处理闪速熔炼炉渣；渣选矿后的尾渣个别企业凭借区域优势，以水泥填料形式出售给水泥厂，实现了无尾化生产；但多数偏远企业受到区域限制，尾渣仍然以固废形式堆存。伴随着世界铜冶金工业的发展和资源日益贫化的紧张局势，人们开始更多考虑资源利用程度、冶炼经济效益和人类生存环境等问题；我国是世界上人均占有资源最少的国家，随着我国经济的繁荣和腾飞，我国的资源危机就会越来越严重，对资源化循环技术的需求就会越来越迫切。深入开展铜冶炼渣选矿贫化和铜渣资源化技术的研究与应用工作，将成为我国科技人员未来工作的重点。铜冶炼渣选矿技术作为铜渣贫化及资源化技术的基础科学，是铜冶炼渣资源化的核心技术，学习和掌握铜冶炼渣选矿技术，在加快发展我国循环经济、加强环境保护、减少资源浪费和增强国家实力方面，将会产生非常深远的影响。

2 铜冶炼渣选矿的基础理论

铜冶炼炉渣属于人造矿石，炉渣的性质具有矿石的属性特征，炉渣选矿的基础理论是建立在选矿专业理论基础之上的，因此，在以后章节的基础理论阐述中会多用矿石、脉石等名词进行惯称，在此特作说明。

2.1 矿石粉碎理论

2.1.1 破碎与磨矿的任务和意义

在矿石处理过程中，有两个基本的工序：一个是解离，一个是分选。解离就是通过矿石破碎和磨碎（合称粉碎）的方式，将矿石中的各种有价矿物与脉石分离开来的过程。分选就是将已经解离开来的有价矿物颗粒按其性质差异分选为不同产品的过程。有价矿物就是需要进行回收的有价值的矿物，也称有用矿物。由于绝大多数有价矿物都是与脉石紧密共生在一起，且多呈微细粒嵌布，如果不首先使各种矿物或成分彼此解离开来，即使它们的性质有再大的差别，也无法进行分选。因此，通过外力作用将有用矿物从矿石中充分分散解离出来的粉碎作业，便成为采用任何选别方法都必不可少的先行环节，是分选成功与否的关键所在。前面提到的脉石是指暂时没有回收价值的废石或废渣等物质，有时也称之为脉石矿物。嵌布是指微细矿物颗粒在矿石中呈不规则散乱的分布状态。矿石中有用矿物颗粒的粒度和粒度分布特性决定选矿方法和选矿流程的选择。

粉碎过程就是使矿块粒度从大逐渐减小的过程，各种有用成分间的解离正是在矿石粒度减小的过程中实现的。粒度就是表示矿石块度的大小。如果粉碎的产物粒度过粗，有用矿物和脉石没有充分解离，分选效果肯定不会好。而粉碎的产物粒度过细，使过粉碎微粒含量太高，即使各种矿物完全解离了，分选同样也不会得到好的指标。这是因为任何选别方法处理的矿物粒度都有一定的下限，低于该下限的颗粒（即过粉碎微粒）难以回收。例如浮选对于 5 ~ 10 μm 以下的矿粒、重选对于 19 μm 以下的微粒，就难以分选和回收等。所以破碎和磨矿作业在选矿中的任务是，不仅要为选别作业制备有用矿物和脉石充分解离的入选物料，而且这种物料的粒度还要适合所采用的选矿方法，要尽量避免产生过粉碎的微粒。如果破碎和磨矿作业的工艺和设备设计选择不当，生产操作管理不好，粉碎的最终产物或者解离不充分，或者过粉碎严重，都将会导致整个选矿指标的下降。

在选矿厂中破碎和磨矿作业的基建投资、生产费用、电能的消耗和钢材消耗所占的比例最大。设备费用约占 65% ~ 70%，经营费用约占 50% ~ 65%，电耗约占 50% ~ 65%，钢耗约占 50% 以上。因此破碎和磨矿设备的选择计算和操作管理的好坏，在很大程度上决定着选矿的经济效益。所以，无论是选矿技术管理人员还是生产管理人员，积极参与建厂之前选矿设计过程中的设备计算与选择及后期的生产操作管理都是非常重要的，选矿专业知识是选矿管理人员必修的基础课程。

2.1.2　破碎和磨矿工艺的一般特点

　　无论是炉渣还是矿山开采出来的原矿石，其块度通常很大，最大可达到1500mm，而入选的矿石粒度一般都比较细，如浮选粒度通常在0.3mm以下。现有的碎磨设备还不能一次把巨大的矿石粉碎到符合要求的入选细度。因此，矿石的粉碎只能分阶段逐步进行，破碎和磨矿就是粉碎过程的两大阶段。根据粉碎粒度大小不同，破碎阶段还分为粗碎段、中碎段和细碎段。破碎到350～100mm称为粗碎段，破碎到100～40mm称为中碎段，破碎到25～5mm称为细碎段。磨矿段也分为粗磨段和细磨段。磨碎到1～0.3mm称为粗磨段，磨碎到0.1～0.07mm称为细磨段。这里所说的段是按所处理的物料或者按物料经过碎磨机械的次数划分的。不同的阶段要使用不同的设备，例如粗碎段采用颚式破碎机或旋回破碎机，中细碎阶段采用标准型圆锥破碎机和短头圆锥破碎机，粗磨段使用格子型球磨机，细磨段使用溢流型球磨机，是一般常见的选择。因为一定的设备只有在适合的粒度范围才能高效率的工作，实际生产所需要的破碎和磨矿段数，要根据矿石性质和要求的最终磨碎产品粒度，通过碎磨和可选性试验并进行设计方案技术经济比较后才能确定。

　　为了控制破碎和磨矿的产品粒度，并将那些已经符合粒度要求的矿粒及早分出，以减少不必要的粉碎，使破碎和磨矿设备更有效的工作，破碎机经常和筛分机配合使用，磨矿机与分级机配合使用，组成各种形式的破碎—筛分回路和磨矿—分级回路。物料经过筛分和分级处理后，可将粒度合格的产品从回路中排出，不合格的粗颗粒再给入破碎机和磨矿机粉碎。筛分和分级设备的好坏，对粉碎机械的工作有很大影响。因此，在研究碎磨过程时常把它与筛分和分级联合起来进行综合分析。

2.1.3　破碎与磨矿的基础理论

2.1.3.1　粉碎过程的基本概念

　　矿石的粉碎，是指矿石在外力作用下，克服矿石内部分子间的内聚力，而使矿石破裂、粒度变小的现象。粉碎过程是指矿石在粉碎作用下不断将矿石粒度由大变小的过程。在选矿厂矿石的粉碎过程一般分为破碎和磨矿两个大的阶段。破碎是通过破碎设备使矿石由大块变为小块的过程，也称碎矿；磨矿是通过磨矿设备将小块矿石磨碎变细，使矿石中紧密连生的有用矿物和脉石矿物充分解离的过程。

2.1.3.2　解离度、过粉碎和选矿指标的关系

　　矿石中的有用矿物和脉石矿物，绝大多数都是紧密连生在一起的。如果不先将它们解离，任何物理选矿方法都不能富集它们，矿石破碎后，由于粒度变小了，并且有一些是在不同矿物之间的交界面裂开，本来连生在一起的各种矿物就有一定程度的分离。在破碎细了的矿石中，有些粒子只含有一种矿物，我们称之为单体解离粒；另外还有一些粒子是几种矿物连生在一起的，叫连生粒。矿物的单体解离，就是组成矿石的各种矿物相互分离。所谓某种矿物的单体解离度，就是该矿物的单体解离粒数与该矿物颗粒总数（即含该矿物的连生粒颗粒数及该矿物的单体解离粒的颗粒数之和）的比值。

　　在选矿过程中，指标不稳定、精矿品位低、尾矿品位高、中矿产率大，往往是由于解离度不够造成的。因此，破碎和磨矿是选别前不可缺少的作业，要为选别作业提供解离度较大的入选物料。在选矿生产过程中我们把能够完成某个生产工艺指标而设置的工序或设

备系统单元叫做作业。从矿物的结构看，除了极少数极粗粒嵌布的矿石，经破碎后即可达到相当多的单体解离粒外，绝大部分的矿石都必须经过磨矿才能得到比较高的解离度。因此，碎矿是为磨矿准备物料，磨矿是碎矿的继续，磨矿是使矿物达到充分解离的最后工序。品位是指给料或产物中某种成分（如元素、化合物或矿物）的质量分数，常用%或g/t表示。原矿品位常用 α 表示，精矿品位常用 β 表示，尾矿品位常用 θ 表示。

磨矿产品过粗，由于解离不够充分，选出的精矿品位和回收率都低。过细了也不好，不仅增加了设备的磨损，电力、材料的消耗，还会对选矿过程造成危害，因为过于微细的粒子会造成选别困难；如果微细粒子较多，同样也会使选出的精矿品位低，回收率也低。过粉碎的发生以磨矿过程最为严重，但碎矿也会产生。因此，在开始破碎矿石时，就应当防止过粉碎，遵守"不做不必要的粉碎"的原则。产生过粉碎的原因不外乎以下四点：（1）选用的破碎和磨矿流程不合理；（2）选用的破碎和磨矿设备不符合矿石性质；（3）磨矿细度超过了最佳粒度；（4）操作条件不符合矿石性质。因此要想杜绝此类问题的发生，首先在设计时就应该重视流程和设备的选择；其次要在生产过程中加强管理，严格遵守操作条件并把磨矿细度严格控制在最佳粒度范围内。

精矿是选矿中分选作业的产物之一，是其中有用目标组分含量最高的部分，是选矿的最终产品。常以回收的某种有用矿物命名，比如从矿石中回收铜矿物得到的精矿我们就称之为铜精矿。矿石经过选别、综合利用处理后，其主要有用组分富集成精矿，而其他残留物质称为尾矿。尾矿中主要有用组分的含量称为尾矿品位。精矿品位是精矿中的有用成分质量分数。比如100t铜精矿中含有铜25t，那么该铜精矿的品位为25%。100t萤石精矿中含氟化钙94t，那么该萤石精矿品位为94%。比如100t尾矿含有0.3t铜，那么尾矿铜品位为0.3%。产率是指某一产物与给料或原料质量的百分比，常用字母 γ 表示。比如选矿投料量为100t/h，经过浮选后铜精矿产量为5t/h，那么浮选铜精矿产率为5%。回收率是产物中某种成分的质量与给料或原料中同一成分的质量的百分比，常用 ε 表示。比如100t含铜品位为2%的炉渣，经过选矿处理后得到8t含铜品位为20%的渣精矿，那么炉渣选矿铜回收率为80%。

2.1.3.3 阶段破碎和破碎比

目前所用的碎矿和磨矿设备，由于构造上的原因，所能处理的矿石粒度和生产的产品粒度都有一定的局限性，必须通过若干台破碎机和磨矿机逐段进行处理才能实现。每一段只能完成整个破碎过程中的一部分任务，形成破碎和磨矿阶段，称为破碎段。在选矿厂中破碎通常采用两段或三段，磨矿采用一段或两段。各段的粒度范围大致划分见表2-1。

表2-1 各阶段的粒度范围

阶 段		给矿最大直径/mm	产品最大直径/mm
碎 矿	粗碎	1500~300	350~100
	中碎	350~100	100~40
	细碎	100~40	25~5
磨 矿	粗磨	25~10	1~0.3
	细磨	1~0.3	0.1~0.07

从 20 世纪 80 年代中后期开始，有些小选厂也有采用一段破碎的，到 90 年代也有些大型选厂用四段破碎的。采用三段或三段以上磨矿的也为数不少，一般是在重选厂或极细粒嵌布的或硬度非常硬的矿石性质有特殊工艺上的要求。随着时代的进步和新型设备及新工艺的研发，尤其是半自磨和自磨设备应用技术的发展，取代了中碎和细碎阶段，比如祥光铜业渣选矿碎磨流程为颚式破碎机加半自磨机加球磨机流程，相当于将中碎和细碎与粗磨合并，使碎磨阶段数大为减少，使流程大为简单化。总之，上面所讲阶段及阶段粒度范围的划分法只是一种工作分析方法，道理是相同的，在实际生产或设计过程中要根据实际需要和按照最佳合理化要求进行划分。

矿石经过破碎后，粒度都将变小，通常用破碎比来表示某段碎磨作业粒度的变化，它是衡量碎矿和磨矿过程的一项指标。矿石原来的粒度大小与破碎后的粒度大小的比值叫做破碎比，也就是矿石破碎后粒度缩小的倍数，常用字母 i 来表示。在破碎段叫破碎比，在磨矿段叫磨矿比。破碎比的计算方法常用的有以下两种。

（1）用矿石在破碎前的最大粒度与破碎后的最大粒度来计算。

$$i = D_{max}/d_{max} \tag{2-1}$$

式中　i——破碎比；

　　D_{max}——破碎前的最大粒度，mm；

　　d_{max}——破碎后的最大粒度，mm。

该方法多用于选矿设计和流程考查以及日常生产管理中。英美以物料 80% 能通过筛孔的筛孔宽度为最大粒度直径，我国和前苏联以物料的 95% 能通过筛孔的筛孔宽度为最大粒度的直径。

（2）用平均粒度来计算。

$$i = D_{平均}/d_{平均} \tag{2-2}$$

式中　$D_{平均}$——破碎前物料的平均粒度，mm；

　　　$d_{平均}$——破碎后物料的平均粒度，mm。

破碎前后的物料都是由若干个粒级组成的，只有平均直径才能代表它们，用这种方法计算出的破碎比，能够较真实地反应破碎程度，因而在理论研究中应用它。

2.1.3.4　碎矿过程原理

碎矿的原理就是将矿石由给矿口不断给入破碎设备的破碎腔内，通过破碎设备对矿石施加机械能，使矿石不断受到强力挤压而破碎，从大块变成小块，粒度合格的小块矿石最后从破碎设备的排矿口连续排出，这样就完成了矿石的一段破碎过程。大块矿石粒度一般指 1500～300mm，多属于破碎前矿石；小块矿石一般在 25～5mm，多属于破碎最终产品或磨矿给料。在选矿生产中，碎矿作业一般由两到三段连续破碎作业组成，少数由一段或四段连续破碎来完成；往往在最后一段破碎要与振动筛形成闭路，经过振动筛分级，粒度合格的矿石进入下一工序，不合格粗粒矿块要返回最后一段破碎进行再破碎，这样就保证了合格的破碎产品粒度。完成破碎过程的设备一般统称为破碎机。常用的破碎设备有颚式破碎机、旋回破碎机、标准圆锥破碎机；粗碎设备一般采用颚式破碎机、旋回破碎机；中碎设备一般采用颚式破碎机、标准圆锥破碎机；细碎设备一般采用短头圆锥破碎机。

2.1.3.5　磨矿过程原理

磨矿是通过磨矿机来完成的，磨矿过程是通过单个或多个磨矿循环完成的。磨矿机的磨矿原理基本相同，都是通过磨机筒体转动使内部装的磨矿介质发生运动，磨矿介质通过运动对磨机内的矿石产生磨碎作用。磨矿介质就是专门用来在磨机内部磨碎矿石的物体，比如钢球、钢棒等，因此有时根据磨矿介质对磨机进行命名，磨矿介质是钢球的称为球磨机，是钢棒的称为棒磨机。由于对球磨机内的钢球运动状态研究的比较充分，所以选用球磨机来讲解磨矿介质的运动轨迹。

当磨矿机筒体按规定的转速运转时，磨矿介质与矿石一起在离心力和摩擦力的作用下被提升到一定高度，由于重力作用而脱离筒壁沿抛物线轨迹下落；然后，它们又被提升一定高度，又沿抛物线轨迹下落，如此周而复始，使处于磨矿介质之间的矿石受冲击作用而被破碎。同时，由于磨矿介质的滚动和滑动，使矿石受压力与磨剥作用而被磨碎。

磨矿机的转数多少直接决定筒体内磨矿介质的运动状态和磨矿作业的效果，如图 2-1所示。

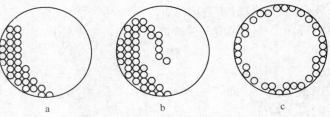

图 2-1 磨矿介质的运动轨迹
a—泻落状态；b—抛落状态；c—离心运转状态

当转数较低时，全部球荷被提升的高度较小，只向上偏转一定角度，其中每个钢球都绕自己的轴线转动。当球荷的倾斜角超过钢球在球荷表面的自然休止角时，钢球就沿此斜坡滚下，如图 2-1a 所示，钢球的这种状态叫做泻落式。在泻落式工作的磨矿机中，矿料在钢球之间受到磨剥作用，冲击作用很小，故磨矿效果不高。如果磨机的转数足够高，钢球自转着随筒体内壁做圆曲线运动上升到一定高度，然后纷纷做抛物线下落，如图 2-1b所示，钢球的这种状态叫做抛落式。在抛落式工作的磨机中，石料在圆曲线运动区受到钢球的磨剥作用，在钢球落下的区域（我们称之为落脚区）石料受到下落钢球的冲击和强烈翻滚的钢球的磨剥作用，这种运动状态，磨矿效率最高。当磨矿机的转数超过某一限度时，钢球就贴在筒体上而不再下落，如图 2-1c 所示，钢球的这种状态就叫做离心运转状态。发生离心运转时，石料也随着筒体一起运转，既无钢球的冲击作用，磨剥作用也很弱，磨矿作用停止。因此，一般磨机在制造时就设计确定了最佳的磨机转速，以保证磨机内的磨矿介质在运转时保持良好的抛落和泻落状态，以达到理想的磨矿效果。

磨矿过程的原理就是将矿石由给矿口不断给入磨矿设备筒体内部，通过磨矿设备筒体的不停运转对矿石施加机械能，在筒体衬板的提升作用下，使矿石和磨矿介质跟随磨机筒体的旋转，做抛落和泻落运动，如图 2-2所示。磨矿介质和矿石产生很大的冲击力和磨剥力，对

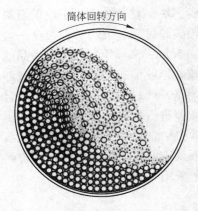

图 2-2 钢球和物料运动示意图

矿石产生了连续的破碎和研磨的作用，不断使矿石从大块变成小块，再由小块变成粉末，这就是磨矿作用产生的机理。

矿石经过磨矿设备的破碎研磨，粒度合格的矿石就从磨矿设备的排矿口连续排出，这就完成了磨矿过程。在实际生产中，磨矿设备一般要与分级设备构成闭路磨矿系统，也称磨矿循环，粒度合格的矿石从磨矿设备的排矿口连续排出后，要进入分级设备进行分级，经过分级后，粒度合格的矿石进入下一道工序，不合格的矿石返回磨矿设备进行再磨。磨矿作业一般由一段或两段磨矿组成，少数对细度要求较高的工艺要求由三段磨矿来完成。完成磨矿过程的设备一般统称为磨矿机。常用的磨矿设备有自磨机、半自磨机、球磨机等，球磨机根据结构不同又分为格子型球磨机、溢流型球磨机等。还有其他分法，在此不再赘述。

2.1.4　粉碎理论

粉碎过程的机理，是一个极为复杂的问题。在一般情况下，一块单独的固体物料在受到突然打击破碎之后，将产生数量较少的大粒子和数量很多的小粒子，还有少量中间粒度的粒子。若继续增加打击的能量，则大粒子将变成小粒子，而小粒子的数量将大大增加，但其粒度不再变小。这是因为大粒子物料内部还多少存在一些脆弱面，物料受力后，首先沿着这些脆弱面发生碎裂；而当物料粒度较小时，这些脆弱面逐渐减少，最后物料的粒度越接近于构成晶体的单元块，小粒子受力后往往不再碎裂而是在其表面出现一定粒径的微粒。在理想情况下，假如所施加的力没有超过物料的形变极限，则物料被压缩作弹性变形；当此负荷力取消时，物料恢复原状而未被破碎。实际上，物料虽未被粉碎却生成了若干裂缝或扩展了原有的微小裂缝。另外，由于局部脆弱面的存在或因粒子形状不规则，使施加力首先作用在粒子表面的突出点上，形成应力集中，促使少量新表面生成。粉碎过程所需要的功与一系列因素有关，而这些因素在不同的情况下又有不同的变化。诸如物料的性质、形状、粒度大小及其分布规律、机器类型以及粉碎操作方法等。

粉碎理论主要研究输入的能量与粉碎前后产品粒度之间的关系。最大的问题在于破碎机和磨矿机能量输入的大部分都被其本身所吸收，总能量只有一小部分作用于破碎的物料。据推测，在破碎物料所需能量和过程中新产生的表面积之间有一定的关系，但只有当能单独测出新生表面积所消耗的能量时，这一关系才清楚。例如，有研究表明，在球磨机中，输入总能量只有不到1%的部分用于实际的磨矿作业，大部分能量消耗于产生热量。这一现象在铜冶炼渣磨矿过程中产生的热量，可以使生产循环水温度达到35~45℃。另一个问题是塑性物料在形变时消耗能量，并保持变形而不产生新鲜表面。所有的破碎理论都假定物料是脆性的，因而不会有最终不起破碎作用的伸长和收缩等过程来消耗能量。

虽然有多种粉碎理论，但没有一种理论完全令人满意。因此，很难用一套完整的严密的数学理论公式来计算粉碎过程中所消耗的功。在实际情况下，必须广泛应用实际资料。目前公认的有表面积假说、体积假说、裂缝假说，能量统一方程式则是对三种假说的综合。

2.1.4.1　表面积假说理论

最早的破碎理论是雷廷格于1867年提出的表面积假说理论，内容是粉碎过程所消耗的能量与新生成的表面积成正比。质量已知、粒度均一的颗粒表面积与其直径成反比，因此雷廷格定律可以写成式（2-3）：

$$E = K\left(\frac{1}{D_2} - \frac{1}{D_1}\right) \tag{2-3}$$

式中 E——能量输入；

     D_1——最初粒径；

     D_2——最终粒径；

     K——常数。

式（2-3）即表面积假说普遍式，又称表面积算式。按实践经验，表面积算式接近于粉磨作业，当粉碎产品粒度在 0.01~1mm 时，能耗计算较为适用。

2.1.4.2 体积假说理论

第二种理论是基克 1885 年提出的体积假说理论，他认为粉碎所需的功与粉碎的颗粒体积缩减成正比，可用破碎前后的物料粒径来表示。设破碎前后的物料粒径为 D_1、D_2，破碎比为 i 时，则：

$$W = K\left(\lg\frac{1}{D_2} - \lg\frac{1}{D_1}\right) \tag{2-4}$$

式中 W——粉碎单位质量物料所消耗的功；

  D_1，D_2——分别为破碎前后物料粒径；

     K——与物料性质、强度等因素有关的系数，可由试验测得。

实践证明，体积假说理论较接近于破碎作业，当破碎产品粒度大于 10mm 时，能耗计算较为适用。

2.1.4.3 裂缝假说理论

邦德在 1952 年提出了裂缝假说理论，即破碎过程消耗的功与颗粒破碎前后新产生的裂缝长度成正比，并等于由产品所体现的功减去给矿所体现的功。对于形状类似的颗粒，物料单位体积的表面积与其直径成反比，单位体积的裂缝长度与物料粒度直径的平方根成反比。邦德假说理论可用式（2-5）表示。

$$W = K\left(\frac{1}{\sqrt{P}} - \frac{1}{\sqrt{F}}\right) \tag{2-5}$$

式中 W——粉碎单位质量物料所消耗的功；

  F，P——破碎前后物料粒径，一般以物料质量的 80% 所通过的筛孔尺寸表示；

     K——与物料性质、破碎方法等因素有关的系数，可由试验测得。

在一定程度上，可用式（2-5）进行各种粉碎机械工作效率的比较，或用它进行对同一粉碎机械在不同工作条件下工作效率的比较。比较的方法是采用一个功耗指数 W_i 为基础，功耗指数相当于将单位质量物料从理论上的无穷大尺寸粉碎到粒度为 100μm（物料质量的 80% 所通过的筛孔尺寸）时所消耗的功。通过式（2-5）计算可以得到：

$$W_i = K\left(\frac{1}{\sqrt{100}} - \frac{1}{\sqrt{\infty}}\right) = \frac{K}{10}$$

由此可得 $K = 10W_i$，将 K 值代入式（2-5）即可得到式（2-6）。

$$W = \frac{10W_i}{\sqrt{P}} - \frac{10W_i}{\sqrt{F}} \tag{2-6}$$

裂缝理论虽能普遍适用于各个粉碎阶段而不导致重大误差，但对同一种物料在不同的粉碎阶段中要使用不同的 W_i 值。这点是与裂缝理论的立论有所违背，仍存在一定缺陷。

　　许多人曾试图证明雷廷格、基克和邦德所提出的关系式分别是统一的一般方程的解释。胡基认为能量与颗粒粒度之间的关系是这三种定律的负荷形式。粉碎时，对于大颗粒，碎裂的概率高，对于细颗粒，碎裂的概率则迅速降低。胡基指出，基克定律在破碎粒度范围大于 1cm 时相当准确，邦德理论最适用于常规的棒磨和球磨范围，而雷廷格定律可成功地用于 $10\sim1000\mu m$ 的细磨范围。莫尔以胡基的扩展理论为基础，对邦德公式提出了修正，式（2-6）中的 P 和 F 的指数随物料粒度发生变化，见式（2-7）。

$$W = \frac{KM_i}{P^{f(P)}} - \frac{KM_i}{F^{f(F)}} \tag{2-7}$$

式中　M_i——物料指数，与矿石的破碎特性有关；

　　　K——常数，其取值用于平衡公式的单位。

　　可以看出，新的能量-粒度关系涵盖了现代大多数碎磨流程的有效粒度范围 $0.1\sim100mm$。

2.1.4.4　能量统一方程式

　　上述三种理论从不同角度出发，只是解释了粉碎现象的某些方面，不能全面反映粉碎过程的物理实质，故实际使用时都有局限性。事实上，在物料粉碎过程中，物料开始在外力作用下发生弹性形变，需要消耗一定的功变为物料的变形势能；及至物料破碎之时，这部分势能由于物料的振动而变成热能，散失在周围空间。因为受力的着力点不同，物料由局部应力引起裂缝生成，物料碎裂，内部粒子暴露在表面生成新表面，又涉及表面能的增加。上述各过程都需要消耗一部分功。因此，粉碎物料所作功消耗在使物料变形、产生裂缝以及表面增加三个方面。因为裂缝的生成，实际上也是在物料局部地方产生新表面。所以任何粉碎过程，粉碎功实际包括两部分：一部分是物料变形所消耗的功，另一部分是物料产生新表面所需要的功。根据能量守恒定律，列宾捷尔提出了如下方程式（2-8）。

$$A = \delta_s\Delta S + K_v\Delta V \tag{2-8}$$

式中　A——物料粉碎消耗的功；

　　　δ_s——物料的比表面能；

　　　ΔS——在粉碎时新生成的表面积；

　　　K_v——单位体积变形功；

　　　ΔV——经受变形那部分物料的体积。

　　粉碎粗大物料时，物料表面较小，物料变形所消耗的功占主要地位，所以物料粉碎功与物料体积成正比。粉碎细小物料时，表面积较大，新表面形成所需要的功占主要地位，所以粉碎功与物料新生成的表面积成正比。一般来说，在不同的粉碎阶段，这两部分功所占分量之比是不同的。另外，大块物料经风化、矿山开采及搬运的碰击存在着各种缺陷和裂纹，粉碎往往容易从这些薄弱环节之处进行。随着粉碎的进行，物料粒度缩小，裂纹和缺陷减少，晶型结构趋于完善，粉碎从沿着晶体或质点的界面发生转变为从晶体或质点内部发生。同时比表面能增加，表面硬度随之增加，于是就变得难于粉碎。所以，粉碎功不仅与物料的粒度大小变化有关，还与物料的绝对尺寸有关。

2.2 浮选基础理论

2.2.1 浮选的分类

浮选是根据矿物表面物理化学性质不同，按矿物可浮性的差异将它们分离的科学技术。浮选已经非常广泛应用于矿冶、化工、环保、医学等领域。浮选种类有很多种，根据浮选过程所依赖的工作原理和分离界面不同，浮选可以分为以下五种。

（1）全油浮选：将磨好的矿浆加入大量的油经过搅拌后，亲油的矿粒黏附在油上，形成比重较小的油矿混合物，漂浮在矿浆表面，然后将它们分离开来达到分选某些矿物的目的。

（2）团聚浮选：与全油浮选相似，但加入的油比较少，同时加入皂类药剂，使硫化矿和中性油及皂类药剂聚集成团而浮在矿浆表面，使矿浆中的脉石与矿物分离开来。

（3）固壁浮选：在溜槽壁上涂一层石蜡或脂肪，矿浆流过溜槽时，矿物就会黏附在石蜡或脂肪表面，而脉石会沉入矿浆中，使矿物与脉石分离开来。

（4）表层浮选：将磨细的矿粉直接（或用药剂预先处理后）平稳给到水的表面上，亲气的矿粒就会漂浮在水面上，而亲水的脉石就会沉入水中。如果在溜槽上进行处理，称为粒浮；如果在摇床上进行处理，称为台浮。

（5）泡沫浮选：将磨好的矿浆加入浮选药剂调好浆以后，设法在矿浆中发生气泡，亲气而疏水的矿粒能黏附在气泡上，然后上升漂浮在矿浆表面，而亲水的矿粒仍然留在水中，这样使不同矿物彼此分开。

泡沫浮选根据产生气泡的方法不同又可以分为以下七种：

1）电解浮选：利用电解方法产生气泡的浮选方法。

2）化学生泡浮选：利用酸和碳酸盐反应产生气泡的浮选方法。

3）真空浮选：利用抽气机将液面上部空间抽成真空使矿浆中的空气形成微泡析出而产生气泡的浮选方法。

4）正压力浮选：在矿浆表面先施加 $0.35 \sim 0.7$ MPa 增加空气在矿浆中的溶解量，然后去掉过剩的压力恢复 0.1 MPa，使 0.1 MPa 下不能留在矿浆中的气体析出而产生气泡的浮选方法。

5）机械搅拌式浮选机浮选：利用机械搅拌作用吸入空气并分散成气泡的浮选方法。

6）压气式浮选机浮选：向矿浆底部送入压缩空气穿过多孔介质而产生气泡的浮选方法。

7）联合式浮选机浮选：把机械搅拌式和压气式的作用同时运用在一种浮选机上产生气泡的浮选方法。

泡沫浮选根据浮选前后工艺处理方法和浮选环境不同可分为下列三种。

1）载体浮选：利用粒度适当的易浮颗粒作载体，创造一定条件，使细粒矿物附着于载体上浮游的浮选方法。

2）剪切絮凝浮选：细粒矿物疏水化后在强搅拌的剪切力作用下，先絮凝成絮团然后浮选的浮选方法。

3）选择絮凝浮选：细粒浮选前，先加分散剂后加絮凝剂，使细泥中的某些矿物发生选择性絮凝，而其他矿物保持分散状态，通过浮选将非絮凝状态的矿物与絮凝状态的矿物分离的浮选方法。

通常说的浮选多数指泡沫浮选，在生产中常用的浮选多为机械搅拌式浮选机浮选、压气式浮选机浮选和联合式浮选机浮选。载体浮选、剪切絮凝浮选和选择絮凝浮选只是泡沫浮选中的几种特殊工艺。

2.2.2　矿物浮选的润湿理论

润湿现象和矿物的可浮性理论也称润湿理论。泡沫浮选是利用气液界面分离的浮选，亲气的矿物附着在气泡上，亲水的矿物总是被留在矿浆中。把和水亲和力小、和气体亲和力大的矿物叫做疏水性矿物；把和亲水力大、和气体亲和力小的矿物叫做亲水性矿物。亲气的矿物是疏水的，亲水的矿物是疏气的。显然，亲气疏水的矿物容易黏附在气泡上跟着气泡上浮，我们称之为可浮性好；反之，亲水的矿物，不容易黏附在气泡上，不能跟着气泡上浮，我们就说它们可浮性差。所以浮选是以矿物表面物理化学性质差异为基础的分选方法，也就是以矿物的疏水性、亲水性和可浮性差异为根据的分选方法。

润湿是自然界常见的现象。任意两种流体与固体接触，所发生的附着、展开或浸没现象（广义地说）称为润湿过程。其结果是一种流体被另一种流体从固体表面部分或全部被排挤或取代，这是一种物理过程，且是可逆的。如浮选过程就是调节矿物表面上一种流体（如水）被另一种流体取代（如空气或油）的过程（即润湿过程）。

日常生活中，也有很多亲水、疏水和润湿现象。如清洁玻璃上的水滴，呈扁平状；而荷叶上的小水珠、玻璃上的小汞滴，常呈圆形。它们在固液气三相交界处形成的角度是不同的。因此，为了表示固相表面的亲水性和疏水性的大小，常用接触角 θ 的大小来表示，如图 2-3 所示。所谓接触角，是顶点位于三相润湿周边上，以固液界面和气液界面切线为两边包括液相的夹角。接触角 θ 值越大，表示固相的疏水性和可浮性越好。通常把 θ 视为疏水性和可浮性的标志，把 $\cos\theta$ 视为润湿性的标志。接触角的值在 0° 到 180° 之间变化时，$\cos\theta$ 值在 1 与 0 之间变化。矿物的疏水性和可浮性小时，其亲水性和润湿性大。通过实验测得部分矿物的接触角见表 2-2。由表 2-2 可以看出，大部分矿物是亲水的。表 2-2 所列 θ 值与实际浮选的可浮性次序大致相当，故通过对矿物 θ 值的测定与研究，即可掌握各个矿物的可浮性，由表 2-2 也可知，大部分矿物是亲水的，只有少部分为天然疏水的。一般地，$\theta > 70°$ 时，矿物天然可浮性好；$\theta = 60° \sim 70°$ 时，矿物天然可浮性中等；$\theta < 60°$ 时，矿物天然可浮性差。亲水性矿物 θ 值小，比较难浮；疏水性矿物 θ 值大，比较易浮。

表 2-2　部分矿物的接触角

矿物名称	$\theta/(°)$	矿物名称	$\theta/(°)$
硫	78	黄铁矿	30
滑石	64	重晶石	30
辉钼矿	60	方解石	20
方铅矿	47	石灰石	0~10
闪锌矿	46	石英	0~4
萤石	41	云母	约0

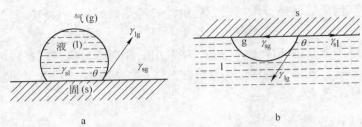

图 2 - 3　接触角示意图

a—定滴；b—定泡

实际生活中的"油水不相容"现象，在矿物的表面性质中也同样存在，即亲水性矿物不亲油，而疏水性矿物则亲油，这是气泡与油具有的共同性质。由于多数矿物不是自然疏水的，因此必须在矿浆中添加各种浮选药剂来选择性地控制各种矿物表面的亲水性，获得所需要的矿化能力。在浮选过程中加入捕收剂后，扩大了有用矿物与脉石矿物之间的这种差异是进行矿物浮选的基础措施。

在矿物浮选中，为了改变矿物表面的物理化学性质，提高或降低矿物的可浮性，以扩大矿浆中各种矿物可浮性的差异，进行有效地分选，所使用的各种无机和有机化合物，称为浮选药剂。浮选药剂或用于调节矿浆的浮选性质，或用来改善气泡的浮选性质，为矿物的分选创造有利条件。

2.2.3　矿物浮选的双电层理论

2.2.3.1　双电层的产生

浸在水中的矿粒，受水和溶质作用以后，界面会产生与溶液体相不同的电荷分布，正负离子各偏于固液两相的一侧，这双层电荷称为双电层，如图 2 - 4 所示。浮选体系中固相表面与液相形成双电层，出现电位差的原因分为三类：

（1）优先解离。在水中的矿物，其正负离子受水偶极的引力不同，和水偶极互相引力大的离子，解离后进入溶液的数量较多；而互相引力小的离子，留在固相表面的数量多。比如方解石 $CaCO_3$ 在中性溶液中被溶入溶液中的 CO_3^{2-} 比 Ca^{2+} 多，结果带正电荷；而白钨矿在中性溶液中被溶入溶液中的 Ca^{2+} 比 WO_4^{2-} 多，结果带负电荷。

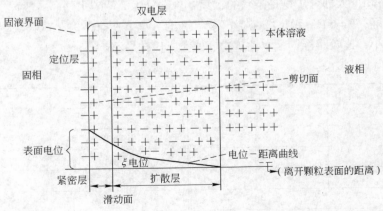

图 2 - 4　双电层模型

（2）优先吸附。硅酸盐和氧化物在溶液中表面先形成相应的酸和醇，然后解离，使矿物表面荷电。如硅酸盐的硅氧键断裂后，先吸附 H^+ 和 OH^-，生成硅醇，再释放 H^+，使其表面荷负电。

（3）晶格取代。白云母一类的铝硅酸盐，因为三价的 Al^{3+} 在四面体中取代了 Si^{4+}，层面上引入 K^+，在水中时 K^+ 溶入水中，表面总是荷负电而且与溶液条件无关。

2.2.3.2 双电层的结构

图 2-4 是双电层示意图，矿物固相表面是双电层的内层，又称定位离子层。紧靠表面外层的是紧密层，又称斯特恩层，其中的离子受固相表面的静电引力和分子力最大，排列紧密，能够跟着固相在液相中移动，其厚度取决于被吸附离子本身的离子半径，大约为一层水化离子的厚度。滑动面的外侧到双电层的边界称为扩散层，扩散层中的离子分布较松散，固相运动时不随固相运动。紧密层和扩散层中大多数离子电荷与内层的相反，与内层离子起电性平衡作用，所以这两层中的反号离子又称配衡离子，紧密层和扩散层都属于双电层的外层。扩散层中的配衡离子与表面没有特殊亲力，只靠静电吸引。那些能在固液两相间自由运动又能固定在固相表面的决定表面点位的特殊离子，称为定位离子。定位离子可以是组成固体的离子，或者能够与固体反应生成捕收剂盐或络合物的离子，此外还有氢离子和氢氧根离子。当然，符号相反的离子在特定的溶液组分中，只有正或负离子在内层中占优势，决定表面电位的符号。

矿物固相表面与溶液相间的电位差称为双电层的全电位或表面电位，用 Ψ_0 表示。斯特恩面与溶液相间的电位差称为斯特恩电位，以 Ψ_s 表示。一般情况下，Ψ_s 小于 Ψ_0，但如果被吸附在紧密层中的反号离子与固相表面有化学力等特殊亲力，或者被吸附离子间的烃键缔合很强，足以克服静电斥力，也可以使 $|\Psi_s| > |\Psi_0|$，并改变固相表面的电位符号。由于固相在溶液中运动时，是沿滑动面对溶液做相对运动，运动的固相对溶液的电位称为电动电位，简称动电位，以 ξ 表示，因此也叫 ξ 电位。由于斯特恩层是一个假想层，其厚度大约为一个水化离子的厚度，而随固相运动的离子的尺寸及水化程度不同，故滑动面的位置与斯特恩面稍有不同，所以 ξ 与 Ψ_s 不完全相等，但通常不加区别。

全电位为零的条件称为零电点，简记为 PZC（point of zero change），电动电位（ξ 电位）为零的条件称为等电点，简称 IEP（isoelectric point）。等电点表示配衡离子在滑动面内的量，已在电性上与内层的定位离子的量相等。等电点和零电点的区别在于：零电点时，矿物固体表面不带任何电荷；当等电点时，矿物固体表面带有电荷，只是紧密层中的抗衡离子的电荷与固相表面的恰恰相等，在固相相对于环境的运动中不显示电性。但是矿物表面不荷电，总荷电为零时，动电位也会为零，故此时等电点和零电点相同。

对于导体和半导体，可将矿物做成电极测出 Ψ_0，对于非导体可用能斯特公式求出：

$$\Psi_0 = \frac{RT}{nF} \ln \frac{a_+}{a_+^0} = -\frac{RT}{nF} \ln \frac{a_-}{a_-^0} \qquad (2-9)$$

式中　R——气体常数，取 8.314J/（mol·℃）；

　　　T——绝对温度，取 298.16K；

　　　n——离子的价数；

　　　F——法拉第常数，取 96485C/mol；

a_+，a_-——正负定位离子在溶液中的活度；

a_+^0，a_-^0——零电点时正负定位离子的活度。

上面公式仅供研究人员使用，作为一般技术管理人员只做一般了解即可。有人专门对硅酸盐的零电点进行了研究，由于硅酸盐的结晶构造和晶格单元所含离子种类不同而具有不同的零电点，具体数据指标见表 2-3。

表 2-3 各类硅酸盐矿物零电点

硅酸盐类型	表 面 性 质	零电点范围
正硅酸盐	Si—O 键不断裂，表面带金属阳离子	pH = 4~8
偏硅酸盐环	少量 Si—O 键断裂，表面有金属阳离子	pH = 3~4
偏硅酸盐链	Si—O 键断裂，表面有金属阳离子	pH = 3
闪石	Si—O 键断裂更多，表面有金属阳离子	pH = 3
架状硅酸盐	沿层间断裂，表面荷负电或中性（如云母）	pH = 0.4~1
架状硅酸盐	整个表面都有 Si—O 键断裂，荷负电	pH≈2

2.2.3.3 矿物表面的电性与可浮性的关系

矿物的电现象与可浮性关系理论也称双电层理论。矿物表面的电性对矿物浮选的影响是多方面的，其中包括：零电点影响氧化矿及硅酸盐浮选时应用的捕收剂类型；零电点影响药剂对氧化矿及硅酸盐的抑制与活化作用；静电位影响硫化矿表面黄药起作用的形式；矿浆电位影响矿物表面的氧化还原作用；矿浆电位影响硫化矿无捕收剂浮选；矿物表面的电荷影响微细粒的分散和絮凝。

A 零电点与捕收剂的选择

烷基磺酸盐、烷基硫酸盐、短链烷基羧酸盐、胺类及其盐对氧化物和硅酸盐起捕收作用，主要是靠静电引力吸附于矿物表面。矿粒与捕收剂的电荷符号必须相反。矿物表面荷正电时，阴离子捕收剂方能起捕收作用；矿物表面荷负电时，阳离子捕收剂才能起捕收作用。应用这些捕收剂时，必须知道矿物的零电点，因为 pH 值低于零电点时，矿物表面 H^+ 占优势，荷正电，只能吸附阴离子捕收剂；相反，pH 值高于零电点时，矿物表面 OH^- 占优势，荷负电，只能吸附阳离子捕收剂。当 pH 值等于零电点时，矿物表面不荷电，有利于中性捕收剂吸附，但是难以控制，选择性差。

B 表面电性与抑制和活化作用

氧化物与硅酸盐用胺类捕收剂时，某些药类的抑制与活化作用，也与表面电性有关。pH 值高于石英的零电点时，石英表面荷负电，可以用胺类捕收。但是在加捕收剂之前，应先加入无机阳离子，增加矿物表面阳离子的吸附量，可以减少胺的吸附，所以无机阳离子起抑制作用。试验证明，用十二胺浮选石英时，K^+、Na^+、Ba^{2+} 等离子都有抑制作用。刚玉的零电点为 9.1，当 pH = 6 时，其表面荷正电，此时用胺作捕收剂，就不能浮游。若加入足量的 SO_4^{2-}，SO_4^{2-} 在刚玉表面吸附力强，可使刚玉表面的动电位变为负号，从而可以用胺捕收，SO_4^{2-} 因改变矿物表面的电位起到活化作用。试验证明，在 pH = 6 时，加入 0.1mol Na_2SO_4，用 5×10^{-4}mol 十二胺，刚玉完全可以浮选。应用静电引力和斥力来解释浮选过程的理论称为浮选静电理论。其要点可以概括如下七点：

（1）当矿物表面荷电为负时，阳离子型药剂被吸附，阴离子型药剂受排斥，反之亦然。

（2）分离是以矿石中不同矿物的零电点的差别为基础。

（3）为了进行快速浮选，斯特恩面内的捕收剂的吸附必须很显著。

（4）对氧化矿、硅酸盐可通过调整 pH 值增加矿物表面电位的绝对值来加强捕收剂吸附。

（5）物理吸附的表面活性离子可以在斯特恩面聚集，通过烃链缔合成半胶束。链长增加，捕收剂吸附增加，浮选因此强化。

（6）中性分子可以通过烃链缔合发生共吸附，浮选因此得以强化。

（7）即使在化学吸附的表面活性静电体系中，静电作用也是重要的。很强的对抗性的静电作用可能抵消化学吸附的作用，使捕收作用消失。

2.2.4 矿物浮选的电化学理论

硫化矿浮选的电化学机理理论也称电化学理论。电化作用机理认为硫化矿物是半导体，可以作为电子源或电子池，支持矿物表面发生的电极反应。表面的阳极氧化反应和阴极还原反应同时发生，只是两种反应可以在不同的区域或同一区域发生。例如黄原酸盐氧化成双黄药的反应：

$$2ROCS_2^- + 0.5O_2 + 2H^+ \longrightarrow (ROCS_2)_2 + H_2O$$

可以看作两个单独的、同时进行的表面电极反应过程，即黄药的阳极氧化反应和氧的阴极还原反应：

黄药的阳极氧化反应：$\qquad 2ROCS_2^- \longrightarrow (ROCS_2)_2 + 2e$

氧的阴极还原反应：$\qquad 0.5O_2 + 2H^+ + 2e \longrightarrow H_2O$

又如方铅矿在含氧的矿浆中与黄药作用的反应：

$$PbS + 2ROCS_2 + \frac{1}{2}O_2 + 2H^+ \longrightarrow Pb(ROCS_2)_2 + S + H_2O$$

既包括阳极氧化反应也包括和氧的阴极还原反应：

阳极氧化反应：$\qquad PbS + 2ROCS_2^- \longrightarrow Pb(ROCS_2)_2 + S + 2e$

氧的阴极还原反应：$\qquad 0.5O_2 + 2H^+ + 2e \longrightarrow H_2O$

以上反应生成的双黄药、黄原酸铅吸附在硫化矿表面，增强了矿物疏水性，是硫化矿浮选的作用机理。

2.2.5 矿物浮选的吸附及溶度积理论

吸附与浮选关系理论也称吸附理论。浮选过程经常伴随着固液界面和液气界面的吸附。泡沫的稳定与矿粒的浮游都与吸附密切相关。所谓吸附就是溶质浓度在两相界面上与体相内部不同的现象。

2.2.5.1 吸附的类型

浮选体系包括固、液、气三相，使用药剂的种类繁多。浮选药剂在不同的条件下、不同的界面上，可以发生不同的吸附，吸附的类型可以分为以下九种。

（1）分子吸附：相界面吸附的是溶质的分子。如气液界面吸附矿浆中的松醇油或醇类分子。辉钼矿、石墨表面吸附烃类分子、淀粉分子。

（2）离子吸附：界面吸附的是溶液中的离子。例如石英表面吸附 Ca^{2+}、Fe^{2+} 等离子，硅酸盐表面吸附 RNH_3^+。

（3）交换吸附：溶液中某一种离子替换矿物表面上的一种离子而吸附在矿物表面上。例如矿浆中的 Cu^{2+} 与闪锌矿表面的 Zn^{2+} 相交换并在闪锌矿表面发生吸附；溶液中的 RNH_3^+ 与氧化矿或硅酸盐矿物表面的 H^+ 相交换并吸附在矿物表面。

（4）双电层的内层吸附（定位吸附）：溶液中与矿物晶格同名的离子或对电位能起决定作用的离子，在固液界面双电层内层发生的吸附，它们可以改变矿物表面的总电位数值甚至总电位的符号。例如方铅矿表面吸附的 Pb^{2+}、S^{2-} 或黄药阴离子。

（5）双电层的外层吸附：溶液中的离子或分子在双电层的外层发生吸附。离子在双电层外层发生吸附是靠静电引力，分子在双电层外层发生吸附一般是靠先吸附的物质和后吸附的物质分子间碳氢链的缔合力。

（6）特性吸附：分为两种，第一种情况把在斯特恩层中的吸附都称为特性吸附，把固定在表面的离子称为特殊离子。第二种情况则把那些因为与矿物表面有静电引力以外的特殊亲和力的溶质在矿物表面发生的吸附，统称为特性吸附。

（7）单层吸附：被吸附的分子或离子在相界面上只排成一层或不满一层。例如多数硫化矿用黄药浮选时，由于黄药的浓度很低，黄药离子在硫化矿表面的吸附往往不满一个单分子层。

（8）多分子层吸附：溶质在相界面的吸附形成多分子层，多分子层一般发生在溶质浓度较大时。例如用油酸捕收赤铁矿可以发生多达数十个分子层的吸附。

（9）半胶束吸附：溶液中捕收剂浓度较大，长烃链的捕收剂在矿物表面吸附达到一定密度后，捕收剂烃链间因范德华力作用相互缔合，可以大大增加其分子或离子在矿物表面的吸附密度，形成平面胶束。因为它向二维空间发展，和溶液中形成的三维胶束状态不同，和开始形成的浓度也不同，所以把它称为半胶束。开始形成半胶束的浓度，一般比在溶液中开始形成胶束的临界胶束浓度（CMC）低两个数量级。形成半胶束的浓度比形成多分子层的浓度低。利用半胶束吸附的原理，加入长烃链的分子如中性油类，往往可以节约捕收剂的用量。例如用胺类做石英的捕收剂可加入十二醇减少胺的用量。

以上各种吸附根据吸附力的不同又可分为物理吸附和化学吸附两大类。

（1）物理吸附：由分子键力（范德华力）引起的吸附都称为物理吸附。物理吸附的特征是热效应小，一般有 20.9J/mol 左右，吸附质会发生表面位移，易于从表面解吸，具有可逆性，可以是多分子层，无选择性，吸附速度快。如前面所述的分子吸附、双电层外层的吸附就是物理吸附。

（2）化学吸附：由化学键力引起的吸附称为化学吸附。化学吸附的特征是热效应大，一般在 83.68~1673.6J/mol 之间，吸附牢固，不发生位移、不易解吸，是不可逆的，只是单层吸附，具有很强的选择性，吸附速度慢。例如交换吸附，定位吸附，黄药在铜铅硫化矿表面的吸附，羧酸离子在铁、钙氧化矿表面的吸附就是化学吸附。

化学吸附与化学反应的关系，就作用力的性质而论，化学吸附与化学反应二者是一致的，但化学吸附一般是化学反应的前奏，在较低的药剂浓度下即可发生，吸附后不形成新的化合物，没有一定的计量关系；化学反应通常在较高的药剂浓度下发生，反应物间有电子转换和严格的计量关系，在固相表面开始形成的表面化合物，没有厚度，随着化学反应深入进行，产生新相，新相的晶格参数也和原来的固相不同。

2.2.5.2　竞争吸附中的溶度积理论

浮选过程中，存在着各种矿物对药剂的竞争，也存在着各种药剂对矿物表面作用的竞争。浮选药剂与矿物的作用，无论发生化学吸附、离子交换还是生成特定的化合物，都遵循一般化学反应规律。任何反应推动力的大小与产物的溶度积有关。

难溶电解质尽管难溶，但还是有一部分阴阳离子进入溶液，同时进入溶液的阴阳离子又会在固体表面沉积下来。当这两个过程的速率相等时，难溶电解质的溶解就达到平衡状态，固体的量不再减少。这样的平衡状态叫溶解平衡，其平衡常数叫溶度积常数，简称溶度积（solubility product）。对于难溶物质 A_nB_m 而言，在溶液中溶解存在如下平衡：

$$A_nB_m \rightleftharpoons nA^{m+} + mB^{n-}$$

对于溶解摩尔浓度为 c 的该物质的溶度积为：

$$K_{sp} = (c\,A^{m+})^n(c\,B^{n-})^m$$

一般说来，生成物溶度积小的，能够优先生成，优先在矿物表面发生吸附。这就是选择某些捕收剂或抑制剂作用机理的理论依据。

2.2.6　矿物浮选的分散絮凝理论

2.2.6.1　微细粒的存在状态

处理氧化矿石、细粒嵌布矿石与易泥化的矿石时，经常遇到微细矿泥如何处理的问题。浮选中遇到的选别效果不好的细泥，一般小于 $10 \sim 19\mu m$，它比胶体化学中所说的胶体粒度更粗，但许多概念和原理与胶体化学相似。微细矿粒悬浮在矿浆中，通常处于下列六种状态中的某一种状态。

（1）分散状态：矿浆中的微细矿粒由于表面带相同的电荷互相排斥，或者受某种高分子化合物作用以后，表面生成一层在水中相互排斥的保护膜，增加了颗粒在液相中的空间稳定性，长时间不能分成浓度不同的层，各个小颗粒可以自由运动，这时称矿粒处于分散状态。

（2）聚沉（凝聚或凝结）状态：向矿浆中加入某种无机电解质（如石灰、明矾）以减少或消除矿粒表面的电荷斥力，通过碰撞聚集在一起的现象，称为聚沉现象。这种电解质引起的聚沉过程比较慢，所得的沉降颗粒群排列紧密、体积小。

（3）絮凝状态：向溶胶或悬浮体内加入极少量高分子化合物，如淀粉或其他絮凝剂，通过高分子在颗粒间架桥发生桥联作用，使颗粒联结在一起迅速沉降，沉降物呈疏松的棉絮状，这种状态称为絮凝状态。

（4）剪切絮凝状态：白钨矿等一类的矿物与油酸等捕收剂作用后，在高速搅拌剪切力的作用下，因捕收剂非极性基互相缔合也能形成絮凝体，这种状态称为剪切絮凝状态。

（5）团聚状态：向矿浆中加入非极性的油类后，疏水性矿粒聚集在油相中结成一团，称为团聚状态。当体系中有气泡时，就会形成油和疏水颗粒以及气泡的团聚体，通常称之为团粒。

（6）解絮凝状态：通过长时间搅拌或加入某种药剂破坏已经生成的絮团，使颗粒重新处于分散状态。这种状态称为解絮凝状态。这种作用称为解絮凝作用。

分散絮凝与浮选关系理论也称分散絮凝理论。

上述几种颗粒的聚集状态可以因为加入的药剂不同而具有亲水性或疏水性。因为聚沉过程中加入的是亲水的电解质，所以聚沉体表面是亲水的。絮凝过程中，加入的絮凝剂是多链节多极性基团的高分子化合物，除了一部分基团能够与矿物表面作用以外，另一部分基团暴露在液相中有亲水作用，所以絮凝体是亲水的。而剪切絮凝、油团聚和油气团聚过程中，极性基作用于矿物表面，疏水基向着水，所以剪切絮凝、油团聚和油气团聚的产物都是疏水的。细粒浮选就是根据细粒矿物的这些特性差异，在矿浆浮选之前，通过改变或控制细粒矿物在矿浆中的存在状态和可浮性，实现选择性的浮选或抑制目的，最后经过浮选实现不同微细粒矿物的分离目的。分散与絮凝是进行微细粒浮选经常用到的预处理工艺，有时分散和絮凝单独使用，有时也会联合使用。

絮凝剂的吸附形式有卧式、环式和尾式三种。卧式是高分子絮凝剂全部分子的链节都躺在固体的表面上。环式是高分子的两端都吸附于固体表面上。尾式则是高分子只有一端吸附于固体表面上。一般情况下，高分子絮凝剂都只有一部分链节（能与固相作用的官能团）吸附在固体表面上。絮凝剂与固相表面作用的键合力有静电键合、氢键键合和共价键合三种。此三种键合形式有时会以一种形式发生，有时也会有几种形式同时发生。

2.2.6.2　选择絮凝

对于多种矿物悬浮液进行絮凝处理时，由于各种矿物与絮凝剂的作用强弱不同，与絮凝剂作用强的矿物发生絮凝沉降，而作用弱的矿物仍保持分散状态，就称为选择絮凝。选择絮凝过程一般分为分散、加药、搅拌、选择絮凝、沉降分离五个阶段。

第一阶段——分散：异相矿泥聚沉以及由此引起的细泥罩盖或粗粒背负细粒现象，如果不先将它们分散，会使选择絮凝产物的质量不纯。所以选择絮凝之前，必须加入水玻璃等分散剂，使粒子全部处于分散状态。

第二阶段——加药：主要是加入絮凝剂。

第三阶段——搅拌：加入絮凝剂的最初阶段快速搅拌可以使药剂与矿浆混匀并充分分散，后一阶段慢速搅拌有利于絮凝剂在矿粒表面吸附，并有利于使已凝成的絮团不被搅散。搅拌过久也容易破坏絮团和使矿物溶解。

第四阶段——选择絮凝：这个阶段要尽量减少夹杂，一般在悬浮液浓度较稀、絮团较小、沉降较慢的条件下得到絮团，夹杂较少。有时利用微弱的上升水流来冲洗絮团，甚至将第一次分离所得的絮团进行再处理，以减少夹杂，提高絮团的质量。

第五阶段——沉降分离：选择性的絮团形成以后，需在浓缩或分级设备中使絮团沉降，而分散的粒子随水溢流，这样使分散的粒子和絮团分离。掌握沉降时间很重要，沉降时间过短，部分絮团进入分散产物，回收率低；沉降时间过长，粗粒相、分散相也会沉降进入絮凝产物中，造成絮凝产物质量低劣。

选择絮凝与浮选结合运用有下列四种形式：

（1）浮选前先进行选择絮凝。脱除细粒脉石，然后对絮凝沉降物进行浮选分离。即"选择絮凝脱泥—浮选"。例如美国蒂尔登的细粒铁燧岩，先磨到 $-25\mu m$ 占85%，用苛性钠和水玻璃分散，再用淀粉使赤铁矿絮凝沉降；分散的细粒脉石就随水从浓密机溢流溢出；与絮团一起下沉的粗粒脉石再用阳离子捕收剂进行反浮选脱除。

（2）选择絮凝后，用浮选法浮选已絮凝的脉石矿物，然后再浮有用矿物。例如含黏土的钾盐，先在盐水溶液中使黏土絮凝，用浮选法将黏土絮团浮出，再用浮选法浮选钾盐。

（3）在浮选过程中，用絮凝剂絮凝（抑制）脉石，然后浮选有用矿物。例如铬铁矿浮选时，在 pH = 11.5 的介质中，用羧甲基纤维素絮凝脉石，使脉石絮凝体不浮，用油酸浮出铬铁矿。

（4）在浮选前先进行粗细分级，粗粒浮选，细泥用选择絮凝法分离。

2.3 浮选药剂的分类及作用机理

2.3.1 浮选药剂的分类

天然矿物的亲水性虽然彼此有些差异，但是只利用它们的自然亲水性的差异浮选，效果绝大多数不会好。因此现代浮选一般都依靠使用浮选药剂来实现扩大分选矿物表面的疏水性差异的目的。浮选药剂可按用途分为捕收剂、起泡剂和调整剂三大类。

（1）捕收剂：用来增强矿物的疏水性和可浮性的药剂。如黄药、黑药、乙硫氨酯和油酸等。

（2）起泡剂：用来提高泡沫的稳定性和延长泡沫寿命的药剂。如松醇油、BK－201、甲基异丁基甲醇、苯乙酯油等。

（3）调整剂：用来调整矿物离子组成和捕收剂与矿物作用的药剂。调整剂通常又分为以下五小类。

1）抑制剂：用来增强矿物的亲水性、降低矿物可浮性的药剂。如硅酸钠、氰化物、硫酸锌等。

2）活化剂：用来促进矿物与捕收剂的作用或者消除抑制剂作用的药剂。如硫酸铜、硫化钠等。

3）pH 值调整剂：用来调节矿浆酸碱度的药剂。如石灰、苏打、硫酸等。

4）分散剂：能使细泥在矿浆中分散悬浮的药剂。如水玻璃、G－5080 等。

5）絮凝剂：能使细泥絮凝成团的药剂。如聚丙烯酰胺、木质素等。

有些药剂只能在特定的条件下发生上述作用中的一种或两种。外界条件变化时，某种药剂的抑制和活化作用可以相互转化。如氰化物通常是铜、锌矿物的抑制剂，但当矿物表面被氧化时，氰化物可以清除矿物表面的铁锈，恢复其可浮性，故起活化作用。再如硫化钠对氧化铜矿物起活化作用，对硫化铜矿则起抑制作用；当硫化钠用量超过一定数值时，对氧化铜矿物就会由活化作用转化为抑制作用。

2.3.2 捕收剂的分类、结构及作用机理

2.3.2.1 捕收剂的分类

根据捕收剂使用的对象不同，可以将捕收剂分为硫化矿捕收剂和非硫化矿捕收剂。前者的成分中常常含有活性的二价硫，在水中变成—SH，因而可称为硫氢基捕收剂，例如黄药。后者的成分中常常含有活性的氧，在水中变成—OH，因而称为羟基捕收剂，如油酸、烃基磺酸盐等。按捕收剂起作用时，根据包含疏水性烃基部分的荷电性质不同，可以将捕收剂分为阴离子捕收剂、阳离子捕收剂和中性捕收剂三大类。各种常见捕收剂的归属及用途见表 2－4。

表 2 – 4　代表性捕收剂的归属及用途

类	属	药剂名称	代表式	用途
阳离子捕收剂	硫氢基捕收剂	黄药	$R-O-\overset{\displaystyle S}{\underset{\displaystyle\parallel}{C}}-S^-\ M^+$	捕收硫化矿及硫化后的氧化矿
		黑药	$R-O-\overset{\displaystyle S}{\underset{\displaystyle\parallel}{\underset{\displaystyle O \atop \displaystyle \mid R}{P}}}-S^-\ M^+$	
		硫氮	$R-\overset{\displaystyle R}{\underset{\displaystyle \mid}{N}}-\overset{\displaystyle S}{\underset{\displaystyle\parallel}{C}}-S^-\ M^+$	
	羟基捕收剂	羧酸皂	$R-\overset{\displaystyle O}{\underset{\displaystyle\parallel}{C}}-O^-\ M^+$	捕收非硫化矿（包括氧化矿、硅酸盐、半可溶盐和可溶盐）
		烃基膦酸	$R-\overset{\displaystyle OH}{\underset{\displaystyle OH}{P}}=O$	
		烃基磺酸盐	$R-\overset{\displaystyle O}{\underset{\displaystyle O}{S}}-O^-\ M^+$	
		烃基砷酸	$R-\overset{\displaystyle O}{\underset{\displaystyle OH}{As}}-O^-\ M^+$	
		羟肟酸盐	$R-\overset{\displaystyle O}{\underset{\displaystyle\parallel}{C}}-\overset{\displaystyle H}{\underset{\displaystyle \mid}{N}}-O^-\ M^+$	
阳离子捕收剂	胺基捕收剂	伯胺	$R-NH_2$ 或 $R-NH_3^+$	捕收硅酸盐和可溶盐
		伯胺盐	$R-NH_3^+\ Cl^-$	
两性捕收剂	氨基羧基捕收剂	氨基酸	$R-NH_2-(CH_2)_2-\overset{\displaystyle O}{\underset{\displaystyle\parallel}{C}}-O^-\ M^+$	捕收非硫化矿
中性捕收剂	酯类捕收剂	黄原酸酯	$R-O-\overset{\displaystyle S}{\underset{\displaystyle\parallel}{C}}-S-R'$	捕收硫化矿
		硫氨酯	$R-O-\overset{\displaystyle S}{\underset{\displaystyle\parallel}{C}}-N-R'$	
	烃油	各种烃油	R	捕收天然疏水矿物，也作辅助捕收剂

注：M^+ 一般为 K^+、Na^+、NH_4^+ 或 H^+，各结构式中的 R 代表各种烃基，R′ 代表同一分子中另一个烃基。

表2-4中氨基酸之所以被称为两性捕收剂是因为它在不同的pH值条件下，既可以以阴离子 R—NH$_2$—(CH$_2$)$_2$—$\overset{\overset{\displaystyle O}{\|}}{C}$—O$^-$ 的形式存在，也可以以阳离子 R—NH$_3^+$—(CH$_2$)$_2$—$\overset{\overset{\displaystyle O}{\|}}{C}$—OH 的形式存在。

2.3.2.2 捕收剂的结构与性质

阴离子捕收剂和阳离子捕收剂都具有非极性基和极性基两部分，所以称为异极性捕收剂。阴离子捕收剂以丁基黄药为例，其结构式如下：

$$CH_3(CH_2)_3—O—\overset{\overset{\displaystyle S}{\|}}{C}—S—Na$$

在药剂分子结构中氧原子为连接原子，左侧的烃基为疏水基，属于非极性基；右侧为亲固基，属于极性基。右侧的 Na 原子代表金属原子，与钠原子相连的 S 原子为亲固原子。阳离子捕收剂以胺类药剂为例，分子中的烃基为疏水基，属于非极性基，胺基为亲固基，属于极性基。阴离子捕收剂和阳离子捕收剂不同之处在于：阴离子的疏水基和亲固基都包括在阴离子中，如 ROCSS$^-$、RCOO$^-$、(RO)$_2$PSS$^-$ 等。阳离子捕收剂的疏水基和亲固基都包含在阳离子中，如 RNH$_3^+$。它们的亲固基是和矿物直接起作用的部分，而疏水基是可以伸向气泡并和气泡起联结作用的。因此捕收剂分子就会在矿粒与气泡间产生定向排列。捕收剂在矿粒表面作用以后，能使矿粒疏水亲气有以下三个原因：(1) 亲固基和矿物表面的离子作用以后，抵消了一部分残余键力，减少了阳离子对水分子的引力；(2) 疏水基起疏水作用；(3) 捕收剂的金属盐或分子，在矿粒和水层之间起隔离作用，增大了它们之间的距离，削弱了它们间的引力。例如正戊基黄药分子厚0.38nm，宽0.7nm，长1.2nm，水分子的厚度不超过0.276nm，一个正戊基黄药离子在矿物和水层之间可能造成相当于三个水分子后的空隙区。

捕收剂各部分对其性质的影响，主要有以下八个方面：

(1) 亲固原子和金属原子的电负性差异大小，决定两原子间电子云偏移的程度及分子解离度与水溶性。电负性差越大，电子云越偏向于亲固原子，药剂越容易溶解，药剂分子越易解离。比如羧酸 RCOOH 和羧酸钠皂 RCOONa 有关差异如下：

氧的电负性为3.5，氢的电负性为2.1，钠的电负性为0.9，氢氧间的电负性差为1.4，氧钠间的电负性差为2.6，结果是氧氢间电子云向氧侧偏移较少，羧酸难解离、难溶解。氧钠间电子云向氧侧偏移较多，羧酸钠皂比羧酸易溶解易解离。

(2) 极性基不同，捕收剂的类型不同，解离常数和性质都相差较远。比如十二脂肪酸和十二脂肪胺，有关差异见表2-5。

表2-5 十二脂肪酸和十二脂肪胺有关差异

捕收剂名称	十二脂肪酸	十二脂肪胺
分子式	C$_{12}$H$_{25}$—COOH	C$_{12}$H$_{25}$—NH$_2$
离子	C$_{12}$H$_{25}$—COO$^-$	C$_{12}$H$_{25}$—NH$_3^+$
解离常数	0.512×10^{-5}	4.3×10^{-4}
主要捕收矿物	钙、镁、铁的氧化物	硅酸盐

（3）亲固基的组成决定捕收矿物的类型、捕收剂金属盐的溶解度和捕收剂的选择性。比如羧酸皂 RCOONa、烃基一硫代碳酸盐 ROCOSNa、烃基二硫代碳酸盐（黄原酸盐）ROCSSNa，它们的有关区别见表 2 - 6。

表 2 - 6　亲固原子对捕收剂性质的影响

药剂名称	羧酸皂	烃基一硫代碳酸盐	烃基二硫代碳酸盐
分子式	RCOONa	ROCOSNa	ROCSSNa
亲固基	$\begin{matrix}O\\\parallel\\-C-O^-\end{matrix}$	$\begin{matrix}O\\\parallel\\-C-S^-\end{matrix}$	$\begin{matrix}S\\\parallel\\-C-S^-\end{matrix}$
亲固原子	$-O^-$	$-S^-$	$-S^-$
捕收对象	非硫化矿	硫化矿	硫化矿
亲固基亲水性大小	大	中	小
作捕收剂时烃基中碳原子个数	9~18	>2~5（一般不用）	2~5

从表 2 - 6 的数据对比可以看出，亲固原子由氧换成硫以后，使捕收剂的性质发生了两点变化。首先，使捕收剂的对象由非硫化矿物（包括氧化矿、硅酸盐、铝硅酸盐、半可溶盐和可溶盐等）转变为硫化矿物。或者说由于捕收剂中的亲固原子与硫化矿中的硫是同名元素，容易和硫化矿中的金属发生作用，所以对硫化矿起捕收作用。而且由于硫氢基捕收剂不捕收非硫化矿，所以在起捕收作用时有较好的选择性。其次，氧和水分子间形成氢键的能力比硫大，所以亲固基中含硫个数增加，疏水性也增大。黄药只要 2~5 个碳原子的烃基，油酸则需要 9~18 个碳原子的烃基也证明了这一点。

（4）亲固基的几何尺寸对药剂捕收性能的影响。用胺类浮选可溶盐类矿物时，阳离子半径大的 Ba^{2+}（$r=0.135nm$）、Rb^+（$r=0.148nm$）、K^+（$r=0.133nm$）的氯化物容易浮游，而离子半径小的 Mg^{2+}（$r=0.065nm$）、Na^+（$r=0.095nm$）等氯化物不易浮游。对这个问题的解释有两种观点：一种是认为捕收剂的半径与晶格阳离子半径相近，能够发生嵌镶吸附才有捕收作用，另一种认为阳离子半径小的可溶盐表面水化性大、水化层厚；阳离子半径大的可溶性盐表面水化性小、水化层薄，特别是它与阳离子半径小的可溶性盐共存于饱和溶液时是如此。因此 KCl 等与 NaCl 共存于饱和溶液中，容易被胺类捕收剂捕收。

（5）疏水基中的原子数主要影响捕收力。因为烃链的长度通常随碳原子数增加而增加。烃基越长，水层对矿粒表面的亲力越小。同系列的捕收剂，其亲固基的亲水性相同，但是随着烃基中碳原子的数目增多而使其在矿物表面的疏水性增强，也就是说疏水基中碳原子数量越多其捕收能力越强。捕收剂的捕收力的增强通常伴随着其选择性的下降。因为当矿石中有两种以上可浮性相似的矿物伴生时，使用一定量捕收力强的捕收剂，就可能不仅使目的矿物浮游，而且使可浮性稍差的伴生矿物也浮游，结果泡沫产物的有用成分品位下降。换言之，疏水基中碳原子数多的捕收剂发生捕收作用时选择性下降。长碳链的黄原酸盐及脂肪酸吸附到一定的密度时，烃基间的色散力使捕收剂在矿物表面发生半胶束吸附，也是增强捕收力的一个途径。

（6）非极性基异构的影响。带支链的捕收剂由于支链往横向舒展，与直链的相比显得短而宽，使每个分子所占的面积加宽，也妨碍捕收剂的紧密排列和削弱分子间的色散力。

当支链位于极性基附近时，其空间位阻作用可能妨碍极性基与矿物间发生作用。烃基中的双键使烃链发生曲折变形，其效果和支链有些相似，但双键对水的亲和力较大，有利于长链分子的溶解和抗冻。

（7）卤素取代基使分子亲水而易解离。已知氢的电负性为 2.1，氟的电负性为 4.0，氯的电负性为 3.0，当氟和氯取代烃基中的氢以后，会使烃基由非极性变为极性而带有一定的亲水性。

（8）含有孤对电子的氧、硫、氮以及炔基的捕收剂，能通过氢键、配价键和 π 键等形式与矿物表面作用，形成一种与矿物反应的附加力，炔类捕收剂与硫化矿的作用力就是靠 π 键。

2.3.3 泡沫稳定与起泡剂的作用机理

2.3.3.1 泡沫破裂与稳定的机理

一般的泡沫浮选，都靠气泡从矿浆中黏附并运出疏水的矿粒。单个的气泡在矿浆面上聚集成一定厚度的泡沫层，进一步富集成有用矿物，使从泡沫层中所排出精矿的主要成分和性质都能满足质量标准。故浮选工艺对气泡的大小和泡沫的稳定性有一定的要求。小的气泡有较大的比表面积，与矿物碰撞的机会比较多，黏附的矿粒数量多，对微细粒的浮选效率高。但是，小气泡表面吸附的矿粒过多时，容易发生过载。粘满矿粒的矿化气泡，容易因为它们的平均比重超过矿浆比重而不能浮游或浮游速度太慢，导致有用成分损失于尾矿中。反之，大气泡比表面积小，与矿物碰撞的机会比较少，黏附的矿粒数量少，而且稳定性差，对于浮选稳定也不利。一般在浮选实际操作时要求中小泡居多。比表面积是指单位质量物料所具有的总面积。分外表面积、内表面积两类，单位为 m^2/g。这里所讲的气泡的比表面积为外表面积。矿化泡沫的平均比重是矿化气泡的质量（气泡上矿粒质量、气泡内空气质量和水膜质量之和）与矿化泡沫的体积（气泡上矿粒体积、气泡内空气体积和水膜体积之和）的比值，单位为 g/cm^3。

泡沫的稳定性一般是指泡沫寿命的长短，就浮选的要求而言，还应该包括小泡是否容易兼并成大泡。浮选要求矿化气泡在泡沫层中能够适当兼并，使泡沫上的矿粒有重新排列的机会，脉石在矿粒重新排列的过程中能随泡沫层中的水流返回矿浆中去，使有用矿物得到富集。这些互相兼并的气泡不能寿命过短，它们必须保持能够越过浮选机槽面，排入精矿槽中。但是，矿化泡沫又不能过于坚韧，它必须在落入精矿槽时由于受槽底碰击或补给水的冲击立即破灭，以保证精矿输送系统能够正常工作。

泡沫的稳定性与组成它的固、液、气三相的成分有关。空气和水两相组成的泡沫，其稳定性主要取决于液相成分。空气、水溶液和矿粒组成的三相泡沫，其稳定性除了与液相的成分有关以外，还与矿粒物相的疏水性和粒度大小有关。

2.3.3.2 两相泡沫破灭和稳定的原因

气体分散在纯水中形成的气泡上升到水面时，突出水面的液膜中的水由于受到重力、水表面张力和下部水的浮力的挤压作用而迅速下流，造成液膜变薄，加上蒸发作用，液膜可能会自动破裂或者因为水波冲击及空气流动而破碎。几个气泡聚集在一起组成气泡，每个气泡与相邻的气泡的交界处发生扭曲变形，如图 2-5 所示。由于气泡内气体的附加压强 ΔP 与表面张力 r 和气泡的半径 R 有下列关系：

$$\Delta P = \frac{2r}{R} \qquad\qquad (2-10)$$

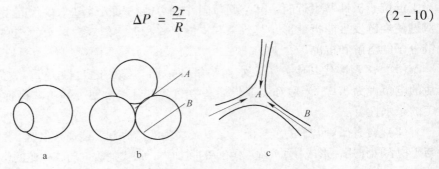

图 2-5　气泡边界发生扭曲变形

a—小气泡突向大气泡；b—同等大小的气泡间形成普勒托边界；c—普勒托边界

当小泡与大泡相邻时，小泡因为半径 R 较小，所以附加压强较大，小泡中的气体会透过液膜进入大泡，如图 2-5a 所示，使二者兼并成更大的气泡，破裂的趋势也随着增大。三个气泡相交形成的普勒托边界上，如图 2-5c 所示，液膜中 A 点的压力比 B 点小，B 处的液体会自动地向 A 处流动，因此使薄的液膜变得更薄，加速了气泡兼并和破裂的速度。如果提前加入起泡剂，所产生的气泡就会变得比较稳定。加入起泡剂的液气体系，两相泡沫可以稳定的原因可以从以下六个方面分析。

（1）表面张力：泡沫生成时液体的表面积增加，体系的能量也相应地增加。如果在水中加入表面活性物质，降低表面张力，可以相对降低生成泡沫的功耗，也可以降低普勒托边界上 A、B 两点的压差，使液膜中的液体排出速度变慢，有利于泡沫稳定。但研究数据显示，泡沫的寿命与表面张力并没有比例关系，只与表面活性剂的类型和用量有关系。

（2）溶液黏度：溶液黏度是指溶液内部的黏度，也叫体黏度。溶液的体黏度高时，液膜中的液体不容易流出，液膜变薄的速度慢，能够增强泡沫的稳定性。

（3）表面黏度：是液体表面上单分子层内的黏度，它由表面活性剂在单分子层内的相互作用产生，它是表面吸附膜的坚固性（半固体性）的量度。表面黏度对泡沫寿命的影响最明显。表面黏度越高的体系，形成的泡沫寿命越长。若我们向起泡剂的溶液中加入第二种表面活性剂，加强起泡剂分子或离子间的引力和减小它们之间的斥力，就能增加起泡剂表面膜的强度，有利于增加泡沫的稳定性。

（4）修复气泡表面的作用：当泡沫的液膜受外力冲击时，会发生局部变薄，变薄之处表面积增大，表面活性剂分子的吸附密度随之减小，表面张力随之升高，有利于约束泡内的气体分子外逸。此时表面活性剂的分子力图向变薄部分迁移，以恢复原有的吸附密度和表面张力。在迁移过程中，活性剂分子携带附近的溶液一起运动，结果使变薄的液膜恢复原来的厚度，这种表面张力和液膜厚度的恢复，结果使泡沫更加稳定，这就是气泡表面的修复作用。修复作用的宏观现象表现在液膜具有一定的表面弹性，能对各种机械力的撞击保持气泡形态不变。

（5）液膜表面的电荷：有些兼有起泡性的捕收剂如 $RSO_4^- Na^+$、$RCOO^- Na^+$ 等，由于表面活性离子在气液界面吸附形成荷负电的表面，反号离子 Na^+ 分散在液膜溶液中，组成表面双电层。当液膜变薄到一定程度时开始显著起作用，防止液膜进一步变薄，有助于泡沫稳定。

（6）液膜的透气性：大小气泡相邻时，小泡中的气体压强比大泡中的高，于是小泡中的气体透过液膜扩散到大泡中去造成气泡兼并，这种液膜被气体透过的能力叫做液膜的透气性。一般说来，表面黏度高的，透气性低，泡沫稳定性好。

在浮选过程中，影响两相泡沫稳定性的因素要比以上所介绍的更为复杂，因为液相中除了起泡剂类的表面活性剂以外，还有各种金属离子、非金属离子、起泡剂、捕收剂及其产物的共同作用。

2.3.3.3 三相泡沫的稳定性

浮选过程中经常处理的是含固、液、气三相的泡沫，其液相中会有少量的起泡剂，泡沫中所含的固相和液相的百分率则因条件不同变化较大。泡壁中的矿粒能形成毛细管，对液膜中水的流动起阻碍作用，也成为气体透过的障碍，所以泡壁中的矿粒对提高泡沫的稳定性有重要的影响，而且存在以下 4 个规律。

（1）有矿粒存在时，浮选泡沫的结构力学性质升高，泡沫的稳定性显著增加，而且泡沫的稳定性随矿粒在泡沫上黏附强度的提高而提高。

（2）过粗或过细的矿粒对泡沫稳定性的影响，都不如中等矿粒的效果好。

（3）矿粒的形状对泡沫的稳定性有一定影响。一般情况下，片状矿粒对泡沫有最大的稳定作用。

（4）起泡剂和调整剂如果对矿粒在泡沫上的固着强度发生影响，则它们对泡沫的稳定性有决定性的影响。

2.3.3.4 对浮选起泡剂的要求

浮选起泡剂应具有以下特点：

（1）要求起泡剂有一定的起泡能力和适当的泡沫稳定性。一个体系的起泡性和泡沫的稳定性是一个事物不同的两个方面。起泡性是指在特定条件下充气，生成泡沫相对速率（稳定态的体积）与充气时间的关系。泡沫稳定性是指在特定条件下，停止充气到泡沫破灭消失所经历的时间（即泡沫寿命）。例如合成的起泡剂丁醚油，虽然有好的起泡性，但是泡沫寿命没有松醇油长。

（2）要求起泡剂是非极性基和极性基构成的异极性有机物。好的起泡剂通常是不易解离和不具有捕收性的起泡剂。起泡剂的非极性基长度和大小也应该适当。因为非极性基的长度和结构，在相当程度上决定着药剂的溶解度和表面吸附层中分子间的相互作用力大小，从而影响表面黏度以及泡沫的稳定性。例如脂肪醇的起泡性随着碳链长度的增加而增加，碳链达到 7~8 长度的醇起泡性最好，碳链长度再增加起泡性则减小。

（3）要求起泡剂分子不解离，在较宽的 pH 值范围内呈分子状态，才能使体系的起泡性比较稳定。

（4）要求起泡剂价格低、来源广、有实际使用价值。

（5）要求起泡剂无毒、无臭，最好不易燃不易爆。有利于环境保护和工人操作及安全管理。

2.3.3.5 起泡剂的分类

起泡剂根据资源和加工条件不同分为以下四种类型：

（1）天然芳香油类：利用松树、樟树、桉树的叶、枝、干、根、脂加工得到松油、樟油、桉油等都具有一定的起泡性。这三种油由于加工深度和方法不同，又有许多具体的名称。例如松油可分为松醇油（也称为 2 号油）、新松醇油、优 53 - 松油、浓 70 - 松油等。樟油可分为白樟油、黄樟油、红樟油、蓝樟油等。选矿浮选常用的起泡剂为松醇油。松醇油为淡黄色油状液体，相对比重 0.905 ~ 0.92，有松脂气味，主要成分为 α - 萜烯醇，是松节油的主要成分 α - 萜烯经加工后得到的产物。

（2）醇类起泡剂：醇类中可做起泡剂的多为 C6 ~ C9 的脂肪醇。多为混合醇类起泡剂，此类起泡剂有混合六碳醇，代号 P1 - MPA，和 2 号油相比，起泡性强，泡沫较脆，选择性好，是六碳烯经硫酸水合制得的产物。类似的药剂还有甲基异丁基甲醇或甲基戊醇。此外还有 5 ~ 7 碳混合仲醇等。

（3）醚醇类起泡剂：这类起泡剂包含有丁醚油（也称 4 号油）、烷基醚醇油、甘苄油等。

（4）脂油：包括各种有机酸和醇生成的酯，在工业常用的是 C5 ~ C9 的脂肪酸乙酯及苯乙酯油。

2.3.3.6 起泡剂作用机理

A 单纯起泡剂的作用机理

起泡剂多数是杂极性表面活性剂，可以在气液界面吸附浓集，降低气液表面能，使气泡体系能量降低，促使空气分散，生成直径较小的气泡，并能在相界面上进行定向排列，以其极性端指向水，非极性端指向气。由于极性端和水分子发生作用，在气泡表面形成一层水化层，阻碍了气泡的兼并，同时还可增加气泡抗变形及破裂的能力。

B 起泡剂与捕收剂的共吸附作用机理

一些捕收剂本身虽没有起泡作用，但能够在气泡表面吸附，对起泡剂的起泡作用产生影响。例如，黄药本身是捕收剂，无起泡能力，但若与醇一起使用，就会提高醇类的起泡能力，且高级黄药的影响比低级黄药要大，捕收剂与起泡剂在气液界面有联合作用，这种现象称为共吸附。捕收剂与起泡剂不仅在气泡表面产生共吸附现象，而且也在矿物表面产生共吸附；当矿粒与气泡碰撞时，起泡剂与捕收剂由于在界面上共吸附而产生互相穿插，使气泡与矿物固着稳定。新的一些研究表明，部分非表面活性物质如与捕收剂一起使用，可以产生很好的泡沫，并可提高精矿品位及回收率。例如，双丙酮本身不起泡，虽能吸附到固液界面，却并不能使矿物表面疏水。但如与捕收剂一起使用，由于它与捕收剂在矿物颗粒和气泡表面发生共吸附的结果，可形成良好的泡沫层。

2.3.4 调整剂的分类及作用机理

2.3.4.1 调整剂的分类

通常将捕收剂和起泡剂以外的其他浮选药剂统称为调整剂，许多调整剂在不同的用量和不同条件下，对浮选的影响各不相同。根据它们的主要功用可分为抑制剂、活化剂、pH 值调节剂、分散剂和絮凝剂五大类。它们分别在液相内部、固液界面和气液界面发生作用。

2.3.4.2 调整剂在矿浆液相中发生的作用

调整剂在矿浆液相中发生的作用主要是以某种形式改变矿浆中的离子组成。其中包括：

（1）通过加入 pH 值调整剂改变矿浆中的 H^+、OH^- 的浓度，进而改变盐类、弱酸、弱碱的解离状态。

（2）加入某种药剂和矿浆中的离子化合，生成难溶的沉淀，以除去某些离子的影响。

（3）极个别情况下加入离子交换剂或吸附剂，以除去有害离子的影响。

（4）加入络合剂以络合溶液中的某些离子，它和形成的难溶沉淀不同之处是：加入络合剂数量少时可以生成沉淀，络合剂用量大时转化成可溶性的络合物。

2.3.4.3 调整剂在固液界面发生的作用

调整剂和固相表面的作用，可以从作用形式和产生的效果分四个方面进行讨论。

（1）调整剂在固相表面的作用分为：离子吸附、化学吸附、化学反应、分子吸附、胶粒吸附和全面或选择性溶解六种。

（2）调整剂在固相表面作用，由于改变了固液界面的组成和电位，可以产生两种主要的物理效应：

1）固相表面电位的变化，使悬浮液中固相的分散和凝聚状态变化。

2）固相表面组成改变，亲水性改变，水化层的厚度和稳定性改变，矿粒和气泡间的引力改变。矿泡黏附的感应时间也随之改变。

（3）调整剂的抑制作用，可能由下列原因中的一个或几个引起。

1）形成亲水薄膜：亲水的抑制剂离子或胶束吸附于矿粒表面上，由于它本身的水化，造成亲水性。

2）封锁表面活性区排挤捕收剂的吸附。

3）溶去能与捕收剂作用的表面活性离子。

4）通过生成难溶化合物或稳定的络合物，减少或消除溶液中的活化离子。

5）与捕收剂化合生成难溶的化合物，削弱捕收剂的作用。

6）矿泥或胶粒霸占气泡表面，原生矿泥或某些药剂胶粒黏附在矿粒表面，可以阻隔矿粒表面捕收剂疏水基转入气泡，从而使矿粒不能牢固地附着在气泡上。

（4）调整剂的活化作用可由下列几种途径引起：

1）增加与捕收剂作用的活化中心。例如，硫酸铜处理闪锌矿以后，使矿物局部表面由 ZnS 转化为 CuS，加上磺酸铜的溶度积比磺酸锌小，所以能增大黄药在闪锌矿表面的吸附。

2）与矿物表面作用生成溶解度小的化合物，矿物表面进一步与捕收剂反应生成捕收剂膜，也不易从矿物表面脱落或溶解。例如白铅矿 $PbCO_3$ 用 Na_2S 硫化以后生成的 PbS 膜，就能稳固地保持捕收剂膜。

3）消除和减少矿浆中的抑制性离子，例如用硫酸铜可以消除 CN^- 的抑制作用。用充气的办法可以消除 Na_2SO_3 和 Na_2S 的抑制作用。

4）加入少量活性剂，它们与矿浆中的离子反应后，在气液界面形成高度分散的胶粒薄膜，有利于矿粒向气泡吸附。例如，向含有 $NaOH$ 的石英悬浮液中加入 $CaCl_2$，几分钟内就在气液界面生成活性钙化物的薄膜，使石英颗粒向气泡黏附的时间急剧缩短。溶去亲水的抑制性薄膜。例如酸洗能除去矿物表面的 $Fe(OH)_3$、$CaCO_3$、$MgCO_3$ 膜，NH_4OH 和少量 CN^- 能溶去硫化铜矿物表面的孔雀石膜，都使膜下的矿物得以活化。

2.3.4.4 调整剂在气液界面发生的作用

任何调整剂加入液相中都可以影响其他调整剂甚至起泡剂的存在状态，也能影响气液界面双电层的电荷分布，从而改变泡沫的寿命、泡沫层厚度以及气泡表面黏附矿粒的活性。

在调整剂对泡沫厚度和寿命的影响方面，如果在矿浆中有一定比例浓度的油酸、煤油和硫酸铜，加入氢氧化钠，则有一个用量使泡沫层厚度最大；如果加入硫化钠和氰化钠就会使泡沫层厚度下降。再如，向有油酸及松油的萤石矿浆中加入一定量的水玻璃，可使泡沫寿命由45s延长到480s，随着水玻璃用量的增加，泡沫寿命增长，但是当超过某一增大的用量后，泡沫的寿命会缩短。

在调整剂可在气液界面形成活性或抑制性的胶粒方面，用同位素法测过钙离子在气液界面的吸附量，可达上百个钙离子层的厚度，说明在界面形成了胶粒。在矿浆中加入少量钙离子，对石英有活化作用。实验研究表明，随着时间延长，形成过大的胶粒，会阻碍矿粒向气泡接触。过多的胶粒霸占气泡表面以后，也会阻碍矿粒附着。加入烃基磺酸钠等可以阻止胶粒生长，保持它处于细粒起活化作用的状态。

2.4　铜冶炼渣浮选原理

2.4.1　铜冶炼渣选矿药剂及作用机理

目前国内炉渣选矿药剂方案可以归纳为三种药剂方案，第一种炉渣为转炉渣和电炉渣的混合渣，其中的矿物以硫化铜矿物为主，捕收剂采用Z-200号，起泡剂使用松醇油。入选前使用石灰调节pH值为8~9。第二种炉渣为闪速熔炼炉渣，其中的矿物以氧化铜矿物为主，捕收剂采用Z-200号和丁黄药，起泡剂使用松醇油，使用硫化钠作为活化剂。第三种炉渣为底吹熔炼炉渣，其中的矿物以硫化铜矿为主，伴生金银等贵金属矿物，捕收剂采用丁黄药，起泡剂使用松醇油。

由以上药剂方案可以得知：捕收剂主要使用Z-200号和丁基黄药，起泡剂使用松醇油，活化剂采用硫化钠。下面针对每种药剂对其作用机理进行介绍。

2.4.1.1　Z-200号的捕收作用机理

Z-200号是选矿药剂丙乙硫氨酯的简称代号，它的化学专业名称为：O—异丙基—N—乙基硫逐氨基甲酸酯，是硫氨酯（全名为烃基硫逐氨基甲酸酯）药剂类的一种，其结构式如下：

$$CH_3-CH-O-\overset{\overset{\displaystyle S}{\|}}{C}-N-C_2H_5$$
$$\quad\ \ \underset{CH_3}{|}\qquad\quad\ \underset{H}{|}$$

丙乙硫氨酯为琥珀色油状液体，微溶于水，性质稳定，不易分解变质，是铜、锌等硫化矿物的有效捕收剂，是不易解离的分子型捕收剂。Z-200号的作用机理：炉渣在磨矿过程中经过磨剥作用单体解离形成矿浆，硫化铜矿物在水和氧的作用下发生化学反应产生Cu^{2+}，并形成双电层的紧密层，使斯特恩电位呈现正电性。在分子结构中，由于RO—和RNH—正共轭效应，电子云使中部的S原子和N原子具有较强的负电性，与金属离子结合的活性增大。在矿浆中，Z-200 号药剂分子会通过较强的电性差异优先吸附到硫化铜矿物表面双电层的斯特恩层与 Cu^{2+} 结合，Z-200 号分子的疏水基（异丙基、乙基）向外排列在矿物表面并形成紧密覆盖，增强了硫化铜矿物的疏水性。红外光谱研究证明，硫氨酯与矿物表面铜离子的作用，主要是 S、N 络合，结构式如下：

$$
\begin{array}{ccc}
 & S \!-\!\!\!\!-\!\!\!\!-\! Cu & \\
 & \| & \\
CH_3\!-\!CH\!-\!O\!-\!C\!-\!C\!-\!N\!-\!C_2H_5 & \\
\ \ \ | & \ \ \ \ \ | & \\
\ \ \ CH_3 & \ \ \ \ H &
\end{array}
$$

S、N 原子由此变成了极性活性基并强烈的吸附在矿物表面，受 S、N 原子共轭效应的影响，覆盖在铜矿物表面非极性基疏水基，易于发生分子间烃基的缔合，也大大增强了炉渣中硫化铜矿物的可浮性，同时有利于减少捕收剂的用量。

2.4.1.2 丁黄药的作用机理

黄药是常用的硫氢基捕收剂，通式为 ROCSSMe，学名为烃基二硫代碳酸盐，简称黄药。丁黄药是黄药类药剂的一种，它的化学名称为丁基黄原酸钠，简称丁黄药，是多种金属硫化矿物的捕收剂。化学式为 $C_4H_9OCSSNa$。丁黄药的结构式如下：

$$
\begin{array}{c}
S \\
\| \\
CH_3(CH_2)_3\!-\!O\!-\!C\!-\!S^-\ Na^+
\end{array}
$$

丁黄药的捕收作用机理：丁黄药在矿浆中电离为丁基黄原酸根离子和钠离子，丁基黄原酸根离子带有很强的负电性。炉渣在磨矿过程中经过磨剥作用单体解离形成矿浆，硫化铜矿物在水和氧的作用下发生化学反应产生 Cu^{2+}，并形成双电层的紧密层，使斯特恩电位呈现正电性，会优先吸引含有与硫化铜矿物具有相同组成元素 S 的丁基黄原酸根离子。当丁基黄原酸根离子被吸附到铜矿物的斯特恩层，按照溶度积理论，便与 Cu^{2+} 进一步发生化学反应形成稳定的难溶于水的丁基黄原酸铜，并附着在硫化铜矿物表面，丁黄药的疏水基丁基向外排列形成疏水层，由于丁基比较整齐，交易发生烃基缔合作用。因此硫化铜矿物的疏水性大大增强。从药剂作用机理来看，丁黄药与硫化铜矿物的吸附，不仅存在静电吸附还存在化学吸附，与 Z-200 号相比，吸附力更大，也更稳固。

2.4.1.3 松醇油的起泡作用机理

由松醇油的化学结构可知，它的主要成分为 α-萜烯醇，具有极性基羟基，含有双键的 6 碳环为非极性基。带有极性的羟基与水分子具有较强的亲和力，在气泡中易于吸附于气泡的表面，进一步锁住水分子保持气泡液膜厚度的稳定。由于非极性基的疏水性具有阻力作用，减小了泡沫间普勒托边界水流速度和压差，有利于保持气泡稳定，延长气泡寿命。在浮选过程中，环境是含固、液、气三相的泡沫，由于捕收剂分子吸附在矿物表面，捕收剂分子的疏水基排列在矿物表面的最外层，易与气泡表面的起泡剂分子发生共吸附现象，使得捕收剂的疏水基与气泡结合得更为牢固，随着气泡不断地产生和浮游上升，把矿物带到矿浆表面。

2.4.1.4 硫化钠的活化作用机理

炉渣中的氧化铜矿由于含有氧原子，造成其亲水性强，在磨矿和矿浆动态环境中，在水和空气的作用下，形成含有大量 Cu^{2+} 的 Cu-O 双电层结构。当加入硫化钠时，硫化钠在矿浆中电离出 S^{2-} 和 Na^+，其中的 S^{2-} 由于可以和氧化铜矿物表面的 Cu^{2+} 发生反应生成

CuS 沉淀，覆盖在矿物表面形成膜，进一步排挤了由于氧原子靠氢键吸附的水分子，这就完成了氧化铜矿物表面性质向硫化铜矿的转化，形成 $Cu-S$ 双电层结构，双电层中存在的 Cu^{2+}，为捕收剂丁黄药或 $Z-200$ 号提供了类似对硫化铜矿进行捕收的基础条件。这就是硫化钠对氧化铜矿物的活化机理。

2.4.2 炉渣浮选基本原理

2.4.2.1 浮选机的基本功能与分类

浮选机工作时，其内部装满矿浆和空气的混合物，要完成良好的浮选过程，浮选机除应具备工作连续、可靠、寿命长、易维修、耗电少、结构简单、能长期安全运转等性能外，还要求浮选机必须具备以下三个基本功能：

（1）充气功能。必须能够向矿浆中吸入或压入足量的空气，并使空气分割成细小的气泡，同时把气泡均匀分散在全槽的矿浆中。目的是保证能够产生大小合适、数量足够、稳定性适宜的气泡，使之分散在矿浆中，以一定的动能运动，并和药剂、矿粒碰撞，产生选择性黏附，实现矿化。

（2）搅拌功能。浮选机要具备适当强度的搅拌作用。目的是：1）使矿浆获得的上升速度高于矿粒的沉降速度，使矿浆处于湍流状态，以保证矿粒的悬浮，防止矿砂沉积；并以一定动能运动、碰撞，实现矿粒和药剂的附着。2）促进药剂溶解和分散。促进大片空气变成气泡，并把气泡均匀分散到全槽中，提高浮选效率。

（3）矿化泡沫上升富集功能。在浮选机槽体内形成的矿化气泡要能够升至液面，形成三相泡沫层，并产生二次富集作用，泡沫精矿和尾矿能及时排出。

在实际浮选生产中，性能优良的浮选机应满足下列要求：（1）充气量大且易调节。气泡数量直接影响浮选速度，不同矿物或浮选的不同作业（粗选、扫选、精选）各有其合适的充气量，这就是要求充气量要易于调节的原因。（2）搅拌强度要足够，以保证矿浆浓度、颗粒和气泡在浮选机内的分布均匀及药剂的分散，满负荷停车后易于直接重新启动。（3）矿浆通过能力大，以适宜较高的处理量，槽内矿浆循环量大，以保证矿粒与气泡接触机会多。（4）矿浆液面高度可以调节，形成稳定的矿浆液面和泡沫层，及时稳定地排出泡沫精矿。（5）适应自动化需要，调节方便、灵活，减少检测仪表和执行机构数量。

目前国内外浮选机的种类多达数十种，其分类方法也不一致，通常按充气方式进行分类。按浮选机的充气方式，大致可分为机械搅拌式浮选机和空气式浮选机两大类。

（1）机械搅拌式浮选机包括机械式搅拌浮选机和充气搅拌式浮选机。机械式搅拌浮选机是由叶轮或转子的旋转使矿浆产生负压进行自吸空气式充气和搅拌的浮选机。充气搅拌式浮选机是机械搅拌与外部压入空气相结合的浮选机。

（2）空气式浮选机包括压气式、气体析出式浮选机。压气式浮选机是由外部压气机送入压缩空气，以使矿浆充气和搅拌，它又可细分为单纯压气式和气升式两种。气体析出式浮选机是通过改变矿浆内气体压力的方法，使气体从矿浆内析出弥散气泡，并使矿浆搅拌，亦称变压式。它也细分为抽气降压式和加压式。

此外，如果按浮选机的槽体结构，又可分为深槽式和浅槽式浮选机。按浮选机的泡沫排出方式，又可分为刮板式和自溢式浮选机。

2.4.2.2　浮选机的充气与气泡的形成

浮选机的充气和气泡的形成原则上有三种方法：

（1）机械搅拌作用将空气流粉碎形成气泡。机械搅拌式浮选机（如 JJF 浮选机、SF 浮选机等）气泡生成主要通过此法，形状不同的转子或叶轮对矿浆进行激烈搅拌，使矿浆产生强烈的旋涡运动。由于旋涡的剪切作用吸入浮选机的空气被分散成直径不等的气泡。

（2）空气通过多孔介质的细小眼孔形成气泡。压入式浮选机（如 CLF 浮选机、浮选柱等）的气泡生成用此法。通过管道从外面压入的压缩空气经过由陶瓷或橡胶做成的、多孔结构的充气分散器后便会产生细小气泡。但空气的压力要适当，太小时不利于空气透过，气泡数量少；过大时又易形成喷射气流而不成泡，并造成液面不稳。

（3）气体从矿浆中析出形成微泡。在标准状态下，空气在水中的溶解度约为2%，把矿浆液面抽成真空时，随着压力降低，溶解的气体便会以微小气泡的形式从溶液中析出。析出的微泡具有直径小、分散度高、气液界面大、有选择地优先在疏水性较高的表面析出等特点，因而称为活性微泡。近代浮选机设计时很注意确保大量微泡并以此强化浮选过程。微泡在矿粒表面的析出有利于突破矿粒与气泡之间的水化层，当粗粒表面有微泡时，其他气泡可通过微泡附着到矿粒上，形成无残余水化膜的附着，或许多微泡附着到粗粒矿物上构成气泡絮凝体而上浮，加强了粗粒的浮选。

2.4.2.3　气泡在机械搅拌式浮选机内的运动

浮选机内大体可以分为三区，如图2－6所示。主要包括充气搅拌区、分离区和泡沫区。

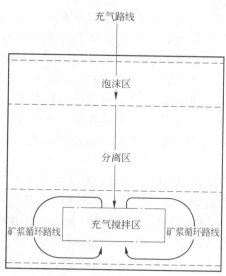

图2－6　浮选机内部区域划分示意图

（1）充气搅拌区：主要作用是通过叶轮对矿浆空气混合物进行抽吸和激烈搅拌形成循环矿浆流，粉碎气流，使气泡弥散；避免矿粒沉淀；增加矿粒和气泡的接触机会等。在搅拌区气泡由于跟随叶轮甩出的矿浆流作紊流运动，所以，气泡升浮速度较慢。

（2）分离区：在此区间内气泡随矿浆流一起上升，且矿粒向气泡附着，成为矿化气泡上浮。随着漩涡运动变弱，静水压力减少，气泡变大，矿化气泡升浮速度也逐渐加大。

（3）泡沫区：带有矿粒的矿化气泡上升至此区形成有一定厚度的矿化泡沫层。在泡沫层中，由于大量气泡的聚集，气泡升浮速度减慢。泡沫层上的气泡会不断自发兼并，产生"二次富集"作用。

2.4.2.4 气泡的兼并和溶解

气泡的兼并和溶解不仅取决于充气和分散过程，还取决于已生成的气泡的兼并和溶解过程。气泡兼并使其直径变大、不稳定和易于破灭、气泡减少、气泡总面积减少、对矿化不利。气泡的溶解使气泡消失，但影响不像兼并那样明显。一般气泡越小，液相中气体饱和程度越低，溶解度越大。但溶解后在降压时还会以微泡析出，故主要应控制气泡的兼并。加入起泡剂可提高气泡稳定性，减缓气泡的兼并。浮选机中气泡的生成和消失是两个相反的过程，并很快达到动态平衡。提高搅拌强度、加入起泡剂等均可使平衡朝气泡生成方向发展。

2.4.2.5 浮选辅助设备及作用

对进入浮选作业之前的矿浆进行药剂处理的设备，主要有搅拌（调和）槽和给药机等，在浮选过程中，对于充气式浮选机还配备鼓风机等辅助设备。

搅拌槽亦称调浆桶、调和槽或搅拌桶等。矿浆进入浮选机之前，通常先进入搅拌槽，利用其内部装设的机械搅拌器进行一定时间的强烈搅拌（即调浆），使加入的选矿药剂能均匀地溶解（或分散）于矿浆中，并与矿物充分接触和混合，以促进药剂与矿物的相互作用，为矿物的浮选分离创造良好条件。对于某些粗、细粒级别可浮性差别较大，但又需一起进行浮选的矿石，为使它们的可浮性趋于均一化，采用粗、细粒级分别调浆常有利于改善浮选效果。有的浮选厂还采用带有充气作用的搅拌槽进行调浆。这是因为在充气条件下进行调浆，可使各种硫化矿物表面的氧化程度出现差别，从而扩大其矿物可浮性的差异，有利于改善各种硫化矿物之间的浮选分离效果。搅拌槽是一个用钢板（或木板、塑料板）制成的圆筒形槽体，中央安装有垂直轴，轴的末端装有带四个叶片的搅拌器，轴的上端有传动装置，用于驱动垂直轴转动；轴外是一根直立套管，套管上有几支供矿浆循环的支管，套管下端连接盖板，可防止停车时搅拌器被矿砂埋没而不能启动。工作时，矿浆和药剂给至套管内，经调和后的矿浆由溢流口排出并送入浮选机进行选别。

给药机亦称加药机。浮选厂使用的各种有机和无机浮选药剂，绝大多数都以液体形式加入到矿浆中，只有少数以粉末状干式添加。粉末状固体药剂通常多采用带式给药机，有的亦采用盘式给药机。添加液体油药的则有轮式给药机、杯式给药机、提斗式给药机、虹吸管式给药机以及电子数控给药机等。电子数控给药机的特点是调节药量迅速、及时、准确，且可远距离操作和便于实现自动化管理等。20世纪80年代以来，中国已有许多浮选厂采用了 DS 型电子数控给药机，它主要由带电磁活动球阀的虹吸管和控制系统两部分组成。控制系统可以控制电磁活动球阀在规定加药周期内开启时间的长短，从而控制虹吸管吸出的液态油药量。

充气搅拌式浮选机不足之处是，对矿浆进行充气需配备鼓风机，常用的有离心风机、罗茨风机等。充气搅拌式浮选机的机械搅拌器（转子定子组）只起搅拌抽吸矿浆形成循环矿浆流和分散气流的作用，空气靠外部附设的低压风机鼓入。浮选机工作时，由鼓风机鼓入低压空气，经转子定子组的作用分割成细小气泡，并被均匀地弥散在浮选槽内。可以通过控制鼓风机的排气管路总阀门来控制供风量的大小，一般一经调好以后不再调动。在浮选操作过程中，仅通过调节每台浮选机的供气支管阀门大小来控制每个浮选作业空气的充入量，确保形成稳定的泡沫和合适的泡沫层厚度。

2.4.2.6　铜冶炼渣浮选过程的基本原理

无论哪种浮选机都具有相同的特点，那就是具备充气功能、搅拌功能和矿化泡沫上升富集功能，浮选过程基本原理如图2-7所示。

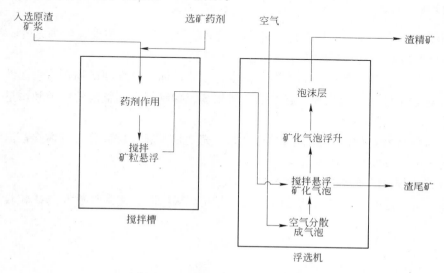

图2-7　浮选过程基本原理示意图

浮选的辅助设备加药机将选矿药剂加入搅拌槽和不同作业的浮选机内，经过设备的搅拌槽调浆后，可以使选矿药剂充分溶解分散，与矿粒得到充分碰撞接触。入选原渣矿浆首先给入搅拌槽后，与选矿药剂在搅拌作用下，充分混合分散和悬浮，并发生反应，捕收剂分子（丁黄药或Z-200号）就会吸附在铜矿物表面，增强炉渣中铜矿物的可浮性。当矿浆进入粗选作业浮选机后，在浮选机叶轮的搅拌下和进入浮选机内部的空气在充气搅拌区充分混合，给入浮选机的空气在叶轮和定子的搅拌和剪切作用下，形成大气量微细气泡，在起泡剂松醇油的作用下，分散的气泡更加稳定。这些气泡通过浮选机的搅拌作用和经过捕收剂捕收的铜矿物进一步黏附形成矿化气泡。随着循环矿浆的作用开始在矿浆中上升到分离区，在分离区矿化气泡逐步和脉石矿物分离并得到富集，最后到达泡沫区。矿化泡沫在泡沫区通过破灭和兼并，使矿化泡沫得到进一步富集。最后随着泡沫层的不断增厚自动溢出或被浮选机刮板带动，经过浮选机溢流堰排出浮选机形成浮选渣精矿。而沉在浮选机底部的亲水性脉石则形成渣尾矿，通过浮选机的排矿阀门排出形成尾矿进入下一段浮选作业——扫选，一般有2~3次扫选，之后形成最终渣尾矿，扫选的精矿由于品位较低一般要返回粗选进行再选。为了保证精矿质量，粗选得到的精矿要经过2~3次精选后得到最终渣精矿，精选的尾矿循序返回上一作业进行再选。一般扫选需要继续添加捕收剂和起泡剂，由于粗选泡沫精矿中含有大量捕收剂和起泡剂，精选就不需再添加；精选和扫选的浮选原理与粗选相同。这就是炉渣浮选过程的基本原理。

2.5 浮选动力学

浮选过程进行的快慢，可用单位时间内浮选矿浆中被浮选矿物的浓度或回收率变化来衡量，并称为浮选速率。浮选动力学的主要任务是研究浮选速率的规律，并分析各种影响因素。研究浮选速率的意义是：改善浮选流程、发展浮选新工艺；改进浮选机设计，并根据试验室和半工业试验结果进行比拟放大，有利于浮选回路的最佳化控制及自动化等。

2.5.1 影响浮选动力学的因素

矿物浮选是一个复杂的物理化学过程，实际矿石浮选除了物理化学因素外，还受机械和操作条件的影响。这些影响因素可概况分为四类：

（1）矿物的性质。如矿物的种类、粒度分布、单体解离度和矿物颗粒表面性质等。

（2）化学条件。如捕收剂、起泡剂、活化剂、抑制剂和调整剂的种类和用量，以及水质特性等。

（3）机械特性。如浮选机的结构与性能、充气量及起泡尺寸分布、搅拌紊流程度、泡沫层厚度与结构以及刮泡速度等。

（4）操作控制。如矿浆浓度和温度等。

很多人研究过矿粒粒度对浮选的影响。有人曾得出浮选速率常数 K 与矿粒粒度的经验关系式：

$$K = qL^a \qquad\qquad (2-11)$$

式中 　q——与矿物有关的常数；

　　　L——矿粒直径；

　　　a——试验确定的常数，对 $20 \sim 200mm$ 的磷灰石、赤铁矿和方铅矿，$a=2$，对石英，$a=1$。

该式适用范围有限，一般情况是，在某一中间粒度有最大浮选速率，对于不同矿物，出现最大浮选速率的粒度不同。当粒度小于这一最佳值时，随着粒度的增加，气泡和矿粒碰撞并形成气泡–矿粒集合体的概率增加，因此，其浮选速率也随之增加；当粒度大于这一最佳值时，粒度对矿粒与气泡碰撞并形成集合体的概率的影响虽然不大，但是粒度增大后惯性增大，使气泡和矿粒集合体在达到浮选机矿浆表面泡沫层之前分开，因此其浮选速率下降。

其他因素对浮选速率的影响，许多人曾做过研究。但是由于所涉及的问题实际上十分复杂，所以很难得出每一个因素对浮选速率影响的一致结果。

2.5.2 浮选动力学方程式的级数

矿粒向气泡附着是浮选过程的基本行为，将这一过程与化学反应相类比，矿粒与气泡的碰撞和黏附相当于化学反应过程中的分子、原子和离子等粒子间的相互作用。当化学反应过程中的一级反应方程式描述矿物浮选行为时，在窄粒级纯矿物浮选条件下是拟合良好的；令人失望的是，对于实际矿物的浮选过程，一般来说，均得不到满意的拟合结果。无疑，与相对比较均匀的分子、原子和离子间的化学反应相比，浮选过程要复杂得多。

2.5.2.1 一级反应

实验室纯矿物试验和工业浮选产品筛析研究的结果均表明，就窄级别单一矿物而言，浮选速率正比于浮选槽内矿浆中该种粒度的浓度，遵循一级反应速率方程：

$$\frac{\mathrm{d}c}{\mathrm{d}t} = -Kc \qquad (2-12)$$

式中　c——矿浆中目的矿物的浓度；

　　　t——浮选时间；

　　　K——浮选速率常数。

由于浮选槽内矿物浓度的变化与回收率的变化是相对应的，为了使用上的方便，将式（2-12）改写成如下形式：

$$\frac{\mathrm{d}\varepsilon}{\mathrm{d}t} = K(1-\varepsilon) \qquad (2-13)$$

式中　ε——目的矿物的回收率。

$$\varepsilon = 1 - e^{-Kt} \qquad (2-14)$$

由于实际矿石中存在不能浮起的目的矿物，因此浮选时间无限延长时所能达到的回收率不会是100%，只能是ε_∞（最大回收率）。

$$\varepsilon = \varepsilon_\infty(1 - e^{-Kt}) \qquad (2-15)$$

2.5.2.2 n级反应

对于一般实际矿石浮选，用式（2-15）来描述误差十分大。如果浮选槽内目的矿物浓度的下降不是与槽内该矿物的浓度成正比，而是与浓度的 n 次方成正比，则有式（2-16）。

$$\frac{\mathrm{d}c}{\mathrm{d}t} = -Kc^n \qquad (2-16)$$

式（2-16）即为 n 级浮选速率模型的基本形式。同理可将式（2-16）写成便于应用的形式：

$$\frac{\mathrm{d}\varepsilon}{\mathrm{d}t} = K(\varepsilon_\infty - \varepsilon)^n \qquad (2-17)$$

2.6　磁选和铜冶炼炉渣磁选原理

2.6.1　磁选的基本原理

矿物磁性差异是磁选的依据。矿物的磁性可以测出，根据其磁性强弱程度可把矿物分为三类：（1）强磁性矿物，如磁铁矿、磁黄铁矿等，这类矿物为数不多；（2）弱磁性矿物，如赤铁矿、褐铁矿、钛铁矿、硬锰矿、软锰矿、石榴石等，这类矿物数目较多；（3）非磁性矿物，大部分的非金属矿物和有色金属矿物都属于这一类。在磁选机的磁场中，强磁性矿物所受磁力最大，弱磁性矿物所受磁力较小，非磁性矿物不受磁力或受微弱的磁力。

由于矿物之间磁性不同，它们进入磁选设备的磁场中所受的磁力就不同，因而运动轨迹不同，最后分为磁性产物和非磁性产物（或强磁性产物和弱磁性产物），实现磁选分离。

磁选机的磁场是实现磁选分离的必要条件。磁场可分为均匀磁场和不均匀磁场，磁场的不均匀程度用磁场梯度来表示，磁场梯度就是磁场强度沿空间的变化率，即单位长度的磁场强度变化量。磁场梯度越大，则磁场的不均匀程度越大，也就是磁场强度沿空间变化率大。磁性矿粒所受磁力的大小，与磁场强度和磁场梯度的乘积成正比。如果磁场梯度等于零（均匀磁场无论磁场强度多高，其磁场梯度均等于零），则磁性矿粒所受磁力为零，磁选就不能进行了。因此，磁选机都采用不均匀磁场。

在磁选过程中，矿粒受到多种力的作用，除磁力外，还有重力、离心力、水流作用力及摩擦力等。当磁性矿粒所受磁力大于其余各力之和时，就会从物料流中被吸出或偏离出来，成为磁性产品，余下的则为非磁性产品，实现不同磁性矿物的分离。

2.6.2 磁选机

国内外使用的磁选机种类很多，分类方法不一。按磁选机的磁源可分为永磁磁选机与电磁磁选机；根据磁场强弱可分为弱磁场磁选机、中磁场磁选机、强磁场磁选机。按选别过程的介质可分为干式磁选机与湿式磁选机。按磁场类型可分为恒定磁场、脉动磁场和交变磁场磁选机。按机体外形结构分为带式磁选机、筒式磁选机、辊式磁选机、盘式磁选机、环式磁选机、笼式磁选机和滑轮式磁选机。在此不再进行详细介绍。目前常用设备的是湿式永磁筒式磁选机，湿式永磁筒式磁选机主要由给矿箱、滚筒、磁系、槽体、精矿槽、传动部分6部分组成。滚筒由2~3mm不锈钢板卷焊成筒，表面覆有橡胶层，端盖为铸铝件或工件，用不锈钢螺钉和筒相连。电动机通过减速机或直接用无级调速电动机，带动滚筒作回转运动。磁系为开放式，装在滚筒内，是裸露的全磁。磁块用不锈钢螺栓装在磁轭的底板上，磁轭的轴伸出筒外，轴端固定有拐臂。扳动拐臂可以调整磁系偏角，调整合适后可以用拉杆固定。磁系中心线（或对称轴）偏离铅垂线的角度即磁系偏角（β）。槽体的工作区域用不锈钢板制造，包含有逆流夹层和排尾管路，机架和槽体的其他部分用普通钢材焊接。

2.6.3 铜冶炼炉渣磁选原理

在渣选矿流程中，一般先经过浮选回收铜精矿，浮选后的尾矿再通过磁选对铁矿物进行回收。当浮选尾矿经磁选机的给矿箱流入槽体后，在给矿喷水管的水流作用下，矿粒呈松散状态进入槽体的给矿区。在磁场的作用下，磁性矿粒发生磁聚而形成"磁团"或"磁链"，"磁团"或"磁链"在矿浆中受磁力作用，向磁极运动，而被吸附在滚筒上。由于磁极的极性沿圆筒旋转方向是交替排列的，并且在工作时固定不动，"磁团"或"磁链"在随圆筒旋转时，由于磁极交替而产生磁搅拌现象，被夹杂在"磁团"或"磁链"中的脉石等非磁性矿物在翻动中脱落下来，最终被吸在滚筒表面的"磁团"或"磁链"即是铁精矿。铁精矿随滚筒转到磁系边缘磁力最弱处，在卸矿水管喷出的冲洗水流作用下被卸到精矿槽中，非磁性或弱磁性矿物被留在矿浆中随矿浆排出槽外，即是尾矿；一般一次磁选得到的铁精矿质量达不到品位要求，需要经过1~3次精选才能脱除掉精矿中夹杂的脉石，精选尾矿直接排掉。炉渣中的磁铁矿嵌布粒度极细，属于细粒浸染型，而且与渣中的硅酸铁以极细粒交融接触，即使磨矿粒度已达到-0.043mm占80%，磁铁矿与硅酸铁仍不能完全单体解离。此外，铁橄榄石为弱磁性矿，且在渣中含量很大，当其物相夹杂一点磁铁矿后，就会被选入精矿中，造成精矿品位不高，而很难有效富集磁铁矿达到商品铁矿品位。

2.7 重选和铜冶炼渣重选原理

2.7.1 重选的过程与特点

不同粒度和密度矿粒组成的物料在流动介质中运动时，由于它们性质的差异和介质流动方式的不同，其运动状态也不同。在真空中，不同性质的物体具有相同的沉降速度；在分选介质（包括水、空气、重介质等）中，由于它们受到不同的介质阻力，形成了运动状态的差异。矿粒群在静止介质中不易松散，不同密度、粒度、形状的矿粒难于互相转移，即使达到分层，亦难以实现分离。重选就是根据矿粒间密度的差异造成其在运动介质中所受重力、流体动力和其他机械力的不同，从而实现按密度分选矿粒群的过程。粒度和形状亦影响按密度分选的精确性。重力选矿有多种，各种重选过程的共同特点：（1）矿粒间必须存在密度（或粒度）的差异；（2）分选过程在运动介质中进行；（3）在重力、流体动力及其他机械力的综合作用下，矿粒群松散并按密度（或粒度）分层；（4）分好层的物料，在运动介质的运搬下达到分离，并获得不同最终产品。

2.7.2 重选的分类及应用

重力选矿主要是按密度来分选矿粒。因此，在分选过程中，应该想方设法创造条件，降低矿粒的粒度和形状对分选结果的影响，以便使矿粒间的密度差别在分选过程中能起主导作用。根据介质运动形式和作业目的的不同，重力选矿可以分为如下几种工艺方法：水力分级、重介质选矿、跳汰选矿、摇床选矿、溜槽选矿、洗矿。其中洗矿和分级是按密度分离的作业，其他则均属于按密度分选的作业。

重力选矿是当今最通用的几种选矿方法之一，尤其广泛地用于处理密度差较大的物料。在我国它是煤炭分选的最主要方法，也是选别金、钨、锡矿石的传统方法。在处理稀有金属（钍、钛、锆、铌、钽等）矿物的矿石中应用也很普遍。重力选矿法也被用来选别铁、锰矿石；同时也用于处理某些非金属矿石，如石棉、金刚石、高岭土等。对于那些主要以浮选处理的有色金属（铜、铅、锌等）矿石，也可用重力选矿法进行预先选别，除去粗粒脉石或围岩，使其达到初步富集。重力选矿法还广泛应用于脱水、分级、浓缩、集尘等作业。而这些工艺环节几乎是所有选矿厂和选煤厂所不可缺少的。

2.7.3 重选的基本原理

多数重选过程，都包含了松散—分层和运搬—分离两个阶段。在运动介质中，被松散的矿粒群，由于沉降时运动状态的差异，形成不同密度（或粒度）矿粒的分层。分好层的床层（即矿粒组成的物料层）通过运动介质的运搬达到分离。其基本规律可概括为：松散→沉降→分层→运搬→分离。实际上，松散、分层和运搬、分离几乎都是同时发生的。但松散是分层的条件，分层是分离的基础，运搬是通过介质运动分离的过程。沉降是最基本的运动形式，是完成分层的过程。

矿粒在流体介质中的沉降是重力分选过程中矿粒最基本的运动形式，松散可以看作矿粒在上升介质流中沉降的一种特殊形式。矿粒固体由于本身的密度、粒度和形状不同，因而有不同的沉降速度。沉降过程中，最常见的介质运动形式有静止、上升和下降流动三种。单个颗粒在无限宽广的介质中的沉降，称为自由沉降。这是最简单的沉降运动形式。其运动状态受重力和阻力支配。实际选矿过程，并非是单个颗粒在无限介质中的自由沉降，而是矿粒成群地在有限介质空间里的沉降。这种沉降形式，称为干涉沉降。干涉沉降时，矿粒不仅受到介质阻力，而且还受到周围矿粒和器壁所引起的机械阻力的作用；即使是介质阻力，也会由于周围矿粒的影响，较自由沉降时要大。沉降过程中，往往存在某些粒度大、密度小的矿粒同粒度小、密度大的矿粒以相同沉降速度沉降的现象，这种现象叫做等沉现象。密度和粒度不同但具有相同沉降速度的矿粒，称为等沉颗粒。等沉颗粒中，小密度矿粒的粒度与大密度矿粒的粒度之比称为等沉比，常以 e_0 表示。重力选矿就是利用重选设备通过调节参数来改变不同矿物颗粒的沉降形式及运动轨迹、增大不同密度矿物颗粒的分离，最后使目的矿物得到富集并通过介质流动实现分选的过程。

2.7.4　铜冶炼渣跳汰选矿原理

2.7.4.1　跳汰选矿概述

跳汰选矿是指物料主要在垂直上升的变速介质流中，按密度差异进行分选的过程。物料在粒度和形状上的差异，对选矿结果有一定的影响。实现跳汰过程的设备叫跳汰机。如图 2-8 所示，被选物料给到跳汰机筛板上，如图 2-8a 所示，形成一个密集的物料层，这个密集的物料层称为床层。物料在跳汰过程中之所以能分层，起主要作用的内因是矿粒自身的性质，但能让分层得以实现的客观条件则是垂直升降的交变水流，如图 2-8b、图 2-8c、图 2-8d 所示。

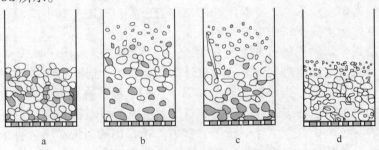

图 2-8　矿粒在跳汰时的分层过程

a—分层前颗粒混杂堆积；b—上升水流将床层托起；c—颗粒在水流中沉降分层；
d—水流下降，床层密集，重矿物进入底层

跳汰机中水流运动的速度及方向是周期变化的，这样的水流称作脉动水流。脉动水每完成一次周期性变化所用的时间即为跳汰周期。在一个周期内表示水速随时间变化的关系曲线称作跳汰周期曲线。水流在跳汰室中上下运动的最大位移称为水流冲程。水流每分钟循环的次数称为冲次。矿石分选中，跳汰选矿是处理粗、中粒矿石的有效方法，大量地用于分选钨矿、锡矿、金矿及某些稀有金属矿石；此外，还用于分选铁、锰矿石和非金属矿石。处理金属矿石时，给矿粒度上限可达 30~50mm，回收的粒度下限为 0.2~0.074mm。

2.7.4.2　铜冶炼渣跳汰选矿基本原理

跳汰选矿是在垂直交变的介质流中进行的一种重力选矿方法。交变介质流可为空气，也可为水，以空气为介质的跳汰称为干式跳汰或风力跳汰，干式跳汰选矿很少应用；以水为介质的跳汰称为湿式跳汰或水力跳汰选矿，湿式跳汰选矿应用最为广泛。跳汰选矿可在各种形式的跳汰机中进行，选别过程及原理均相同。跳汰选矿的基本过程以隔膜式跳汰机为例进行介绍，隔膜式跳汰机的构造及工作原理如图 2－9 所示。

在铜冶炼渣中含有大量金属铜和铜合金的情况下，因这些金属矿物在磨矿过程中很难磨碎至浮选要求的磨矿细度，在磨矿回路中增设湿式跳汰机及早回收。在磨矿回路中，金属铜或金属合金一般粒度和密度都比炉渣大，普通炉渣密度为 4.0g/cm³ 左右，而金属铜或金属合金的密度在 8.9g/cm³ 左右。因此

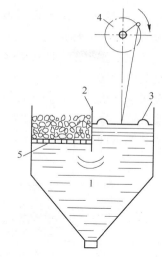

图 2－9　隔膜式跳汰机示意图
1—水箱；2—隔板；3—隔膜；4—偏心轮；5—筛板

采用跳汰选矿工艺可以很好地将炉渣中的金属铜或金属合金分离出来。

跳汰机的隔板将跳汰机分为两个部分，左侧为跳汰室，右侧为隔膜室，偏心轮旋转时通过连杆带动隔膜做上下往复运动。当隔膜向下运动时跳汰室产生上升水流，当隔膜向上运动时跳汰室产生下降水流。当磨矿回路的矿浆给入跳汰机后，由于偏心轮的不断旋转，跳汰机中将连续不断地产生上升、下降的交变水流，密度及粒度均不相同的非均匀炉渣矿物粒群在垂直交变水流的作用下按所受重力不同而分层，分层的结果简单地说可分为两层，密度大的金属铜或金属合金矿物因重力较大位于下层，而密度小的炉渣矿物位于上层，下层金属矿物经由筛下或筛上排出，即为铜精矿，上层的炉渣矿物经跳汰机末端的排矿溢流堰排出即为尾矿，磨矿回路的矿浆在跳汰机中经过上述过程而完成按密度分选的任务。

2.7.5　铜冶炼渣摇床选矿原理

2.7.5.1　摇床选矿概述

摇床选矿法是分选细粒物料时应用最为广泛的一种分选法。由于在床面上分选介质流流层很薄，故摇床属于流膜选矿类的设备。它是由早期的固定式和可动式溜槽发展而来。直到 20 世纪 40 年代，它还是与固定的平面溜槽、旋转的圆形溜槽及振动带式溜槽划分为一类，统称淘汰盘。到了 50 年代，摇床的应用日益广泛，而且占了优势，于是便以不对称往复运动作为特征，由众多溜槽中独立出来，自成体系。故过去也曾把摇床称为淘汰盘。摇床的给料粒度一般在 3mm 以下。选煤时可达 10mm，有时甚至可达 25mm。摇床的分选过程，是发生在一个具有宽阔表面的斜床面上，床面上物料层的厚度较薄。摇床的分类方法很多，根据分选介质的不同，有水力摇床和风力摇床两种，但应用最普遍是水力摇床。按用途来分有矿砂（2~0.074mm）摇床和矿泥（-0.074mm）摇床。矿砂摇床又可分为粗砂（2~0.5mm）摇床和细砂（-0.5~0.074mm）摇床。

2.7.5.2　铜冶炼渣摇床选矿基本原理

所有的摇床基本上都是由床面、机架和传动机构三大部分组成，典型的摇床结构如图2-10所示。床面近似呈梯形或菱形，在横向有1°~5°倾斜，在倾斜上方配置给矿槽和给水槽。床面上沿纵向布置有床条（俗称来复条），床条的高度自传动端向对侧逐渐降低，并沿一条或两条斜线尖灭。整个床面由机架支撑（如为悬吊摇床，则床面被吊起），机架上装有调坡装置。在床纵长靠近给矿槽一端设置传动装置，由它带动床面作往复不对称运动。这种运动使床面前进接近末端时具有急回运动特性，即所谓差动运动。

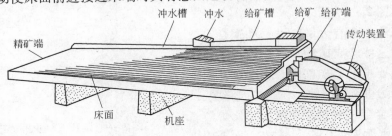

图2-10　典型的摇床结构示意图

当铜冶炼渣中含有金属铜、金属合金或者高铜品位的炉渣等高密度目的矿物，用常规选矿方法不易回收时，可以考虑摇床选矿，一般设置在磨矿回路或其他选别作业之后。当磨矿回路或选别后的矿浆经过给矿器给入摇床后，不同密度和粒度的矿物在摇床的差动作用下开始分层、分带。具体分层、分带过程如下：

（1）粒群在床面上的松散分层。水流沿床面横向流动，不断跨越床条，流动断面的大小是交替变化的，其每经过一个床条即发生一次小的水跃。水跃产生的漩涡在靠近下游床条的边缘形成上升流，而在槽沟中间形成下降流。水流的上升和下降推动上部粒群松散悬浮，并可使金属铜或品位高的重矿物颗粒转入底层。水跃对底层影响很小，在那里粒群比较密集，可形成稳定的重矿物层，有利于与密度小的轻矿物颗粒分离。轻矿物颗粒因局部静压强较小，不再能进入底层，于是就在横向水流推动下越过床条向下运动。沉降速度很小的泥质颗粒始终保持着悬浮状态，随着横向水流一起排出，有利于流向尾矿端。

（2）矿粒在床面上的运搬分带。在漩涡的作用区下面，粒群的松散主要靠床面摇动的机械力实现。其分层规律与一般平面溜槽基本相同。但是，更重要的是床面的摇动，导致细重矿粒钻过颗粒的间隙，沉于最底层，这种作用称为析离。析离分层是摇床选矿的重要特点，它使按密度分层更趋完善。分层结果是：粗而轻的矿粒在最上层，其次是细而轻的矿粒，再次是粗重矿粒，最底层为细重矿粒。摇动的床面上存在横向水流的冲洗作用和床面差动运动所具有的纵向运搬作用。所谓差动运动就是指床面从传动端以较低的正向加速度向前运动，到了冲程的终点附近，速度达到最大，而加速度降为零。接着负向加速度急剧增大，使床面产生急回运动，再返回到终点。接着改变加速度的方向，以较低的正向加速度使床面折回，如此进行差动往复摇动。这样就使得不同性质矿粒在床面上分带。床面上扇形分带是不同性质矿粒横向运动和纵向运动的综合结果。大密度金属铜、合金或矿粒具有较大的纵向移动速度和较小的横向移动速度，其合速度方向偏离摇动方向的倾角小，趋向于精矿端，形成最终铜精矿。小密度炉渣矿粒具有较大的横向移动速度和较小的纵向移动速度，其合速度方向偏离摇动方向的倾角大，趋于尾矿端，形成尾矿。小密度粗粒及大密度细粒则介于上述两者之间，趋于中矿端。

2.8 化学选矿和铜冶炼渣化学选矿原理

2.8.1 化学选矿概述

近代化学选矿的发展历史与金、银、铀、铜、铝等矿物原料的化学处理密切相关。1887 年用氰化物溶液直接从矿石中浸出提取金银，开始了在矿山生产成品金的历史。奥地利人拜耳（K. J. Bayer）于 1888 年发明的拜耳法和 20 世纪初处理铝矿物原料生产氧化铝的联合法先后用于工业生产。20 世纪 40 年代起，随着原子能工业的发展，用酸浸法或碱浸法直接浸出铀矿石，在铀矿山生产铀化学浓缩物的工艺在工业上获得应用。硫酸浸出法及氨浸法处理次生铜矿的工艺早已工业化。60 年代末期，处理难选氧化铜矿的离析法也开始用于工业生产。60 年代以后，化学选矿除用于处理难选原矿外，还用于物理选矿产出的尾矿、中矿和混合精矿的处理以及粗精矿的除杂。化学选矿已被成功地用于处理许多金属矿物和非金属矿物原料，如铁、锰、铅、铜、锌、钨、铝、锡、金、银、钽、铌、钴、镍、铀、钍、稀土、铝、磷、石墨、金刚石、高岭土等固体矿物原料，还可从矿坑水、废水及海水中提取某些有用组分。

化学选矿的处理对象与物理选矿相同，但化学选矿法的适应性比物理选矿法强，其分选原理及产品形态均与物理选矿不同。化学选矿的分选原理与传统的冶金过程相似，均利用无机化学、有机化学、物理化学及化工过程的基本原理解决各自的工艺问题。但化学选矿处理的一般为有用组分含量低、杂质组分和有害组分含量高、组成复杂的难选矿物原料。冶金过程处理的原料为选矿产出的精矿，其有用组分含量高、杂质和有害组分含量较低，组成较简单。因此，选择具体工艺时，化学选矿常采用不同于冶金过程常用工艺的方法，处理价值较低的矿物原料才能获得一定的经济效益。化学选矿过程只产出化学精矿，冶金过程则产出适于用户使用的金属。化学选矿属于物理选矿和传统冶金之间的过渡性学科，是组成现代矿物工程学的主要部分之一，属于选矿的范畴。1960 年国际选矿会议将化学选矿与破碎、筛分、重选、电选、磁选、浮选等并列；法国于 1977 年将化学选矿定名为湿法化学选矿；化学选矿过程通常涉及矿物的化学热处理、水溶液化学处理和电化学处理等各种作业。其原则流程一般包括原料准备、矿物原料焙烧、矿物浸出、固液分离、浸出液处理等 5 个主要作业。

2.8.2 化学选矿的基本原理

2.8.2.1 原料准备

原料准备包括原料的破碎、筛分、磨矿、分级、配料混匀等作业。目的是将原料碎磨至一定粒度，为后续作业准备细度、浓度合适的矿浆或混合料，以使物料分解更完全。有时需预先用物理选矿法除去某些有害杂质，预先富集有用矿物，使矿物原料与化学药剂配料、混匀，为后续作业创造较有利的条件。

2.8.2.2 焙烧的原理

焙烧使有用矿物转变为易浸或易于物理分选的形态，使部分杂质分解挥发或转变为难浸的形态，且可改变原料的结构构造，为其进入后续作业做好准备。焙烧过程有加添加剂和不加添加剂两种类型。

A　不加添加剂的焙烧

不加添加剂的焙烧也称煅烧。按用途可分为：（1）分解矿石，如石灰石化学加工制成氧化钙，同时制得二氧化碳气体。（2）活化矿石，目的在于改变矿石结构，使其易于分解，例如：将高岭土焙烧脱水，使其结构疏松多孔，易于进一步加工生产氧化铝。（3）脱除杂质，如脱硫、脱除有机物和吸附水等。（4）晶型转化，如焙烧二氧化钛使其改变晶型，改善其使用性质。按生产工艺可分为烧胀法和烧结法两种。烧胀法是将原料加热至熔融温度，产生气体使其膨胀。烧结法通过加热使某些原料熔化，将整个颗粒黏结在一起。

B　加添加剂的焙烧

添加剂可以是气体或固体，固体添加剂兼有助熔剂的作用，使物料熔点降低，以加快反应速度。按添加剂的不同有多种类型：

（1）氧化焙烧：粉碎后的固体原料在氧气中焙烧，使其中的有用成分转变成氧化物，同时除去易挥发的砷、锑、硒、碲等杂质。在硫酸工业中，硫铁矿焙烧制备二氧化硫是典型的氧化焙烧。冶金工业中氧化焙烧应用广泛，例如：硫化铜矿、硫化锌矿经氧化焙烧得氧化铜、氧化锌，同时得到二氧化硫。

（2）还原焙烧：在矿石或盐类中添加还原剂进行高温处理，常用的还原剂是炭。在制取高纯度产品时，可用氢气、一氧化碳或甲烷作为焙烧还原剂。例如：贫氧化镍矿在加热下用水煤气还原，可使其中的三氧化二铁大部分还原为四氧化三铁，少量还原为氧化亚铁和金属铁；镍、钴的氧化物则还原为金属镍和钴。因为该过程中的三氧化二铁具有弱磁性，四氧化三铁具有强磁性，利用这种差别可以进行磁选，故此过程又称磁化焙烧。

（3）氯化焙烧：在矿物或盐类中添加氯化剂进行高温处理，使物料中某些组分转变为气态或凝聚态的氧化物，从而同其他组分分离。氯化剂可用氯气或氯化物（如氯化钠、氯化钙等）。例如：金红石在流化床中加氯气进行氯化焙烧，生成四氯化钛，经进一步加工可得二氧化钛。又如在铝土矿化学加工中，加炭（高质煤）粉成型后氯化焙烧可制得三氯化铝。若在加氯化剂的同时加入炭粒，使矿物中难选的有价值金属矿物经氯化焙烧后，在炭粒上转变为金属，并附着在炭粒上，随后用选矿方法富集，制成精矿，可以提高品位和回收率，称为氯化离析焙烧。

（4）硫酸化焙烧：以二氧化硫为反应剂的焙烧过程，通常用于硫化物矿的焙烧，使金属硫化物氧化为易溶于水的硫酸盐。若以 Me 表示金属，硫酸化焙烧主要包括下列过程：

$$2MeS + 3O_2 \longrightarrow 2MeO + 2SO_2$$
$$2SO_2 + O_2 \longrightarrow 2SO_3$$
$$MeO + SO_3 \longrightarrow MeSO_4$$

例如：闪锌矿经硫酸化焙烧制得硫酸锌，硫化铜经硫酸化焙烧制得硫酸铜等。

（5）碱性焙烧：以纯碱、烧碱或石灰石等碱性物质为反应剂，对固体原料进行高温处理的一种碱解过程。例如：软锰矿与苛性钾焙烧制取锰酸钾，铬铁矿与苛性钾焙烧制取铬酸钾。

（6）钠化焙烧：在固体物料中加入适量的氯化钠、硫酸钠等钠化剂，焙烧后产物为易溶于水的钠盐。例如：湿法提钒过程中，细磨钒渣，经磁选除铁后，加钠化剂在回转窑中焙烧，渣中的三价钒氧化成五价钒。

影响固体物料焙烧的转化率与反应速度的主要因素是焙烧温度、固体物料的粒度、固体颗粒外表面性质、物料配比以及气相中各反应组分的分压等。

焙烧过程所用设备，按固体物料运动特性，可分为固定床、移动床和流动床几类；按其所用加热炉的形式可分为反射炉、多膛炉、竖窑、回转窑、沸腾炉、施风炉等。

2.8.2.3 浸出的原理

浸出是根据原料性质和工艺要求，使有用组分或杂质组分选择性地溶于浸出溶剂中，使有用组分与杂质组分分离或使有用组分相互分离，可直接浸出矿物原料，也可浸出焙烧后的焙砂、烟尘等物料。通常只浸出含量少的组分，再用相应方法从浸出液和浸出渣中回收有用组分。

2.8.2.4 固液分离的原理

固液分离采用沉降倾析、过滤和分级的方法处理浸出矿浆，以获得供后续作业处理的澄清溶液或含少量细矿粒的稀矿浆。此外，固液分离的方法还常用于化学选矿的其他作业，使沉淀悬浮物与溶液分离。

2.8.2.5 浸出液处理的原理

浸出液处理包括浸出液净化和制取化学精矿两部分，采用相应方法使有用组分与杂质组分相互分离，净化富集相应的有用组分，得到有用组分含量较高的净化液，随之从净化液制取化学精矿。一般采用化学沉淀法、金属置换法、还原沉淀法、电积法和物理选矿法等从浸出液或净化液中沉淀析出化学精矿。

2.8.3 铜冶炼渣化学选矿原理

一般根据铜冶炼渣的性质和回收的目的矿物特点，当采用常规选矿方法不能很好解决矿物回收问题时，可考虑采用化学选矿方法。当铜冶炼渣中的铜矿物含氧化铜、难选铜矿物较多，严重影响铜浮选回收率时，可以考虑对常规浮选尾矿进行化学选矿处理。铜冶炼渣经过浮选后的尾矿，为了回收其中大量的铁矿物，一般会采用磁选进行回收；但是实践证明，经磁选回收的铁精矿品位很低，难以达到商品品位。在这种情况下，可以考虑化学选矿方法处理，便可得到合格的铁的化学精矿。

2.8.3.1 铜冶炼渣化学选矿选铜原理

当冶炼工艺控制为强氧化气氛或高铁造渣时，铜冶炼渣经过浮选后尾矿中会遗留大量的难选铜矿物，多数以铁酸铜、少数氧化铜、氧化亚铜或极细颗粒的金属铜矿物与炉渣的连生体形式存在，这些矿物亲水性强、可浮性差，很难用活化剂将其活化。对于这种情况，可以采用以下两种工艺方法，第一种方法是对这些难选铜进行浸出活化后再进行浮选，经过试验研究后发现是可行的；第二种方法是，对这些难选铜进行浸出—固液分离—化学沉淀或置换。以上两种工艺中的浸出以碱性浸出中的氨浸为最佳方法，浸出剂可采用氨水或铵盐。氨浸的反应方程式如下：

$$CuO + 4NH_3 + H_2O \Longrightarrow Cu(NH_3)_4^{2+} + 2OH^-$$

铁酸铜的化学式为 $CuFeO_4$，可以看作是 $CuOFe_2O_3$，因此，铁酸铜与氨水或铵盐的反应式与氧化铜相同。

在第一种方法中，常用硫化钠进行活化，反应生产铜蓝，铜蓝是可浮性比较好的铜矿物，因此称为浸出活化工艺，其化学反应原理如下：

$$Cu^{2+} + S^{2-} \rightarrow CuS\downarrow \quad (铜蓝)$$

在第二种方法中，浸出后要进行固液分离，用氨水对澄清液进行沉淀，由于铜离子和氨可以络合，沉淀后然后再溶，可以通过先将其他杂质离子转化成沉淀除去，然后再加热获得氧化铜产品。其化学反应原理如下：

$$NH_3 \cdot H_2O \rightarrow NH_4^+ + OH^-$$

$$Me^{n+} + n\,OH^- \rightarrow Me(OH)_n\downarrow$$

$$Cu^{2+} + 2OH^- \rightarrow Cu(OH)_2\downarrow$$

$$Cu(OH)_2 + 4NH_3 \rightarrow Cu(NH_3)_4^{2+} + 2OH^-$$

$$Cu(NH_3)_4^{2+} + 2OH^- \xrightarrow{\Delta} CuO + 4NH_3\uparrow + H_2O\uparrow$$

利用置换方法时，一般采用比金属铜活泼的金属，如铁丝、锌丝等，根据铜离子含量加入一定量的铁丝或锌丝，将铜离子置换成金属铜，然后再用稀酸将剩余的铁或锌丝通过反应溶解，固液分离得到金属铜。其化学反应原理如下：

$$Cu^{2+} + Fe \rightarrow Cu + Fe^{2+}$$

$$Fe + 2H^+ \rightarrow Fe^{2+} + H_2\uparrow$$

2.8.3.2　铜冶炼渣化学选矿选铁原理

铜冶炼渣中的铁矿物绝大部分以铁橄榄石形式存在，其化学式为 Fe_2SiO_4。要回收其中的铁矿物有两种方法。第一种是采用化学浸出法，需要耗费大量的硫酸、氢氧化钠等化学药剂。第二种是还原焙烧磁选法。第一种方法是将浮选后的尾矿加入一定比例的稀酸，将其中的铁矿物快速浸出形成铁离子，经过固液分离后的澄清液后，经过浓缩可以得到硫酸亚铁或硫酸铁产品；也可以在澄清液中加入氢氧化钠对铁离子进行沉淀，然后经过固液分离得到氢氧化铁固体，也可加热得到氧化铁红。其化学反应原理如下：

$$Fe_2SiO_4 + 2H_2SO_4 \rightarrow 2FeSO_4 + H_4SiO_4$$

$$2FeSO_4 + 4NaOH + H_2O + 0.5O_2 \rightarrow 2Fe(OH)_3 + 2Na_2SO_4$$

$$2Fe(OH)_3 \xrightarrow{\Delta} Fe_2O_3 + 3H_2O\uparrow$$

第二种方法是将浮选铜以后的尾矿进行固液分离干燥以后，按一定比例配入煤炭经球团干燥，然后放入回转焙烧炉内进行还原焙烧，将其中的硅酸铁还原成金属铁粒子，然后经过破碎磨矿再通过磁选将其回收，其化学反应原理如下：

$$Fe_2SiO_4 + C \xrightarrow{\Delta} 2Fe + SiO_2 + CO_2$$

$$Fe_2SiO_4 + CaO + 2C \xrightarrow{\Delta} 2Fe + CaO \cdot SiO_2 + 2CO$$

$$Fe_2SiO_4 + 2CO \xrightarrow{\Delta} 2Fe + SiO_2 + 2CO_2$$

3 铜冶炼渣选矿工艺流程特点

本章详细讲述各种选矿工艺的流程类型和特点，是选矿工艺的基础知识，目的是为了让读者更好地了解选矿工艺流程的普遍性和特殊性，以便更好地理解铜冶炼渣选矿试验研究和生产实践中所应用的工艺特点，在以后的相关工作中更好地结合实际解决问题。

3.1 选矿工艺流程的表示方法

选矿工艺流程是指矿石经过特定的选矿设备机组处理来完成全部或局部选矿工艺指标的过程路线，通常包括矿石的破碎与磨矿、选别、脱水等作业过程。在破碎和磨矿过程中，一般把每碎磨一次使粒度变小的作业称为一段破碎或一段磨矿。磨矿过程由磨机和分级设备形成物料闭路循环的磨矿系统叫做一个磨矿循环，也称为一段磨矿；浮选过程由若干粗选、扫选和精选作业构成，中间产物在各作业间流动形成闭路，这个浮选系统被称为一个浮选循环，也叫做一段浮选。精选作业的目的在于进一步提高精矿质量，扫选的目的在于进一步提高目的矿物的回收率。

任何工厂的生产流程都是用图来表示生产过程中物料的去向和上下作业的关系。生产流程是否先进合理，在很大程度上决定着生产成本的高低与指标的好坏。一个好的选矿流程应该适应矿石性质，运用先进技术，以较低的成本生产出优质产品，回收率高。并且工艺简单、操作稳定。水、电、药剂和其他原料消耗低，对环境污染小。选矿流程通常有以下三种表示方法。

（1）设备形象联系图：以流程中所用设备的外形轮廓来表示相应的设备，然后用带箭头的线条把这些设备连接起来，常用于设计图纸和设备安装图纸。此类流程图的特点是形象通俗而难画，如图3-1所示。

（2）框图：以带有文字的框图表示或代表相应的作业或工序，然后再用带箭头的线条把它们连接起来，常用框图表示原则流程。如图3-2所示，此类流程图的特点是简练而概括。

（3）线流程图：通常用圆圈表示破碎或磨矿作业，用双线表示筛分、分级、重选、浮选、磁选、脱泥、脱水等能分出两个以上产物的分离作业，然后用带箭头的线条联系起来，如图3-3所示。常用线流程表示流程的详细结构，此类流程图的特点是易画且井井有条，是技术资料中最常用的工艺流程图。流程通常反映磨矿、分级与选别作业的关系或选别作业间的关系，有时也在线流程上标注工艺条件和设备数量以及工艺指标。

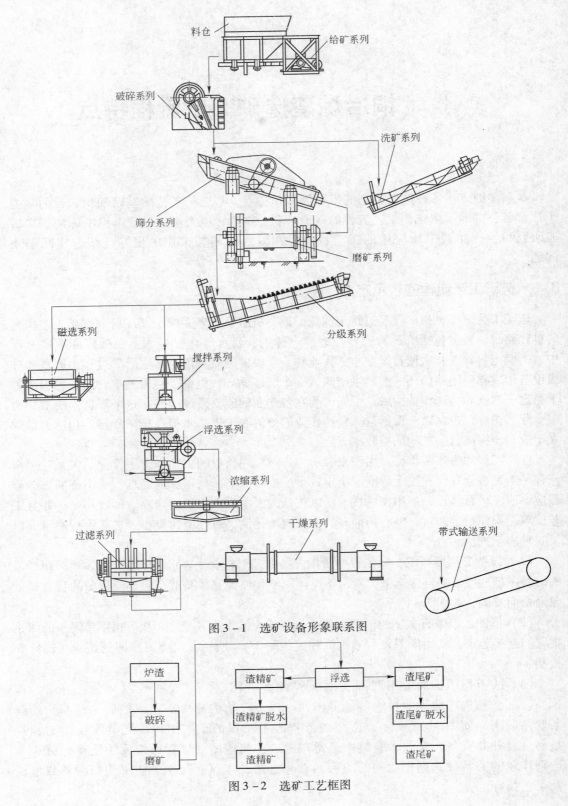

图 3-1　选矿设备形象联系图

图 3-2　选矿工艺框图

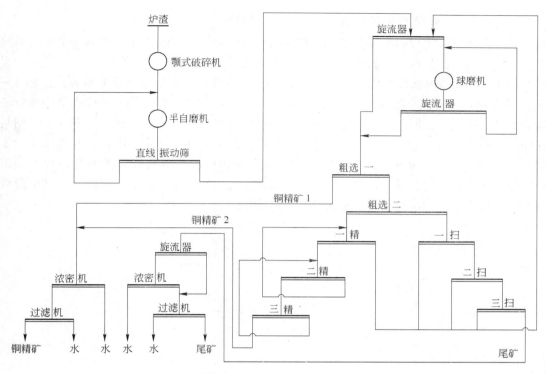

图 3 – 3　选矿工艺线流程图

3.2　破碎与磨矿工艺流程

3.2.1　破碎工艺流程

3.2.1.1　破碎筛分流程的结构

由破碎作业和筛分作业组成的矿石破碎工艺过程叫做破碎筛分流程,简称破碎流程。应用最为广泛的是两段或三段破碎流程,在选矿行业里破碎工艺是多种多样的,但都有以下三个共同的特点:(1)破碎是分段进行的。(2)破碎机和筛子通常是配合使用的。(3)各破碎段都有相应的设备。它们的差别只不过是破碎的段数、筛子的配置位置和采用的设备不同。

为了提高破碎效率和控制产品粒度,常在碎矿流程中设置筛分作业,按照筛分作业在破碎过程中的作用,可分为预先筛分和检查筛分。在矿石进入破碎机之前的筛分作业,叫做预先筛分。预先筛分的作用是预先筛去破碎机给矿中小于排矿口的细粒部分,使不需要破碎的矿石不再进入破碎机,从而提高破碎机的生产能力,防止过粉碎,减少动力消耗和设备磨损。当处理含泥较高的而又潮湿的矿石时,采用预先筛分可以避免或减轻破碎机排矿口堵塞的现象,有利于破碎机的工作。设置在破碎机之后的筛分作业,叫做检查筛分。检查筛分的目的是为了控制破碎产品的粒度,有利于充分发挥破碎机的生产能力。检查筛分是将粒度不合格的大块矿石截留下来再返回破碎机进行破碎,从而使破碎产品粒度符合要求。一般在破碎流程最后的破碎段采用检查筛分。

3.2.1.2 破碎段及破碎段数

破碎段是破碎流程的最基本单元，破碎段是由筛分作业和破碎作业组成，个别的破碎段也可以不包括筛分作业。破碎段的基本形式有图3-4所示的五种形式。

图3-4a为单一破碎作业的破碎段。图3-4b为带有预先筛分作业的破碎段。图3-4c为带有检查筛分作业的破碎段。图3-4d和图3-4e为带有预先筛分和检查筛分作业的破碎段。其区别在于图3-4d预先筛分和检查筛分是在不同的筛子上进行，图3-4e则是在同一台筛子上进行的，所以图3-4e可以看成是图3-4d的演变。因此，破碎段实际上只有四种基本形式。两段以上的破碎流程，是上述四种最基本形式破碎段的各种不同组合，故有许多可能的方案。但是合理的破碎流程，可以根据矿石性质、所需要的破碎段数以及应用预先筛分和检查筛分的必要性等加以确定。

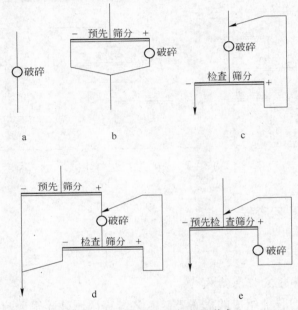

图3-4 破碎段基本流程形式

a—单一破碎作业的破碎段；b—带有预先筛分作业的破碎段；c—带有检查筛分作业的破碎段；
d—带有预先筛分和检查筛分作业的破碎段；e—带有预先检查筛分作业的破碎段

3.2.1.3 开路破碎、闭路破碎和循环负荷

在一个破碎段中设置有检查筛分作业的叫闭路破碎，没有设置检查筛分作业的叫做开路破碎。在同一个破碎段中可以同时设置有预先筛分作业和检查筛分作业，这两个筛分作业可以在两台筛子上分开进行，也可以合并在一台筛子上进行。

在闭路破碎中，经过检查筛分作业以后，返回到破碎机的筛上矿石叫做循环负荷。它可以用单位时间内返回破碎机筛上矿石的量来表示（单位为t/h），叫做循环负荷量；也可以用循环负荷量与该破碎机的新原矿给矿量之比的百分数表示，叫做循环负荷率。循环负荷率的大小取决于矿石的硬度、破碎机的排矿口尺寸以及检查筛分的筛孔尺寸和筛分效率。

3.2.1.4 常见的破碎流程

A 一段破碎流程

一段破碎流程只有在采用自磨机、半自磨机、砾磨机作为第一段磨矿时才用，为一段

破碎开路流程，产品粒度一般都很粗，在 350mm 以下。因此，随着自磨设备与技术的飞速发展，简化破碎流程已成为一种发展趋势。

B 两段破碎流程

两段破碎流程有两段开路和两段一闭路两种，如图 3-5 所示。

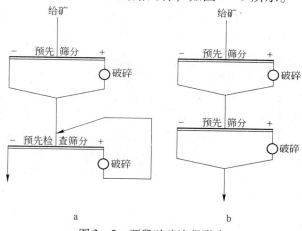

图 3-5 两段破碎流程形式

a—两段一闭路流程；b—两段开路流程

图 3-5a 所示为两段一闭路流程，图 3-5b 所示为两段开路流程。在两种流程中，又以两段一闭路流程最为常见。由于第二段破碎与检查筛分构成了闭路，这样就保证了破碎产品粒度合乎要求，为下一步磨矿作业创造了有利条件。

C 三段或四段破碎流程

三段破碎流程是最常用的，可以分为开路和闭路两种类型，如图 3-6 所示。

三段开路破碎流程：有全带预先筛分的三段开路破碎流程，如图 3-6a 所示；也有在第一段和第二段不设置预先筛分的，但不管什么形式，它最后一段是开路的。三段一闭路破碎流程也有全带预先筛分和部分设置有预先筛分的三段一闭路破碎流程。

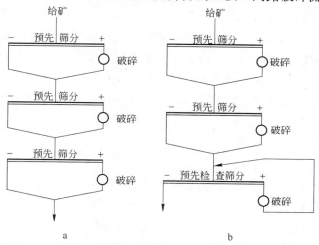

图 3-6 三段破碎流程形式

a—三段开路破碎流程；b—三段一闭路破碎流程

当要求产品粒度很细或有其他特殊工艺要求时，也有采用四段破碎流程的，形式基本和三段破碎流程相似，区别就是增加了一个破碎段。

D 带洗矿作业的破碎流程

当原矿含泥量（3mm以下）超过5%～10%、含水量大于5%～8%时，细粒就会黏结成团，恶化破碎过程的生产条件，造成破碎机的破碎腔和筛分机的筛孔堵塞、储运设备的堵塞和泄漏。因此在破碎流程中增设洗矿作业、设置洗矿设施是必不可少的。增加洗矿作业，不但能发挥设备潜力，使生产能顺利进行，还能改善劳动强度，保证选矿过程的顺利进行，提高金属回收率。如某铜矿选矿厂破碎流程为三段一闭路，为了使破碎机能够安全正常顺利工作和生产，第一次洗矿在格筛上进行，筛上产物进行粗碎，筛下产物进入振动筛再加水冲洗，振动筛上的产物进入中碎，中碎后进入第三段闭路破碎。振动筛下产物进入螺旋分级机分级、脱泥，分级返砂与破碎最终产物合并进入一段磨矿。分级机溢流进入浓缩机，脱泥脱水后的浓缩产品单独进入泥矿磨矿选别作业。

3.2.2 磨矿工艺流程

3.2.2.1 磨矿循环及其作用

为了减少过粉碎并控制产物的粒度，工业生产一般不采用让物料通过磨矿机一次就磨到合格细度的所谓开路磨矿工艺，而是采用磨矿机和分级设备联合工作的闭路磨矿循环。在闭路磨矿循环中，磨矿机所排出的磨矿产物，经分级设备分级后，粒度合格的细粒部分即可分出进入下一作业；而粒度不合格的粗粒部分则返回磨矿机再磨，这部分由分级机返回磨矿机再磨的粗粒产物叫做返砂。返砂的质量与磨矿机的原矿给矿量之比被称为返砂比或循环负荷，通常用百分数表示。闭路磨矿时，操作者尽力而为的，不是使物料每次通过磨矿机时都全部磨碎到合格粒度，而是尽多尽快地把刚好磨碎到合格粒度的颗粒通过分级机从回路中分离出来。这样就可以保证磨矿机的磨矿介质完全作用在粗大颗粒上，使能量最大程度地做有用功，从而提高磨矿效率，减少过粉碎。

与磨矿机配合使用的分机设备，根据它的作用不同分为预先分级、检查分级和控制分级三种。预先分级是指磨前的物料先经分级机预先分出不需磨细的合格细粒，仅把不合格的粗粒部分送到磨矿机，以减少不必要的磨碎和减轻磨矿机的负荷。检查分级则是把磨矿机排矿中不合格的粗粒部分分出来送回磨矿机再磨的分级作业，它的作用是控制磨矿产物的粒度，以满足选别作业对粒度的要求。控制分级是把上一个分级设备分出来的粒度合格的产物进行再分级，以便得到更细的产品。用于闭路磨矿循环的分级设备常用的有螺旋分级机、水力旋流器、振动筛等。

3.2.2.2 常用的磨矿分级流程

A 一段磨矿流程

常用的一段磨矿流程有三种，以线流程表示如图3-7所示。图3-7a为带检查分级的一段磨矿流程，应用最广泛，一般用于给矿中合格粒级含量不多、矿石粒度较大的矿石。当处理合格粒级含量大于15%或者必须将原生矿泥预先分出单独处理时，多采用带预先分级和检查分级的磨矿流程，如图3-7b所示。如果想在一段磨矿的条件下得到较细的产物时，可采用检查分级后带控制分级的磨矿流程，如图3-7c所示。

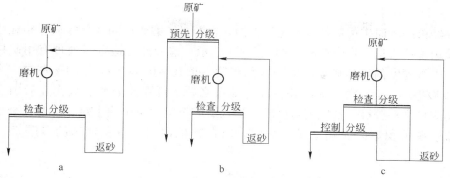

图 3 - 7　一段磨矿流程形式
a—带检查分级的磨矿流程；b—带预先和检查分级的磨矿流程；
c—带检查和控制分级的磨矿流程

B　两段磨矿流程

两段磨矿流程的磨矿比大，可以获得更细的磨矿产物，在大中型选矿厂，当要求磨矿细度达到 -0.074mm 占 80% 以上时，常采用这种流程。两段磨矿流程的第二段总是闭路的，而第一段磨矿既可以是开路的也可以是闭路的，具体情况要根据矿石性质和磨机类型而定。常见的两段磨矿流程如图 3 - 8 所示。图 3 - 8a 和图 3 - 8b 都是第一段开路的两段磨矿流程，不同之处是前者的预先分级和检查分级是合一的，后者是分开的。第一段开路，工作的磨机常选用棒磨机。图 3 - 8c 是两段全闭路磨矿流程，它常用于最终产物粒度要求小于 0.15mm 的大中型选矿厂，处理硬度较大、嵌布粒度较细的矿石。当处理有用矿物呈粗细不均嵌布的矿石时，在两个磨矿段之间设置选别作业，把选出来的产品送到第二段磨矿再磨，然后进入二段选别，这就组成了带阶段选别的两段磨矿流程。

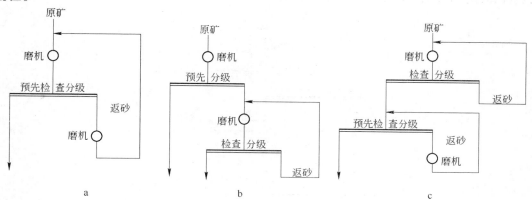

图 3 - 8　两段磨矿流程形式
a，b——段开路的两段磨矿流程；c—两段闭路的两段磨矿流程

3.2.2.3　自磨与半自磨流程

目前国内外采用较多的流程有一段自磨流程、两段自磨流程两种。其中一段自磨流程又分为一段全自磨和一段半自磨两种流程；两段自磨流程又分为两段全自磨流程和两段半自磨流程。

A　一段全自磨流程

指仅经粗碎的原矿按粗粒级一定比例给入自磨机，磨矿产品经分级后，粗粒级返回再磨，细粒级直接入选的自磨流程，如图3-9所示。这种流程适合于处理有用矿物嵌布粒度较粗、中等硬度的均质矿石，磨碎产品细度一般在-0.074mm占50%左右。为了控制自磨产品粒度，一段自磨均成闭路操作。如有必要，可在筛分或分级作业后加设选别作业，则构成自磨—分级—选别闭路循环。当入磨矿石中大块矿块不足，或者在全自磨工艺中产生难磨粒子积累而影响磨矿效率时，向自磨机内加入少量钢球的自磨工艺成为半自磨。

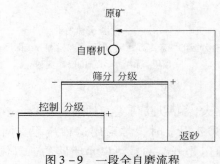

图3-9　一段全自磨流程

B　两段自磨流程

当要求磨矿细度超过-0.074mm占70%时，采用两段自磨流程更为适宜。

a　两段全自磨

两段全自磨流程是指第一段用自磨机粗磨，而第二段用砾磨机细磨的磨矿工艺，如图3-10所示。因为砾磨机的磨矿介质取自第一段自磨机，与第二段采用球磨机的两段半自磨流程相比，节省了钢球消耗，经营费用较低。

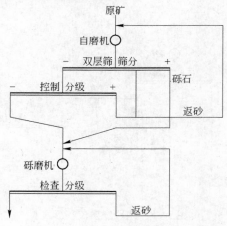

图3-10　两段全自磨流程

为了解决两段全自磨流程中过量砾石的处理问题，以及消除返回自磨机的物料中小于砾石尺寸的难磨粒子，在流程中增设细碎作业，将这部分物料破碎后再返回自磨机，这样就构成了自磨—砾磨—破碎流程，简称APC流程，其中A代表自磨（autogenous mill），P代表砾磨机（pebble mill），C代表破碎（crusher），如图3-11所示。

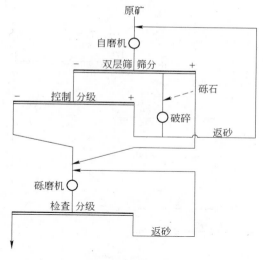

图 3－11　自磨—砾磨—破碎（APC）流程

b　两段半自磨流程

在两段磨矿中有一段用自磨而另一段用常规磨矿者叫做两段半自磨流程，划归这种流程的，既可以是第一段采用自磨机或半自磨机粗磨、第二段采用球磨机细磨，也可以是第一段用棒磨机粗磨、第二段采用砾磨机细磨。当处理中硬矿石时，有用矿物嵌布粒度较细，一段自磨（半自磨）达不到细度要求，同时又不能得到充足的砾石作为第二段的砾磨介质时，可采用自磨机或半自磨机和球磨机组成的两段半自磨流程：自磨（半自磨）—球磨流程，如图 3－12 所示。目前祥光铜业和江铜贵溪冶炼厂均采用的这种流程。当矿石不适合自磨机粗磨时，则可采用先破碎再用棒磨机粗磨，破碎产物筛分出部分砾石作为砾磨机介质的两段半自磨流程：棒磨—砾磨流程，如图 3－13 所示。

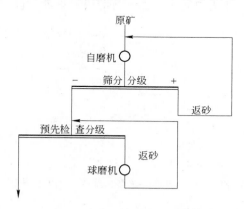

图 3－12　自磨（半自磨）—球磨流程

此流程的特点是原矿经三段破碎后，进入棒磨机进行粗磨，再进入砾磨机进行细磨。砾磨介质从粗碎产物中由筛分获得，砾磨机中的难磨粒子间断排出返回棒磨机处理。砾磨机介质的大小和数量容易控制，生产条件比较稳定，操作容易掌握，对矿石的适应性较广泛。

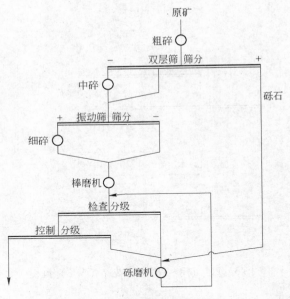

图 3 - 13　棒磨—砾磨流程

在自磨—球磨流程中，第二段球磨总是在闭路条件下工作，而第一段自磨既可闭路工作，也可开路工作。两段全闭路半自磨流程往往是第一段自磨机负荷高，第二段球磨机负荷不足，较难调节，且自磨机中易形成难磨粒子积累，影响磨矿效果。为了解决这个问题，可将闭路自磨改为开路自磨。实践证明，第一段自磨开路工作处理量可提高，使两段磨矿的负荷趋于平衡。由自磨—球磨组成的两段半自磨流程，为了处理难磨粒级，可在流程中增设细碎作业，从而变成了自磨—球磨—细碎流程，如图 3 - 14 所示，简称 ABC 流程。其中 A 代表自磨（autogenous mill），B 代表球磨机（ball mill），C 代表破碎（crusher）。这种流程对矿石性质变化的适应性强，自磨机处理能力高。

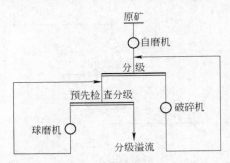

图 3 - 14　自磨—球磨—细碎（ABC）流程

3.3　磨浮工艺流程与浮选流程的详细结构

3.3.1　磨浮工艺流程

磨浮原则流程反映的是流程中一些较大的原则问题，如各种选别方法联合的顺序，磨矿与浮选的关系，各种有用矿物回收的顺序等。

3.3.1.1 常见的磨浮流程

按所磨的物料通过磨矿循环和浮选循环的次数，可把磨浮流程分为以下四种：

（1）一段磨矿浮选流程：给矿经过一段磨矿作业后用一段浮选将矿石分为精矿和尾矿的流程，如图 3-15 所示。

（2）二段连续磨矿一段浮选流程：给矿连续经过两段磨矿作业磨得很细以后，进入一段浮选作业将它们分为精矿和尾矿，如图 3-16 所示。

（3）二段磨浮流程：又称阶段磨浮或阶磨阶浮流程，给矿经一段磨矿作业后进入一段浮选作业，浮选的精矿、中矿或尾矿送入二段磨矿作业后，进入第二段浮选作业。该类流程与二段连续磨矿一段浮选流程相比，不同点在于磨矿和浮选是否相间进行，如图 3-17 所示。

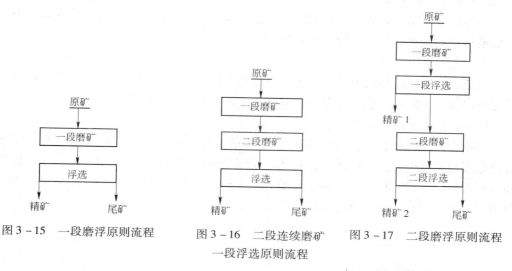

图 3-15　一段磨浮原则流程　　图 3-16　二段连续磨矿　　图 3-17　二段磨浮原则流程

一段浮选原则流程

（4）三段或多段磨浮流程：是指磨矿作业和浮选作业相间进行三次以上的流程。

3.3.1.2 矿石浸染特性与磨浮段数

磨浮流程段数有种种差别，都是由原矿性质决定的。磨浮流程段数与矿石中矿物的浸染特性有着一定关系，具体流程选择依据矿石的浸染特性大致归纳介绍如下。

（1）粗粒均匀浸染型矿石：这种矿石中的有用矿物晶粒粗大而且大小相差不大。所谓粗是指其晶粒比泡沫浮选能浮起的有用矿物粒度上限更大。比如重金属硫化矿，晶粒大于 0.3mm 等。基本采用一段磨矿浮选流程。

（2）细粒均匀浸染型矿石：这种矿石中的有用矿物的浸染粒度比浮选有用矿物粒度上限小很多而且比较均匀。这种矿石一般要磨到 -0.074mm 占 80% 甚至更细，才能使有用矿物和脉石单体解离。这种磨矿细度只有经过两段连续磨矿才能达到，故一般采用两段连续磨矿一段浮选流程。

（3）不均匀浸染型矿石：矿石中有用矿物的晶粒粗、中、细相差悬殊，粗磨时只有部分矿粒单体解离，细磨经常使粗粒和中粒有用矿物过粉碎，故宜采用两段以上磨浮流程，根据矿物分布情况对精矿或中矿或尾矿进行再磨再选或者分别同时再磨再选，才能保证合格的精矿品位和较高的回收率。

（4）集合浸染型矿石：在多金属矿石中，各种有用矿物虽然结晶较细，相互穿插密切，但它们的集合体却比较粗大，容易和脉石在粗磨后分离，所以要采用两段磨浮流程，将一段浮选所得精矿进行再磨再选才能获得合格精矿。

（5）复杂浸染型矿石：由于这种矿石兼有不均匀和集合浸染型矿石的特性，故宜采用两段以上磨浮流程。根据矿物嵌布和浸染特性，对一段浮选的精矿进行再磨再选，对一段浮选的尾矿进行再磨再选，对二段浮选的精矿再磨再选，才能保证合格的精矿品位和较高的回收率。

针对实际矿石的浸染特性确定工艺流程，不能对上面介绍的流程照搬照抄。要想获得理想的工艺流程，必须通过对比试验来确定，上面介绍的流程常常作为参考用于制定试验流程，作为探索试验的方案，或者在实际生产中作为解决实际工艺问题的思考方向。

3.3.1.3 多金属矿石浮选方案

不少矿石同时含有两三种有用矿物，它们可浮性有的相近，有的相差较远，为了经济有效地将它们分离，可用下列四种原则方案。

A 优先浮选流程

该流程按有用矿物的可浮性好坏，由好到坏的顺序进行浮选。例如矿石中有用矿物可浮性顺序为 A > B > C，优先浮选 A，其次浮 B，最后浮 C，如图 3 - 18 所示。

B 混合浮选或全浮选流程

该流程处理的矿石中有用矿物 A、B、C 的总含量不高，互相嵌布在一起，粗磨后通过浮选容易和尾矿分离，得到 A、B、C 三种矿物的混合精矿。A、B、C 三种矿物的可浮性虽有差异，但在某种条件下都能浮游，所得的 A、B、C 混合精矿分离不大困难，通过分离浮选可以将它们分为不同的精矿产品。如图3 - 19所示。

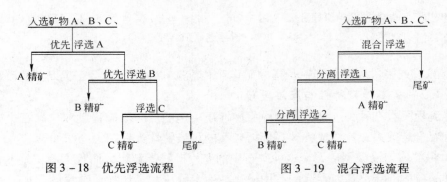

图 3 - 18　优先浮选流程　　　　图 3 - 19　混合浮选流程

该流程由于在粗磨的情况下甩掉大部分尾矿，和优先浮选相比，它能节省大量浮选机投资、电力和操作费用。当混合精矿需要再磨时，如果采用优先浮选流程更是如此，因为单个有用矿物晶粒细，用直接优先浮选，必须在浮选前将尾矿也磨得很细，使优先浮选的磨矿能耗与费用比混合浮选高得多。混合浮选的缺点是，经过混合浮选的矿物 B 和 C 表面药剂很多，混合精矿中的药剂浓度很大，常常不易抑制，分离时不易得到含杂低的优质精矿，矿石性质多变时，选别指标不佳。

C 部分混合浮选

矿石中有 A、B、C 三种有用矿物，其中有两种矿物的可浮性相近，比如 A、B 两种矿物可浮性相近而且比 C 好，可以先混合浮选 A、B 两种矿物，再浮选矿物 C。A、B 两种矿

物的混合精矿再分离，如图 3-20 所示。该流程的特点
介于优先浮选和混合浮选之间。

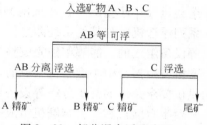

图 3-20　部分混合浮选流程

D　等可浮选

等可浮选也称作分别混合浮选，就是不管什么矿
物，将可浮性好的而且可浮性接近的矿物先经过第一次
浮选浮起来得到混合精矿，然后再对没有浮起来矿物进
行第二次浮选得到另一种混合精矿；最后将得到的混合
精矿再经过分离浮选分开得到不同的精矿产品，如图
3-21所示。例如矿石中存在 A、B、C 三种矿物，矿物 A 可浮性最好，矿物 B 分为性质差
别明显的 B_1、B_2 两种矿物，其中矿物 B_1 可浮性和矿物 A 相近，B_2 的可浮性与矿物 C 相
近，在第一次浮选中以 A 为主，优先将矿物 A 和 B_1 混合浮出得到 A 和 B_1 的混合精矿，
经过分离浮选得到精矿 A 和 B_1。一次浮选的尾矿进入第二次浮选，经过混合浮选得到矿
物 B_2 和 C 的混合精矿，经过分离浮选得到精矿 B_2 和 C。将精矿 B_1 和 B_2 最后合并为精矿
B。该流程与部分混合浮选不同点在于：既不限制 B 的浮游，也不要求 B 全部浮起，在第
一段浮选不加 B 的活化剂也不加抑制剂。其优点是，药剂用量低，不存在过剩油药对分离
的影响。

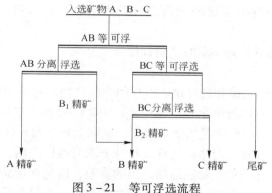

图 3-21　等可浮选流程

3.3.2　浮选流程的详细结构

详细的浮选流程应反映出每个浮选循环中包括的作业以及各作业间产物的流向。

3.3.2.1　粗选、精选、扫选的次数

粗选作业在浮选流程中一般为一次；在某些特殊情况下，可以有两个粗选作业，一次
粗选作业的精矿直接为产品精矿，二次粗选的泡沫进入精选作业。如炉渣选矿，江铜和祥
光铜业的渣选矿流程都有两次粗选作业。一般有色金属矿石精选次数为 1~3 次，个别金
属矿的精选次数多达 5~7 次，如钼矿石浮选。当原矿品位低，有用矿物可浮性差，浮选
时间长，应增加扫选次数，来提高回收率。

3.3.2.2　原矿和中矿的处理

A　原矿的处理

一般情况下，浮选机的系列数与磨机的系列数一致。即每台磨矿机（大型磨机）或每

组磨机（中小型磨机）组成的磨机系列的所产生的细度合格的矿浆产品或分级溢流进入一系列浮选机，与其他系列浮选机无关。浮选机的系列指的是由一套粗选、精选和扫选作业等设备组成的，能够单独完成整个浮选过程的流程设备组合。磨机的系列指的是单台大型磨机或由多台中小型磨机组成的，通过串联或并联的流程模式，能够满足一个浮选机系列供矿要求条件的磨矿分级等设备组合。比如，江铜贵冶和祥光铜业的炉渣选矿工艺都是由一台半自磨机和一台球磨机组成一个磨机系列，由两次粗选、两次或三次扫选、三次精选组成一个浮选机系列；方圆铜业一期渣选矿则由两台球磨机并列组成一个磨机系列等。但是遇到性质特殊的矿石时，也会出现比较特殊的流程，打破一个磨矿的系列只对一个浮选机系列的配置规律。例如，早在1976年我国浮选工作者就提出了分支粗选的概念，就是预先将分级溢流分为两支，第一支粗选的泡沫与第二支原矿合并，进入第二列的粗选；前一列粗选没有精选作业，第二列粗选是否设精选作业，可以根据泡沫品位和对精矿质量的要求酌情而定。一般情况下，第二支粗选后应有精选作业。据分析分支粗选有以下三个方面的作用。

（1）人为地提高了部分入选品位。因为第一支粗选的泡沫品位比原矿高，合入第二支原矿以后，第二支粗选的入选品位肯定高于原矿品位。

（2）药剂得到较好的利用。由于捕收剂和起泡剂通常在泡沫中的浓度高于矿浆中的浓度，前一支粗选泡沫中有不少过剩的药剂，并入第二支粗选后可以降低第二支的药剂用量。

（3）在适当的情况下，有一定的"负载浮选"作用。

　　B　中矿的处理

选矿过程所得的最终精矿和最终尾矿以外的中间产物通称为中矿。这里所说中矿指的是精选作业的底流尾矿和扫选作业的泡沫精矿。中矿的处理方法应视其中连生体的含量、有用矿物的可浮性以及对精矿质量的要求而定。原则上有下列6种处理方法：

（1）循序返回前一作业：对中矿处理无特殊要求时可以应用，工业中最通用。

（2）中矿并入品位相当的产物后返回适当的作业，以免贫化品位高的产物。

（3）中矿并入浮选速度相当的产物：在浮选流程中，有时会采用分速精选工艺。所谓分速精选是指将前部作业浮选速度快的泡沫产品合并精选，再将后部作业浮选速度慢的泡沫产物合并另外进行精选。

（4）中矿返回再磨：中矿中连生体多或矿物表面需要擦洗时采用这种方法。

（5）中矿单独处理：中矿浸染复杂、泥多、抑制剂或其他药剂多，其可浮性和矿浆组成与前部作业差别较大，返回前一作业会使前一作业恶化时，采用这种方法。

（6）排放中矿：矿浆中目的矿物与杂质矿物可浮性差别极小，抑制剂稍多时目的矿物受到抑制，捕收剂稍多时，杂质矿物就进入精矿泡沫，连续生产过程中会造成中矿恶性循环、浮选过程波动。此时排出少量中矿，可在获得合格精矿的前提下，保持相应高的回收率。

3.4　磁选、重选工艺流程

3.4.1　磁选工艺流程

磁选主要用于黑色金属矿选矿（如铁矿石磁选），其次用于有色和稀有金属矿混合精矿的分离（如钨锡分离、铜钼分离、铜铅分离等）、重介质选矿中磁性重介质的磁选回收、非金属矿物原料选矿中除去含铁杂质（如高岭土除铁）以及废水处理。

磁选流程一般比较简单，在黑色金属选矿得到广泛应用，在含有磁性矿物的多金属共生的矿石选矿中也多有使用。一般经过矿石破碎、磨矿后进入选别作业。如果处理的是单磁性矿物的矿石多采用单一磁选流程。如果有其他有色金属矿物或者存在密度差异较大的矿物时，需采用联合流程如浮—磁、重—磁—重、重—浮—磁—重等。不论在单一流程还是在联合流程中，磁选的详细流程都有一个共同的特点：如果选矿处理的矿物是强磁性矿物，采用弱磁性磁选设备，磁选流程一般常规工艺流程为一次粗选、一次或两次精选流程，如图 3-22 所示；当磁性矿物属于细粒嵌布以致影响磁性矿物产品质量时，在流程中就需要增加粗精矿再磨工艺，如图 3-23 所示。如果处理的矿物为弱磁性矿物，应采用强磁性磁选设备进行磁选，必要时需增加扫选作业。如果处理的矿物是强磁矿物、弱磁矿物混合矿石时，则要采用弱磁磁选和强磁磁选的联合流程。

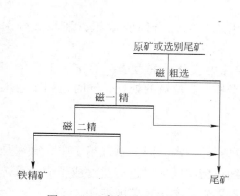

图 3-22　常规磁选工艺流程

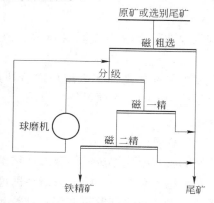

图 3-23　带粗精矿再磨的磁选工艺流程

3.4.2　重选工艺流程

3.4.2.1　重选流程的组成

矿石的重选生产也和其他选矿生产一样，是在一系列连续作业的流程中进行。按作业的性质可分为准备作业、选别作业和产品处理作业三大部分。

A　重选的准备作业

重选的准备作业主要包括：（1）为使矿物解离而进行的破碎与磨碎。（2）对被黏土胶结的矿石进行洗矿及脱泥。（3）采用筛分或水力分级方法对入选原料按粒度分级，然后分别入选。后一项准备作业是重选的特有要求，因为在一般的重选设备内，分选条件只对特定粒级最为适宜。

B　选别作业

选别作业是分选矿物的主体环节，同样要按一定的流程进行，重选的流程组合繁简程度区别较大，但多数的流程结构比较复杂，这是因为：

（1）重选的工艺方法较多，不同粒级的矿石应选用不同的工艺设备处理；除了重介质选矿、细粒溜槽和矿泥溜槽可以全粒级入选外，其他多数设备需分级入选。

（2）同样类型的设备在处理不同粒度给料时应选用不同的操作条件。

（3）多数重选设备的富集比或降尾能力不高，需作多次精选或扫选方能获得最终产品。

重选的优势在于它能够处理各种粒度矿石。从重选角度可将矿石分为粗粒（大于25mm）、中粒（25～2mm）、细粒（2～0.1mm）及微细粒（小于0.1mm）。处理粗、中以至细粒的重选设备处理能力大，能耗少，在可能条件下均宜于采用，有用矿物在粗、中以至细粒条件下选出，可以减少细磨损失并降低生产费用。

处理微细粒级的重选设备分选效果差，除非不得已不宜于采用。重选在选矿生产中的功用可归纳为如下几个方面：

（1）矿石预选。在粗粒或中、细粒条件下，预先选出部分最终尾矿，以减少主选入选矿量，降低生产成本。

（2）矿石主选。将有用矿物与脉石或围岩相分离，得到最终精矿和最终尾矿（或中矿）。

（3）与其他选矿方法组成联合流程，进行有用成分的综合回收或粗、细粒级分别处理。

（4）选矿的补充作业，在主流程之后补充回收伴生成分。重力选矿的应用正日益扩大，除用于分选传统的矿物原料外，也用于工业废渣和工业垃圾的处理，同时也用于老尾矿的再回收。

C　重选产品的处理

重选精矿的脱水要比浮选或细磨磁选精矿的脱水容易得多，因为重选精矿中含微泥是很少的。对粗粒精矿只要适当晾晒或泄滤即可，微细粒精矿同样要进行过滤或干燥。重选的粗粒尾矿还可做建材或铺路石使用，细粒和微细粒尾矿仍要送尾矿坝堆存。

3.4.2.2　重选流程的类型

重选的流程构成与矿石的产状（脉矿或砂矿）、矿物嵌布粒度、有用成分价值、分选作业任务及生产规模大小有关。处理廉价的铁、锰矿石要尽量采用简单的流程，贫砂矿的粗选流程也不宜复杂。对于那些价高的有色和稀有金属矿石，为了减少过粉碎损失，须采用多段破（磨）碎、多段选别流程，但同时也要考虑到生产规模。对于那些粗细粒产品价值不等的（如金刚石、萤石等）矿石，尤其要采取阶段选别流程。

各选别段的流程内部结构（粗、精、扫选次数、分支回路等）与入选矿石的粒度、品位和对产品的质量要求有关。生产中通常将那些处理能力大而分选精确性不高的设备安排在粗、扫选作业中，将处理量小、富集比高的设备设置在精选作业中。由于矿石性质各式各样，所以重选流程的组成也形式繁多，下面只就流程的段数构成作一简单分类说明。

A　单元重选作业

单元重选作业是指仅由某项重选工艺（单台或多台设备）构成的生产环节。矿石预选（重介质选或跳汰选）、补充性重选作业属于这类流程。分选目的只在于得到部分最终尾矿或部分精矿。

B　单循环重选流程

流程中包含有系统的粗、精、扫选及其准备作业，如洗矿分级等，但不含有破碎及磨矿作业。这类流程主要用于处理有用矿物已单体分离的矿石，如河流冲积砂矿、海滨砂矿等。

　　我国采金船上采用较多的筒筛洗矿、三次跳汰、一次摇床选的选别流程即属这一类，流程如图 3-24 所示。处理含钛、锆海滨砂矿的以圆锥选矿机粗选、螺旋选矿机精选的流程也属于这一类。

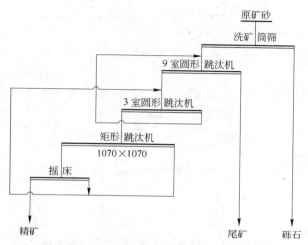

图 3-24　采金船上的三次跳汰一次摇床重选流程

C　单段重选流程

　　这种流程中只有一段破碎或磨矿作业（如破碎和磨矿连续进行仍视为一段），处理残坡积砂矿或井下开采的铁、锰矿石常采用这种流程。图 3-25 所示即为龙烟白庙选厂处理鲕状赤铁矿石的工艺流程。选别的目的是除去开采过程中混入的围岩，恢复地质品位。

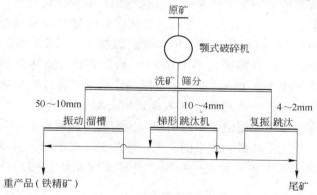

图 3-25　龙烟白庙选厂重选流程

D　二段重选流程

　　这是一种最简单的阶段选别流程。我国处理黑钨矿石的中、小型选矿厂多采用这种流程，如图 3-26 所示。原矿预选处理后，用对辊机破碎，产品分为粗、中、细三个粒级，分别用跳汰和摇床处理。前两级跳汰尾矿合并由棒磨机磨碎后，再经一次跳汰选别，尾矿返回第一段循环处理，故又称该流程为"大闭路"流程。它既可回收部分块钨，又可避免流程过分复杂化。重选流程产生的次生矿泥和矿石预选脱出的原生矿泥合并送矿泥工段处理。

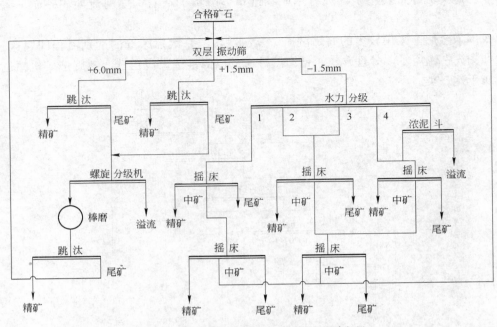

图 3-26　黑钨矿重选通用的二段选别流程

E　三段重选流程

一些大型的黑钨矿选矿厂、砂锡和部分脉锡选矿厂，原矿处理量大，为了适应有用矿物不均匀嵌布特性，而按"细碎粗磨，早收多收，泥砂分选，贫富分选"的原则组织生产，较多地采用了三段选别流程，其实这种流程也是在两段流程的基础上扩展而成。云锡公司新冠选厂处理残坡积砂锡矿矿砂系统的三段选别，流程中包括二、三段磨矿（第一段棒磨在矿石准备车间），一、二、三段选别，次精矿集中复洗及单独处理作业。由矿石准备车间送来的 1.5~0.037mm 矿砂先用 φ500mm 旋流器和分泥斗分级，大于 0.074mm 粒级送一段摇床，一段摇床尾矿经棒磨至小于 0.3mm 给到第二段摇床选别，第二段摇床中矿再送第三段球磨，磨至小于 0.15mm 进入第三段摇床选别。各段的富中矿（次精矿）集中到复洗系统，进行两段磨矿三段选别。由入选矿砂分级得到的小于 0.074mm 粒级经分级脱泥后进细砂摇床和原生矿泥溢流摇床，由粗级别磨矿分级脱出的矿泥进次生矿泥摇床和次生矿泥溢流摇床。复洗系统最初脱出的矿泥，经脱泥分级后给入复洗溢流摇床。由矿砂选别系统中最终脱出的原生矿泥和次生矿泥合并送矿泥系统处理，具体流程不在此具体介绍。

3.4.3　重选与其他选矿方法的联合工艺流程

重选与其他选矿方法联合用于主选生产在实践中应用越来越广泛，其目的在于：（1）对不同的矿物组分按其物理–化学性质差异分别回收。（2）对同一种矿物按嵌布粒度差异实行粗细分选，多数情况重选处理较粗粒级部分。（3）进一步提高产品质量或补充回收主要有用成分。与重选相联系的常见联合流程有：重—磁选联合流程；重—浮选联合流程；重—磁—浮选及其他工艺的联合流程。

3.4.3.1 磁—重选联合流程

这种联合流程主要用于处理含铁、锰及其他带磁性矿物的矿石。利用重选和磁选在处理不同粒级矿石中各自的优势，分别处理，可以收到最佳技术经济效果。连城贫氧化锰矿原矿含 Mn 17.65%。选厂原来只以洗矿、手选方式生产，选出含 Mn 33% ~ 35% 的冶金用锰精矿，经济效益低；以后进行技术改造，先后采用了 AM – 30 型大粒度跳汰机，6 – S 型摇床和 GC – 200 型强磁选机，组成重 – 磁选加手选的联合流程（图 3 – 27），除了继续生产冶金用锰精矿外，还获得了含 Mn 45% 以上的放电锰精矿，经济效益大幅度提高。

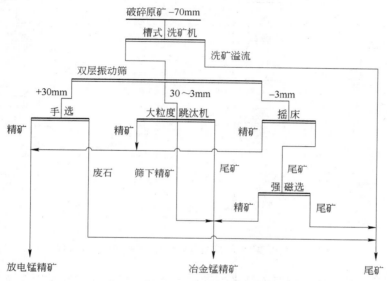

图 3 – 27　连城锰矿庙前选厂技术改造后流程

3.4.3.2 重—浮选联合流程

该流程主要用于处理同时含有高密度矿物和硫化矿物的矿石，但亦可用于分选嵌布粒度不均匀的硫化矿石。广西大厂长坡选矿厂处理的原料属含锡多金属硫化矿石，所含金属矿物主要有黄铁矿、铁闪锌矿、脆硫锑铅矿、锡石、砷黄铁矿以及少量闪锌矿、方铅矿等，嵌布粒度不均匀，大部分呈集合体浸染在脉石或围岩中。锡石磨碎至 0.2mm 可与硫化矿物集合体分离，其他有色金属硫化矿物需磨碎至 0.1mm 方能解离完全。因此该厂采用重介质旋流器预选、二段磨矿、二段选别，中矿再磨再选的重—浮—重流程，流程组成如图 3 – 28 所示，最后分别得到锡、铅、锌及硫砷精矿。

3.4.3.3 重—磁—浮及其他选矿工艺的联合流程

这类流程主要用在选别有用矿物组成复杂、嵌布粒度又有差别的矿石。重选在流程中常被安排在首部，用以选出粗粒精矿或丢弃部分最终尾矿，接着再细磨用浮选及磁选法处理，有时尚须辅以电选或水冶等作业环节。这类流程在实践中也是不少的。

南京梅山铁矿的矿石中，有用矿物以磁铁矿为主，其次为假象赤铁矿、菱铁矿及黄铁矿；脉石矿物为石英、方解石、白云石和磷灰石。采用井下开采，出井矿石的贫化率为 18% 左右。入厂矿石破碎至 75mm 以下，分成三个粒级，首先用重介质选、跳汰选和磁选

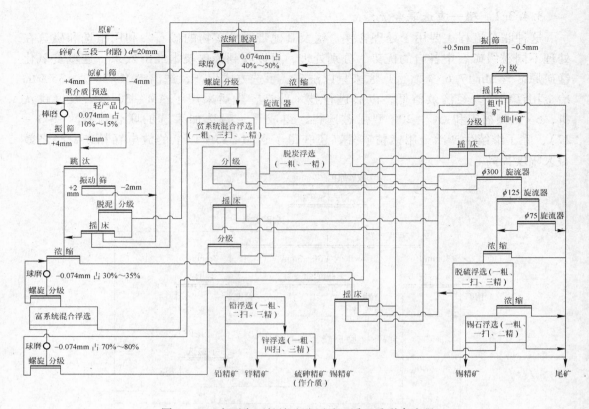

图 3-28　广西大厂长坡选矿厂重—浮—重联合流程

加以富集，再将选出的各粒级重产品和磁性产品合并，经过细碎磨矿用浮选法分离，最后得到铁精矿和硫铁精矿。

　　包头钢铁公司所属选矿厂处理的矿石来自大型沉积变质热液交代型铌、稀土、铁矿床。含铁矿物主要是赤铁矿、磁铁矿及少量黄铁矿、褐铁矿；稀土矿物为氟碳矿、独居石、氟碳钙矿等；铌矿物为铌铁矿、黄绿石、铌钙矿等，其他有用矿物还有金红石、锆英石、萤石、重晶石、磷灰石等。脉石矿物主要是石英、方解石、云母、钠长石。矿物组成复杂，有价元素多，综合利用价值高，因而采用了多种选矿工艺。主厂房内部分系列采用磁—浮流程处理，选出铁精矿和稀土泡沫产品。后者再送重选（摇床）车间与浮选车间，选出高品位和中品位稀土精矿。重选在这里起着为浮选进行预选提高入选品位的作用。

　　攀枝花密地选矿厂处理的矿石是产自辉长岩体中的钒钛磁铁矿，也属复合矿石。金属矿物主要有钛磁铁矿、钛铁矿，硫化物以磁黄铁矿为主，另有少量钴镍黄铁矿、硫钴矿、黄铜矿等。脉石矿物以钛普通辉石、斜长石为主。由于有用矿物的可选性各异，因此采用了多种工艺的联合流程。先是用弱磁选选出钒铁精矿，尾矿送选钛厂。在该厂采用弱磁选、强磁选、重选、浮选及电选分别选出铁精矿、钛精矿、硫钴精矿及最终尾矿。

3.4.3.4　重砂精选的联合流程

　　各种类型的砂矿几乎均采用重选法进行预先富集，将那些密度较大的（约大于

3500kg/m^3）的矿物均选入粗精矿中，习惯上称作重砂。为了得到单一精矿，对重砂产品还要作精选分离，为此经常要设立集中的中央精选厂。此外在处理含多种有用成分矿石的大、中型选矿厂，为了进行矿物的最终分离，也要设立精选车间或精选段。精选厂内的流程组成要依据混合精矿的组成决定。因此精选流程常包括跳汰选、摇床选、溜槽选、弱磁选、强磁性、浮选以及化学选矿等。对于含粗粒未单体解离的粗精矿，还要采用阶段磨矿、阶段选别流程。

3.5 化学选矿及脱水工艺流程

3.5.1 化学选矿工艺流程

3.5.1.1 化学选矿常用的工艺

化学选矿根据不同的工艺流程有着不同的作业，比较典型的化学选矿过程一般包括了预备作业、焙烧、浸出、固液分离、净化、制取化学精矿等六个主要作业。有的化学选矿工艺流程仅包含上述中的几个作业，一般都包括浸出、固液分离、净化、制取化学精矿等作业。

A　预备作业

预备作业与物理选矿方法相同，包括对物料破碎与筛分、磨矿与分级及配料混匀等机械加工过程。目的是使物料破磨到一定的粒度，为下一作业预备适宜的细度、浓度，有时还用物理选矿方法除去某些有害杂质或使目的矿物预先富集，使矿物原料与化学试剂配料、混匀。假如用火法处理，有时还要对物料进行干燥或烧结等，为下一作业创造有利条件。

B　焙烧作业

焙烧作业的目的是为了改变矿石的化学组成或除去有害杂质，使目的矿物（组分）转变为易浸出有利于物理选矿的形态，为下一作业预备条件。焙烧的产物有焙砂和干尘、湿法收尘液和泥浆，可根据其组成及性质采用相应方法从中回收有用组分。

C　浸出作业

浸出作业是根据原料性质和工艺要求，使有用组织或杂质组分选择性溶于浸出溶剂中，从而使有用组分与杂质组分相分离或使有用组分相分离，为下一工序从浸出液或浸出渣中回收有用组分创造条件。

D　固液分离作业

固液分离作业和物理选矿产品的脱水作业性质一样，但化学选矿浸出矿浆的固液分离的难度大些，一般也是采用沉降、过滤和分级等方法处理浸出矿浆，以得到下一作业处理的澄清溶液或含少量细矿粒的溶液。

E　净化作业

为了得到高品位的化学精矿，浸出液常用化学沉淀法、离子交换法或溶剂萃取法等进行净化分离，以除去杂质，得到有用组分含量较高的净化溶液。

F　制取化学精矿作业

从浸出液中提取有用金属（组分）而得到化学精矿，一般可采用化学沉淀法、金属置换法、电积法、炭吸附法、离子交换或溶剂萃取法；有的情况也可以采用物理选矿法。

3.5.1.2 化学选矿工艺流程的类型

应用化学选矿是处理贫、细、杂等难选矿物原料和未利用矿产资源化的有效方法，其分选效率比物理选矿法高。但化学选矿过程需消耗大量的化学药剂，对设备材质和固液分离等的要求均比物理选矿高。因此，在通常条件下应尽可能采用现有的物理选矿法处理矿物原料，仅在单独使用物理选矿法无法处理或得不到合理的技术经济指标时，才考虑采用化学选矿工艺。采用化学选矿工艺时，应尽量采用闭路流程，使药剂充分再生回收和水循环使用，以降低药剂消耗和减少环境污染；化学选矿原则流程如图 3 – 29 所示。应尽可能采用物理选矿和化学选矿的联合流程，采用多种选矿方法处理矿物原料，以便最经济地综合利用矿产资源。

A 浸出工艺流程

在物料的浸出工艺中，根据被浸出物料和浸出剂运动方向的差别可分为三种浸出流程。

（1）顺流浸出。被浸物料和浸出剂的流动方向相同，如图 3 – 30a 所示。顺流浸出可以得到目的组分含量较高的浸出液，浸出剂耗量较低，但其浸出速度较慢，浸出时间较长才能得到较高的浸出率。

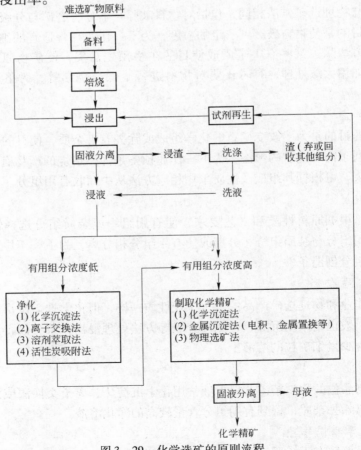

图 3 – 29 化学选矿的原则流程

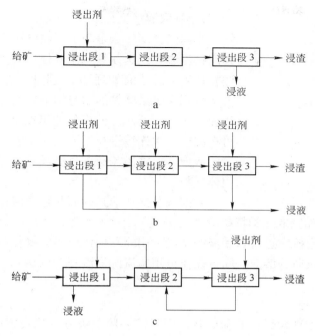

图 3 - 30　浸出工艺流程

a—顺流浸出工艺流程；b—错流浸出工艺流程；c—逆流浸出工艺流程

（2）错流浸出。被浸物料分别被几份新浸出剂浸出，而每次浸出所得的浸出液送到后续作业处理，如图 3 - 30b 所示。错流浸出的浸出速度较快，浸出时间较短，浸出率较高。但浸出液的体积大，浸出液中剩余浸出剂浓度较高，因而浸出剂耗量大，浸出液中目的组分含量较低。

（3）逆流浸出。被浸物料和浸出剂的运动方向相反，即经几次浸出贫化后的物料与新浸出液接触，而原始被浸物则与浸出液接触，如图 3 - 30c 所示。逆流浸出可以得到目的组分含量较高的浸出液，可以充分利用浸出液中的剩余浸出剂。因而浸出剂耗量较低，但其浸出速度较错流速度低，需要较多的浸出级数才能获得较高的浸出率。

浸出方法分渗滤浸出和搅拌浸出两种，渗滤浸出分槽浸、堆浸和就地浸，槽浸可采用顺流、错流或逆流浸出流程，堆浸和就地浸采用顺流循环浸出流程，搅拌浸出一般采用顺流浸出流程，如果采用错流或逆流浸出，则各级之间应增加固液分离作业。间断作业的搅拌浸出一般为顺流浸出，但也可采用错流或逆流浸出流程，只是每次浸出后都需进行固液分离，操作复杂，生产上应用较少。渗滤浸出可以直接得到澄清浸出液，而搅拌浸出的料浆须经固液分离后才能得到供后续作业处理的澄清浸出液或含少量矿粒的稀矿浆。

B　固液分离工艺流程

固液分离的目的是为了得到澄清溶液（或滤渣）或含有少量固体颗粒的悬浮液（矿浆），而且要求对滤饼或粗砂进行彻底洗涤，以提高金属回收率或产品品位。因此，固液分离的流程可大致分为制取清液流程和除去粗砂的分级流程两大类。粗砂洗涤一般采用逆流流程，化学精矿的洗涤一般采用错流洗涤流程。

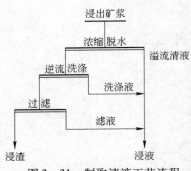

图 3-31 制取清液工艺流程

a 制取清液流程

当固液分离作业是为了回收含有有用组分的溶液，固体产物可废弃或送往其他作业处理时（如浸出矿浆或沉淀法除杂后的悬浮液处理），工业上一般采用沉淀或浓缩的方法得到含少量微粒的溢流清液，底流进行洗涤，工艺流程如图 3-31 所示。洗涤作业可在沉淀池中间断进行，也可在浓密机中连续进行逆流洗涤。若后续作业需要完全澄清的溶液，可将溢流送去过滤以除去其中所含的极少量的固体微粒。

若固液分离作业是为回收悬浮液中的固体颗粒，而溶液可废弃或返回（如制取化学精矿的固液分离），工业上常用浓缩—过滤法。浓缩可在搅拌槽、沉淀池或浓密机中进行。底流的洗涤可用间歇操作或连续操作的方式，洗涤的目的是除去所夹带的含杂质的溶液。间歇操作可用错流洗涤流程，以达到最大的洗涤效率，底流洗净后送去过滤。

b 粗砂分级流程

若后续工艺能处理含细粒的稀矿浆，则只需采用分级方法除去粗砂和进行粗砂洗涤，一般只用于处理浸出矿浆。工业上常用流态化塔或螺旋分级机进行分级和粗砂洗涤，采用水力旋流器进行控制分级和进行细沙洗涤，水力旋流器溢流送后续处理，工艺流程如图 3-32所示。采用螺旋分级机进行分级和粗砂洗涤时，由于返砂中含液量比浓密机底流少，其洗涤级数可少些，一般三级可达要求。洗涤常用逆流流程。

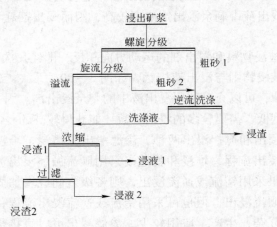

图 3-32 粗砂分级洗涤流程

3.5.2 脱水工艺流程

脱水工艺流程相对比较简单，目前在选矿厂中，根据物料所含水分的性质，常用两段和三段脱水流程，一段脱水流程应用较少。如果对精矿产品水分限制不严或精矿脱水性能较好的，采用浓缩、过滤两段脱水流程比较简单经济，如图 3-33 所示。对于细粒精矿产品或精矿成品水分限制较严的，则采用浓缩、过滤和干燥三段脱水流程，如图 3-34 所示。但干燥脱水作业费用较高，而且精矿损失大。所以，北方的一些选厂在夏季时采用两段脱水，到冬季（结冰期）才采用三段脱水。对于粗重易沉淀的矿物，一般会在浓密机脱水前增加水力旋流器分级浓缩作业，来减少浓密机故障、提高脱水效率，如图 3 – 35 所示。随着时代的进步和科技的发展，大力弘扬绿色循环经济和可持续发展的理念，目前有很多选矿产生的尾矿具备了深度开发利用的价值，所以尾矿脱水工艺也逐渐得到广泛应用，因此由浓密机和过滤机分离出来的水应尽快返回工艺系统循环再用。

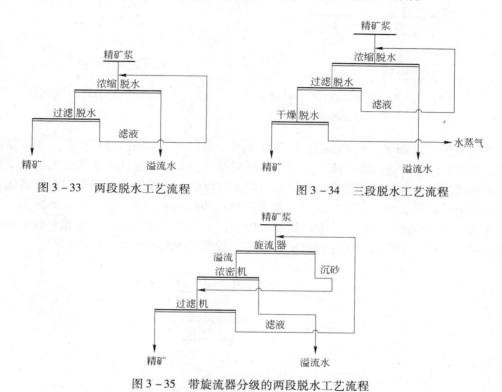

图 3 – 33　两段脱水工艺流程　　　　　图 3 – 34　三段脱水工艺流程

图 3 – 35　带旋流器分级的两段脱水工艺流程

3.6　铜冶炼渣选矿常用工艺流程

3.6.1　铜炉渣的破碎与磨矿工艺流程

作为铜炉渣选矿的准备作业，目前有两种碎磨流程。一种是基于多碎少磨理论，采用常规流程：三段（两段）破碎—闭路碎矿 + 两段（三段）球磨流程，如图 3 – 36 所示。另一种是基于半自磨理论，采用粗碎半自磨流程：粗碎 + 半自磨（全自磨） + 球磨流程，如图 3 – 37 所示，该流程比第一种工艺流程大大缩短，具有基建费用低、运行费用省、事故率低等优点，是一项先进的技术。目前国外铜冶炼厂的炉渣处理已经广泛采用半自磨技术，如芬兰奥托昆普的哈利亚瓦尔塔冶炼厂、加拿大诺兰达公司的霍恩冶炼厂、罗马尼亚的巴亚马雷化学冶金公司、墨西哥的卡纳内阿冶炼厂和土耳其萨姆松城的米勒冶炼厂。自磨技术在这些厂的炉渣处理中均获得了成功应用。江铜贵冶、祥光铜业在炉渣选矿中均采用了半自磨工艺，对于半自磨工艺在我国的推广应用有十分重要的意义。

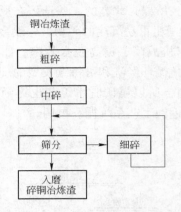

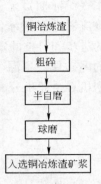

图3-36 铜冶炼渣三段一闭路两段　　图3-37 粗碎半自磨球磨工艺流程
（三段）球磨破碎流程

在处理铜冶炼渣时，由于含铜品位高低不同，也会采用不同的磨浮流程。当含铜品位低时，磨矿采用两段连续磨矿流程，如阳谷祥光铜业、贵冶的渣选矿流程。当含铜品位高时，矿物结晶颗粒粒径范围较大，为了尽早回收解离的大颗粒铜矿物应采用两段磨选（阶段磨选）流程，如大冶、铜陵公司和东营方圆公司的渣选矿流程，如图3-38所示。

湿法冶炼渣中的堆浸渣，一般粒度都比较小，不需要二次破碎；只根据回收矿物特性需要对浸渣进行一次或者两次连续磨矿，采用一段磨矿或两段磨矿流程。

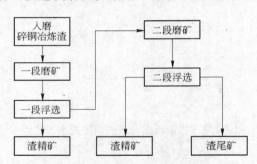

图3-38 铜冶炼渣阶磨阶选工艺选矿流程

3.6.2 铜冶炼炉渣的选别工艺流程

概括起来，铜炉渣工业化的选矿工艺流程主要有以回收铜为主的单一浮选流程、磁浮联合流程，以综合回收铜铁矿物的浮磁联合流程、磁浮—分级联合流程四种原则流程，流程结构在此不进行具体介绍，具体渣选矿工艺流程在铜冶炼渣选矿生产实践章节中会有介绍。

3.6.2.1 单一浮选工艺流程

单一浮选工艺流程是铜冶炼炉渣选矿中最常见的、以回收铜为主的流程，主要存在三种流程：

（1）常规浮选流程。采用两次（少数采用一次）粗选，一次粗选直接产出成品精矿，二次粗选尾矿经过两到三次扫选抛尾，二次粗选的精矿经过2~3次精选的精矿，精选和扫选各作业的中矿循序返回。如图3-39所示。

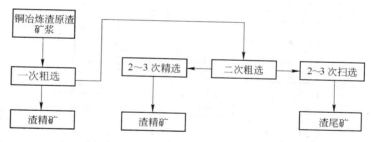

图3-39 铜冶炼渣常规浮选工艺流程

（2）常规浮选加中矿返回再磨流程。采用两次粗选、一次粗选精矿直接出产品、二次粗选的尾矿再经过2~3次扫选抛尾，二次粗选的精矿经过2~3次精选出最终精矿，三次精选、二次精选的中矿循序返回，一次精选的尾矿和扫选的精矿合并为中矿，集中返回。中矿返回有三种方式，第一种是返回一次粗选，如阳谷祥光铜业渣选矿一期改造后流程；第二种是返回二段磨矿，然后随原矿浆返回一次粗选，如贵冶混合渣选矿流程；第三种是返回中矿球磨机，磨后回到一次粗选，如贵冶转炉渣选矿流程。如图3-40所示。

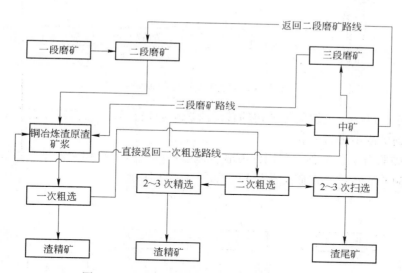

图3-40 常规浮选加中矿返回再磨工艺流程

（3）阶段磨选流程。采用一段磨矿一段浮选的间隔磨选流程，有两段磨选和三段磨选两种主要流程形式。阶磨阶选的具体磨选形式包括两种工艺流程：第一种是对上一段浮选尾矿进行再磨再选，有的在磨矿分级回路中采用了快速浮选技术，如图3-41所示。第二种是对上一段浮选中矿进行单独再磨再选，如图3-42所示。

3.6.2.2 磁浮联合工艺流程

磁浮联合工艺流程是根据铜矿物的多种特性而设计的综合回收铜矿的工艺流程，采用磁选、浮联合流程综合回收铜冶炼渣中的铜矿物。工艺流程特点：对于含白冰铜较高的炉渣，可以在入磨前进行干式磁选，利用炉渣矿物的磁性差异，提前选出非磁性的白冰铜，

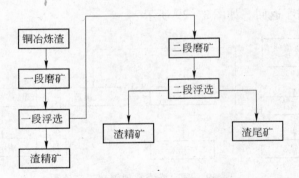

图 3 - 41   阶段磨选工艺流程图 1

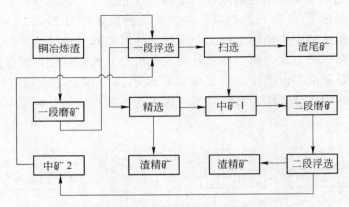

图 3 - 42   阶段磨选工艺流程图 2

如日本的日立、足尾、佐贺关等公司的转炉渣选矿流程。磨浮工艺流程则多采用阶磨阶选工艺流程对铜矿逐步进行回收。

（1）浮磁联合工艺流程，采用浮磁联合流程回收铜铁的流程主要是先浮后磁流程，如内蒙古金峰铜业的转炉渣选矿工艺流程，如图 3 - 43 所示。

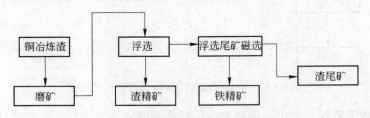

图 3 - 43   浮磁联合选别工艺流程

（2）磁浮—分级联合工艺流程，是充分利用铜渣中各种矿物自身具有的磁性、可浮性和可磨性等特性差异而设计的磁选、浮选和分级联合应用的较为复杂的工艺流程，以日本的日立、足尾和佐贺关等公司的转炉渣选矿工艺流程为代表，流程特点是：在磨矿前采用干磁提取白冰铜，采用阶磨阶选回收铜矿物，在磨矿循环中，利用铁矿物易碎、颗粒细的特点，可以通过旋流器分级从溢流中分离出来作为铁精矿；足尾矿业在浮选后增加湿式磁选作为回收铜矿物的工艺。如图 3 - 44 所示。

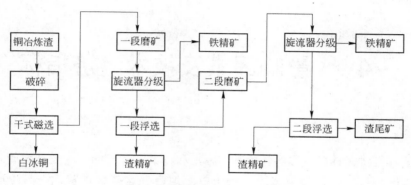

图 3-44　磁浮—分级联合工艺流程

3.6.3　脱水工艺流程

　　铜冶炼炉渣选矿所得渣精矿的脱水工艺一般采用两段脱水工艺流程，即第一段为浓密机脱水，第二段为过滤机脱水，过滤机的溢流或滤液水返回浓密机，浓密机的溢流水返回再用。规模比较大的渣选厂，由于精矿量大，可以考虑在浓密机前增设水力旋流器对渣精矿进行预先浓缩分级，来减小浓密机的规格，提高浓缩脱水效率。

　　选矿的渣尾矿脱水有两种工艺流程，第一种是目前最流行的带旋流器的两段脱水工艺流程，如图 3-35 所示。原因是由于尾矿量和比重较大，容易发生沉降和沉积。即尾矿先由水力旋流器进行浓缩分级，沉砂直接成为过滤机的给料；溢流进入浓密机进行浓缩脱水，浓密机的底流再给入过滤机；过滤机的溢流和滤液水返回浓密机，浓密机溢流水返回再用。第二种是在矿山，具有大的尾矿库，直接排入尾矿库经过沉淀后，清水返回再用。

影响因素及技术经济指标

本章主要详细讲述选矿过程的各种影响因素和技术经济指标，这是技术管理与岗位技术操作的基本知识，目的是为了让读者更快更好地掌握这些技术常识，与生产实践相结合，更好地解决生产操作过程中遇到的问题，以取得良好的选矿技术经济指标。

4.1 影响因素

4.1.1 炉渣冷却工艺的影响

4.1.1.1 转炉渣冷却方法和冷却速度的影响

炉渣冷却的方式根据采用的设备和冷却方法不同分为渣包缓冷、铸渣机铸渣自然冷、水淬急冷三种方式。渣包缓冷是将熔融状态的炉渣放进渣包然后经过一定的先空冷、后水冷的缓慢冷却工艺处理的冷却方法。铸渣机铸渣自然冷是将熔融状态的炉渣放进铸渣机的熔渣斗内，经过铸渣机输送及水冷和自然冷却工艺处理的冷却方法。水淬急冷是将熔融状态的炉渣直接放入冷却水中进行水淬冷却的方法。

不同的渣冷却方式对炉渣的性质和渣选矿存在不同的影响。水淬渣和渣包缓冷渣的可磨性曲线如图 4-1 所示，水淬渣硬度大，可磨度低于缓冷渣，同样的磨矿时间，与缓冷渣相比，平均磨矿细度（以 -0.043mm 所占的百分比计）相差 3.47 个细度。同样是渣包缓冷渣，但由于渣缓冷过程控制不同，也会明显影响选别指标。表 4-1 列出了不同冷却条件对转炉渣选铜效果的影响。铜转炉渣缓冷速度与渣选矿尾矿铜品位及渣选矿铜回收率的关系如图 4-2、图 4-3 所示。贫化炉渣冷却速度与铜回收率的关系如图 4-4 所示。

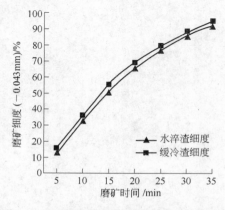

图 4-1 水淬渣和渣包缓冷渣可磨性曲线图

表 4-1　不同冷却条件对铜转炉渣选别效果的影响

冷却条件	浮选指标		
	产品名称	铜品位/%	铜回收率/%
1150~1050℃的冷却速度为0.5℃/min，到1050℃时投入水中冷却	精矿	19.26	92.19
	尾矿	0.19	7.81
1250~1000℃的冷却速度为1℃/min，到1000℃时投入水中冷却	精矿	25.45	92.24
	尾矿	0.20	7.76
1250~1000℃的冷却速度为3℃/min，到1000℃时投入水中冷却	精矿	23.68	88.78
	尾矿	0.27	11.22
1250~1000℃的冷却速度为5℃/min，到1000℃时投入水中冷却	精矿	23.79	84.18
	尾矿	0.40	15.82
1250~1000℃的冷却速度为10℃/min，到1000℃时投入水中冷却	精矿	15.94	83.89
	尾矿	0.38	16.11
在1250℃时投入水中冷却	精矿	14.68	54.45
	尾矿	0.80	45.55

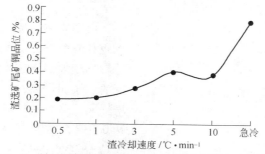

图 4-2　转炉渣冷却速度与渣选矿铜尾矿品位关系曲线

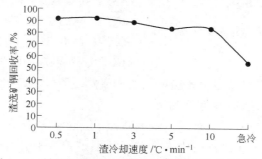

图 4-3　转炉渣冷却速度与渣选矿铜回收率关系曲线

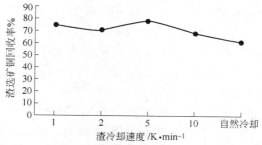

图 4-4　贫化渣冷却速度与渣选矿铜回收率关系曲线

由表 4-1 和图 4-1 数据分析可以看出，在水冷之前，当冷却降温速度控制在 0.5 ~ 1℃/min 时，选矿铜回收率达到最好水平。铜炉渣中晶粒的大小、自形程度、相互关系及主要元素在各相中的分配与炉渣的冷却方式（速度）有着密切的关系。缓冷过程中，炉渣熔体的初析微晶可通过溶解—沉淀形式成长，形成结晶良好的自形晶或半自形晶，同时有用矿物借此扩散迁移、聚集并长大成相对集中的独立相。炉渣的选别效果关键取决于熔渣冷却过程中矿物的聚粒大小。炉渣的相变温度为 1080 ~ 1140℃，在相变温度以上采取缓慢冷却，有利于矿物晶粒的析出和长大，易于磨矿单体解离和选别处理。反之，急速冷却会阻止晶粒析出和迁移聚集，而成为微细矿粒，即使细磨也难以达到相互解离。另外，急冷会使炉渣形成非晶质构造，降低渣的可磨度，给磨矿带来困难。在 1000℃ 以下渣基本上没有相变发生，此时加速冷却不会对炉渣的可磨度和可选性产生不利影响。另有研究数据表明，当炉渣在 1000℃ 以上时，冷却速度由 1℃/min 增加到 10℃/min，渣中 -5μm 铜分布率会从 0.86% 增加至 10.44%，而 +30μm 的铜分布率则由 68.89% 下降至 54.75%；冷却速度由 5℃/min 增加到 10℃/min，炉渣经磨矿 45min 后，-0.037mm 粒级产率由 93.6% 降为 80.7%。一般认为，铜冶炼炉渣采用选矿方法处理，其在 1000℃ 以上时的冷却速度以不大于 3℃/min 为宜。

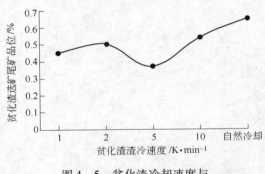

图 4-5　贫化渣冷却速度与
渣选矿尾矿品位关系曲线

由图 4-2 ~ 图 4-5 数据可以看出，渣缓冷和渣急冷（水淬）对渣选矿回收率指标影响较大，渣选矿尾矿品位会随着冷却速度的加快而增高，铜回收率随着冷却速度的增加而下降。转炉渣水淬急冷渣尾矿品位高达 0.8%，回收率为 54.45%；缓冷渣尾矿品位介于 0.19% ~ 0.4%，铜回收率介于 83.89% ~ 92.19%。贫化渣缓冷渣铜回收率介于 68.3% ~ 77.8%，尾矿品位介于 0.37% ~ 0.54%；自然冷却渣铜回收率为 61.2%，尾矿品位为 0.65%。由此可以得出结论：渣包冷却渣可选性最好，铸渣机铸渣和自然冷渣较差，水淬急冷渣最差。

4.1.1.2　闪速熔炼渣冷却速度的影响

炉渣可视为一种人造矿石，有其自身的特点。虽然炉渣所含矿物的种类和形态与冶炼原料的特性及冶炼的操作因素有很大的关系，但是炉渣中有价矿物结晶的颗粒大小与渣冷却方法有很大直接关系。对闪速熔炼渣进行实验室研究发现如下规律，保持渣冷却速度 10℃/min 时，渣中铜矿物颗粒大于 30μm 的含量约为 56%；当将渣冷却速度降低到 5℃/min 时，渣中铜矿物颗粒大于 30μm 的含量约为 75%，当将渣冷却速度降低到 0.5℃/min 时，渣中铜矿物颗粒大于 30μm 的含量约为 76%。说明当控制渣冷却速度在 10℃/min 以下时，就可以使铜矿物颗粒粒度达到比较好的效果。模拟铸渣机冷却渣，进行开路选矿试验获得铜浮选回收率仅达到 65% ~ 70%，渣包缓冷渣的浮选回收率达到 78% ~ 85%。因此，渣缓冷速度的控制是制约铜矿物颗粒长大的关键因素，熔炼炉渣必须充分缓冷（自然冷却），使铜的硫化物和金属铜的结晶颗粒逐渐长大形成尽可能最大的结晶颗粒，这是炉渣选矿的基础。炉渣中有价矿物的嵌布粒度通常比矿石要细些，充分细磨是炉渣选矿必经的工艺环节，所以渣缓冷速度还是关系渣选矿指标好坏和生产成本高低的关键因素之一。

4.1.1.3　闪速熔炼渣自然缓冷时间的影响

渣包缓冷渣让热液态炉渣充分缓冷，有利于渣中硫化态或金属态铜颗粒凝聚和长大，便于通过磨矿解离和浮选分离。生产实践中，用渣包缓冷渣入选已经成为目前世界渣选矿的主要趋势。但是，渣包缓冷时间（也称作冷却周期）对渣包的数量起着决定性作用，每个渣包价格比较昂贵，而且维修费用较高，对生产成本有比较大的影响。因此，非常有必要寻求最合适的渣包冷却时间和浮选铜回收率的最佳关系。对闪速熔炼渣渣包自然缓冷（空气冷却）时间与铜浮选回收率的影响做了实验研究，得到了如图 4 - 6 所示的关系曲线。自然缓冷时间分为 6h、12h、18h、24h，到达自然冷却时间后加水冷却，控制总冷却时间为 60h。由图 4 - 6 可以看出，随着渣包自然缓冷时间的延长，铜浮选回收率逐渐升高，达到 18h 以上增加幅度逐渐变小，铜回收率可达到 80% ~85%。

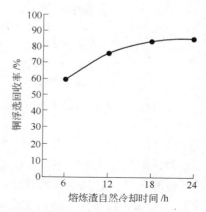

图 4 - 6　渣包自然冷却时间与铜浮选回收率关系曲线

4.1.1.4　渣包体积大小的影响

在相同缓冷制度条件下，渣包体积大相比渣包体积小更有利于降低炉渣尾矿铜含量，主要原因是炉渣缓冷是一个比较复杂的过程，在同一缓冷制度条件下，渣包体积大能够降低渣冷却速度，更有利于铜晶胞在结晶过程的发育，铜矿物嵌布粒度相对较大，更有利于降低尾矿铜含量，试验结果见表 4 - 2。由表中数据可知，采用体积较大的渣包比小渣包，可以明显降低尾矿含铜品位；同样体积的渣包延长冷却时间，尾矿品位也相应得到降低，以大体积渣包效果更为明显。

表 4 - 2　相同缓冷条件下，渣包体积与尾矿含铜量对比

样品编号	自然冷却时间/h	水冷时间/h	渣包容积/m³	尾矿铜含量/%
1	24	32	6	0.30
3	24	32	12	0.28
2	36	20	6	0.28
4	36	20	12	0.26

4.1.2　贫化过程因素对贫化渣的影响

在炉渣火法贫化试验研究中，发现贫化温度和贫化配料对贫化渣的选矿指标存在一定的影响。在贫化试验中以反射炉水淬渣为原料，用黄铁矿作硫化剂，山西白煤粉作还原剂。在黄铁矿配比为 10%，煤粉:黄铁矿之比为 1:4，缓冷速度为 10K/min 的条件下考察贫化温度对渣选矿铜回收率指标的影响，贫化温度与渣选矿回收率的关系如图 4 - 7 所示。由曲线可以看出，在保证贫化渣熔化的状态下，随着温度的升高，选矿铜回收率逐渐升高。但是，温度超过 1350℃后，铜回收率逐渐下降；主要是因为温度过高时，铜矿还原过

度，致使铜的硫化矿质量分数下降，难以用浮选方法回收。

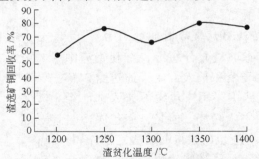

图 4-7   渣贫化温度与渣选矿铜回收率关系曲线

黄铁矿在贫化过程中，既能减少水淬渣中氧化铜的损失，又能减少渣中冰铜夹杂颗粒的品位和数量，起到很好的贫化作用。在炉温 1350℃，煤粉：黄铁矿之比为 1：4，缓冷速度为 10K/min 的条件下考察黄铁矿配比用量对渣选矿铜回收率指标的影响，黄铁矿的配比用量与渣选矿回收率的关系如图 4-8 所示。由曲线可以看出，在炉渣量相同的情况下，随着黄铁矿加入量的增加，渣选矿铜回收率逐渐增加，在黄铁矿和粉煤配比用量为 5% 时，能够获得最佳回收率指标，若继续增加用量，则对回收率影响不大。

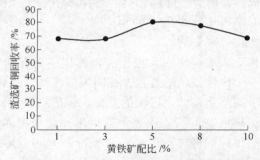

图 4-8   渣贫化黄铁矿配比用量与渣选矿铜回收率的关系

在渣贫化过程中加入煤粉，目的是发挥其还原作用，减少炉渣中磁选氧化铁的数量，提高贫化效果。在炉温为 1350℃，黄铁矿配比量为 5%，缓冷速度为 10K/min 的条件下考察煤粉与黄铁矿配比对渣选矿铜回收率指标的影响，煤粉与黄铁矿配比对渣选矿铜回收率的影响如图 4-9 所示。由曲线可以看出，在煤粉和黄铁矿的共同作用下，可使渣选矿铜的回收率保持在 65% 以上，当二者的配比在 1：3 的情况下，铜回收率指标最好。

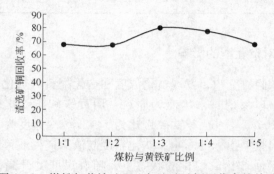

图 4-9   煤粉与黄铁矿配比与渣选矿铜回收率的关系

4.1.3 渣型的影响

4.1.3.1 炉渣中 Fe/Si 比值的影响

炉渣中不同 Fe/Si 比值对渣中含铜存在着一定影响，表 4 – 3 是富氧底吹熔炼炉产生的炉渣分析结果。由表 4 – 3 中数据可以看出，随着 Fe/Si 比值的降低，渣中铜含量逐渐减少。底吹熔炼采用高氧势熔炼，渣中 Fe_3O_4 含量高，Fe_3O_4 的熔点高达 1597℃，在渣中以 Fe – O 复杂离子状态存在，其量较多时，会使炉渣熔化温度升高，密度和黏度增大，恶化渣和铜锍澄清分离条件。生产实践表明，渣中 Fe_3O_4 含量是影响渣含铜的主要因素，因此降低渣中 Fe_3O_4 含量的主要手段是控制合适的 Fe/Si 比值，综合考虑 Fe/Si 比值控制在 1.6 ~ 1.7 比较合适。

表 4 – 3　Fe/Si 比值对渣中含铜的影响

名　　称	Fe/Si	Fe_3O_4 含量/%	渣中含铜/%
1 号炉渣	2.2	36.3	4.2
2 号炉渣	1.7	33.9	3.5
3 号炉渣	1.46	31.7	3.1

4.1.3.2　炉渣中 SiO_2、Al_2O_3、CaO 含量的影响

炉渣中 SiO_2 的含量除了会影响炉渣的硬度外，也会影响渣的组成结构和晶粒的大小，从而影响选别效果。当炉渣中 SiO_2 含量高时，渣的黏度增加，阻碍铜相晶粒的迁移聚集，生长速度降低，晶粒细小，铜相中硫化铜的含量下降。铜渣中 SiO_2 含量与渣选矿铜回收率关系如图 4 – 10 所示，由曲线可以看出，铜渣中 SiO_2 含量越高，选铜难度越大，铜回收率越低，在铜渣中 SiO_2 含量低于 22.42% 时，可以获得良好的回收率指标。

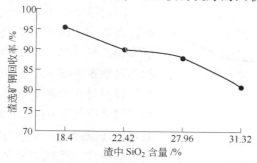

图 4 – 10　铜渣中 SiO_2 含量与渣选矿铜回收率的关系曲线

通常渣中的主要成分铁和硅的含量相互呈反比关系。当 SiO_2 含量低时铁含量就高，磁性氧化铁含量也相应增加；反之，硅酸铁含量上升，磁性氧化铁下降。渣中呈弱磁性的铁橄榄石所占比例越大，磁选时磁精矿降硅就越困难；而且，渣中 SiO_2 含量增高，会产生比较多的坚硬的非晶质物，渣可磨性差。总之，低硅渣比高硅渣更适合选矿处理。有研究资料表明，从冶炼和选矿综合考虑，SiO_2 含量以 20% 为宜，炉渣中的二氧化硅含量一般不超过 18% ~ 20%，以 $Fe/SiO_2 = 1.7 ~ 1.8$ 为宜；就浮选铜回收率而论，低硅渣比高硅渣高。因为高硅渣易生成铜铁硅酸盐类。硅酸盐类多，选矿效果差。高硅渣不仅可磨性

差，而且随着二氧化硅含量的增加，精矿产率与回收率将降低，尾矿品位则升高。此外，渣中 Al_2O_3 或 CaO 含量增加，也会促进渣非晶质的生成，妨碍硫化物颗粒的沉淀生长，对选别不利。祥光铜业在实际生产过程中总结经验，认为当闪速熔炼渣渣中 Al_2O_3 不高于 4%、CaO 不高于 5%、且 CaO 高于 5% 尤其达到 6% 以上时，炉渣缓冷效果变差，易出现粘包、爆炸等现象，且炉渣破碎困难。

4.1.3.3 炉渣中物相的影响

A 炉渣中铜物相的影响

炉渣化学组成主要表现于铜元素存在的形态，炉渣的物相组成对选矿结果影响很大，硫化物、金属铜含量越多，选别效果越好；反之，硅酸盐、氧化物越多，效果则越差。生产和试验研究表明，转炉渣和熔炼渣中的硫化铜物相矿物的分布率越高，选矿铜回收率也就越高，绝大多数的转炉渣中硫化铜矿物分布率平均在 50% 以上，熔炼渣中硫化铜物相分布率在 70% 以上，少数富氧熔炼渣中的硫化铜分布率仅占 20% 左右，其中的氧化铜分布率达到 50% 以上，所以多数转炉渣和熔炼渣浮选铜回收率达到 90% 以上，少数熔炼渣由于氧化铜的影响使铜浮选回收率降低，波动范围为 75%~90%。

祥光铜业对闪速熔炼渣进行研究发现，熔炼渣硫铜比以 0.24 为界限，当熔炼渣硫铜比小于 0.24 时，浮选的渣尾矿铜品位一般在 0.35% 左右，甚至更高；反之，渣尾矿含铜品位就会降低。

B 炉渣中铁含量的影响

在冶炼过程中铁橄榄石在高温氧化氛围下会形成部分 Fe_3O_4，以渣形式排出，当 Fe_3O_4 较多时，炉渣难磨，选别指标不好。祥光铜业在实际生产过程中发现，渣中 Fe_3O_4 超过 16%，尤其达到 20% 以上时，炉渣冷却效果受到影响，且一般伴有冰铜品位上升、渣中硫铜比下降，最终影响选别指标。

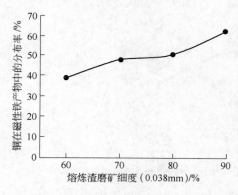

图 4-11 闪速熔炼渣磨矿细度与铜在磁性铁产物中分布率的关系曲线

闪速熔炼渣中铁含量对铜矿物的结晶过程存在很大影响，由于铜矿物比重大，在渣包中易于沉降到渣包底部，而炉渣中铁矿物多以铁橄榄石和赤褐铁矿形式存在，也属于比重较大的矿物，也比较容易在渣包底部沉降，造成铜铁混合沉降。由于闪速熔炼渣中的铜以氧化铜为主，氧化铜与氧化铁在沉降结晶过程中具有易与二氧化硅融合的近似特性，造成铜铁矿物在炉渣分布中关系密切，彼此镶嵌、共生比较严重。通过试验研究发现闪速熔炼渣磨矿细度与铜铁分布率关系如图 4-11 所示。由图 4-11 可以看出，随着磨矿细度的提高，铜在磁性铁矿物中的分布率呈上升趋势，说明铜和铁矿物关系非常密切，这是由于铁矿物具有较强的亲水性，对铜矿物浮选回收率具有较大影响。通过浮选试验证实闪速炉渣中铁含量对铜浮选回收率有较为明显的影响，如图 4-12 所示。由曲线图可以看出，随着闪速熔炼渣铁品位的升高，铜矿物回收率呈明显下降趋势。

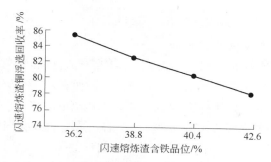

图 4-12　闪速熔炼渣含铁品位与浮选铜回收率关系曲线

C　炉渣中含铜品位的影响

闪速熔炼渣中含铜品位与铜浮选回收率存在一定规律，根据生产实践数据发现，铜浮选回收率与渣含铜品位存在正比关系，如图 4-13 所示。由图可以看出，当熔炼渣含铜较低时，铜回收率仅为 73% 左右，随着含铜品位的提高，铜浮选回收率迅速提高，当渣含铜品位到达 2.5 左右时，铜回收率达到 90% 左右。原因在于随着闪速熔炼渣铜品位的升高，硫化铜的含量呈增高趋势，硫化铜与氧化铜不同，其在渣缓冷过程中疏离二氧化硅等炉渣基质，易于形成硫化铜结晶颗粒，有利于获得较高的铜浮选回收率。

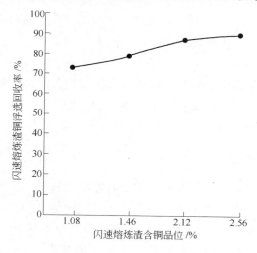

图 4-13　闪速熔炼渣含铜品位与铜浮选回收率关系曲线

4.1.4　破碎过程的影响因素

破碎机主要用于破碎炉渣等物料，它在工作过程中受炉渣性质、破碎设备性能和操作条件三大因素的影响。

4.1.4.1　炉渣性质的影响

对破碎过程有影响的炉渣性质主要包括炉渣的硬度、密度、平均粒度和结构、含水量、含泥量等。炉渣硬度越大，越不容易破碎；炉渣的密度越大，按给料计量的设备处理能力就越大；当炉渣的最大粒度一定时，平均粒度越细需要的破碎工作量就越少；结构松弛、节理发育良好的炉渣容易被破碎，而含水、含泥量大的物料易黏结，严重时会导致破碎腔和筛分机的筛网堵塞，影响破碎和筛分效率。

4.1.4.2　破碎设备性能的影响

这一类影响因素主要包括：设备的类型、规格、排料口和啮角等。破碎设备的类型和规格是决定它能否满足特定作业要求的首要条件，因而在选择破碎设备时，首先要根据待碎物料的性质和数量，确定采用什么类型的设备及其规格。在给矿及产品粒度相同的情况下，旋回破碎机的生产率为颚式破碎机的 2～3 倍。同类颚式破碎机中复摆型比简摆型生产率大 20%～30%。就一台具体的设备来说，排料口的尺寸实际上决定着它的工作质量和生产能力。当排料口过大时，大部分物料未经破碎即通过排料口，从而使设备的生产能力很大，但破碎比却很小；反之，当排料口过小时，虽然破碎比会明显增大，但设备的生产能力却因此而严重下降。所以，在确定破碎机的排料口尺寸时，应根据具体情况，两者兼顾，综合考虑。

破碎设备的啮角是指钳住物料块时，破碎工作部件表面之间的夹角，通常用符号 M 表示。根据这一定义，颚式破碎机的啮角就是钳住物料块时，动颚与定颚之间的夹角；旋回破碎机和圆锥破碎机的啮角指的是动锥和定锥表面之间的夹角；辊式破碎机的啮角是指物料块与两辊面接触点的切线之间的夹角。破碎设备啮角的大小直接决定破碎过程是否能安全顺利进行，是一个非常重要的设备工作参数。破碎机排矿口的大小决定破碎机啮角的大小。在破碎过程中啮角应保证破碎腔内的矿石不至于弹出来，这就要求矿石和工作面之间产生足够的摩擦力，以阻止矿块破碎时被挤出去。

4.1.4.3　操作条件的影响

影响破碎过程的操作条件主要是给料条件和破碎设备的作业形式。连续均匀地给料既能保证生产正常进行，又能提高设备的生产能力和工作效率；此外，闭路破碎时，破碎机的生产能力可增加 15%～40%。

4.1.5　磨矿过程的影响因素

磨矿过程与很多因素有关。归纳起来主要有磨矿机构造、分级设备、矿石性质、操作条件四大方面。但对于生产现场来讲，设备基本是固定的，应视为不变的因素，只有矿石性质和操作条件对磨矿作业产品的数量和质量具有决定性影响。为了保证磨矿产品的质量，操作工人必须根据矿石性质（粒度、硬度等）的变化，随时调整给矿量，同时使各种可变动的操作条件稳定在最适宜的水平上。

4.1.5.1　磨矿机直径和筒体长度的影响

磨矿机单位容积生产率即处理矿石能力与磨矿机直径的平方根成正比。因为磨矿机直径的大小直接决定被磨物料受到的负荷压力和钢球的冲击力，因此，磨矿机直径越大，矿石受到的压力和钢球的冲击力也越大，处理矿石能力也越高。目前国内外新设计和制造的磨矿机向大型化（大直径）发展，就是利用这一特点。

4.1.5.2　衬板的形式和材料的影响

衬板的形式和材料可以影响磨矿生产量和质量。如果采用衬板的形式选择不当，会使处理量降低和磨矿细度达不到要求。衬板的材质也同样影响矿石处理量和产品细度。如果衬板材质锰含量少，显得软不抗磨，也在一定程度上影响钢球对矿石的冲击力和磨剥作用，所以一般选矿厂所用衬板均为铸锰钢 13（ZGMn13）合金材质，半自磨机采用铬钼合金钢材质。

4.1.5.3 装球量和球径大小的影响

装球量的多少对磨矿效率有一定影响。装球少磨矿效率低；装球量过多，在运转时内层球又容易产生干涉，破坏了球的正常循环，磨矿效率也要降低。实践证明：装球量的多少与磨矿机的转速率有关。当磨机转速率低时可多装些球，当转速率高时，装球量可少些。磨机装球量的多少一般用充填率或充满率来表示，半自磨机的充填率一般在 5% ~12%，特殊情况可以高达 20%，格子型球磨机充填率一般在 40% ~45%，溢流型球磨机充填率一般在 35% ~40%。

钢球的尺寸大小取决于矿石的物理机械性质和矿石粒度组成。处理硬度大、粒度粗的矿石，需要有较大的冲击力，需要装入尺寸大些的钢球；处理矿石较软、给矿粒度较小，要求产品粒度较细，则应以研磨为主，可装入尺寸较小的钢球。生产现场球磨机都装入多种球径的球，按一定比例配比来处理大小不同矿粒组成的物料。从理论上讲，只有保证各种球有一定比例，才能与被磨物料的粒度组成相适应，才能取得良好的磨矿效果。

4.1.5.4 入磨给矿粒度的影响

在要求磨矿产品细度相同的情况下，给矿粒度大者，磨机生产能力低；给矿粒度小者，生产能力高。主要原因是给矿粒度小，矿石在磨机内停留的时间短，速度较快。

但有一点应该注意，当要求磨矿产品较粗时，磨机生产率随给矿粒度变化的幅度较明显，而要求磨矿产品较细时，磨机生产率随着给矿粒度变化并不太突出。

当给矿粒度即入磨粒度较小时，磨矿细度比较容易达到。但细度与生产率又是比较矛盾的，当给矿粒度相同，磨机生产能力随着磨矿产物细度的提高而降低。磨矿产物要求的越细，生产率下降的越多。但对于粗磨过程，磨矿产物细度的变化对磨机生产率的影响没有细磨那么明显。

4.1.5.5 炉渣硬度的影响

炉渣硬度的大小反映出炉渣本身的矿物组成及其物理机械性能方面的特点。结构致密、晶体微小、硬度大的炉渣比较难以磨碎，因此，这样的炉渣在磨矿过程中，磨矿时间要求较长，才能保证达到要求的磨矿细度，但一般来说主要影响磨机处理能力。而硬度小或者解理发达的炉渣易于磨碎，磨机单位容积的处理能力也高。炉渣硬度是个不可改变的因素。在生产中要采取积极态度对待硬度较大的炉渣，如通过试验找出最适宜的排矿浓度、返砂量等操作条件。要求破碎系统来的炉渣粒度尽可能缩小，在粒度条件稳定情况下，找出最佳钢球配比。

4.1.5.6 分级设备的影响

与磨矿机构成闭路的分级设备对磨矿机生产率影响也很大。分级效率高，磨机的生产率也高。返砂少了，起不了多大作用；返砂太多时会使磨机胀肚、阻塞。一般的返砂比为100% ~500%，经常用的是 200% ~350%。棒磨机使用的返砂比一般不超过 200%，常用150% ~200%。因此，在实际操作中要注意保持分级设备具有较高的分级效率和合适的返砂比，才能获得较高的生产效率和磨矿效果。

4.1.5.7 磨矿浓度的影响

磨矿浓度是指在磨矿过程中，磨机筒体内部的矿物与水混合物的百分比浓度。磨矿浓度直接影响筒体内矿浆的流动性和输送矿粒的能力，也影响磨矿介质作用的发挥。对磨机生产能力和磨矿细度都有影响。磨矿浓度过低时，磨矿机中的固体量就减少，因而减少磨矿介质的有效磨碎作用。磨矿浓度适当增高，磨矿效率可能提高，但粗粒易从磨机中排出，使产品粒度变粗。磨矿浓度过高，可能会降低磨机生产能力（因矿浆流动性变小）和降低磨矿效率（因降低了介质的冲击和研磨作用），甚至因排出量过少而产生胀肚。因此，一个磨矿操作工要善于掌握磨矿浓度。生产实践证明，最适宜的磨矿浓度在 60% ~83%。粗磨时，磨矿浓度稍大些，一般控制在 75% ~83%；细磨时，磨矿浓度可低些，约在 65% ~75%。

4.1.5.8　给矿速度的影响

给矿速度是指单位时间内给入磨矿机的矿石量。给矿速度太低，矿量不足时，磨矿机内将发生介质空打衬板，磨损加剧，产品过粉碎严重；给矿速度太快，矿量过多时，磨矿机将发生过负荷，出现排出钢球、吐出大矿块及涌出矿浆等情况，磨矿过程遭到破坏。

4.1.5.9　助磨剂的影响

在磨矿过程中添加某些化学药剂，可以提高磨矿效率，降低磨矿能耗和钢耗。在使用过程中，除了看到助磨剂可提高磨矿效率的作用外，还要考虑它的来源、价格、毒性以及对后续作业（如选别和脱水）和环境是否有不良影响。

4.1.6　浮选过程的影响因素

浮选工艺因素的正确选择，取决于炉渣的性质。实践表明，要达到较好的技术经济指标，就必须根据所处理炉渣的性质，通过选矿试验，选择磨矿细度、矿浆浓度、矿浆酸碱度、药剂制度、充气与搅拌、浮选时间、水质等工艺因素。

4.1.6.1　磨矿细度的影响

任何矿石的浮选都有最适宜的给矿细度，首先浮选的给矿中的目的矿物必须与伴生矿物彼此分离，其次要求目的矿物的粒度不太粗也不太细。太粗的矿粒尽管容易向气泡附着，但附着后，重力或运动中的离心力超过矿泡间的附着力时，必将从气泡上脱落。过细的目的矿物不易附着在气泡上，而且由于细粒脉石容易随水进入泡沫层，分离效率极低。应尽可能使矿物在较粗的状态下浮游，对于节能、提高磨浮和脱水能力、减少细粒选矿损失、提高精矿品位等方面，都有一定的意义。所以粗粒浮选是选矿工作者长期研究的一项课题，有利于粗粒浮选的工艺条件是：

（1）用较多的捕收剂或添加烃类作辅助捕收剂，以便形成较大的接触角。

（2）增加矿浆的充气量，造成较大的气泡，设法使水中析出微泡，形成几个泡拱抬粗粒的条件。

（3）在保证矿浆面稳定的前提下，在浮选机内形成循环上升的矿浆流，防止粗砂沉槽。

（4）采用适当的搅拌强度，基本上维持粗粒悬浮，但不造成过强的紊流与气泡振动。

（5）采用较高的矿浆浓度，增大矿浆浮力。

（6）采用迅速平稳的刮泡装置。

（7）采用适于粗粒浮选的浮选机。

浮选中的细泥由于质量小，比表面积大，表面键力不饱和，使其表面水化膜牢固，泡沫发黏，细泥难从泡沫中返回矿浆，所以细泥浮选药剂消耗多、精矿品位低、回收率低、精矿脱水过滤困难。为了减少细泥对浮选的影响，可以采取下列措施：

（1）加入分散剂，使矿泥分散在矿浆中，避免它对目的矿物的罩盖。

（2）分批加药，避免加入的药剂被矿泥吸附随泡沫带走，可以在作业线的几点添加，以保持矿浆中有一定的药剂浓度。

（3）采用较稀的矿浆，有利于细粒分级和降低矿浆黏度，减少细粒危害。

（4）采用水力旋流器脱泥，排除细泥对浮选的不利影响。

在选矿工艺选择或试验流程方案制定时，为了尽可能避免泥化。对于某些炉渣，常采用阶段磨矿、阶段选别的流程，以避免矿物过粉碎。

4.1.6.2　矿浆浓度的影响

在选矿生产过程中，矿浆浓度通常是指矿浆中固体矿粒的含量百分数。它是浮选过程中很重要的工艺参数，选别作业和原料粒度不同，要求的矿浆浓度就不同。因此浮选浓度可以从百分之几到百分之五十左右。矿浆浓度的大小对于药剂消耗、水耗、电耗、精矿品位和回收率等都有影响，这是因为矿浆浓度与下列因素有密切的关系。

（1）药剂的体积浓度：一般浮选表示某种药剂的用量，都是以选别一吨原矿需要药剂多少克来计算，单位为 g/t。如果以此为单位计算的药剂量不变，则随着矿浆浓度的增大，单位体积矿浆中的矿石质量就相应增加，一定体积矿浆中的药剂含量也增加。如果只要矿浆有一定的药剂体积浓度，目的矿物就能够浮游，则矿浆浓度增大时，就可以减少以 g/t 为单位的药剂用量。

（2）矿浆在浮选机中的停留时间：随着矿浆浓度的增加，单位质量矿石的矿浆体积数量下降。如果浮选机体积不变，当矿浆浓度增加时，矿浆在浮选机内部停留的时间随之增加，相当于增加了浮选时间，有利于提高浮选回收率。如果不需延长浮选时间，可以减少一些浮选机的数量，以节省设备投资。

（3）矿浆的充气度：矿浆浓度对充气量也有一定影响。当矿浆浓度在一定限度内增加时，充气量也随之增加。矿浆浓度过大或过小都会降低矿浆的充气度。矿浆充气度的强弱直接影响浮选时间和回收率。

（4）粗粒浮选：矿浆浓度增大，使矿浆的比重增大，浮力相应增加，矿粒和气泡相碰的机会也增多，这样有利于粗粒浮选。但是，当矿浆浓度增大时，矿粒间的相互摩擦和碰撞的机会也增多，则矿粒从气泡脱落与泥化的程度也增大。

（5）细粒浮选：当矿浆浓度增大时，矿浆黏度也增加，泡沫层中夹杂的脉石、矿泥将增加，造成精矿品位下降。

总之，在浮选过程中用较浓的矿浆是有利的。但是，矿浆浓度过大，矿粒和气泡不能自由流动，使充气作用变差，就会降低浮选指标。浮选浓度稀，回收率较低，但精矿质量较高；浮选浓度适当增高，回收率增大，浓度过大，回收率反而下降。

因此，各种炉渣的浮选都有它最适宜的矿浆浓度，与炉渣性质和浮选条件有关。一般规律是：浮选比重较大的矿物时，采用较浓的矿浆，对比重较小的矿物，则用较稀的矿浆。浮选粗粒物料采用较浓的矿浆，而浮选细粒或泥状物料时则用较稀的矿浆。经过磨矿作业细度合格的矿浆进入浮选的第一个选别作业，具有粗略的选别回收目的矿物的意思，所以形象地称之为粗选。多数浮选过程为正浮选，浮选选出的泡沫精矿进入下一个作业进行选别以提高精矿质量或品位，这个作业被称为精选。粗选的尾矿矿浆进入下一作业再选以提高目的矿物的回收率，这一作业被叫做扫选。粗选和扫选采用较浓的矿浆，精选和分离的混合精矿的分离作业则用较稀的矿浆，以保证获得质量较高的合格精矿。常见金属矿物浮选的矿浆浓度为：粗选 25% ~ 45%，精选 10% ~ 20%，扫选 20% ~ 40%。粗选最高时可达 50% ~ 55%，精选最低时可达 6% ~ 8%。

4.1.6.3 矿浆的酸碱度的影响

大多数硫化矿石在碱性矿浆中进行浮选作业。很多浮选药剂（如黄药、油酸、2 号油）等在弱碱性环境中较为有效。各种矿物在采用各种不同浮选药剂进行浮选时，都有一个"浮"与"不浮"的 pH 值，叫做临界 pH 值。控制临界 pH 值，就能控制各种矿物的有效分选。

另外，许多矿物的水解会对矿浆酸碱度造成一定影响，应加以注意。

4.1.6.4 矿浆温度和水质的影响

加温可以促进分子的热运动，促进药剂的溶解、离解和分解；为许多需要活化能的化学反应提供活化能，促进其化学反应。在浮选中，常常利用加温的办法，以促进难溶捕收剂的溶解，吸附过牢的药剂解吸，某些氧化矿物的硫化或者硫化矿物的氧化。在使用某些难溶的、溶解度随温度而变化的捕收剂如油酸或胺类时，提高矿浆温度可以使它们在水中的溶解度和浮选效能增加，例如，用脂肪酸浮选铁矿石、稀土金属矿石和萤石等非金属矿时，矿浆加温常能节约大量药剂和提高回收率；在精选白钨矿时，加温矿浆可以改善浮选选择性，大幅度提高精矿品位；在铜钼分离中，向浮选槽直接通入蒸汽，可以使硫化钠的用量降至 1/12 ~ 1/7，水玻璃用量降至 1/2，并提高回收率。

此外，某些选矿药剂或目的矿物遇到水中的杂质离子会发生反应，进而影响浮选效果。在使用脂肪酸类捕收剂时，还需注意水的硬度。因此，在实际浮选生产中还要注意水质对浮选的影响。

4.1.6.5 浮选时间的影响

浮选时间是指进入浮选作业的矿浆在浮选流程内或浮选某个作业浮选机内停留的时间。各种矿石最适宜的浮选时间，都是通过选矿试验研究充分探索以后确定的。一般地，有用矿物可浮性好、含量低、给矿粒度适宜、矿浆浓度低、药剂作用快、充气搅拌较强的条件下，所需的浮选时间就较短；反之，则需要较长的浮选时间。粗选和扫选的总时间过短，会使金属的回收率下降；精选和混合精矿分离时间过长，被抑制矿物浮游的机会也增加，结果使精矿品位下降。通常，延长浮选时间会使精矿品位和尾矿品位逐渐下降，回收率逐渐升高。浮选时间过长，精矿内有用成分回收率增加，但精矿品位下降；浮选时间过短，虽对提高产品品位有利，但会使尾矿品位增高，回收率降低。

4.1.6.6 搅拌调浆时间的影响

矿浆进入粗选以前，一般都先在搅拌槽中调浆。即让磨矿细度合格的矿浆在搅拌槽内与添加的药剂混合均匀，然后发生吸附或化学反应。搅拌槽的搅拌有以下作用：

（1）混匀药剂和矿浆。

（2）破坏矿粒表面的液体附面层，缩短药剂和矿物表面扩散的路程，这对于扩散慢、作用快的反应尤为重要。

（3）高速搅拌作用可以促进剪切絮凝作用。

（4）对矿物表面起一定的擦洗作用。

（5）维持矿粒悬浮，以利于矿浆输送。

一般活化剂、抑制剂和捕收剂需要在搅拌槽中与矿浆调和 3～5min，起泡剂需要调和 1～2min，混合甲苯胂酸浮锡及用重铬酸钾抑制方铅矿需要调和 30～50min。

4.1.6.7 搅拌过程充气的影响

进入浮选机槽体内的矿浆，要受搅拌和充气的双重作用。适当加强充气作用和搅拌作用对浮选有利，但过分会产生气泡兼并、精矿质量下降、电能消耗增加、机械磨损等缺点。矿浆搅拌的目的在于促使矿粒均匀地悬浮于矿浆中，并使空气很好地弥散，产生大量"活性气泡"。强化充气作用，可以提高浮选速度，节约水电和药剂。但充气量过大，会把大量矿泥机械夹杂带至泡沫产品中，造成精矿质量下降或品位降低，甚至还会造成浮选机液面翻花使浮选恶化。充气作用不足，浮选气泡不足，会造成目的矿物不能及时浮游，目的矿物流失严重，造成回收率降低。

4.1.7 药剂制度对浮选的影响

浮选过程中加入药剂的种类和数量、药剂的配制方法、加药的地点和顺序等通称为药剂制度，也称为药方。药剂制度是浮选过程的重要操作因素，对浮选指标有着重大影响。

4.1.7.1 药剂的种类和药剂用量的影响

浮选时使用的药剂种类，一般是在炉渣可选性试验或半工业试验过程中确定的，浮选用药的种类可以有 2～6 种左右不等。当炉渣性质和工艺流程复杂时，为了得到良好的选矿指标，多采用包括多种药剂或混合药剂的药剂制度。但是，多药剂的药剂制度会使浮选操作管理复杂化，同时也会增加生产成本。因此，在做选矿可选试验研究工作时，必须遵守本行业的基本准则，即要做到"争取用最简单的药剂制度和最简短的流程获得最好的选矿指标"。药剂用量单位一般以 g/t 表示，即处理每吨原渣需要添加的药剂量的克数。理论研究和现场生产实践都证明，药剂用量必须适当，才能获得最好的技术经济指标。下面对各种药剂的用量对浮选的影响进行介绍。

（1）捕收剂用量：当其用量不足时，被浮矿物表面的疏水性不够，会使回收率下降。优先浮选多金属矿石时，捕收剂用量过多，会使被抑制的矿物也浮游。这样不仅降低了精矿质量，而且由于被抑制的矿物在气泡表面的竞争吸附，会减少目的矿物上浮的机会，也会降低回收率。在观察生产过程时，还经常发现当捕收剂过量时，会使泡沫过度矿化，泡沫层下沉，出现"沉槽"现象，致使泡沫刮不出来。

（2）起泡剂用量：其用量不足时，会使泡沫不稳定，无法形成稳定的矿化泡沫，目的矿物得不到充分浮选，回收率就会降低；用量过多又会使气泡过分稳定而发生"跑槽"现象，气泡表面也会被它们的分子所"霸占"，也会黏附较多的矿泥，造成被浮矿粒无法附着，不仅影响精矿品位，也会降低被浮矿物的回收率。

（3）活化剂用量：活化剂用量不足时，被活化的矿物浮游不好；过量时，不仅会破坏过程的选择性，而且由于活化剂离子与捕收剂直接反应生成沉淀，往往造成大量药剂的无效消耗。

（4）抑制剂用量：抑制剂用量不足时，精矿夹杂严重造成品位不高，回收率也可能下降；当抑制剂用量过量时，浮游矿物也可能和被抑制的矿物一起受到抑制，导致回收率下降。这时为了提高目的矿物的浮游能力，必须加大捕收剂用量。

在实际生产中，对于各种浮选药剂的用量，必须有科学的态度，而且要有全局观点。例如，在铜冶炼渣的浮选过程中，可以用加大捕收剂用量的方法，使铜金属在渣精矿中的回收率提得较高，但是会造成大量的矿泥和其他金属例如铅等进入渣精矿中，这时，为了提高渣精矿质量，就会加大抑制剂用量，造成精选作业矿量负荷紊乱，结果影响整体浮选指标。药剂用量过多，除增加生产成本外，还会增加循环回水中有害离子的浓度，不利于浮选。

4.1.7.2　药剂的配制和添加状态的影响

在浮选工艺过程中，药剂可以固体、原液或稀释溶液的状态添加。药剂以什么状态或什么浓度添加，取决于药剂的用量、药剂在水中的溶解度和药剂发生作用的快慢。例如石灰用量很大，不能在水中形成均匀的溶液，一般以固体粉状加入磨机之中，这样还可以消化掉未烧透的石灰石渣滓，改善卫生条件。在闪锌矿和黄铁矿分离之前，为了避免石灰大块沉渣的危害，而且要求它能很快产生抑制黄铁矿的作用，通常先配成石灰乳加入搅拌桶。松醇油和油酸在水中溶解度小，配药时它们难以制成真溶液或稳定的乳浊液，因此一般都是添加原液。硫酸锌、硫酸铜等较易溶于水，能在水中形成浓度较大的真溶液，可以根据其用量大小配成 10% ~ 20% 的溶液添加。对于溶解度较大且用量较小的药剂，可以配成浓度较低的溶液加入矿浆中。如黄药、氰化物、重铬酸钾等常配成 5% ~ 10% 或更低的溶液添加。对于那些用量小难溶于水的药剂，通常还要借助有机溶剂促进其溶解，然后再配成低浓度溶液。

4.1.7.3　药剂的添加地点和顺序的影响

在决定药剂添加地点和顺序时，应该考虑下列原则：

（1）要能更好发挥后面药剂的作用。在一般情况下先加矿浆的 pH 值调整剂，使抑制剂和捕收剂都能在 pH 值适宜的矿浆中发挥作用（pH 值调整剂兼有其他作用时例外）。混合精矿脱药时，先加硫化钠从矿物表面排除捕收剂离子，然后加活性炭吸附矿浆中过剩的药剂，效果较好。

（2）难溶的药剂有时间发挥作用。为此通常将黑药等加入球磨机中。

（3）药剂发挥作用的快慢。例如硫酸铜约需 3 ~ 5min 发挥作用。黄药约需 2 ~ 3min 发挥作用，起泡剂 1min 左右发挥作用。因此可将硫酸铜、黄药和松醇油按先后顺序分别加入第一搅拌槽中心、第二搅拌槽中心和第二搅拌槽的矿浆出口处。

（4）矿浆中某些有害离子引起失效时间。例如氰化物在加黄药前，可以最有效地抑制黄铁矿。在处理氧化比较严重的铜矿石时，将氰化物加在精矿集中精选的搅拌槽中，不如直接加在精选浮选机槽体内效果好。原因在于在粗选过程中，辉铜矿不断解离出铜离子，当粗选精矿进入搅拌槽后与加入搅拌槽的氰化物离子发生反应，导致氰化物作用失效。

加药的一般顺序为：浮选原矿时，依次是调整剂→抑制剂→捕收剂→起泡剂。浮选被抑制的矿物时，依次是活化剂→捕收剂→起泡剂。但是在浮选实践中，往往也会遇到特殊情况，如某钨矿用水玻璃加温法粒浮白钨矿时，由于白钨矿未受过捕收剂的作用，用水玻璃加温煮沸，容易被抑制，故将油酸和菜油加于水玻璃之前，能大幅度提高白钨矿粒浮回收率。

4.1.7.4　集中添加和分段添加的影响

浮选药剂的添加，可以采用以下两种方式：一种方式是在粗选作业前，将全部药剂集中一次加完；另一种方式是沿着粗、精、扫选的作业线分成几次添加。前者叫集中添加或一次添加；后者叫分段添加或多次添加。一般对于易溶于水、不易被泡沫带走、不易失效的药剂，可以集中添加。这样既能保证浮选过程顺利进行到底又可避免分段添加的麻烦。但是，对于那些容易被泡沫带走、容易与细泥和可溶性盐类作用而失效的药剂，就应该采用分段加药的方法，以避免浮选过程的后一段药剂显得不足。分段加药时，一般在粗选前加入浮选药剂总量的80%左右，其余的20%左右分批加入浮选过程的适当地点。

4.1.7.5　定点加药和看泡加药的影响

浮选工艺根据上述原则设计好加药地点和药剂添加量以后，在生产操作过程中，是不允许轻易变动的。但在浮选作业线较长的现场，如果遇到浮选机"跑槽"、"沉槽"、精矿质量低劣或金属大量进入尾矿等紧急情况时，为了减少因定点均匀加药对不正常现象扭转较慢而造成的损失，这时也允许在适当的地点，根据浮选泡沫情况临时加入一些药剂。但是在采取这种紧急措施之前，必须准确判断发生不正常情况的原因。决不能胸中无数，频繁反复地添加大量作用相反的药剂，如抑制剂和捕收剂，以免造成不正常现象的恶性循环。否则，不仅指标低劣，而且造成药剂浪费。

4.1.7.6　分级加药调浆的影响

由于粗粒浮选要求形成较大的接触角，需要加入较多的捕收剂，而细泥部分还要造成分散的条件，在泥、砂不分选的情况下，先将矿浆按粒级分成两级或三级后分别单独加药调浆，然后合并浮选。

4.1.8　磁选过程的影响因素

在此以使用较为普遍的湿式永磁筒式磁选机为例介绍磁选过程中的影响因素。影响永磁筒式磁选机工作的因素较多，可以归纳为入选物料特性和设备特性两个方面。

4.1.8.1　入选物料特性的影响

（1）给料的速度的影响。给料的速度对磁选的回收率和精矿质量有一定影响，给料速度过快，磁选时间缩短，会造成磁性矿物的流失降低回收率。给料速度过慢，磁选时间延长，精矿中易夹杂矿泥和脉石矿物，降低精矿质量。

（2）入选物料粒度的影响。入选物料粒度的粗细，对磁性矿物的回收率和精矿品位都有直接影响。过粗，易造成单体分离度不高，连生体数量增多，连生体在磁选过程中容易脱落，易造成回收率降低；有些连生体也会被选出来进入精矿，造成精矿品位下降。过细有时也会因给矿速度过快、冲击力和湍流影响而流失，造成回收率下降。因此，要求给入磁选机矿物必须充分达到单体分离。对于嵌布粒度较粗的矿石，只要矿物与脉石已达到单体分离就行了，不一定粒度过细。

（3）分选浓度的影响。分选浓度的大小决定一定矿量的矿浆流速，影响矿粒的分选时间。浓度高，流速慢，阻力大，精矿中易夹杂脉石，降低精矿质量，但由于选别时间较长，对回收率有利；反之，若分选浓度低，精矿品位可以高些，而尾矿品位也会增高，使回收率降低。给入矿浆浓度最大不能超过35%，一般控制在30%左右，建议根据实际情况具体确定。

4.1.8.2 设备特性的影响

（1）圆筒转速的影响。圆筒转速的大小对选别指标也有影响，转速低、产量低，转速高，矿粒所受离心力大，单位时间内磁翻作用增加，精矿品位与处理能力都高，但回收率降低。

（2）给矿吹散水的影响。在实际操作中，调节给矿的吹散水与精矿的冲洗水很重要。吹散水太大，矿浆流速过快，会使尾矿品位增高；反之，吹散水小，会使矿粒不能充分松散而影响分选效果，使尾矿品位升高，精矿品位降低。精矿冲洗水主要用于从筒皮上卸下精矿，冲洗水的大小应以能保证卸落精矿即可。

（3）磁选机磁源磁场的影响。磁选机磁源提供的磁场力大小是否合适对磁性矿物的回收率有直接影响。磁性物进入磁场后，受力的大小取决于该点的磁场力的大小，而磁场力的大小不仅取决于磁场的高低，还与该点的磁场梯度有着密切的关系。

（4）工作间隙的影响。粗选区圆筒表面到底箱底板之间的距离称为工作间隙。工作间隙的大小会影响分选的效果。间隙大，矿浆的流量亦大，有利于提高处理量，但由于离圆筒表面较远，磁场强度较低，所以会使尾矿品位升高，降低金属回收率；反之，若工作间隙小，则磁场力增大，会使精矿品位降低，但回收率可以高些；若工作间隙太小，矿浆流速会过快，使矿粒来不及吸到圆筒表面就被矿浆流带到尾矿，将造成尾矿品位升高，甚至会使尾矿排出困难，出现"满槽"现象。因此在磁选机的安装与维修时要注意保证合适的工作间隙。

（5）磁选设备卸矿方式的影响。应考虑磁选设备本身提供的卸矿方式是否合理，当磁场捕获磁性物后是否可以及时地清理掉，不影响磁场的下一次捕获能力。

（6）磁系偏角的影响。磁系偏角如果不适当将会明显影响分选指标。所谓磁系偏角就是磁系弧面中心线与圆筒中心垂直线的夹角。磁系偏后尾矿品位低，但太偏后时，由于精矿不能提升到精矿端脱落，反而使尾矿品位升高；若磁系偏前，则使精矿提升过高，扫选区减短，也使尾矿品位升高，所以磁系偏角应调整到适中位置。

4.1.9 重选过程的影响因素

因为摇床和跳汰机在重选和联合选矿工艺中应用比较广泛，所以在此仅对使摇床和跳汰机在选矿过程中的影响因素进行介绍。

4.1.9.1 摇床重选过程中的影响因素

对选矿工艺指标有影响的摇床操作因素主要有冲程、冲次、横向坡度、冲洗水、给矿量、给矿浓度及给矿粒度组成等。

（1）冲程和冲次的影响。摇床的冲程、冲次对矿粒在床面上的松散分层及运搬分带起重要作用。在一定范围内增大冲程、冲次，矿粒的纵向运动速度将随之增大。但若冲程、冲次过大，轻、重矿粒又发生混杂，造成分带不清。过小的冲程、冲次，将大大降低矿粒的纵向移动速度，对分选不利。摇床冲程一般在 5～25mm 之间调节，冲次则在 250～400次/min 之间调节。冲程、冲次的适宜值主要与入选物料粒度有关，处理粗砂的摇床宜取较大的冲程、较小冲次；处理细砂和矿泥的摇床取值则相反。冲程、冲次的乘积应是粗砂摇床大于细砂和矿泥摇床。摇床的冲程、冲次值在正常生产情况下一般不予调节，除非矿石性质发生变化，才通过试验重新确定。

（2）横向坡度和冲洗水的影响。冲洗水由给矿水和洗涤水两部分组成。冲洗水的大小和坡度共同决定横向水流的流速。横向水流的大小，一方面要满足床层松散的需要，并保证最上层的轻矿物颗粒能被水流冲走；另一方面又不宜过大，否则不利于重矿物细粒的沉降。冲洗水量应能覆盖住床层。增大坡度或增大水量均可增大横向水速。处理粗粒物料时，既要求有大水量又要求有大坡度，而选别细粒物料时则相反。处理同一种物料"大坡小水"和"小坡大水"均可使矿粒获得同样的横向速度，但"大坡小水"的操作方法有助于省水，不过此时精矿带将变窄，不利于提高精矿质量。因此用于粗、扫选的摇床，宜采用"大坡小水"的操作方法；用于精选的摇床应采用"小坡大水"的操作方法。无论哪种操作方法，肉眼观察最适宜的分选情况应是：无矿区宽度合适；分选区水流分布均匀且不起浪，矿砂不成堆；精选区分带明显，如系精选摇床分带尤应更宽。

（3）给矿量的影响。一般来说，若处理量大，即给矿量大，矿层厚度增加，析离分层阻力增大，势必影响分层速度。同时由于横向矿浆流速加大，将导致尾矿损失。若给矿量过小，床面上不能形成一定厚度的床层，分选效果也将变坏。适宜的处理量与物料的可选性和给矿粒度组成有关。粗砂摇床的处理能力为 $2\sim3t/(台\cdot h)$，而矿泥摇床则只有 $0.3\sim0.5t/(台\cdot h)$。

（4）给矿浓度的影响。选别过程要求矿浆具有足够的流动性。浓度增加，床层松散度降低，分层阻力增加，使物料沿纵向的运搬速度与横向排出速度均降低，造成扇形分带不清，选矿效率降低，尾矿损失增加；浓度过小，床层松散度增大，横向速度增大，尾矿损失也将增加。故给矿浓度既影响处理量又影响回收率。适宜的浓度应通过试验确定。给矿浓度与给矿粒度及含泥量有关。给矿粒度小，含泥量高时，应采用较小的给矿浓度。正常给矿浓度一般为 $15\%\sim20\%$。

（5）给矿粒度组成的影响。由于在摇床选别中析离分层占着主导地位，所以给矿的最佳粒度组成应是所有密度大的矿粒粒度都小于密度小的矿粒。原料通过水力分级可以近似地达到这样的粒度组成，同时将原料分成不同的粒度级别，还有利于选择不同结构形式的摇床及不同的操作参数，这就是摇床选别前常要用水力分级作准备作业的基本原因。

4.1.9.2 跳汰分选过程的影响因素

影响跳汰分选过程的三大主要因素是机械自身、操作因素、矿石性质。对于一定的物料和跳汰机，确定合理的操作制度是获得良好分选效果的保证。

A 机械自身因素

（1）跳汰室的筛面面积的影响。跳汰室的筛面面积是影响生产率的重要因素，增大筛面面积可增大生产率。

（2）筛孔大小的影响。筛孔大小要根据给料粒度和重产物排出方式来决定。

（3）跳汰室的数目的影响。跳汰室的数目取决于入选物料的性质、给矿量及对产品质量的要求。

（4）冲程系数的影响。冲程系数（隔膜面积与筛面面积之比）决定水流分布的均匀性，此值越大，则水流分布越均匀。

（5）前后两筛板间的高差的影响。前后两筛板间的高差即落差的大小，直接影响着物料流动速度的快慢，物料可选性好时，落差可大些；物料难选且产品质量要求高时，落差应小。

B 跳汰机的操作因素

(1) 冲程和冲次的影响。冲程、冲次对床层的分层效果影响很大，是影响选别指标的重要因素之一。因为冲程和冲次决定水流的速度和加速度，它直接影响床层的松散和分层状态及水流对矿粒的作用，以致影响到分选效果。一般对于分选粒度粗、密度大、处理量大、筛下补加水量小的情况，可采用较大的冲程与较小的冲次；当粒度小、床层薄时则宜用较小的冲程和较大的冲次。

(2) 给矿浓度的影响。给矿浓度是决定入选物料在跳汰过程中水平流动速度的因素之一。适宜的给矿浓度一般为 20% ~40%。

(3) 床层厚度的影响。床层可以分成上、中、下三层。最上层为轻矿物流动层，最下层为重矿物沉降层，中间是连生体或过渡层。床层的厚度直接影响跳汰机产品的质量和回收率，一般来说，当重矿物与轻矿物的密度差较大时，为加快分层速度、提高处理量，床层可以薄些；当处理密度差较小的原料或精矿质量要求高时，床层亦应厚些，这是因为床层厚颗粒难通过，分层时间长，重产物质量高。当处理细粒物料、且是筛下排矿时，需在筛上铺设人工床层。

(4) 筛下补加水量的影响。筛下补加水不仅起到补充随尾矿一起排出消耗的水量，还可以增加床层的松散度并减少吸入作用的强度、控制筛下排出的精矿的质量和数量。筛下水的大小主要根据床层的松散情况以及精矿的产率、质量要求进行调节。当物料密度大、处理量大、床层厚时，增大筛下补加水量可以增大床层的松散度。当选别宽级别物料时，筛下水量应小些，这样可以降低上升水流速度，避免大密度的细粒物料被冲到溢流中去；当选别窄级的粗粒物料时，可以适当增大筛下水量，使床层松散。筛下补加水对不同性质的物料效应不同。对粗粒物料，通过增大筛下补加水来较大改变床层的松散度的做法是徒劳的，而且会增大用水量，很不经济。但对中细物料，调节筛下补加水则十分有效。

(5) 给矿处理量的影响。跳汰机的处理量或跳汰机的处理能力与给料性质密切相关。例如分选金属矿石，当处理粗粒、易选、密度差大、中等密度的矿粒或连生体少、含泥量低的物料，而且对精矿质量要求不高，如粗选时，处理量可以加大；反之则应减小。一般来说，应在保证精矿品位和回收率的前提下，尽量提高处理量。但当处理量超过一定的范围时，会增加有用矿物在尾矿中的损失，当精矿品位要求高时，处理量要相应降低。

(6) 产物的排放速度的影响。当床层按密度分层结束，应及时连续而又合理地将高密度物和低密度物排出机外。若重产物排放过慢出现堆积，不但影响整个床层的松散状况，使得正常分层难以进行，而且影响精矿质量。但产物排放过快，又会导致床层过薄甚至排空，使整个床层处于过度松散的不稳定状态，使得原已分选的床层遭到破坏，有用矿物损失率增大。

C 矿石性质的影响

矿石性质的影响最重要的是密度组成和粒度组成。矿石的密度组成决定了物料的可选性，轻重矿物的密度差越大，分选效率越高。给矿的粒度组成决定床层的性质、水通过床层的阻力、颗粒间的空隙大小等，它对床层的松散和分层有着很大影响，因此，在跳汰前一般都采用筛分分级。

4.1.10　化学选矿的影响因素

4.1.10.1　焙烧过程的影响因素

焙烧的影响因素主要有矿石性质、时间、温度及气氛的影响。

（1）矿石性质的影响。

1）矿石结构的影响。一般说来，层状结构的赤铁矿在还原焙烧过程中，容易出现裂缝，有利于还原剂分子的扩散，而致密块状、鲕状的矿石则不利于还原反应。

2）石英的影响。铁矿石中石英在焙烧过程中会产生两方面的影响。①α－石英在575℃转变为β－石英（吸热 2.52kJ/mol），并有 2% 的直线膨胀，当在870℃或更高温度下，会转变为体积很大的磷石英。这可能是许多铁矿石在焙烧过程中发生爆裂现象的原因之一。爆裂现象有助于加快还原速度和减少焙烧产品表层和内部的还原不均匀性。②石英在 900℃时和氧化铁发生反应生成低熔点（1205℃）的硅酸铁（Fe_2SiO_4），由于它的磁性很弱，因而会影响磁选时的回收率。因此，焙烧温度不应过高。

3）其他元素的影响。当铁矿物中含有镍、镁和锰等元素时，能提高 $\gamma-Fe_2O_3$ 的热稳定性（其离子是充填在 $\gamma-Fe_2O_3$ 的空位结点上）。在焙烧含有大量镁、钙和锰的菱铁矿和褐铁矿时得到的 $\gamma-Fe_2O_3$ 特别稳定，稳定温度高达 700～1000℃。

4）矿石粒度的影响。块矿在焙烧过程中，经常产生表层和内部还原不均匀现象，表层还原率高于内部的还原率。因此，焙烧需要一个最佳的粒度范围。粒度愈大，不均匀现象愈严重，需要的焙烧时间也愈长，降低了焙烧炉的处理能力；但粒度过小，炉料透气性差，不利于竖炉焙烧。

（2）温度的影响。焙烧温度也是重要影响因素之一，任何矿物都有一个合适的焙烧温度范围，过高或过低都不能达到最佳的焙烧效果。铁矿石在还原焙烧过程中，温度过高一方面将导致富氏体（Fe_xO）的生成；另一方面又会使矿石中的石英和氧化亚铁生成弱磁性的硅酸铁，温度愈高生成愈多。这样，会降低焙烧矿的磁性，并造成焙烧炉中的炼块和炼炉现象。因此焙烧最高温度应比矿石软化温度低 200～250℃（大多数铁矿石在 1000℃左右软化）。在一般情况下，多数矿石适宜的焙烧温度为 750～800℃。对致密的块度大而难还原的矿石，或者用固体还原剂时，需要用较高的焙烧温度（850～900℃）。

（3）焙烧气氛的影响。焙烧气氛是焙烧过程的关键因素之一，任何矿石都有一个最佳的、稳定的焙烧气氛范围。焙烧气氛不足，则达不到良好的焙烧效果；焙烧气氛过强，则会出现不理想的矿物焙烧状况，直接影响浸出效果，此外还会增加不必要的生产成本。

（4）焙烧时间的影响。影响矿石焙烧还原或还原时间的因素很多，一般通过焙烧条件试验来确定合适的焙烧时间。焙烧时间过长或不足都不利于获得最佳的焙烧效果。

4.1.10.2　浸出过程的影响因素

浸出过程的影响因素包括：

（1）浸出剂浓度。一般浓度越高，浸出速度越快，浸出率也越高，但是均有一定的极限。

（2）浸出时的搅拌速度。搅拌速度越快，一般浸出速度也越快，但会达到一定的极限。这与控制步骤有关。

（3）浸出温度。一般浸出温度越高，浸出速度也越快，但会达到一定的极限。这与控制步骤有关。

（4）被浸物料的粒度。物料越细小，浸出速度越快，但过磨也会引起不好的影响。

（5）浸出工艺。浸出工艺的选择，主要是采用哪种浸出工艺，有逆流浸出、错流浸出、顺流浸出等。

（6）浸出的方法和设备。浸出的方法和设备也有影响，如加压浸出等，此外还有添加剂的影响，等等。

4.1.10.3　固液分离的影响因素

固液分离的影响因素包括：

（1）固体颗粒的粒度和粒度分布的影响。一般来说，固体颗粒的粒度越细，沉降的速度越慢，过滤的速度也越慢。因此，矿石过粉碎或过分磨细是对固液分离不利的。

（2）矿浆中的固体浓度的影响。固液分离设备的大小和运营费用随进料矿浆中的固体浓度的增加而减少，应当尽可能提高处理矿浆中的固体浓度。但是，进料矿浆中固体浓度的提高受到浸出条件和矿浆输送的限制，还应考虑浸出渣洗涤后的洗水。因此，在一般情况下，浓密机进料矿浆中的固体浓度都小于 40%。

（3）固体颗粒形状和表面特性的影响。固体颗粒形状以球形为最佳，固体颗粒的表面特性对需要使用的絮凝剂种类和用量有直接的影响。

（4）液体黏度的影响。液体的黏度增加时，无论是固体的沉降速度还是液体的过滤速度都会降低。由于液体的黏度受温度的影响，温度越低，液体的黏度越高，因此适当加温对于固体沉降和液体过滤都是有利的。

4.1.10.4　萃取的影响因素

萃取的影响因素包括：

（1）萃取剂的选择和萃取剂浓度的影响。一般根据被萃取组分的存在形态选择萃取体系，当萃取体系确定后，需要具体选择萃取剂。选择原则要求萃取剂具有良好的萃取性能、好的分相性能、易反萃、水溶性小、便于储存。有机相中的萃取剂浓度对萃取率有较大的影响。增加有机相中萃取剂游离浓度有利于提高被萃取组分的分配系数和萃取率，但会降低有机相中萃取剂的饱和浓度，导致增大共萃的杂质量，降低萃取选择性。当萃取剂原始浓度过大时，黏度增加，分层慢，不利于操作，易出现乳化和三相现象。

（2）稀释剂类型的影响。稀释剂的作用是降低有机相的密度和黏度，改善分相性能、减少萃取剂的损耗，同时还可以调节有机相萃取剂的浓度，以达到理想的萃取效率和选择性。稀释剂应具备较好的分相性能、水溶性小、化学性质稳定、极性小和介电常数小等特性。稀释剂极性大时，常借氢键与萃取剂缔合，降低有机相中游离萃取剂的浓度，从而降低萃取率。一般选用介电常数低的有机溶剂作稀释剂，以得到较高的萃取率。

（3）添加剂的影响。加入添加剂是为了改善有机相的物理化学性质，增加萃取剂和萃合物在稀释剂中的溶解度，抑制稳定乳浊液的形成，防止形成三相并兼起协萃作用。加入添加剂常可改善分相性能，减少溶剂夹带，提高分配系数和缩短平衡时间，从而可以提高萃取作业的技术经济指标。

（4）水相离子组成的影响。被萃组分在水相中存在的形态是选择萃取剂的主要依据，一般是萃取低浓度组分，将高浓度组分留在萃余液中，以减少传质，较为经济。在浸出液中，有用组分常比杂质含量低，故常萃取有用组分。但在某些除杂作业中，有用组分含量比杂质高，此时可萃取杂质而将有用组分留在萃余液中。中性络合萃取只萃取中性金属离子，酸性络合萃取只萃取金属阳离子，离子缔合萃取只萃取金属阴离子。其他条件相同时，增加水相中被萃离子的浓度，有可能降低其分配系数。

（5）水相 pH 值的影响。酸性络合萃取时，在游离萃取剂浓度一定的情况下，pH 值每增加一个单位，分配系数增加 10^n，当水相 pH 值超过金属离子水解 pH 值时，分配系数将下降。当 pH 值太低时，由于质子化作用和影响金属离子的存在形态而使分配系数下降。离子络合萃取时，提高 H^+ 浓度可以提高分配系数，但随着酸浓度的提高，分配系数可能出现峰值。中性络合萃取时，虽然中性萃合物的生成不直接取决于介质的 pH 值，但介质的 pH 值对分配系数仍有较大影响。

（6）盐析剂的影响。在中性络合萃取和离子络合萃取体系中，常使用盐析剂提高被萃组分的分配系数。当盐析剂的克分子浓度相同时，阳离子的价数越高，其盐析效应越大。对同价阳离子而言，其离子半径越小，其盐析效应越大。中性络合萃取时，常用硝酸铵作盐析剂，离子缔合萃取时，盐析剂的作用是降低离子亲水性。当盐析剂和络阴离子有相同配位体时，也有同离子效应。

（7）络合剂的影响。萃取时加入络合剂可以改变分配系数。可以提高分配系数的络合剂叫做助萃络合剂，使分配系数下降的络合剂叫做抑萃络合剂。

（8）水相中金属离子浓度的影响。当萃取剂浓度一定时，水相金属离子浓度对萃取平衡的分配比产生影响。

（9）萃取温度和压力的影响。萃取平衡是指在恒温恒压下，金属离子在两相的分配达到平衡，即金属离子在两相的化学势相等。当温度和压力改变时，两相的分配系数也会随之改变。

（10）萃取相比的影响。在萃取过程中，萃取相比是主要的操作因素之一。连续操作时，相比就是有机相和水相的流量比。当其他条件相同时，增大相比可以提高萃取效率，有助于防止出现三相和乳化现象，同时也会降低有机相中萃取剂的饱和度，以致降低萃取的选择性；有时还会降低分配系数和增加生产成本。

4.1.10.5　电积过程的影响因素

电积过程的影响因素包括：

（1）电解液组成的影响。电解液的导电性与温度及化学组成有关。温度升高时，其导电率升高。电解液的化学组成对导电性的影响比较复杂，在铜电积的通常浓度范围内，电解液的导电率随硫酸浓度的增大而增大，但当硫酸浓度大于 40g/L 时，导电率开始下降。在硫酸溶液中的硫酸铜浓度大于 40g/L 时，其导电率随着铜离子浓度的增加而下降，且酸度越高，下降越快。当酸度小于 25g/L，铜离子浓度低于 10g/L 时，导电率较低；但铜离子浓度继续增大时，导电率上升。酸度为 20~40g/L 时为过渡区，铜离子浓度对导电率的影响不显著。随电积过程的进行，电解液的组成由低酸高铜转变为高酸低铜，故其导电率逐槽增高，而槽电压逐槽降低。因此，在生产过程中，应选择适宜的电解液组成，以使各槽具有较好的导电率。为了降低电解液的电阻，适当提高电解液的初始酸度是有利的。电解液的初始酸度以 25~40g/L 为宜，此时铜离子浓度对导电率影响不大。

电解液中的杂质分为三类：电位比铜负的、电位与铜接近的、电位比铜正的杂质。锌、铁、镍等的电位比铜负，在铜电积过程中，它们在阴极较难还原析出，但它们对电解液的电阻有影响。溶液中的铁除了对电阻率有影响外，还在阴极和阳极进行还原和氧化，增加电流消耗，且可使阴极铜反溶。因此，要尽量降低电解液中铜离子的浓度，一般控制含铁量小于5g/L。砷、锑、铋的电位与铜接近，当电解液中铜离子浓度较低而电流密度较高时，它们可与铜一起在阴极析出，降低电铜质量。电位比铜正的金属，如金、银等，在硫酸浸出时，主要留在渣中，电解液中的含量极微，对铜电积的影响较小。

（2）电解液温度的影响。电解液的导电率随温度的升高而增大，且硫酸铜的溶解度随温度的升高而增大。因此，在较高的温度下进行电积可允许电解液中含有较高浓度的铜和酸，且可降低槽电压。但温度过高会使酸雾增多，恶化劳动条件，且可加速阴极铜的反溶，降低电流效率。电解液的进槽温度一般控制在30～40℃。

（3）电解液循环速度的影响。电积时电解液循环流动可以减少浓差极化，其循环速度与电流密度和废电解液的铜浓度有关。若电流密度高而循环速度过小，将增加浓差极化现象。反之，若电流密度小而循环速度过大，则将增加废电解液中的含铜量，降低铜的实收率。

（4）电流密度的影响。单位电极有效面积上通过的电流强度称为电流密度。提高电流密度可以提高设备产能，缩短电积时间，相应减少电铜反溶损失，提高电流效率。但电流密度过高，会增加浓差极化，增加槽压，增加电能消耗，且使电铜质量变坏。电解时的电流密度一般为150A/m²。实践证明，当电流密度增至180A/m²以上时，电铜结晶颗粒变粗，长粒子现象也较显著。此外，悬浮物的含量越高，所能允许的电流密度越低，若强行提高电流密度则将降低电铜质量（粗糙、杂质及水分含量高）。

（5）极间距离的影响。同名电极间的距离称为极间距。适当减小极间距可以增加电解槽内的电极数量，提高设备产能，降低槽电压。但是极间距太小时将增加极间短路现象，并增加工人劳动强度和降低电流效率。实践中极间距一般为80～100mm。

（6）添加剂的影响。为使阴极铜生长均匀、结构致密、表面平整光滑，电解液中需要加入少量的胶状物质或表面活性物质，以使阴极铜少长粒子。铜电积时常用的添加剂为动物胶（明胶、牛胶）和硫脲，它们可被吸附在阴极铜表面生成一层胶状薄膜，对铜粒子的生长起抑制作用，从而使电铜结构致密并减少尖端放电。由于电解液中含有少量硅酸，在一定程度上可以取代动物胶，因此，电积时可以不加动物胶，只加硫脲，硫脲用量为20～25g/t铜。

4.1.11 脱水过程的影响因素

4.1.11.1 浓密机脱水过程的影响因素

浓密机脱水过程的影响因素包括：

（1）给料浓度的影响。给料浓度越高，在浓密机内沉降速度越慢，浓缩效率就会越低，甚至造成溢流水跑浑或底流浓度过高，造成排矿口堵塞；给料浓度越低，在浓密机内沉降速度越快，浓缩效率就会越高。

（2）给料粒度的影响。给料粒度越粗，在浓密机内沉降速度越快，浓缩效率就会越高；反之，在浓密机内沉降速度越慢，浓缩效率就会越低，甚至造成浓密机溢流跑浑。

（3）给料比重的影响。给料比重越大，在浓密机内沉降速度越快，浓缩效率就会越高；反之，在浓密机内沉降速度越慢，浓缩效率就会越低，甚至造成浓密机溢流跑浑。

（4）浓密机耙体旋转速度的影响。当耙体旋转速度越快，耙向中心排矿口的物料就越多，浓缩效率也越高，但是超过一定转速时，效果就会下降；反之，浓缩效率就会下降。

（5）浓密机底流排矿速度的影响。底流排矿速度越高，在一定范围会使浓密机处理能力增大，底流排放量增大、浓度下降；当超过一定值后，脱水效果变差，浓密机的脱水效率也会下降。反之，浓密机底流浓度会升高，浓缩效率会逐渐提高，但超过一定值后也会降低。

（6）浓密机溢流堰的平整性及挡板的影响。浓密机的溢流堰平整，溢流就会稳定，保持溢流水的固含量在合格范围内；如果不平整，如存在缺口或漏洞等，均会造成溢流水水质下降，造成浓密机跑浑，降低浓缩效率。溢流堰挡板很重要，挡板下沿与溢流堰的上沿的高差要合适，过小会造成浓密机液面的悬浮矿物来不及沉淀就从溢流堰排出；过大会使来不及沉降进入沉淀区的矿物在溢流水的作用下被带出溢流堰，也会造成跑浑。最佳的位置是挡板的下沿确保在浓密机的澄清区域内，挡板下沿与溢流堰的上沿的高差要根据浓密机液面的矿浆泡沫厚度来确定。

（7）絮凝剂的影响。在给料粒度过细等特殊情况下，浓密机的处理能力和浓缩效果均会下降，为了提高浓缩效果，在给料过程中加入絮凝剂。絮凝剂会加速矿物的沉降，提高浓缩效率。

（8）消泡剂的影响。在给料有大量难以破灭的泡沫时，如对浮选精矿浓密机，大量精矿泡沫会浮在浓密机液面表面，难以破碎和沉降，会给浓密机的浓缩作业带来困难。加入消泡剂会加速泡沫的消灭，提高沉降速度和浓缩效率。

4.1.11.2 过滤脱水过程的影响因素

过滤脱水过程的影响因素包括：

（1）给矿浓度和粒度的影响。浓度可以改变悬浮液的性质。低浓度料浆滤饼阻力大于高浓度料浆的滤饼阻力，所以提高浓度可以改善过滤性能。给矿浓度高，一般处理量高，可以采用跑溢流来提高矿浆浓度，通过调整溢流位达到高产能。但是，矿浆浓度过高对搅拌有影响。粒度较粗的矿浆容易过滤，且滤饼水分也比较低，产能大；粒度较细的矿浆则不易过滤，容易堵塞过滤介质微孔，造成滤饼水分比较高，产能也会降低。

（2）温度和真空度的影响。通常温度越高液体的黏度越小，有利于提高过滤速度，降低滤饼或沉渣的含湿量。适当提高温度，可降低料浆的黏度也能提高处理量。温度过高会对引起对设备的要求增高和附加成本的增大。一般情况下真空度高，真空吸力大，产能好、滤饼水分低；反之，过滤效果变差，产能降低、滤饼水分增高。

（3）过滤机主轴转速的影响。过滤机主轴转速变慢，一方面，在真空区滤饼形成时间增长，产能逐渐增大，但由于单位时间吸浆厚度不与主轴转速变慢成正比，而是成抛物线关系，陶瓷过滤机产能在某个范围呈最高；另一方面，随着主轴转速变慢吸浆厚度增厚，也影响滤饼水分。对于黏性物料来说，因为过滤机过滤刚开始是过滤板或滤布为过滤介质，当滤饼形成后逐渐转化为以滤饼本身为多孔过滤介质，而黏性物料的滤饼不易形成，外表不能形成干燥滤饼，主轴转速变慢易于降低滤饼水分。同样主轴转速加快，在真空区滤饼形成时间缩短，吸浆厚度减薄，但由于单位时间产出量增大，陶瓷过滤机产能会提高，对于易成型物料可提高产能。但主轴转速太快后不易于每一个循环的过滤介质得以彻底清洗。而对于黏性物料，主轴转速加快后不易于滤饼形成，影响产能。使用过滤机应针对矿物性质摸索最佳主轴转速。

（4）过滤机搅拌速度的影响。过滤机吸浆机理实际是颗粒在真空力的作用下作运动，搅拌转速较快影响细颗粒的吸附。对易沉降矿浆应提高搅拌转速，一方面可防止料浆沉降，另一方面易于颗粒的吸附。对一般黏性物、不易沉降物、粒径较细物一般搅拌转速应较慢；对砂性物、易沉降物、粒径较粗物一般搅拌转速应较快。

（5）过滤机过滤介质的影响。过滤介质如果使用陶瓷过滤板，物料粒径及分布应与陶瓷过滤板微孔相匹配，虽然陶瓷过滤板孔径越大越易吸浆，但易引起陶瓷过滤板堵塞。选择透水率高的陶瓷过滤板，透水率高吸浆性能较好。如果使用的是滤布，那就要采用合适过滤细度的滤布，如果太粗或过细，都不会有好的过滤效果。过粗虽然会提高产能，但是也会造成滤液跑浑，降低过滤效果；过细虽然增强了过滤效果，但增加过滤阻力，造成产能降低。

（6）过滤机清洗过滤介质的影响。首先要保证每次清洗时间及清洗质量，保证清洗到位；其次是不要等过滤介质严重受堵时再停机清洗。保证过滤介质过滤性能的再生；否则将会降低过滤效果，造成滤饼水分提高，产能下降。

（7）刮刀间隙或卸矿风量大小的影响。对于陶瓷过滤机，由于陶瓷过滤机采用非接触式卸料，刮刀间隙与陶瓷过滤板间隙越小，单位时间内刮下的滤饼越多，产能越高。因此在条件允许下须经常调整刮刀间隙。对于滤饼介质的过滤机，如果采用卸矿风的，需调节合适的风压大小，风压过大易损坏滤布，过小易造成卸矿不彻底，影响产能也会影响过滤效果。

（8）料位高低的影响。随着过滤机槽体的料位增高，过滤板在真空区内的吸浆时间增长，吸浆厚度增大，产能增加；但干燥时间相对缩短，滤饼水分会适当增大。应选择最佳料位，保证产能和滤饼水分达到要求。

4.1.11.3 干燥脱水过程的影响因素

干燥脱水过程的影响因素包括：

（1）干燥温度的影响。热量是打开水分子和吸湿聚合物之间合力的关键。当高于某一温度时，水分子和聚合物链间的引力会大大降低，水汽就被干燥的空气带走。因此，合适的干燥温度，要在生产过程中探索，总结合适的干燥温度范围。

（2）干燥机内的露点。在干燥机中，首先除去湿空气，使之含有很低的残留水分（露点）；然后，通过加热空气来降低它的相对湿度，这时，干空气的蒸汽压力较低。通过加热，颗粒内部的水分子摆脱了键合力束缚，向颗粒周围的空气扩散。因此，在生产过程中，要充分掌握物料的露点，否则难以保证合适的干燥效果。

（3）干燥时间。在颗粒周围的空气中，热量的吸收和水分子向颗粒表面扩散需要一定的时间。因此，物料在适当的温度和露点下得到有效干燥所花费的时间需要在生产过程中探索才能确定。时间过长，虽然使物料水分含量大幅度降低，但是也会降低产能、造成能源浪费、成本升高；时间过短，产能虽然增加，但物料水分指标却难以保证。

（4）干燥气流。干燥的热空气可将热量传递给干燥料仓中的物料颗粒，除去颗粒表面的湿气。因此，必须有足够的干燥气流将物料加热到干燥温度，并且将这个温度维持一定的时间，才能保证理想的干燥效果。

4.2 选矿技术经济指标

炉渣选矿过程一般包括碎矿、磨矿、选别、脱水几个工艺过程，如何评价每个工艺过程的好坏，是搞好选矿生产技术管理的基础工作。因此，要对每个工艺过程根据其特点和作用确定相应的技术经济指标进行考核，下面对渣选矿的技术经济指标分工序进行介绍。

4.2.1 碎矿工序技术经济指标

碎矿一般包括最终产品粒度、产品合格率、筛分效率、碎矿处理量四个技术指标，前三者是质量指标，后者为数量指标。

4.2.1.1 最终产品粒度及合格率

最终产品粒度及合格率是碎矿的两项重要质量指标，碎矿最终产物粒度除对本阶段的经济效益有重要影响外，对下一阶段磨矿作业也有直接的影响；若碎矿最终粒度增大，可使碎矿成本下降，但磨矿成本提高。实践中保证最终产品粒度的途径有两种：其一，若采用闭路碎矿流程时，应保持检查筛分机械的筛面完好，如漏损应及时修补或更新；其二，若采用开路碎矿流程时应对细碎机械的排矿口及时测试，若有改变及时调节。检查破碎产品是否合格，一般采用与设计产品粒度相同筛孔的筛子，对采取的破碎矿石样品进行筛分，根据筛分获得的筛上和筛下的矿样质量来计算破碎产品合格率，一般以百分数表示，合格率计算公式如式（4-1）所示。破碎产品合格率反映出岗位工作人员值守情况以及破碎筛分设备运行情况的好坏，合格率越高说明管理水平、设备运行水平越高。

$$L = \frac{Q - Q_1}{Q} \times 100\% \tag{4-1}$$

式中　L——破碎产品合格率，%；

Q——采取破碎产品筛分样质量，kg；

Q_1——筛分后得到的筛上样品质量，kg。

4.2.1.2 碎矿处理量

碎矿处理矿量是碎矿工序重要的数量指标，也叫台时处理量，单位是 t/h。一般采用每班或每日破碎累计处理矿量和设备实际运转时间来计算，计算公式如式（4-2）所示。

$$Q = \frac{Q_n}{n} \tag{4-2}$$

式中　Q——破碎处理量（台时处理量），t/h；

Q_n——破碎设备在时间 n 内破碎的矿石量，t；

n——破碎设备实际运转时间，h。

破碎工序不仅要为磨矿提供粒度合格的矿石，而且还要保证数量充足且有一定储备的矿石，保证磨矿作业正常进行。碎矿的处理矿量即是各段破碎机的处理矿量。破碎处理量越高，说明破碎效率越高，管理水平越好。因此，提高各阶段碎石机的台时处理能力，减少设备空转，是获得最佳经济效益、降低单位消耗的重要途径之一。

4.2.1.3 筛分效率

筛分效率是衡量和检查筛分机械工作效果好坏的重要标志。因此，应对筛分效率及时测定，如发现筛分效率低，应及时查明原因，尽快解决；否则将使循环负荷增加，降低碎矿效率，增加破碎设备的磨损和能耗，实践中应使筛分机械的给矿量适量且均匀。筛分效率一般用筛下产物质量和给入筛分机物料中合格粒度产品的质量数据来计算，一般用百分数来表示；计算公式如式（4-3）所示。

$$\Phi = \frac{Q_1}{Q_0} \times 100\%$$ (4-3)

式中　Φ——筛分效率，%；

　　Q_1——筛下产物的质量，kg；

　　Q_0——入筛物料中粒度合格物料的质量，kg。

4.2.2　磨矿工序技术经济指标

磨矿效果的好坏，一般用磨矿细度、磨机的生产能力和磨机的作业率来衡量。前者是质量指标，后两者为数量指标。此外，还有磨矿过程控制指标，即磨矿浓度和溢流浓度、分级效率、磨机充填率，也不可忽视。

4.2.2.1　磨矿细度

磨矿细度即最终磨矿产品的细度，通常用标准筛的 200 目、325 目或 400 目筛子筛分产品，并以筛下量占产品样品总量的百分数来表示，如磨矿细度为 -200 目占 60% 或者 -0.074mm 占 60%。以 0.074mm 标准筛筛析细度为例，如式（4-4）所示。

$$\varphi = \frac{Q - Q_+}{Q} \times 100\%$$ (4-4)

式中　φ——磨矿细度 -0.074mm 含量，%；

　　Q——用来筛析的磨矿产品样品质量，g；

　　Q_+——筛析完毕后筛上物质量，g。

一般采用水筛样品的方式进行筛析，并称量筛下样品质量。筛下量占总量的百分数越大，表示产品越细。细度是磨矿作业非常重要的质量指标，是检查磨矿是否达到矿物解离或分离的要求的指标，是影响选矿精矿品位和回收率指标的基础性指标。如果磨矿细度没有达到解离要求，就会造成回收率低下、精矿品位不合格；只有达到设计磨矿细度要求，才会获得满意的选矿指标。

4.2.2.2　磨机的生产能力

磨机的生产能力有磨机处理能力、磨机利用系数、磨矿效率三种表示方法。

（1）磨机处理能力：是指一台磨机在一定的给矿粒度及产品粒度下每小时处理的矿量，单位为 t/（台·h），也称为磨机的台时矿量或台时效率。一般采用每班或每日累计磨矿矿量和磨机实际运转时间来计算，计算公式如式（4-5）所示，只有当磨机的型号、规格、矿石性质、给矿粒度和产品粒度相同时，才可以比较简明地评价各台磨机的工作情况。在保证磨矿细度的条件下，磨矿处理能力越高，说明磨矿效率越高，选矿生产率越高，磨矿成本越低。选矿厂的规模能力常常采用磨矿的日处理量和年处理量来表示。

$$Q = \frac{Q_0}{TN}$$ (4-5)

式中　Q——磨机的生产能力，t/（台·h）；

　　Q_0——磨机在时间 T 内的磨矿量，t；

T——磨机实际运转时间，h；

N——同一磨矿作业的磨机数量，台。

（2）磨机利用系数：用 q 表示，生产实践中常以磨机 –200 目（0.074mm）利用系数（q_{-200}）进行比较，此指标消除了磨机容积的影响，也消除了给矿粒度及产品粒度的影响，以每小时每立方米磨机容积新生成的 –200 目吨数来评价磨机工作效果，单位为 –200 目 t/（$m^3 \cdot h$）。计算公式如式（4 – 6）所示；此指标能比较科学地反映不同磨机不同给矿粒度及产品粒度下工作效果的好坏，也称单位容积生产率。因此，设计部门在新建选矿厂计算磨机生产能力，或生产部门在比较处理不同矿石以及同一类型矿石但不同规格磨机的生产能力时常用此表示。

$$q_{-200} = \frac{Q(\beta - \alpha)}{V} \tag{4-6}$$

式中　q_{-200}——磨机利用系数（ –200 目），t/（$m^3 \cdot h$）；

　　　Q——磨机台式效率，t/h；

　　　β——磨矿产品细度 –200 目的含量，%；

　　　α——入磨物料在合格产品 –200 目含量，%；

　　　V——磨机有效容积，m^3。

（3）磨矿效率：磨矿效率是评价磨矿能量消耗的指标，是每消耗 1 度（1kW · h）电能所处理的矿石量。它有以下表示方法：

1）比能耗：即磨碎单位质量矿石所消耗的能量，用 kW · h/t 表示。计算公式如式（4 – 7）所示。比能耗越低说明磨矿效率越高。这种方法有其片面性，未考虑到给矿和磨矿产品的粒度等因素，只能在条件相似的情况下用以比较。

$$W = \frac{W_0}{Q} \tag{4-7}$$

式中　W——比能耗，kW · h/t；

　　　W_0——处理 Q 吨矿石消耗的电能，kW · h；

　　　Q——磨机处理的矿石质量，t。

2）新生单位质量指定级别（ –200 目百分含量）物料所消耗能量，单位为 kW · h/t（ –200 目百分含量），公式如式（4 – 8）所示。这种方法考虑到了矿石性质和操作因素，可用于细度不同的过程比较。

$$W = \frac{W_0}{Q(\beta - \alpha)} \tag{4-8}$$

式中　W——新生单位质量指定级别（ –200 目百分含量）物料所消耗能量，kW · h/t；

　　　W_0——处理 Q 吨物料所消耗的电能，kW · h；

　　　Q——磨机处理的矿量，t；

　　　α——磨机给料中指定级别细度物料的含量，%；

　　　β——磨矿产品中指定级别细度物料的含量，%。

3）用实验测得的磨矿功指数与实际生产得到的操作功指数的比值表示，即实际的操作功指数越低，磨矿效率越高。所以用这种方法可以比较磨矿回路因给矿粒度、产品粒度、矿石硬度以及操作条件等任一参数发生变化时，所引起磨机工作效果的差异，从而分析磨矿效率不高的原因。

4) 按单位能量生成的表面积（m^2）表示，以"比表面积·t/（W·h）"计，比表面积的单位为 m^2/t。单位功耗的产率比较真实地反映了磨矿机工作情况。故在设计时用以计算和选择设备。

4.2.2.3 磨机的作业率

磨机作业率又叫运转率。它是指磨矿分级循环实际工作小时数占同期日历小时的百分数，计算公式如式（4-9）所示。生产中每台磨机每月计算一次，全年累计并按月平均。磨机作业率的高低，基本体现了选矿整套生产流程的作业率情况。因此，磨机作业率直接反映了选矿厂的生产管理水平。借此，还可揭露和分析影响磨矿分级机组不正常运转的原因，采取有效改进措施。

$$\mu = \frac{h_1}{h_0} \times 100\% \tag{4-9}$$

式中　μ——磨机作业率，%；

　　　h_1——磨机实际运转小时数，h；

　　　h_0——磨机运转同期日历小时数，h。

4.2.2.4 磨矿浓度和溢流浓度

磨矿浓度是指磨矿过程中磨机内的矿浆浓度，用干矿量与矿浆的质量百分数来表示。磨矿浓度直接影响磨矿效果和磨矿成本；溢流浓度是指磨矿循环中经过分级设备产出的合格产品的矿浆浓度，对磨矿细度和浮选浓度及浮选指标有直接影响，因此在磨矿过程中需要严格控制，是获得良好磨矿效果的基础工作，也是不可忽视的关键环节。

4.2.2.5 分级效率

分级效率是磨矿分级循环一项重要的中间过程控制的质量指标，与磨机构成闭路配套的分机设备的分级效率高低，直接影响磨矿生产能力和磨矿细度。此外，对磨矿成本也有一定影响。一般采用分级设备的给矿、返砂、溢流的细度数据来计算，计算公式如式（4-10）所示。

$$E = \frac{(a-c)(b-a)}{a(b-c)(100-a)} \times 10^4\% \tag{4-10}$$

式中　E——分级效率，%；

　　　a——给矿中合格粒级的含量，%；

　　　b——溢流中合格粒级的含量，%；

　　　c——返砂中合格粒级的含量，%。

4.2.2.6 磨机充填率

磨机充填率是指磨机筒体内磨矿介质占总容积的百分数，计算公式如式（4-11）所示；是表示磨机内磨矿介质是否合适的一个重要参数，是技术人员判断补加介质或停补介质的重要依据；是关系磨矿效率高低的一个重要过程控制的技术指标。

$$\Phi = \frac{\arcsin\dfrac{L}{D}}{180} \times 100\% \tag{4-11}$$

式中　Φ——磨机的充填率，%；

L——磨机内垂直筒体轴向介质水平宽度，m；

D——磨机筒体内直径长度，m。

4.2.2.7　球耗、电耗

球耗、电耗是磨矿过程两项非常重要的经济技术指标，所磨的炉渣越硬，钢球的球耗就越高，需要消耗的电能也就越高，生产成本也就随着增高。球耗常用磨机处理 1 吨炉渣所消耗的钢球的质量来表示，单位为 kg/t$_{渣}$。电耗常用磨机处理 1t 矿石所消耗的电能的度数来表示，单位为 kW·h/t$_{渣}$。磨矿电耗约占选矿电耗的 75% 左右，是容易发生波动的耗能区段。因此，加强中间过程控制是有效控制生产成本的关键。

4.2.2.8　磨矿日处理量

磨矿日处理量是指磨矿作业的磨机每天在实际生产运转时间内所处理的原炉渣总量，是体现选矿厂每天实际生产能力的一个重要指标，也是计算生产成本的重要数据之一，单位为 t$_{渣}$/d。

4.2.3　选别工序技术经济指标

评价选别好坏的指标有精矿品位和回收率两个质量指标，其他过程控制的指标还有浮选矿浆浓度（液固比）、产率、浮选机处理能力、充气量、药剂用量等。

（1）渣精矿品位。渣精矿品位是评价浮选得到精矿质量好坏的一个技术指标，包括精矿目的矿物品位和杂质品位。渣精矿品位常用精矿中所含目的矿物的质量占精矿总量的百分数表示。

（2）回收率。回收率是评价浮选对入选渣矿中目的矿物的回收程度好与坏的技术指标。通常用浮选所得渣精矿中目的矿物总含量占入选渣矿中目的矿物总含量的百分数来表示，在生产中是通过采样化验所得的入选渣原矿品位、浮选渣精矿品位和渣尾矿品位数据计算出来的。铜渣选矿单金属回收率计算公式如式（4-12）所示。

$$\varepsilon = \frac{\beta(\alpha - \theta)}{\alpha(\beta - \theta)} \times 100\% \qquad (4-12)$$

式中　ε——选别作业回收率，%；

α——进入选别作业的渣矿品位，%；

β——选别作业渣精矿品位，%；

θ——选别作业渣尾矿品位，%。

（3）浮选矿浆浓度。浮选矿浆浓度也称浮选浓度，是指浮选时的矿浆浓度，浮选浓度是对浮选过程影响较为敏感的一个过程控制指标。浮选浓度的波动经常引起浮选现象异常而影响浮选指标。浮选浓度有时也用液固比来表示。铜冶炼渣选矿浮选矿浆浓度比一般矿石浮选矿浆浓度要高，多数采用 38% ~50% 的浮选矿浆浓度。

（4）产率。产率常用经过选别过程得到的产物的质量占入选渣矿总质量的百分数来表示，是选别过程一个重要的指标。在正常情况保证精矿品位的前提下，精矿产率越大，回收率越高，但是精矿品位将随着降低。因此在浮选中，控制好每个作业的产率也是取得良好浮选指标的关键操作的一项内容。

（5）浮选机处理能力。浮选机的处理能力是用来评价浮选机生产能力的一项指标，是每小时每立方米浮选机的容积所处理的渣矿的质量，也称单位容积处理量。单位为

t/（m³·h）。它与矿浆浓度和浮选时间有关系，常常通过测得通过浮选机的矿浆流量和矿浆浓度数据，结合浮选时间、浮选机数量、单台容积及渣矿比重等数据来计算。

（6）充气量。浮选机充气量是浮选过程控制的一项关键操作参数，充气量大小是决定浮选好坏的重要因素，直接决定着浮选泡沫矿化程度、浮选液面和泡沫的稳定程度。

（7）药剂用量。药剂用量是关系到浮选指标好坏的技术经济指标。常用每吨入选渣矿所消耗药剂的克数来表示，单位为 g/t$_渣$。药剂用量的多少直接影响浮选指标的好坏，一般情况下，随着捕收药剂的增多，回收率逐渐升高，精矿品位会逐渐下降，当超过一定用量时则造成回收率和精矿品位都恶化。所以合理调节药剂用量是获得良好浮选指标的关键条件。

（8）渣原矿品位、渣尾矿品位。渣原矿品位是指入选炉渣品位，也是产出冶炼炉渣品位。渣尾矿品位是炉渣选别后的尾矿中目的矿物损失情况的品位指标。渣原矿品位是体现出炉渣性质和品位变化的指标，渣尾矿品位可以体现选别回收率好坏的情况，二者是计算渣选矿回收率的基础数据。

（9）选矿比。选矿比是指每选出 1 吨渣精矿所需要的渣原矿的吨数，通常以倍数表示。是分析炉渣性质变化和计算生产成本的参考依据，计算公式如式（4-13）所示。

$$i = \frac{Q}{Q_0} \qquad (4-13)$$

式中　i——选矿比；

　　　Q_0——渣精矿数量，t；

　　　Q——渣原矿处理量，t。

（10）富集比。富集比是指渣精矿有用矿物的品位与渣原矿中有用矿物的品位之比，即渣精矿品位是渣原矿品位的几倍。富集比和回收率越高，说明选矿效率越好。

（11）浸出率。浸出率是在浸出作业中，由被浸物料转入浸出液中的溶质量与被浸物料原含溶质总量的比值，常用百分数表示。是体现化学选矿回收率指标的关键指标之一。

4.2.4　脱水工序技术经济指标

脱水工序一般包括浓缩机底流浓度、浓缩机溢流固含量、过滤机滤饼水分三项技术指标。

（1）浓缩机底流浓度。浓缩机底流浓度是反映浓缩机浓缩脱水效果好坏的一项技术指标，用矿物固体在矿浆中的质量百分数表示，单位是%。浓度越高说明浓缩机的浓缩效果越好，越有利于过滤机脱水作业。

（2）浓缩机溢流固含量。浓缩机溢流固含量是一项反应浓缩机沉降效果的质量指标，用单位体积溢流水中固体质量来表示，单位是 mg/L。固含量越低，说明经过浓缩机沉降得到的溢流水水质越好。

（3）浓密机单位处理能力。浓密机单位处理能力是表示浓密机实际生产能力的一个技术指标，常用浓密机单位沉降面积每小时处理的物料质量来表示，单位为 kg/（m²·h）。计算公式如式（4-14）所示。

$$\delta = \frac{4000Q}{\pi D^2} \qquad (4-14)$$

式中　δ——浓密机单位处理能力，kg/(m²·h)；

　　　Q——每小时给入浓密机的矿量，t；

　　　D——浓密机的直径，m。

（4）过滤机滤饼水分。过滤机滤饼水分是一项反映过滤机脱水效果的质量指标，用水分在滤饼中的质量百分数表示，单位为%。滤饼水分越低，说明过滤机脱水效果越好。

（5）过滤机单位处理能力。过滤机单位处理能力是表示过滤机实际生产能力的一个技术指标，常用过滤机单位过滤面积每小时处理的物料质量来表示，单位为kg/(m²·h)。

（6）干燥机的露点。露点温度是当气体冷却到将含有的湿气凝结成水珠的温度，是一种计测气体干燥（潮湿）程度的单位，单位为℃。气体中的湿气愈少，露点温度就愈低。

（7）干燥风量。风量是带走原料中水分的媒介，风量大小会影响干燥效果的好坏。单位为 m³/h。风量太大会使回风温度过高，造成过热现象而影响露点的稳定性；风量太小则无法将原料中的水分完全带走，风量也代表干燥机的干燥能力。

（8）干燥机的干燥时间。干燥时间是指原料达到要求水分指标前所需要的干燥时间，单位为 min。干燥时间太长会造成原料变质或结块或浪费能源，干燥时间太短会造成含水水分过高的现象。

（9）干燥机的干燥温度。干燥温度是指进入干燥桶的空气温度，单位为℃。每一种原料因其物性，如比重、比热、含水率等因素不同，干燥时温度均有一定的限制，温度太高时会使原料中的部分添加物挥发变质或结块，太低又会使某些原料不能达到所需干燥条件。过低或过高，会造成干燥温度不足或能源的浪费。

4.2.5　生产率指标

4.2.5.1　产量指标

产量指标主要包括日渣原矿处理量、渣精矿产量，是体现一个选矿厂正常生产的产能指标。日渣原矿处理量是指每天选矿厂处理的累计渣原矿数量，一般以磨矿量为准。渣精矿产量，一般是指每天累计生产的渣精矿数量，一般是经过日渣原矿处理量、渣原矿品位、渣精矿品位和渣尾矿品位计算的，计算公式如式（4-15）所示。

$$Q = Q_0 \cdot \frac{\alpha - \theta}{\beta - \theta} \qquad (4-15)$$

式中　Q——渣精矿产量，t；

　　　Q_0——渣原矿处理量，t；

　　　α——渣原矿品位，%；

　　　β——渣精矿品位，%；

　　　θ——渣尾矿品位，%。

4.2.5.2　选矿全员实物劳动生产率

选矿全员实物劳动生产率是指选矿厂全体员工在报表期内平均每人处理的渣原矿量，是反映选矿机械装备程度和劳动效率的综合指标。计算公式如下：

$$\text{选矿全员实物劳动生产率（t/（人·月）（或季、年））} = \frac{\text{渣原矿处理量（t）}}{\text{全厂全体职工人数（人）}}$$

4.2.5.3　选矿工人实物劳动生产率

选矿工人实物劳动生产率是指选矿厂平均每个生产工人在报表期内所处理的渣原矿量。是反映选矿机械装备程度和选矿工人劳动效率的综合指标。计算公式如下：

$$\text{选矿工人实物劳动生产率（t/（人·月）（或季、年））} = \frac{\text{渣原矿处理量（t）}}{\text{选矿厂生产工人数（人）}}$$

5 铜冶炼渣选矿试验

国内外采用渣选矿方式代替冶炼渣火法贫化工艺已成为技术发展的主流，从20世纪30年代开始提出渣选矿思路以后，对多种铜冶炼渣做了大量的选矿试验研究工作，从50年代后期开始并陆续成功转化为工业生产实践，到目前为止，铜冶炼渣选矿工作已经取得了丰硕成果。本章主要介绍转炉渣、熔炼炉渣、水淬渣等多种炉渣的选矿试验研究的成果，希望各位读者看后能够有所收益。

5.1 转炉渣选矿试验

5.1.1 白银有色金属公司转炉渣选矿试验

1965年白银有色金属公司对缓冷转炉渣进行了闭路试验研究。炉渣成分：铜2.2%、铁44.43%、二氧化硅32.57%、金0.435g/t、银11.66g/t，试验结果：铜精矿品位：铜15.6%、铁35%、金2.5g/t、银88g/t。试验流程如图5-1所示。选矿流程特点是：（1）三段磨矿，最终细度-0.04mm占96%，二段、三段磨矿均对前一段扫选尾矿进行。（2）第一段粗选产出第一份铜精矿。铜精矿品位24.4%，占选矿总铜回收率的90%。第二、三段选别的粗选泡沫合并精选产第二份铜精矿，铜精矿品位3.38%。

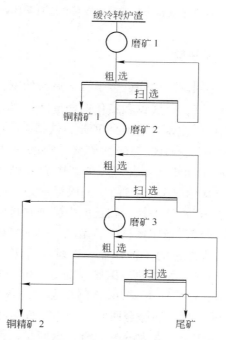

图5-1　白银有色金属公司缓冷转炉渣选矿闭路试验流程

1976 年对成分为铜 1.84%、铁 51.6%、二氧化硅 18.15% 的低硅缓冷转炉渣小型选矿闭路试验结果：铜精矿铜品位 15.15%、铜精矿中铜回收率 85.89%；铁精矿品位铜 0.45%、铁 60.52%，铁精矿中铁回收率 33.87%。浮选尾矿铜品位 0.29%，磁选尾矿铜品位 0.21%，试验流程如图 5-2 所示，一粗二精一扫浮选流程，粗精矿再磨后进行精选，扫选尾矿经磁选选铁。流程特点：(1) 两段磨选，一段磨矿细度 -0.042mm 占 93%，第二段磨矿细度 -0.042mm 占 99%。一段选别一粗一扫结构；第二段是对第一段粗精矿再磨再选，二段选别为一粗一精结构，相当于两次精选。(2) 第一段选别扫选尾矿磁选选铁，选铁尾矿是废弃尾矿。

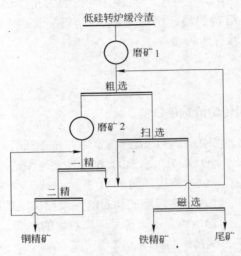

图 5-2　白银有色金属公司低硅缓冷转炉渣选矿闭路试验流程

5.1.2　某炼铜厂转炉渣的选矿试验

王珩对某铜冶炼厂转炉车间的生产样进行了选矿试验研究。该转炉渣 SiO_2 含量适中，但渣中铜品位及硫化铜含量偏低，金属铜和氧化铜含量高，部分过粗金属铜颗粒和氧化铜会影响铜浮选指标；渣中磁性氧化铁含量不足 30%，铁精矿降硅应是重点。通过转炉渣的选矿试验研究，提出磨—浮—磁—中矿与磁性矿合并再磨—再浮—再磁工艺流程，如图 5-3 所示。入选磨矿细度为 -0.043mm 占 79.1%，中矿-磁性矿再磨细度为 -0.040mm 占 99.32%。铜浮选为自然 pH 值（8.2 左右），一段浮选为一粗两精一扫流程，扫尾经磁选直接甩尾得磁性精矿，与一段浮选一精、扫选的中矿合并再磨后进入二段浮选，二段浮选为一粗一扫流程，扫选尾矿经磁选得铁精矿后抛尾，扫选精矿返回粗选，粗选精矿与一段浮选二精中矿合并返回一段浮选的一精作业。一段浮选丁基黄药 200g/t，松油 40g/t，再浮丁基黄药 36g/t，松油 20g/t，两段磁选磁场强度均为 63.66kA/m。该流程适合转炉渣的特性，在原渣含铜 1.58%、硫化铜占 44.62% 的情况下，获得铜精矿品位 19.82%，回收率 85.48% 较为理想的选铜指标，还综合回收了渣中磁性氧化铁，得到含硅合格的铁精矿。铜精矿只占原渣量的 7% 左右，大大减少了渣的返回量，消除了磁性氧化铁对熔炼的不利影响，综合效益显著。

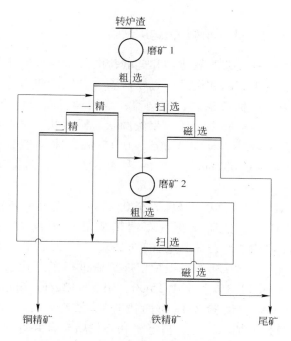

图 5-3　某铜冶炼厂转炉渣选矿试验流程

5.2　熔炼炉渣选矿试验

5.2.1　白银炉溶池富氧熔炼低硅渣的半工业试验

白银公司于 1988 年 7 月进行了白银炉溶池富氧熔炼低硅渣的半工业试验。炉渣采用自然冷却。炉渣中的铜有 17% 为氧化铜，81.7% 为硫化铜，其余 1.67% 为硫酸盐。铜的嵌布粒度较细，不均匀，-0.043mm 占 65%，+0.074mm 约占 20%，-0.02mm 约占 50%。炉渣经两段开路碎矿，最终粒度 -25mm。磨矿采用两段，一段由格子型球磨机与螺旋分级机构成闭路，磨矿细度 -0.074mm 占 99.4%。二段由溢流型球磨机与旋流器构成闭路，磨矿细度 -0.043mm 占 94.5%。浮选流程为一粗、一扫、二精、中矿依次返回，流程如图 5-4 所示。半工业试验指标为：炉渣含铜品位 2.72%、铜精矿含铜品位 13.26%、尾矿铜品位 0.36%、铜精矿产率 19.4%、铜回收率 89.34%。

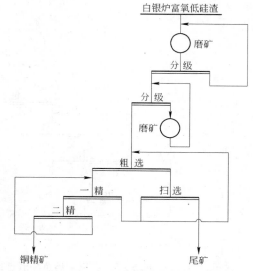

图 5-4　白银炉溶池富氧熔炼低硅渣试验流程图

5.2.2　白银有色金属公司白银炉熔炼炉渣选矿试验

白银炉熔炼炉渣是一种复杂的氧化物和硅酸盐的共熔体，铁橄榄石是主要组分，其次有磁铁矿、玻璃质、石英、冰铜微珠、钙铁辉石、含铁硅灰石等。冰铜微珠中主要是铜的一些矿物：似黄铜矿、似斑铜矿、似铜蓝、金属铜，以及似方铅矿、似铁闪锌矿、陨硫铁等。冰铜微珠是多种矿物混溶体，呈滚圆状、椭圆状、星点状，分布在铁橄榄石及玻璃质当中，粒径不等，一般在 0.005 ~ 0.15mm。冰铜微珠大于 0.074mm 的占 40.5%，介乎于 0.074 ~ 0.037mm 之间的占 17.3%，冰铜微珠小于 0.037mm 的占 42.2%。

2009 年白银公司对含铜品位 0.926%、金 0.238g/t、银 13.65g/t 的白银炉熔炼炉渣进行了小型选矿试验研究，试验指标为：铜精矿品位为铜 23.99%、金 1.2g/t、银 58.5g/t，铜精矿回收率铜 82.23%、金 63.62%、银 75.12%。2010 年对含铜品位 0.97%、金 0.22g/t、银 13.32g/t 的白银炉熔炼炉渣进行了工业选矿试验，获得的试验指标为：铜精矿品位为铜 22.3%、金 1.15g/t、银 52.12g/t，铜精矿回收率铜 79.9%、金 60.689%、银 72.001%。试验流程为两段连续磨矿，入选细度为 − 0.043mm 占 80%，浮选采用一粗两扫三精流程，一精尾矿和一扫精矿合并返回二段磨矿再磨，其他中矿循序返回，如图 5 − 5 所示。浮选采用了新型选矿药剂——捕收起泡剂酯 − 22，与组合药方（丁黄药加乙黄药、丁黄药加丁氨）以及 Z − 200 相比，具有更好的浮选效果。

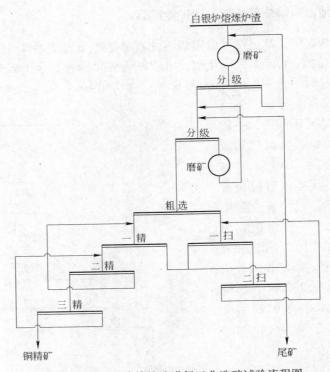

图 5 − 5　白银炉熔炼炉渣进行工业选矿试验流程图

5.2.3　闪速熔炼炉渣选矿试验

祥光铜业闪速熔炼渣含铜品位为 1.2% ~ 2.5%，含铁 36% ~ 41%。铜矿物的形式占全铜的百分比：金属铜 9.91% ~ 16.67%、硫化铜 19.82% ~ 26.89%、氧化铜 50% ~ 56.76%、与铁硅结合铜 6.24% ~ 13.87%。由矿石性质不难发现，闪速熔炼渣中的难选铜矿物含量较多，对渣选矿回收率指标存在一定影响。实际生产控制入选磨矿细度 − 0.043 mm 占 80%，浮选采用两粗两扫三精流程，以 Z − 200 号为捕收剂、2 号油为起泡剂，铜浮选回收率在 80% 左右。为了提高熔炼渣中氧化铜的回收率，采用两粗两扫二精流程进行了增加活化药剂和辅助捕收剂的对比试验研究，活化剂为硫化钠，辅助捕收剂为丁黄药，如图 5 − 6 所示。采用 − 0.043mm 占 80% 磨矿细度，以现场浮选药剂条件，即捕收剂 Z − 200 号用量为 70g/t、2 号油用量为 60g/t，为参比工艺条件，对比试验条件为在二粗、一扫、二扫分别添加硫化钠进行活化，同时分别添加丁黄药作为辅助捕收剂。硫化钠用量 150 g/t、丁黄药用量 40g/t，Z − 200 号用量由设计的 70g/t 降至 30g/t。在渣原矿和渣精矿品位相近的情况下，使渣尾矿铜品位由 0.35% 降低到 0.26%，使铜浮选回收率由 79.39% 提高到 84.75%。

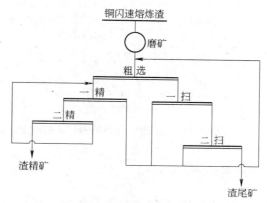

图 5 − 6　闪速熔炼渣选矿试验流程

此外，针对闪速熔炼渣中的难选铜矿物，尤其是铜铁共生的氧化铜矿物，研究了独特的活化剂药方，在提高铜浮选回收率方面，已经取得了显著试验效果。

5.3　铜冶炼水淬渣选矿试验

5.3.1　云南某铜冶炼水淬渣选矿试验

湖北大冶有色设计研究院王珩对云南某铜冶炼厂水淬渣进行了综合回收铜铁矿物的选矿试验研究，捕收剂选用异丁黄药，浮选过程中使用了水玻璃作分散剂。该水淬渣外观呈黑褐色、呈粒状或条状，表面有一定金属光泽；质地坚硬，易碎难磨，密度 3.3 ~ 4.3 kg/m³。该炉渣物质组成及嵌布关系比较复杂，含铜矿物大部分以硫化铜形式存在，有部分金属铜和少量的氧化铜存在。硫化铜呈细粒嵌布，一般为 0.005 ~ 0.03mm；金属铜粒度均匀，一般为 0.005 ~ 0.01mm，最大颗粒直径可达 3.0mm。其中含有一些脉石组成的无定形玻璃体。炉渣的分析结铁主要以磁性氧化铁、铁橄榄石等形式存在，另外还含有一些脉石组成的无定形玻璃体。采用流程为：一段磨矿进一次粗选，入选细度－0.074mm 为 84.57%，一次粗选尾矿再磨进二次粗选，二次粗选尾矿进扫选，扫选尾矿选铁。一粗二粗精矿经过两次精选得铜精矿，一次精选尾矿和扫选精矿合并为中矿返回一段磨矿再磨。磁选流程为一粗一扫一精流程得铁精矿，一扫精矿和一精尾矿合并为中矿返回粗选，扫选尾矿为最终尾矿。流程如图 5－7 所示。闭路试验指标为：原矿品位铜 1.15%、铁 43.08%；铜精矿品位铜 15.85%、铁 23.11%，铜回收率 58.57%；铁精矿品位铜 0.57%、铁 54.7%，铁回收率 62.9%。

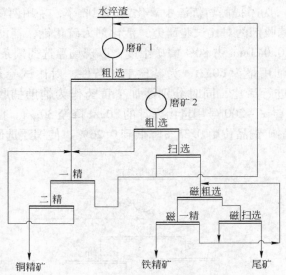

图 5－7 云南某铜冶炼厂水淬渣综合回收铜铁矿物的选矿试验流程

5.3.2 白银有色金属公司反射炉渣选矿试验

反射炉渣为 FeO－SiO$_2$－CaO 的三元体系，矿物组成主要是冰铜珠、铁橄榄石、钙铁辉石、磁铁矿、含铁硅石及部分硫化物和少量石英。渣中铜主要以熔解和机械夹杂的冰铜珠 Cu$_2$S、Cu$_2$O 和微量金属铜等形态存在。冰铜珠是炉渣中铜的主要富集相。冰铜主要化学成分是 Cu、Fe、S 及微量的氧，一般可视冰铜为 Cu$_2$S－FeS 二元系熔体。渣中冰铜珠系冰铜和炉渣分离不良因机械夹杂所致。故冰铜珠成分主要由似斑铜矿（Cu$_4$FeS$_{8.03}$）和陨硫铁（FeS）及铜锌铁硫化物（（Cu、Zn、Fe）S）组成，有时含微量的金属铜和磁铁矿，金属镉主要充填在冰铜珠的裂隙或空洞边缘呈脉状或粒状体。冰铜珠颗粒较细，都在－0.074mm 以下，＋0.052mm 仅 33.5%，而含于冰铜珠中含铜矿物结晶更微细，这是影响选矿指标的主要原因。

1990 年对成分为铜 0.66%、铁 37.86%、二氧化硅 33.54% 和金 0.2g/t、银 7g/t 的采自渣场的空气反射炉渣闭路试验结果：铜精矿品位铜 12.07%、金 2.5g/t、银 78g/t，铜回收率 57.5%，总尾矿铜品位 0.288%。试验流程如图 5－8 所示。流程特点是：（1）两段磨选。第一段入选物料细度－0.074mm 占 85%，一粗一扫浮选结构，第二段磨第一段粗精矿，细度－0.043mm 占 95%，浮选为一粗一扫二精流程。（2）两次抛尾。第一段、第二段的扫选尾矿都作废弃尾矿，其铜品位分别为 0.27%、0.38%。

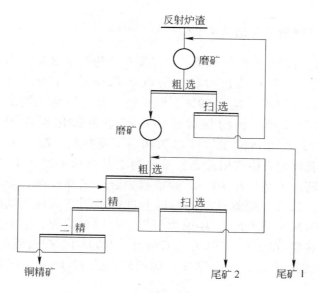

图 5 - 8 反射炉渣选矿闭路试验流程

5.3.3 湖北某铜冶炼厂反射炉水淬渣选矿试验

该炉渣外观呈黑色，质脆坚硬，结构致密，渣中铜的含量为 1.06%，主要以硫化铜的形式存在，其次为氧化铜，金属铜含量相对较少，铜物相分析显示占总铜比例为硫化铜占 84.53%、氧化铜占 12.9%、金属铜占 2.57%，总铜品位为 1.06%。炉渣中最多的元素是铁和硅，炉渣中的铁有 53.3% 以铁橄榄石相存在，14% 以钙铁橄榄石存在，其余 32.5% 以 Fe_3O_4 存在；硅除了与氧化铁形成铁橄榄石外，大部分呈硅灰石及无定形的玻璃体。而且炉渣中的铜、铁、硅等矿物紧密共生，相互交织，呈细粒不均匀嵌布，致使炉渣中的铜难以与脉石单体解离，严重影响选别指标。仅对该炉渣进行一段开路浮选探索试验，试验流程如图 5-9 所示。

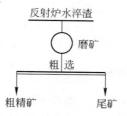

图 5 - 9 反射炉水淬渣选矿开路试验流程

反射炉水淬渣因性质复杂，铜、铁、硅等矿物紧密共生，相互交织，呈细粒不均匀状态分布，导致炉渣中的铜难以回收。试验表明，细磨和混合捕收剂的使用能有效提高铜的回收率。当磨矿粒度达到 -0.074mm 粒级含量占 95%、矿浆浓度为 30%、pH 值 7.0、捕收剂（丁铵黑药与丁基黄药按 1:1 配制）、活化剂（硫化钠）、分散剂（六偏磷酸钠）的用量分别为 2400g/t、8000g/t、800g/t 时，一段粗选铜的回收率为 64.65%，粗精矿铜的品位达到 4.54%。

5.3.4 国内某冶炼厂水淬铜炉渣选矿试验

西北矿冶研究院田锋对国内某冶炼厂水淬铜炉渣进行了选矿试验研究。该水淬铜渣外观呈黑色，性脆、坚硬、结构致密，密度 $3.8g/cm^3$。含铜品位 0.98%、铁品位 39.76%、二氧化硅 28.36%、硫 1.09%。铜矿物大部分以硫化铜形式存在，其次为金属铜，氧化铜的含量很少。铜物相对总铜占有率为硫化铜占 88.51%、金属铜占 8.37%、氧化铜 3.12%。试验考察了丁基黄药与丁氨黑药、酯－105 及 P3（酯类）组合的选铜效果，试验研究表明按粗选指标排序为丁基黄药＋P3＞丁基黄药＋酯－105＞丁基黄药＋丁氨黑药，丁基黄药＋P3 组合捕收力强、选择性好、兼起泡性，粗选精矿品位和回收率均高。最后在探索试验的基础上进行了闭路试验。试验流程及工艺条件为：磨矿细度－0.043mm 占 90%、浮选为一粗一扫两精流程，试验流程如图 5－10 所示。粗选药剂为水玻璃 $200g/t$、丁基黄药 $160g/t$、P $360g/t$，扫选药剂为丁基黄药 $50g/t$、P $20g/t$。试验指标为原矿铜品位 0.98%、铜精矿品位 17.08%、尾矿品位 0.44%，铜回收率 56.98%。

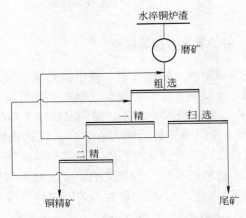

图 5－10　水淬铜炉渣选矿试验流程

5.4　其他铜冶炼渣选矿试验

5.4.1　成都电冶厂鼓风炉渣选矿试验

四川冶金研究所对成分为铜 0.49%、镍 0.62%、二氧化硅 35.56%、钴 28.46% 的成都电冶厂鼓风炉渣小型浮选闭路进行试验，试验采用磨矿细度－0.074mm 占 53.67%，一粗一扫两精常规浮选流程，试验流程如图 5－11 所示。试验结果为铜镍精矿品位铜 14.45%、镍 18.39%，铜回收率 73.85%、镍回收率 64.85%。

5.4.2　云南耿马复杂铜冶炼渣选矿试验

金锐对云南耿马复杂铜冶炼渣进行了选矿试验研究。该铜渣品位在 $0.97\% \sim 2.7\%$ 波动，属于低品位铜渣，外观呈黑褐色，其主要成分为 Fe、SiO_2、Cu、S，还有少量的 Pb、Zn、Al_2O_3、CaO、MgO 等，Fe_2O_3 占 44%，SiO_2 占 27%，总铜品位 1.47%，氧化铜品位

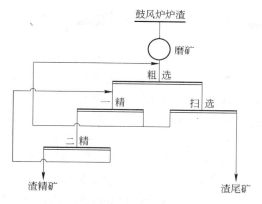

图 5 – 11　鼓风炉渣选矿试验流程

0.7%，铜氧化率为 47.6%。磨矿入选细度为 – 0.074mm 占 90.6%，采用开路试验进行了捕收剂丁基黄药、Z – 200 与 KM – 190 对比试验，发现在保证铜精矿品位和回收率的条件下，KM – 190 为最佳捕收剂。常规浮选试验数据研究发现，氧化铜在尾矿中的损失约为 30% ~ 40%，在粗选前加入硫化钠进行活化，浮选效果明显好转。最后以一粗两扫三精流程进行开路浮选试验，试验流程如图 5 – 12 所示。捕收剂为 KM – 190，硫化钠为活化剂，2 号油为起泡剂，获得了原矿铜品位 2.17%、铜精矿品位 20.08%，铜回收率 86% 的良好浮选指标。

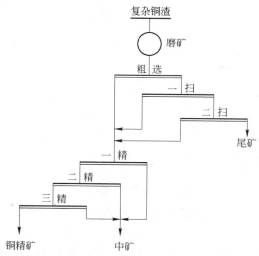

图 5 – 12　复杂铜冶炼渣选矿开路浮选试验

5.4.3　铜矿浸出渣回收银选矿试验

某铜矿伴生银已达到工业回收品位，且含量丰富，为了资源综合利用，沈志富对某铜矿浸出后的铜渣进行了回收银的选矿试验研究。该铜矿矿石金属矿物以孔雀石为主，铜矿品位达到 7.12%，氧化率 96.41%，储量较大，矿石中含有大量黑色细土状矿物，原矿以铜为主，伴生一定量的银。铜渣银物相比例为自然银 11.16%、氧化银 5.49%、硫化银 78.79%、其他银 4.56%。铜矿经 H_2SO_4 浸出—萃取—电积获得金属铜。其浸出后的矿渣

Cu 含量为 0.65%、Ag 含量为 428g/t，细度 −0.074mm 占 99.40%。

　　浮选试验选用一粗工艺流程，细度对比试验结果表明：磨矿细度 −0.074mm 占 99.40%，与 −0.043mm 相比，回收率相差不大，−0.043mm 的品位反而有所下降，省掉了磨矿工作，大大降低了成本，所以磨矿细度选用 −0.074mm 占 99.40% 为好。选择石灰、碳酸钠、氢氧化钠为调整剂做对比试验。选用一粗工艺流程，分别用石灰、碳酸钠、氢氧化钠将矿浆调整到 pH 值为 4.5。根据对比试验结果分析，氢氧化钠作为调整剂回收率相对较高，并且氢氧化钠用量较少，引进溶液体积较小，所以应取氢氧化钠作为调整剂。捕收剂选择试验选取捕收剂丁基钠黄药、丁基铵黑药、混合药做对比试验，选用一粗工艺流程，试验结果证明混合捕收剂效果最好。最后采用一粗两扫三精流程进行试验，试验流程如图 5−13 所示。试验条件为氢氧化钠 2000g/t、混合捕收剂 100g/t、起泡剂 50g/t。取得了精矿银含量 5873 ~ 6357g/t、回收率 83.02% ~ 89.85% 的良好指标。

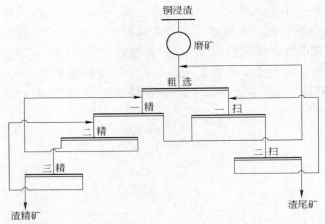

图 5−13　铜矿浸出渣回收银选矿闭路试验流程

5.5　铜冶炼渣化学选矿试验

　　目前，铜渣除少量用作水泥混凝土原料和防锈磨料外，主要利用集中在采用不同方法从铜渣中回收 Cu 等有色金属。铜渣中 Fe 含量虽然很高，但关于回收 Fe 的报道却很少，原因主要是铜渣中的 Fe 大多以铁橄榄石（Fe_2SiO_4）形式存在，而不是以 Fe_3O_4 或 Fe_2O_3 形式存在，因此，利用传统矿物加工方法很难有效回收其中的 Fe。要回收铜渣中的 Fe 就需要先将铜渣中以 Fe_2SiO_4 形式存在的 Fe 转变成 Fe_3O_4 或金属铁，然后经过磨矿—磁选工艺加以回收。

5.5.1　热熔态闪速熔炼渣提取铜铁半工业试验

　　祥光铜业在研究、消化、吸收熔池熔炼炼铜工艺的基础上，研究开发了以侧吹熔池熔炼炉为基础的双室还原炉装置，进而开发双室侧吹熔池熔炼还原提铜和提铁新工艺，最终形成以双室侧吹熔池熔炼还原炉为基础、以专有技术为核心的具有祥光特色的铜冶炼渣综合利用新工艺。该技术在一个装置中直接处理熔炼炉排出的热熔态炉渣，并完成炉渣脱铜与炼铁工艺，获得了铜合金、铁合金和铅锌粉产品；炉渣中有价金属回收率分别为 Fe 89.6%、Cu 96%、Pb 89.9%。

此外，还对热熔渣氧化改性和选矿综合提取铜、铁、硅进行了理论研究和探讨，提出了通过热熔渣改性使熔炼渣资源化的研究方向，目前正处于准备进行深入试验研究阶段。

5.5.2 铜渣熔融氧化提铁的试验

刘纲等为了更好地提取铜炉渣中的铁矿物，对某铜厂炼铜副产品铜渣进行了改性研究。该炉渣中铁的含量高于 40%，其主要以铁橄榄石（$2FeO \cdot SiO_2$）和磁铁矿相存在，铜渣的主要化学成分：FeO 55.2%、Fe_2O_3 8.4%、SiO_2 28.28%、CaO 6.5%。渣中的铁主要赋存于铁橄榄石、磁铁矿、钙铁硅酸盐固溶体中。该研究的目的在于将铁橄榄石中的铁转化为四氧化三铁，再通过磁选工艺回收铁精矿。试验先分析铜渣的化学组成，再将铜渣放入坩埚在马弗炉中加热，采取不同的炉温及加热冷却模式，研究铜渣中四氧化三铁的成长富集情况，最终利用磁选工艺回收磁铁矿。试验流程如图 5-14 所示，即铜渣—破碎（颚式破碎机/反击式破碎机）—研磨（球磨机）—熔融氧化（马弗炉）—研磨（球磨机）—磁选（磁选机）—铁精矿。

通过对坩埚材质、吹入气体及其流量和吹气时间、恒温时间对四氧化三铁成长的影响进行研究探索，最终发现还原性质的坩埚对四氧化三铁相的生成及长大不利，而氧化镁坩埚和刚玉坩埚比较适合四氧化三铁相的生成及长大。吹入气体中氧含量高、吹气时间适当，对四氧化三铁相的生成及长大有利。四氧化三铁相富集成长的最佳物理条件为：当铜渣升温至 1350℃ 时向熔池中吹气 7min，并且气体流量为 0.3L/min，该条件下四氧化三铁的面积百分比最大。恒温时间长、降温速度慢对四氧化三铁相的生成及长大有利，

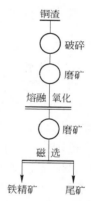

图 5-14 铜渣熔融氧化改性提铁试验流程

但是恒温时间过长和降温速度慢会影响实际生产效率。先加热至 1350℃，再恒温 60min，然后再降至室温的温度控制方案最佳。磁选试验证明，磁选前的磨矿细度越细，磁选效果越佳，0.074mm 可以满足试验要求。当磁场强度为 10000A/m 时获得了铁品位为 62.8%、铁回收率为 79.3% 的良好选矿指标。

5.5.3 铜渣在不同煅烧温度的晶相结构变化

胡建杭等对冶炼铜渣在不同煅烧温度的晶相结构变化进行了研究，目的是为铜渣的综合利用提供可靠的基础数据。铜渣样品是云南铜业股份有限公司铜矿艾萨炉熔炼贫化电炉分离出来的工业废渣，经空气缓冷收集所得。铜渣的外观呈灰黑色，质地坚硬，破碎后棱角尖锐，堆密度为 3200~3800kg/m³。渣中铁、硅、铝、钙和镁的氧化物占总氧化物的 95% 以上，此外铜渣中还有微量的 Cu、S、Ni、Co 及其化合物等。铁以氧化亚铁、氧化

铁、四氧化三铁和单质铁等化合物或单质存在于铜渣的复杂矿相中。铜渣化学组成：全铁41.27%、铜1.48%、硫1.51%、三氧化二铝3.74%、氧化钙2.72%、氧化镁1.86%、二氧化硅28.23%、镍0.03%、钴0.07%、其他19.09%。铜渣物相组成：铁橄榄石70.25%、磁铁矿5.1%、铁酸铜0.11%、钙铝榴石7.59%、黄铜矿4.26%、方石英5.9%、氧化铝1.79%、其他5%。试验前，铜渣经机械破碎、筛分出 $425 \sim 850 \mu m$ 用于试验。铜渣分别在850℃、900℃、950℃、1000℃和1050℃下煅烧，升温速度为150℃/h，待其自然冷却后，再破碎研磨至0.05mm后进行测试晶体组成研究。研究结果发现，随着煅烧温度的提高和煅烧时间的延长，氧化煅烧处理可以实现铜渣中主要晶相铁橄榄石离解，氧化铁的富集和析出。铜渣试样随着煅烧温度的升高，铜渣晶相发生的转变过程为：煅烧温度分别为850℃、900℃、950℃、1000℃和1050℃时，铜渣中的铁橄榄石首先分离氧化成赤铁矿和非晶态硅石，磁铁矿的晶型发生转变生成 $\gamma - Fe_2O_3$ 和 $\alpha - Fe_2O_3$。随着煅烧时间的延长，铁橄榄石转变为赤铁矿，而铜渣中磁铁矿则是先增加后减少。对于样品，在1000℃煅烧15h即可实现铜渣晶型的转变过程。致密的铜渣经过煅烧氧化后，颗粒间变得蓬松，不规则地分布着许多大小不均的孔隙。煅烧温度超过1000℃后，铜渣颗粒表面发生不同程度的烧结。

5.5.4 铜渣在中低温下氧化改性的试验

廖曾丽对铜渣在中低温下氧化改性进行了试验研究。该渣为国内某铜业公司产自艾萨炉经电炉贫化后的水淬铜渣。铜渣中的主要元素是铁、氧和硅。其中铁高达38.91%，主要物相是铁橄榄石、磁铁矿及其他金属化合物。铁主要以铁橄榄石和磁铁矿两种形式存在；硅主要以硅酸盐形式存在，并嵌布于铁橄榄石或磁铁矿之中。铜渣中铁橄榄石的平均含量高达60%左右，而磁铁矿含量不到10%。该研究将铜渣破碎磨细后，对铜渣粒度范围、氧气流量、反应温度、氧化时间等因素对铜渣物相变化的影响进行了深入试验探索。试验结果表明，随着氧化温度和氧化时间的延长，铁橄榄石逐渐消失，转化为四氧化三铁和少量的三氧化二铁，且物相粒度趋向均匀，粒度 $35 \sim 50 \mu m$ 级铜渣在氧化温度800℃、氧气流量0.1L/min、氧化时间60min条件下，四氧化三铁的面积分数可达到43.39%，氧化效果最佳。该实验为后续改进磁选效果、提高铜渣中铁资源的回收利用奠定了基础。

5.5.5 铜渣中铁组分的直接还原与磁选试验研究

杨慧芬对铜渣中铁组分的还原改性进行了研究，试验原料为国内江西某炼铜厂的水淬铜渣。该铜渣呈颗粒状，大部分颗粒粒径在 $2 \sim 3mm$ 以下，单个颗粒有不规则棱角，玻璃光泽，质地致密。铜渣的化学成分：铁39.96%、二氧化硅20.16%、三氧化二铝2.99%、氧化钙2.0%、氧化镁0.76%、铜1.45%、铅0.77%、锌0.85%、硫0.72%、磷0.30%。铜渣碱度为0.12，即 $m(CaO + MgO)/m(Al_2O_3 + SiO_2) = 0.12$，为酸性渣。由于铜渣为酸性渣，为促进铁橄榄石的还原，在直接还原过程加入碱性氧化物CaO。试验原理为：铜渣中的铁矿物 Fe_2SiO_4 和 Fe_3O_4 在煤基直接还原过程中的还原行为有所不同。在温度高于843K时，Fe_3O_4 按下列顺序逐级还原：$Fe_3O_4 \rightarrow FeO \rightarrow Fe$。而 Fe_2SiO_4 一般在 $298 \sim 1600K$

范围内先分解成 FeO，然后再还原为金属铁。试验方法为：称
取 100g 铜渣，配以设计质量比的褐煤和 CaO，完全混合后置于
石墨坩埚内，在马弗炉中一定温度下进行还原焙烧。到给定时
间后，取出进行水淬冷却，然后湿磨至一定细度，在磁场强度
为 111kA/m 下磁选，丢弃尾矿，获得最终产品——直接还原铁
粉，试验流程如图 5－15 所示。试验通过对褐煤配比、焙烧温
度、磨矿细度等因素的探索，考察这些因素对回收率的影响。
研究证明：铜渣经煤基直接还原后，其中的铁橄榄石和磁铁矿
转变成了金属铁和硅灰石等，金属铁颗粒粒度多数大于 30μm，
且与渣相呈现物理镶嵌关系，易于通过磨矿单体解离，再通过
磁选回收其中的金属铁颗粒。煤基直接还原—磨矿—磁选方法
适合从该铜渣中回收铁组分。最佳工艺条件为：褐煤配比 30%，
CaO 配比 10%，焙烧温度 1250℃，焙烧时间 50min，焙烧产物
磨矿细度 －43μm 占 85%。在最佳工艺条件下，可获得 Fe 含量
为 92.05%、Fe 回收率为 81.02% 的直接还原铁粉。

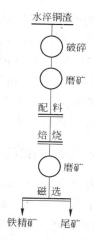

图 5－15 水淬铜渣还原
焙烧磁选试验流程

5.5.6 铜渣直接浸出试验

何柳等采用硫酸浸出的方法处理贵溪冶炼厂的电炉渣，对得到的滤液进行萃取，使
铜、铁分离，萃余液进行沉铁，萃取后液进行提铜，试验流程如图 5－16 所示。铜的回收
率为 85%，铁的回收率为 65%。

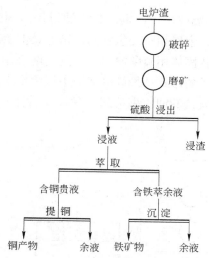

图 5－16 电炉渣酸浸提取铜铁试验流程

A. N. Banza 等用"氧化浸出—溶液萃取"法从铜的熔炼渣中回收有价金属。在常压
下，用 H_2SO_4 和 H_2O_2 混合溶液对炉渣进行氧化浸出，再用萃取剂分步萃取浸出液得到有
价金属，Cu、Co、Zn 回收率分别为 80%、90%、90%。在此之前，S. M. Abdel Basir 等分
别研究了在酸、碱溶液中，用 H_2O_2 促进有价金属的溶解，研究对象是黄铜渣，金属的总
回收率达到 98%。O. Herreros 等对反射炉渣和闪速炉渣进行了研究，采用氯气浸出的方

法，铜的浸出率达到80%～90%，仅有4%～8%的铁会溶解。在氯浸过程中，要限制铁的溶解，浸出时间和温度是主要影响因素。Ayse Vildan Bese 等也研究了在水溶液中，用 Cl_2 促进转炉渣中铜溶解的最佳条件。在最佳条件下，铜、铁和锌的浸出率分别为98.35%、8.97%和25.17%。蒋镜宇等人处理黄铜渣时，采用碳铵—氨体系浸出黄铜熔炼渣，铜锌进入浸出液，对浸出液加热分解沉淀铜锌，用硫酸溶解后再用电积法实现铜锌分离，铜、锌回收率可达90%以上。

5.5.7 铜渣间接浸出试验

H. S. Altundogan 等采用"硫酸铁焙烧"法提取转炉渣中的有价金属，经过硫酸铁焙烧后，再用水浸出，实现了有价金属进入溶液的目的。最终，铜、钴、镍、锌的回收率分别为93%、38%、13%和59%。Ewa Rudnik 等使转炉渣在还原条件下焙烧，产出 Cu – Co – Fe – Pb 合金。合金在氯化铵和氨水混合溶液中进行电解溶解，合金不能完全溶解，Fe 以沉淀物形式进入残渣，大多数的 Cu 和 Co 进入溶液，在阴极依次被析出，99.9%Cu 和92%Co 从溶液中被回收。Cuneyt Arslan 等采用"硫酸化焙烧"的方法处理熔炼渣和转炉渣，铜渣焙烧之后，进行热分解，再用70℃热水浸出，使有价金属进入溶液，通过过滤实现分离，铜、钴、锌、铁的回收率分别为88%、87%、93%、83%。王治玲等采用"氧化焙烧—浸出—电积"工艺生产阴极铜，使铜渣中的铜最大限度地被浸出，而将贵金属抑制在浸渣中，可以产出标准的阴极铜。

5.5.8 铜渣还原—浸出法试验

A. Agrawal 等研究了在高温电炉中，铜渣加入适量添加剂，进行碳热还原熔炼，使渣中的铁富集成金属相的试验，金属相中还包含铜、钴等其他金属。在空气中自然冷却，金属相形成颗粒状固体。颗粒状固体用硫酸浸出，得到的溶液用 H_2S 净化，分离 CuS。钴随之进行协同沉淀，铁以针铁矿的形式从最终的溶液中沉淀出来。通过热分解，针铁矿沉淀物被制备成磁性氧化物，金属铁的回收率达到74%。试验流程如图5-17所示。

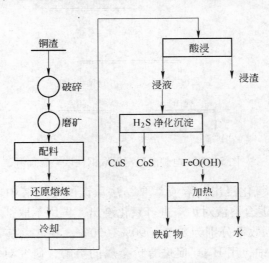

图 5-17 铜渣还原浸出提铁试验流程

5.6　联合选矿工艺试验

5.6.1　浮选—焙烧—浸出法试验

　　G. Bulut 等研究了从铜渣通过浮选得到铜精矿和残渣，铜精矿的铜品位达到 11%，他们对残渣进行黄铁矿焙烧，再用热水浸出，试验结果是 87% 的钴和 31% 的铜被溶解进入溶液。钴的浸出率大于铜的浸出率，这是因为铜渣中绝大多数的铜通过浮选进入精矿，而 93% 的钴留在残渣中。浸出残渣中铁的含量为 61%，可以作为炼铁的原料。试验流程如图 5－18 所示。

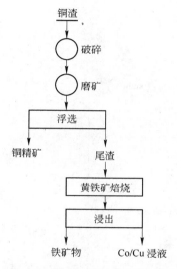

图 5－18　铜渣浮选—焙烧—浸出法试验流程

5.6.2　重选—浮选法选矿试验

　　杨则器对含铜灰土炉渣进行了选矿回收试验研究。灰土炉渣的特点：从外观看分为黑色和褐黄色两种，金属矿物大部分是铜、铁、锌合金，这些合金在不同的炉渣中含量也不同，铜合金主要分布在黑色炉渣中，一般呈圆粒状和不规则状存在，大部分粒度平均在 0.2mm 左右，最大粒度可达 8～10mm，在黑色炉渣中，还普遍分布有小于 0.004mm 的含铜颗粒。在褐黄色炉渣中铜含量较低，除偶可发现一些较粗的合金颗粒外，极细的颗粒未发现。除铜合金外还发现有少量的结合铜，即硅酸铜、亚铁酸铜和铁酸铜。此外还有部分以黑铜矿为主的氧化铜矿物。炉渣中的主要脉石矿物为石英，含量高达 24.86% ～ 46.63%。碳以焦炭、石墨、煤渣形态残留或混入渣中，含量为 10%～20%。尚有钙、镁、铝等氧化物及少量碳酸盐。试验所用的炉渣，其中的铜合金呈粗细极不均匀嵌布，粗粒一般在 10mm 左右，最粗者可达 30mm，最细的粒度约 0.003mm，大粒 0.2mm 占绝大多数，且渣中含铜高达 7.81% ～8.45%。重选试验结果表明，采用跳汰机和摇床分别处理 2～10mm 和 0.15mm 的原渣，可获得混合精矿含铜 55.53%，累计回收率 82.48% 的技术指标。灰土试样含铜 8.4%，如采用单一的摇床作业，可获得含铜 56.15%、回收率 77.1%

的铜精矿。但是原渣和灰土经重选后的尾矿含铜品位分别为 1.51% 和 2.17%。在铜与碳浮选分离试验中，比较有效的方法是严格控制浮碳时间，可是碳精矿中铜的损失不超过 1%；浮铜后的尾渣含铜品位可控制在 0.5% 左右。在试验研究的基础上，某冶炼厂建成日处理能力为 25t 规模的选矿车间，生产工艺流程如图 5 - 19 所示。工艺流程为炉渣经反击破碎机破碎后由筛分机分级，2～10mm 的产物由跳汰机处理，经跳汰机直接产出精矿，尾矿与 +10mm、-2mm 筛分产物合并进入球磨机磨矿循环系统。分级返砂经摇床处理直接产出精矿，摇床尾矿经旋流器脱水，沉砂返回球磨机。分级机溢流先后经过两次摇床进行重选处理，分别直接获得精矿。摇床尾矿经过搅拌调浆后进入脱碳浮选分出碳精矿，尾矿进入铜浮选，经过一粗两精一扫流程产出铜精矿。生产指标显示铜回收率可以达到 87.3%。

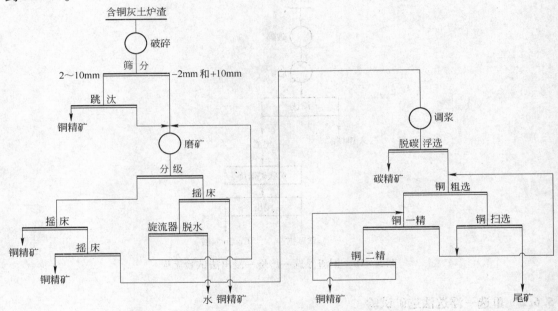

图 5 - 19　含铜灰土炉渣选矿生产工艺流程图

6 铜冶炼渣选矿生产实践

由于铜精矿原料、铜冶炼渣的种类以及渣冷却工艺不同，造成铜冶炼渣的性质复杂多样，通过选矿试验研究可推荐各种不同的选矿工艺，在生产实践中也会出现同一种铜冶炼渣采用不同的选矿工艺流程的情况。认真学习和掌握各种铜冶炼渣的性质和相应选矿流程的特点，分析和总结每种流程的先进之处，对于做好铜冶炼渣选矿技术研究和生产管理工作，具有非常重要的参考和指导意义。本章就目前已知的国内外比较典型的铜冶炼渣选矿生产实践案例进行介绍。

6.1 铜冶炼渣冷却生产实践

经过长期的试验研究和生产实践证明，最好的渣冷却工艺就是渣缓冷技术。目前，国内外绝大部分铜冶炼厂采用了渣缓冷技术处理各种用于渣选矿处理前的铜冶炼渣。在此以阳谷祥光铜业的渣缓冷制度为例进行介绍。

祥光铜业闪速熔炼炉渣冷却工艺原设计，一期工程使用 110 个 $11m^3$ 渣包，采用自然缓冷 2h，再加水冷却 46h，共计冷却 48h，但是经过生产实践检验，发现渣冷却效果不佳，经常出现红包或在卸渣过程中发生爆炸，而且渣选矿铜回收率指标低。分析发现主要原因是设计渣包冷却时间短，并且自然冷却时间也短，造成渣冷效果差、矿物结晶颗粒小。后来为了保证安全生产和提高选矿回收率指标，又采购 $12m^3$ 的渣包 200 个。经过长时间的探索和研究，在熔炼渣缓冷工艺方面得出了最佳的技术方案。从热熔态的熔炼渣装入渣包被送到渣缓冷场开始，夏季自然冷却 18h，春秋季自然冷却 20h，冬季自然冷却 24h，从渣包的外层到渣包中心区域，炉渣的温度基本保持了 1000~1200℃，超过上述时间后，炉渣的温度才真正降低到 1000℃ 以下，保证了这段时间铜矿物形成最大的结晶颗粒。当达到上述自然冷却时间后，再加入循环冷却水进行水冷，总冷却时间保持在 65h 以上。按照上述工艺要求的自然冷却时间和水冷时间处理的炉渣，与自然冷却 2h、水冷 46h、总冷却时间为 48h 的炉渣进行比较，经过选矿试验研究发现，可以使铜浮选回收率提高 10% 以上。

在循环冷却水长期使用过程中发现，超过一定时间后，渣包的冷却效果会变差，当渣包达到冷却时间卸包时会发现炉渣中仍有没有完全冷却的热熔态炉渣，有时会遇水发生爆炸。经过深入分析发现，由于循环冷却水长期循环使用，大量水蒸发，造成循环冷却水中的离子浓度越来越高，水的导热降温效果越来越差，是造成炉渣冷却效果恶化的主要原因。后来根据循环冷却水中的离子特点，确定以最为稳定的氯离子作为浓度指标离子，以水中氯离子浓度计算循环冷却水的浓缩倍数，经过试验研究数据分析得出结论，当浓缩倍数超过 8 时，循环冷却水的冷却效果就明显变差，当浓缩倍数超过 10 以后，卸渣时炉渣中就会存在热熔态的炉渣，存在爆炸危险；因此为了保证炉渣的冷却效果和消除爆炸隐患，当循环冷却水的浓缩倍数达到 8 时，就需要排出约 40%~60% 的循环冷却水，然后加入等量的新鲜水，使循环冷却水的浓缩倍数保持在 4 以下。通过实践证明，炉渣冷却效果良好。

6.2　铜转炉渣选矿生产实践

6.2.1　转炉渣的特性

　　铜冶炼转炉渣中的主要矿物为铁橄榄石、磁性氧化铁及微量的磁黄铁矿，硅除了与氧化铁形成铁橄榄石外，大部分呈硅灰石及无定形、不透明的玻璃体。其次为铜的硫化物（如似方辉铜矿 [$Cu_{1.96}S$]、辉铜矿、黄铜矿、斑铜矿）及部分金属铜和氧化铜。转炉渣含铜一般为 1% ~6%（采用富氧熔炼时转炉渣含铜高），通常硫化铜占 60% ~90%，金属铜占 10% 左右；含铁一般在 50% 左右，其中磁性氧化铁占全铁的 30% ~40%，其余主要是铁橄榄石及其硅酸盐。转炉渣中的铜、铁及其他矿物紧密共生、相互交织在一起。铜矿物多被磁性氧化铁所包裹呈球形滴状结构，有的则铜铁矿物共同形成斑状结构于铁橄榄石基体中，或数种铜矿物相嵌共生；磁性氧化铁在硅酸盐基体中呈自形晶结构和硅酸盐共晶结构，以多边状、树枝状、放射状结构产出；铁橄榄石呈柱状、板状、粒状组成炉渣基体。一般转炉渣密度为 $4.0t/m^3$ 左右，硬度较高，耐磨性强，其相对耐磨性是普通铜硫矿石的 1.52 倍。渣中可选目的矿物主要是硫化铜、金属铜和磁性氧化铁，转炉渣中铜矿物和磁性氧化铁的粒度大小随炉渣冷却方式和渣中某些组分含量的不同而有较大差异。

6.2.2　日立矿业所炉渣选矿厂

　　该厂处理日立矿冶所铜冶炼转炉渣，通过炉渣运输机冷却。炉渣成分：铜 6.96%、铁 42.42%、金 1.6g/t。选矿总回收率：铜 95.49%、铁 84.54%、金 88.69%。铜精矿品位：铜 29.44%、铁 30.39%、金 6.29g/t。铁精矿品位：铜 0.4%、铁 46.93%、金 0.17g/t。中间浓密机溢流为唯一废弃物，含固量产率为 1.06%，铜品位 0.4%。工艺流程如图 6-1 所示，流程有如下特点：

　　(1) 磁浮联合、以浮为主。对于粒度小于 15mm 的破碎最终产物实行干式磁选，产率 5.01% 的非磁性产品为高品位白冰铜，其品位：铜 45%、铁 19.5%、金 14.3g/t。磁性产品进入磨浮系统。浮选回收率：铜占总回收率的 2/3，金占总回收率的 1/2。

　　(2) 阶段磨矿，突出重点。第一段闭路磨矿磨新给矿和一段选别中矿，第二段开路磨矿磨一段选别尾矿，第三段开路磨矿磨第二段选别尾矿。尾矿是铜损失的主要去向，强调磨尾矿抓住了重点。

　　(3) 重视分级。重视分级即抓住了磨选的细度和浓度，又及时分离出铜损失受到控制的铁精矿。带圆筒筛的第一段磨矿的产物经螺旋分级机、旋流器和中间浓密机三次分级，第一、二次分级的粗砂产物与一段球磨闭路，浓密机溢流是唯一废弃物，浓缩产物进入一段选别。二、三段磨矿都带有旋流器预先分级，利用磁铁矿易粉碎的特性将旋流器溢流产物当做铁精矿及时脱离流程。这样使一、二、三段选别的细度都在 -0.043mm 占 87%，浓度都在 45%，保证了渣选矿获优良指标的基本条件。

　　(4) 设中间浮选，及时产精矿。一、二段球磨排矿都设浮选槽，快速浮选出两份铜精矿，加上一段选别的铜精矿和二、三段粗选的泡沫产品集中精选产出的铜精矿，共产四份浮选铜精矿。第三段粗选尾矿是第四份铁精矿。

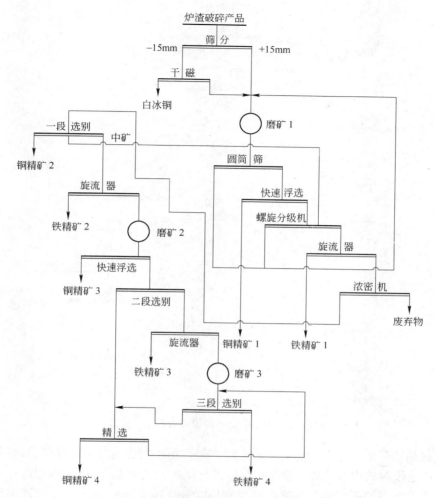

图 6-1 日立矿冶所铜冶炼转炉渣选矿工艺流程

6.2.3 足尾矿业所炉渣选矿厂

该厂处理的是地坑自然冷却的转炉渣，炉渣成分：铜 6.03%、铁 52.39%、金 0.1 g/t、银 30g/t，选矿总回收率：铜 94.63%、铁 76.18%；铜精矿品位 16.55%、铁 40.59%、金 0.7g/t、银 89g/t。铁精矿品位：铜 0.55%、铁 57.63%、银 1g/t、金痕量；无尾矿。工艺流程如图 6-2 所示，工艺流程的特点是：

（1）干式磁选、湿式磁选和浮选联合收铜。对粒度小于 10mm 的最终破碎产物干式磁选，产出铜品位 23.06%、铜回收率 24.03% 的第一份铜精矿。在第一段磨矿分级回路中插入湿式磁选，产出铜品位 29.66%、铜回收率 21.48% 的第二份铜精矿。三段浮选产出三份铜精矿，浮选回收率占总回收率的 55%。

（2）抓住重点、强调细磨。影响浮选作业回收率主要是单体解离不充分。因而二、三段磨矿分别对上段选别的尾矿进行磨矿。所达到的磨矿细度分别是 -0.043mm 占 70.8%、90.3%、94.9%。

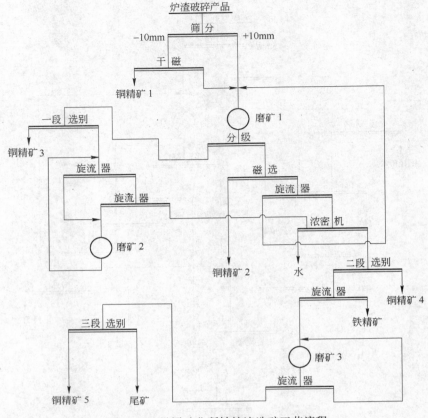

图 6-2 足尾矿业所转炉渣选矿工艺流程

（3）提高磨矿浓度、保证磨矿能力。湿式磁选尾矿用旋流器提高浓度后返回第一段磨矿，第二、三段磨矿均经旋流器分级浓缩后进行磨矿，从而发挥出磨矿能力。

（4）提高浮选浓度。第二段磨矿预先和检查分级的溢流经另一个旋流器进行再处理，它的溢流产物和对磁选尾矿进行浓缩处理的旋流器溢流合并再由浓密机进行浓缩后进入第二段选别，它的浓缩产物直接进入第二段选别。第三段磨选的物料由旋流器预先浓缩，其溢流作为铁精矿，不进入第三段选别系统。

6.2.4　佐贺关转炉渣选矿厂

该厂处理的是佐贺关冶炼厂转炉铸模冷却炉渣和吊包渣壳。炉渣成分：铜 4%、铁 49.5%、二氧化硅 22%。选矿指标：铜精矿品位 20%、铜回收率 93%；铁精矿铜品位 0.345%，无尾矿。据称其先进的铜金银回收率皆在 98%～99% 水平。工艺流程如图 6-3 所示，其工艺流程特点是：

（1）磨浮前磁选回收高品位冰铜。

（2）在第一段磨矿分级回路中插入独立浮选槽快速浮选铜。

（3）两段磨选，第一段磨矿物经两段连续分级保证第一段选别细度质量。第二段磨矿预先分级溢流作为第一份铁精矿产出，及时脱离流程，有助于保证二段选别浓度。磁浮选总共产四份铜精矿，二段选别尾矿作为第二份铁精矿。

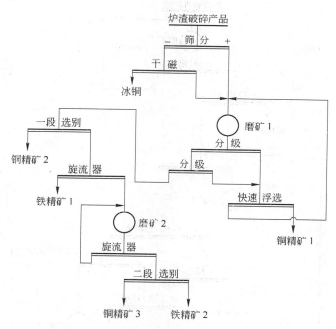

图 6－3 佐贺关转炉渣选矿工艺流程

6.2.5 大谷地浮选厂一系列

该系列处理小坂冶炼厂铜转炉渣。炉渣成分：铜 7%、铁 42%、铅 3%、锌 6%、二氧化硅 16%、金 1.5g/t、银 276g/t。典型浮选指标：回收率铜 94.5%、金 93.5%、银 93.5%；精矿品位铜 40%、金 8.5g/t、1561g/t。弃渣品位铜 0.46%、金 0.1g/t、银 21g/t。工艺流程如图 6－4 所示，其流程特点是三段磨选中第一段分级溢流单槽浮选选出第一份铜精矿，第二段分级溢流经过一粗二精浮选出第二份铜精矿，第三段实质是对第二段富尾矿即粗选尾矿进行再磨再选，其泡沫产物和第二段精选尾矿合并返回二段磨矿。

6.2.6 白银有色金属公司转炉渣选矿厂

1976 年在 20t/d 规模工业条件下对成分为铜 2.25%、铁 48.68%、二氧化硅 23.06% 的地坑缓冷转炉渣选矿指标：铜精矿品位铜 15.9%、铁 40.52%，铜精矿中铜回收率 91.45%；铁精矿品位铜 0.33%、铁 57.36%，铁精矿中铁回收率 32.6%；铁精矿和尾矿合计铜品位 0.22%，尾矿品位铜 0.17%，铁 46.43%。其工艺流程如图 6－5 所示，工艺流程特点如下：

（1）用旋流器预先分级提高磨矿浓度并强调细磨。三台球磨机的磨矿细度分别为 －0.042mm 占 66.4%、86.4%、94%，第一台、第二台球磨机属于连续磨矿的第一段磨矿，第三台球磨机属于第二段磨矿，磨第一段选别粗选的泡沫产物。

（2）两段选别，第二段经过两次精选产出唯一一份铜精矿。

（3）第一段选别尾矿经一粗一精磁选产出铁精矿和废弃尾矿。

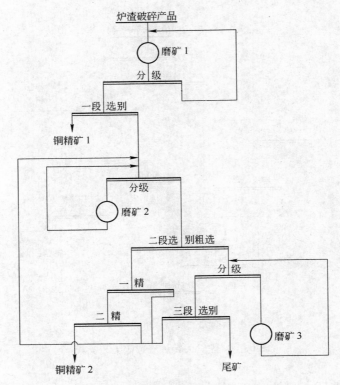

图 6-4　大谷地铜转炉渣选矿工艺流程

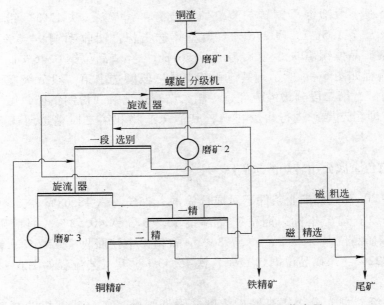

图 6-5　白银有色金属公司转炉渣选矿工艺流程

6.2.7　贵溪冶炼厂转炉渣选矿厂

贵溪冶炼厂转炉渣选矿厂 1985 年建成投产，该厂在铸渣机上缓冷的转炉渣的成分为铜4.5%、铁49.9%、硫1.2%、二氧化硅21%，炉渣中的铜约有17%呈金属铜存在，其余83%为硫化铜。铜的嵌布粒度较细，0.01～0.044mm占80%以上。选矿生产指标为：铜精矿品位35%、尾矿铜品位0.4%，铜精矿中铜回收率91.7%。选矿工艺流程如图6-6所示，其流程的特点是：

（1）两段一闭路破碎流程。总破碎比16.7，最终粒度小于15mm，设手选作业跳出大块铜和铁件。

（2）三段磨矿，强调细磨。第一段磨矿螺旋分级机与之闭路，磨原矿。第二段磨矿用分设的旋流器作预先和检查分级，检查分级与磨矿构成闭路，磨第一段选别尾矿和第三段选别尾矿。第三段磨矿同一旋流器作预先和检查分级，磨第二段选别的中矿。第一、二、三段磨矿的细度分别为-0.074mm占55%、-0.043mm占90%、-25μm占80%。为了配合细度要求，采用了提高磨矿浓度的措施，对浓度较低的第三段选别尾矿用旋流器两次浓缩到浓度72%再给入第二段磨矿。对浓度55%的第一段选别尾矿用旋流器一次浓缩处理再磨，第三段磨矿也是用旋流器对来料预先浓缩，这样使三段磨矿浓度都大大提高，浓度分别为80%、77%、73%。

（3）三段选别，强调高效。第一段选别用中间浮选机快速浮选，浮选浓度高达55%，提前产出铜品位55%的粗粒，成为第一份铜精矿，这份铜精矿中的铜占总铜回收率的42%。第二段常规浮选，浓度44%，产出品位35%的第二份铜精矿，它占总铜回收率的53%，同时第二段选别抛尾。第三段对第二段中矿进行单独处理，浮选浓度31%。

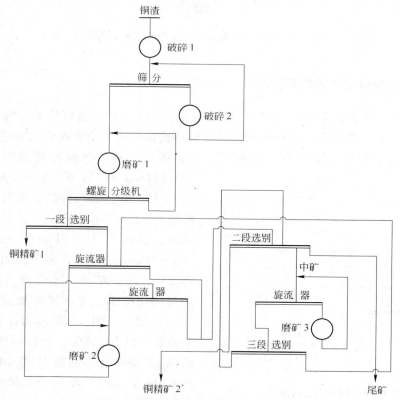

图6-6　贵溪冶炼厂转炉渣选矿工艺流程

6.2.8　金隆铜业有限公司转炉渣选矿厂

铜陵金隆铜业有限公司根据转炉渣的性质，从转炉渣选铜工艺流程的试验研究入手，提出两段磨矿、阶段浮选、中矿返回二段磨矿的转炉渣选铜工艺流程，其工艺流程如图6-7所示。经一年多的工业调试及生产实践，获得了较好的选矿技术经济指标：原渣铜品位2.964%，精矿铜品位27.63%，铜回收率87.83%。

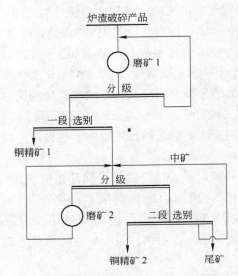

图6-7　金隆铜业有限公司转炉渣选矿工艺流程

6.2.9　内蒙古金峰铜业转炉渣选矿厂

该厂处理的转炉渣特点：炉渣中铜矿物主要为辉铜矿、蓝辉铜矿、金属铜、黄铜矿、斑铜矿、方黄铜矿等，这些矿物都属于易浮选铜矿物，主要铁矿物为磁铁矿、赤铁矿。脉石矿物主要为铁橄榄石、硅灰石、玻璃体等。铜矿物的粒度很细，其中粒度+0.074mm的铜矿物占38.06%，而-0.043mm的铜矿物占50.08%，有部分铜矿物为-0.01mm。选别工艺流程如图6-8所示，其流程为一段磨矿，磨矿细度为-0.074mm占85%，采用一粗一精一扫浮选流程产出铜精矿，捕收剂为Z-200、起泡剂为松醇油，浮选尾矿磁选选铁，流程为一次磁选。生产指标为：原矿品位铜3.48%、铁53.58%，经过浮选得到铜精矿品位22.28%、铜回收率90.64%，磁选得到铁精矿品位含铁58.36%、铁回收率62.18%。

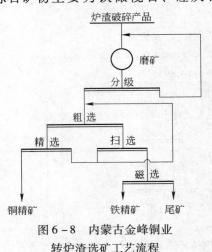

图6-8　内蒙古金峰铜业
转炉渣选矿工艺流程

6.3　铜熔炼渣选矿生产实践

6.3.1　芬兰赫加诺达选冶厂

该厂处理铜闪速熔炼炉渣，渣罐将炉渣拉至厂外堆放 24h，再水冷 24h。全浮工艺，浮选指标：炉渣铜品位 4% 、铜精矿品位 30% 、铜回收率 91% ~92% ，弃渣品位 0.35% ~ 0.4% 。选矿工艺流程如图 6-9 所示，有如下特点：

（1）采用自磨机和砾磨机，简化破碎流程。破碎仅用一台 600×900 颚式破碎机，加强颚式破碎机排矿的粒度分级，大于 80mm 粒级作为第一段磨矿——自磨机的磨矿介质，小于 80mm 大于 40mm 粒级作为第二段磨矿——砾磨机的磨矿介质，小于 40mm 粒级作为第一段磨矿的给料。

（2）第一段磨矿用旋流器与之配套，其溢流产物快速浮选出的第一份高品位铜精矿约占总精矿的 30% ~60% 。

（3）第二段选别是一粗二扫二精常规浮选流程，产出第二份铜精矿，与第一份铜精矿合并脱水处理，改善脱水特性。

（4）第一段快速浮选槽内产物和第二段精选槽内产物合并进旋流器预先分级后进入二段磨矿再磨，该旋流器兼有检查分级作用，提高了磨矿浓度，溢流细度达到 -0.053mm 占 95% 。

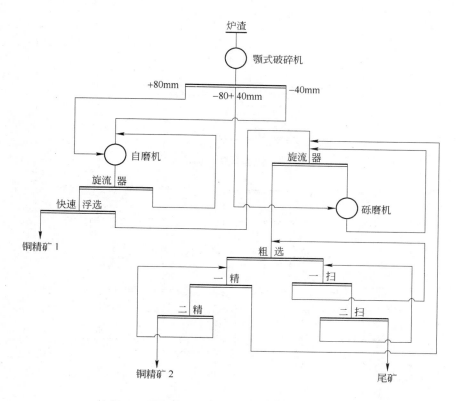

图 6-9　芬兰赫加诺达选冶厂铜闪速熔炼炉渣选矿工艺流程

6.3.2　阳谷祥光铜业铜熔炼炉渣选矿厂

　　祥光铜业闪速熔炼炉渣采用渣包缓冷工艺，自然冷却18～24h，然后水冷，总冷却时间65h以上。为了增强渣包的缓冷效果，在应用11m³渣包的同时引进了200个12m³的渣包。闪速熔炼渣含铜品位为1.2%～2.5%，含铁36%～41%。铜矿物的形式占全铜的百分比：金属铜9.91%～16.67%、硫化铜19.82%～26.89%、氧化铜50%～56.76%、与铁硅结合铜6.24%～13.87%。祥光铜业闪速熔炼炉渣选矿工艺流程如图6-10所示，可以概括为"两段开路破碎、两段连续磨矿、一段浮选、精矿和尾矿两段脱水"流程。工艺流程和参数指标：闪速熔炼炉渣经过渣缓冷以后，先经过液压破碎机将特大块炉渣破碎到大块炉渣，经过格筛，控制粒度不大于450mm；再经过颚式破碎机破碎到中等粒度以下，炉渣物料粒度不大于200mm；给入半自磨机磨矿循环进行第一段磨矿，然后再经过球磨机磨矿循环完成第二段磨矿，二段磨矿的分级溢流细度达到-0.043mm占80%；进入浮选进行选别得到渣精矿和渣尾矿，浮选为两粗、两扫、三精流程，一粗精矿泡沫直接成为合

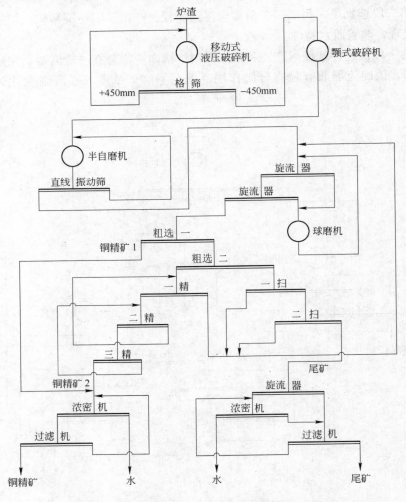

图6-10　阳谷祥光铜业铜熔炼炉渣选矿工艺流程

格精矿，和二次粗选泡沫经过三次精选所得的精矿合并为最终精矿，二次精选和三次精选中矿循序返回，一次精选和扫选中矿集中返回球磨机再磨然后返回一次粗选。精矿和尾矿均采用浓密机和过滤机两段脱水流程，尾矿脱水和精矿脱水不同的是尾矿首先经过水力旋流器浓缩分级将粗重的尾矿提前分出直接给入过滤机进行脱水，细粒尾矿则进入浓密机，经浓密机脱水后才给入过滤机进行脱水处理。浮选入选浓度为40%~45%，原设计浮选药剂仅采用 Z-200 号、松醇油。因为炉渣含铜以氧化铜为主，对铜浮选回收率影响较大，所以后来通过小型试验后在生产现场开始使用硫化钠做活化剂，辅助捕收剂丁黄药，可以使浮选铜回收率提高 5% 左右。目前药剂制度为 Z-200 号用量 30~45g/t、松醇油用量 20~35g/t、硫化钠用量 150~300g/t、丁黄药用量 40~70g/t。入选渣原矿品位平均在 1.9% 左右，精矿品位控制在 25% 左右，尾矿品位平均达到 0.3% 左右，铜回收率平均达到 85% 左右。

6.3.3　白银有色金属公司反射炉熔炼渣选矿厂

1986 年，在 20t/d 规模工业条件下，对成分为铜 0.746%、铁 37.56%、二氧化硅 36.43% 和金 0.53g/t、银 11.47g/t 的在渣场堆存多年的空气自然冷却的反射炉熔炼渣进行选矿，选矿指标：铜精矿品位铜 13.39%、金 4.539g/t、银 99.47g/t，铜回收率 53.99%，铜尾矿品位 0.354%。选矿流程如图 6-11 所示，其特点是：（1）采用简单的一段磨选流程。φ1200×1200 球磨机与 φ500 螺旋分级机闭路，一粗一扫一精浮选流程，中矿返回粗选作业。（2）为便于控制磨矿成本和大生产改造，有意将磨矿细度控制在 -0.074mm 占 85.88%。（3）采用较高的浮选浓度 44.6%。

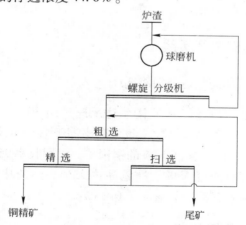

图 6-11　白银有色金属公司反射炉熔炼渣选矿工艺流程

6.3.4　白银有色金属公司白银炉熔炼渣选矿厂

1988 年，在 20t/d 规模的工业生产条件下，对在 27% 富氧浓度下白银炉熔池熔炼炉产出的成分为铜 2.722%、铁 40.63%、二氧化硅 27.49% 和金 1.2g/t、银 33g/t 的空气自然冷却低硅渣进行选矿，选矿指标：铜精矿品位 13.259%、金 4.21g/t、银 110.29g/t，铜回收率 89.33%，尾矿铜品位 0.356%。选矿流程如图 6-12 所示，其流程为两段连续磨矿一段选别，一次磨矿细度 -74μm 占 99.39%，二次磨矿细度即入选细度为 -43μm 占

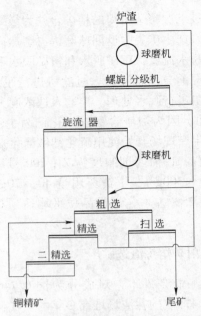

图 6 – 12　白银有色金属公司白银炉熔炼渣选矿工艺流程

94.53%。一粗一扫二精流程，中矿返回粗选，采用较高浮选浓度。

2012 年 12 月建成投产的年规模 140 万吨的渣选矿厂，采用了与祥光铜业渣选矿相同的工艺流程。处理的渣原矿品位在 1.4% 左右，获得的渣精矿品位在 22% 左右，尾矿品位在 0.28% 左右，铜回收率在 81% 左右。

6.4　诺兰达炉炉渣选矿生产实践

6.4.1　犹他冶炼厂浮选厂和诺兰达公司渣选厂

美国肯尼科特矿物公司犹他炼铜厂诺兰达反应炉用 30% ~ 35% 的富氧产出 70% ~ 75% 的冰铜和含铜 7%、铁 42.2%、铁/二氧化硅比等于 1.85 的炉渣，由渣罐送浮选厂缓冷后三段破碎、两段磨浮，产出含铜 40% 的铜精矿，铜回收率 95%，铜尾矿品位 0.42%。加拿大诺兰达公司熔池富氧浓度 35%，冰铜品位 72%，熔渣中铁/二氧化硅的比值等于 1.5，磨至 $-44\mu m$ 占 90% 选矿后，弃渣品位 0.35%。

6.4.2　大冶有色金属公司铜渣选矿厂

大冶有色金属公司冶炼厂采用加拿大诺兰达炼铜法炼铜，得到的炉渣含铜品位高达 4% 左右，采用缓冷—选矿工艺进一步贫化。炉渣中的有价金属为铜、铁、金、银等，缓冷渣中主要金属矿物有金属铜、斑铜矿、黄铜矿、磁铁矿等。其中铜主要以硫化铜形式存在，占 73.8%，其次为金属铜，占 20.31%，冰铜和金属铜是铜回收的主要目的矿物。

缓冷渣中的铜矿物粒度在 0.01 ~ 0.42mm 范围内，呈现两头集中、中间少的特征，主要分布在 0.15 ~ 0.6mm，大于 0.074mm 粒级产率为 81.72%，小于 0.02mm 的占 7.02%，有时与铁矿物共生。其中有 5% 的微细粒冰铜呈星点状分布在脉石和磁铁矿周围或被后者所包裹，粒度一般为 0.005 ~ 0.015mm，很难解离。大冶公司渣选厂原设计采用两段闭路破碎、两段磨矿两段选别的阶磨阶选工艺流程回收铜，金、银则随铜矿物自然富集在铜精矿中，流程如图 6-13 所示。

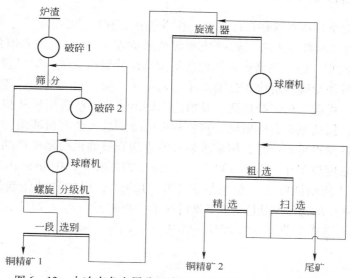

图 6-13 大冶有色金属公司诺兰达炉渣选矿原设计工艺流程

在生产实践中，又根据实践情况对选矿工艺流程做了局部调整，在原有设计的基础上，取消了二段浮选的精选，将二段浮选的扫选精矿（即中矿）返回旋流器分级后，进行二段磨矿。当入选品位太低时，改阶磨阶选为两段细磨后一段浮选，粗选直接得精矿，选矿工艺流程如图 6-14 所示。研究表明，在适当的浮选时间条件下，设置独立作业或采用两段粗选直接得精矿的灵活流程，可实现早收多收，选铜回收率明显提高，铜精矿中铜、金、银回收率分别达到 94.18%、80.67%、69.89%，品位分别为 29.84%、8.47g/t、银 164.22g/t。

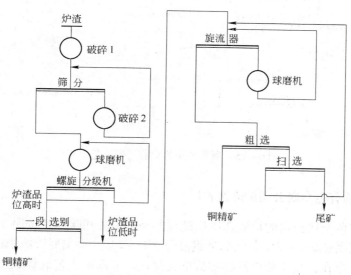

图 6-14 大冶有色金属公司诺兰达炉渣选矿改造后工艺流程

6.5 铜炉渣混合选矿生产实践

6.5.1 铜陵公司的炉渣选矿厂

　　铜陵公司利用金口岭矿选矿厂改造成一座兼选矿石和炉渣的选矿厂,其工艺流程如图 6-15 所示。采用"两段一闭路"破碎流程将渣破碎至 -10mm,进入磨浮系统。磨浮采用"阶磨阶选"流程,第一段磨矿采用球磨机配螺旋分级机分级,第二段磨矿采用球磨机配旋流器预先分级和旋流器组检查分级。浮选采用"二粗一扫二精选"流程,粗选一精矿经精选二出精矿,粗选二精矿经精选一及精选二后出精矿,精选尾矿和扫选精矿返回至第二段球磨机再磨,扫选尾矿直接抛尾。精矿和尾矿分别进入浓密机浓缩,精矿浓缩底流进真空筒式过滤机过滤得精矿产品,尾矿浓缩底流进陶瓷过滤机得尾矿产品。入选矿浆浓细度:浮选粗扫选浓度控制在 35%~40%,二段细度控制在 -0.048mm 占 70%~75%。药剂制度:用丁基黄药做捕收剂,总用量为 100~120g/t;用松醇油作起泡剂,总用量为 130g/t。选矿指标:在渣含铜品位为 3.5% 情况下,精矿品位可达 25%,尾矿品位一般控制在 0.43% 左右,选矿回收率约为 85%~90%。

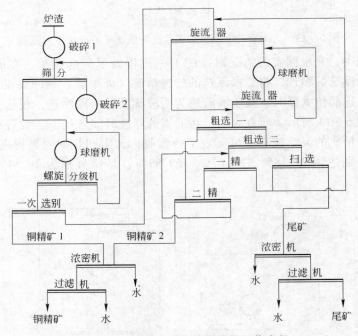

图 6-15 铜陵公司的炉渣选矿工艺流程

6.5.2 东营方圆有色金属公司炉渣选矿厂

　　东营方圆有色金属公司的炉渣选矿厂处理的是熔炼渣和吹炼渣按照 5:1 比例配成的混合渣。熔炼渣铜品位 2%~3%,吹炼渣铜品位 5%~7%。铜主要以辉铜矿(Cu_2S)、金属铜、氧化物形式存在;铁主要以铁硅酸盐形式存在。渣选矿工艺流程如图 6-16 所示,工艺流程可以概括为"三段一闭路破碎、阶段磨浮、第二段浮选中矿返回二段磨矿再磨、精矿和尾矿两段脱水"流程。工艺流程和参数指标：熔炼渣和吹炼渣按照 5∶1 的比例混匀后，由铁板给矿机给入颚式破碎机进行粗碎，破碎粒度达到不大于 100mm；再进入圆锥破碎机进行中碎，破碎粒度达到不大于 40mm；然后进入筛分系统，筛分不合格的给入另一台圆锥破碎机进行细碎，产品返回再筛分，合格的破碎产品粒度不大于 12mm。粒度合格的炉渣给入第一段磨矿球磨机旋流器循环进行磨矿，磨矿细度达到 −0.043mm 占 75% 后，进入第一段浮选，产出合格精矿。尾矿给入第二段磨矿球磨机旋流器循环进行磨矿，磨矿细度达到 −0.043mm 占 90% 后，进入第二段浮选，产出的精矿和第一段浮选的精矿合并为最终精矿，经过浓密、过滤两段脱水形成滤饼。浮选中矿合并集中返回二段磨矿再磨。尾矿经过浓密、过滤两段脱水形成滤饼。浮选捕收剂为丁黄药，起泡剂为 2 号油。入选渣含铜品位为 4% ~5%，丁黄药用量 300g/t，2 号油用量 150g/t，铜精矿品位 22% ~25%，尾矿平均品位 0.27% ~0.33%，回收率达到 92% ~94%。

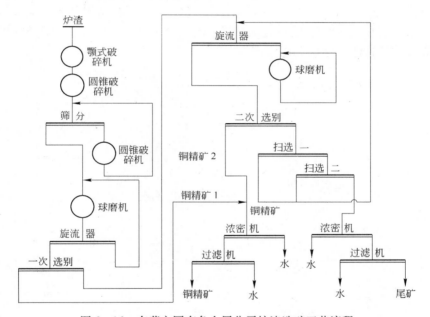

图 6 - 16　东营方圆有色金属公司炉渣选矿工艺流程

6.5.3　江铜集团贵冶渣选厂

贵冶渣选厂的闪速熔炼炉渣处理方式为电炉贫化，因此电炉弃渣中铜品位较高。电炉渣含铜基本以斑铜矿、方黄铜矿、黄铜矿等铁硫化铜的形式析出，硫化铜的结晶粒度普遍偏细，0.043mm 以下的中细粒累计占总硫化铜高达 96.56%，小于 0.010mm 的细粒占到 33.09%；转炉渣中的铜多以金属铜的形式产出，少数以辉铜矿、蓝辉铜矿的形式存在，大于 0.074mm 的辉铜矿和蓝辉铜矿占总硫化铜可达 66.08%，小于 0.010mm 的细粒仅占 4.34%。设计是将电炉渣和转炉渣按 25∶6 的配比混合后作为混合渣入选，混合渣密度 3.75g/cm³。尽管电炉渣中硫化铜数量少于转炉渣，但由于配入的电炉渣数量远远大于转炉渣，因此混合渣中斑铜矿、黄铜矿、方黄铜矿等硫化铜与辉铜矿、蓝辉铜矿的数量相差不大。混合渣主要化学成分为铜 2.72%、铅 0.83%、锌 1.06%、铁 38.42%、硫 0.27%、二氧化硅 29.74%、三氧化二铝 3.92%、氧化钙 1.8%、氧化镁 0.93%。混合渣铜物相分析结果显示总铜 2.72%，物相总铜比例金属铜占 48.9%、斑铜矿占 16.91%、辉铜矿占 18.75%、磁铁矿包裹铜占 9.19%、盐酸盐包裹铜占 6.23%。

通过借鉴国外经验通过缓冷电炉渣的浮选试验，确定了转炉渣和电炉渣混选工艺流程，其工艺流程如图 6－17 所示。采用一段破碎工艺将渣矿破碎至 －100mm 后直接进入磨浮工艺。磨浮采用"两段磨后浮选"流程，磨矿采取二段磨矿分级作业，第一段采用半自磨配直线振动筛分级，第二段采用球磨机磨矿配两套旋流器组进行预先分级和检查分级。浮选采用"两粗三扫三精选"流程，一次粗选直接出第一部分精矿，二次粗选精矿通过三次精选后选出第二部分精矿，一次精选尾矿和扫选精矿返回至球磨机再磨，扫选尾矿直接抛尾。入选矿浆浓细度：浮选粗扫选浓度控制在 40%～45%，细度控制在 －0.048mm 占 80%～85%。药剂制度：用 Z－200 作捕收剂，总用量为 70～80g/t；用松醇油作起泡剂，总用量为 30g/t。选矿指标：在渣含铜品位为 2.0% 情况下，精矿品位可达 26%～27%，尾矿品位一般控制在 0.30% 左右，选矿回收率约为 85.5%。精矿和尾矿分别进入浓密机浓缩和陶瓷过滤机过滤得精矿和尾矿产品。

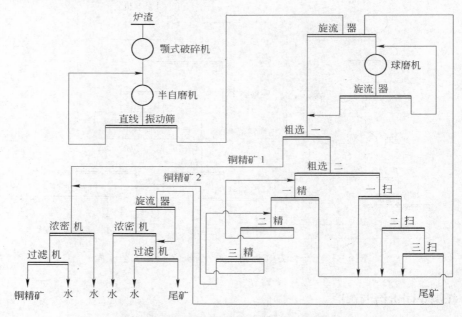

图 6－17 江铜集团贵冶渣选矿工艺流程

6.5.4 大冶公司炉渣选矿厂

大冶公司炉渣选矿厂处理的炉渣为诺兰达炉渣和转炉渣混合炉渣。该工艺主要是对诺兰达熔炼炉缓冷渣进行磨浮法贫化处理，其中约有占渣总量 5% 左右的转炉自然冷渣混合一并入选。其选矿工艺流程如图 6－18 所示，采用"三段一闭路"碎矿工艺，破碎产品粒度为 －12mm。磨浮采用"阶磨阶选"流程，采用球磨机与旋流器构成两段磨矿分级。浮选采用"两粗两扫"流程，即第一段磨矿分级后进入粗选一，得主要部分的铜精矿，粗选一尾矿进入第二段磨矿分级后，进入粗选二，得另一部分铜精矿，粗选二的尾矿直接进入扫选一及扫选二，其尾矿直接排尾，扫选一的精矿直接返回到粗选一，扫选二的精矿返回到第二段磨矿分级作业。入选矿浆浓细度：粗选一浓度控制在 45% ~ 50%，细度控制在 -0.074mm 占 65% ~ 70%；粗选二及扫选浓度控制在 40% ~ 45%，细度控制在 60% ~ 65%。药剂制度：用丁基黄药作捕收剂，总用量为 120 ~ 150g/t；用松醇油作起泡剂，总用量为 80 ~ 120g/t；选矿指标：在渣含铜 3.0% ~ 3.5% 情况下，精矿品位可达 28% ~ 30%，尾矿品位一般控制在 0.30% ~ 0.35%，选矿回收率为 90.0% ~ 92.0%。精矿和尾矿分别进入浓密机浓缩和真空盘式过滤机得铜精矿和尾矿产品。

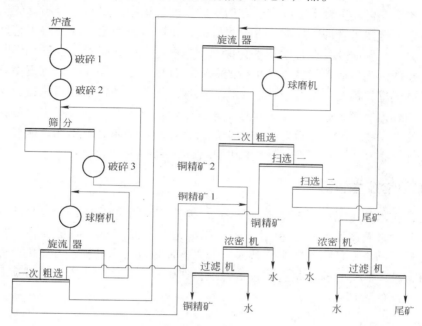

图 6 - 18 大冶公司炉渣选矿工艺流程

7 选矿生产技术管理

当一座选矿厂一旦建成投产达标，选矿工艺流程和工艺条件就被确定下来，进入正常生产运行，就很少再发生较大的改变。在后期的生产过程中，要想获得满意的选矿技术经济指标，搞好生产技术管理工作非常重要。首先，生产过程中会出现一些工艺问题，专业技术管理人员必须保证及时在日常技术管理工作中进行解决和完善，也就是不断优化工艺流程和工艺条件，这是取得优良选矿指标的基础；其次，必须要在生产过程中开展工艺检测工作，要加强过程检测、检查与控制工作，以保证工艺条件得到严格执行，这是取得好的选矿指标的有力保障；第三，要求操作工人在生产过程中必须具备对生产过程进行人工鉴别和判断的技术能力，这是搞好生产取得优秀指标的必备条件。第四，搞好各项技术管理工作，做好金属平衡工作是真正体现管理水平的一项重要指标。

7.1 选矿日常技术管理

选矿日常技术管理工作总的来说，是指深入挖掘人力、物力的潜力，在不断提高选矿工艺、技术和设备装备水平的前提下，围绕提高选矿产品产量、质量和各项技术经济指标，实现优质、高产、低耗、安全、环保，采取各种有效技术措施，开展的一系列技术管理工作。日常技术管理工作包括选矿技术管理、选矿日常生产技术管理、选矿日常工艺技术管理三个方面的管理工作。

7.1.1 选矿技术管理

选矿技术管理工作内容比较广泛，概括起来主要包括：
（1）编制选矿技术长期和近期发展规划。
（2）制定、修订技术操作规程及有关管理制度。
（3）对主要的生产环节进行经常性的质量检查和技术监督管理工作。
（4）制定和推行各种技术标准化管理工作。
（5）不断进行技术创新。
（6）强化技措工程的计划与管理工作。
（7）加强科研工作的规划与管理工作。
（8）开展经常性的科技情报工作。
（9）对技术人才的使用和培养。
（10）定期进行技术经济效果的评价工作。

7.1.2 选矿日常生产技术管理

选矿日常生产技术管理主要包括：
（1）密切关注入选渣矿石性质的变化，做好合理配矿工作，保证入选矿石性质的稳定。

（2）建立入选矿石管理制度，充分掌握入选矿石的种类和性质，做到能够及时为现场操作工人提供合理、可靠的操作制度和药剂制度。

（3）制定合理的浮选药剂制度、磨机钢球充填率、补加球的技术标准并严格实施。

（4）制定中间产品质量检查标准和检查制度。主要包括：破碎产品粒度及其粒度组成、破碎比、磨矿浓度、磨矿分级设备溢流的浓度、细度及其粒度组成、各选别作业的浓度以及选别产品的品位、最终产品的品位及水分、尾矿品位及粒度组成、浓密机排矿浓度和溢流允许的固含量等。督促检查、规范、及时检测，发现问题及时与现场进行沟通，使各项工艺参数满足现场生产的需要。

（5）对工艺流程进行经常的或不定期的流程考查，及时发现流程中存在的问题和薄弱环节，以便采取措施加以改进或组织技术攻关。一般磨浮系统每 1～2 年应进行一次流程考查，碎矿系统每 2～3 年进行一次流程考查。此外，还可根据生产中出现的实际问题，临时安排进行局部流程或全流程的流程考查。

（6）对生产用水和选矿药剂进行定期的化验分析和对比，必要时进行选矿对比小型试验，以便更好地指导选矿生产。

（7）根据生产实际情况定期对破碎设备的排矿间隙、磨机的填充率、浮选药剂添加量进行检查，对发现的问题及时进行纠正，以保证合适的破碎产品粒度、最佳磨机充填率和磨矿效果以及选矿药剂的最佳性能。

（8）每日阅读生产日报表，关注各项技术经济指标，对异常数据及时结合现场实际情况进行技术分析，为解决存在的问题提供解决方案。

（9）加强设备技术管理工作，健全设备维修制度，积极贯彻以"计划检修"为主的方针，加强设备维护保养工作，提高设备完好率和运转率，保证生产和工艺的稳定性和连续性，为提高选矿各项技术指标创造条件。在实际生产中，选矿技术指标的波动在很大程度上与设备有直接或间接的关系，比如在碎矿生产中，碎矿最终产品出现大块，粒度变大，就会影响磨矿的处理能力，同时使磨矿指标变差，严重时会造成磨矿波动，因此也会造成浮选异常波动，使浮选指标受到较大的影响。当浮选机的叶轮和定子间隙变大，或充气系统泄漏或不畅等都会恶化浮选过程，严重影响浮选回收率。

7.1.3 选矿日常工艺技术管理

选矿日常工艺技术管理主要包括：

（1）充分了解矿石来源的种类和性质，比如各种熔炼渣、吹炼渣以及炉渣中的磁性铁矿物等。利用这些性质对入选矿石进行合理的分类处理，使入选矿石品位或者后续生产设备生产能力大为提高，生产成本得到明显降低。比如日本日立矿业所炉渣选矿厂采用磁浮联合流程，就可以降低磨浮等后续流程的运行成本。

（2）积极贯彻"多碎少磨理论"和"碎磨合一的自磨及半自磨理论"的原则。尽量降低破碎最终产品粒度，严格控制进入第一段磨矿或球磨机的给矿矿石粒度，因为磨矿能耗占选矿总能耗的 76%～79%，碎矿能耗只占 20%～23%，所以在实际生产中要尽量发挥破碎设备的破碎作用或自磨机及半自磨机的碎磨作用，把最终破碎产品粒度控制在 15mm 甚至 10mm 以下，这样不仅可以大大降低能耗，而且能提高磨矿处理能力，经济效益显著。

（3）认真抓好金属平衡工作。金属平衡工作的好坏是选矿生产管理和技术管理好坏的重要标准。因此，要加强对技术检测人员的培训、教育和管理，加强计量、采样、制样和化验等工作。每月要进行一次实际金属平衡，查清金属流失的方向和原因，采取有力措施加以改进，使理论回收率和实际回收率保持在规定的范围之内。

（4）制定合理的耗材标准，提出降低材料消耗的具体措施。

（5）不断加强选矿试验研究工作。对生产所处理的渣矿定期进行可选性试验，以便发现问题及时指导生产。现场出现的技术问题要首先通过小型试验进行验证对比，找出问题的原因予以解决。对新药剂和新工艺首先在实验室进行探索性试验，根据试验结果进行半工业试验或工业试验。

综上所述，选矿日常技术管理在选矿生产中有着举足轻重的地位，在生产中不仅要重视技术管理，更要重视的是在实践中不断提高科学管理的水平，逐步引进新的选矿工艺、新的选矿药剂、选矿设备和先进的选矿技术，使之更好地服务于生产，为选矿的可持续发展提供有利的技术支持。

7.2 选矿过程的取样与制备

7.2.1 选矿取样的原则

取样就是从大量的渣矿石或选矿产品中，用科学的方法采取一部分有代表性的试样，供试验研究或技术检查用。取样的准确与否直接影响研究结果或技术检查的结果。因此，在试验与检测之前，必须认真对待，这也是技术人员和检测人员必备的条件之一。

7.2.1.1 取样的基本原则

取样应具有充分的代表性，即矿样中主要化学组分的平均含量、赋存状态、物理化学性质与所要研究的物料基本一致。取样的基本原则为：

（1）矿石粒度。矿石粒度大时，应多取一些试样；若试样质量一定，为减少矿石粒度大小对试样代表性的影响，必须将矿石破碎到较小的粒度再取样。

（2）矿物浸染特性。细粒均匀浸染矿石取样量可少一些，粗粒不均匀浸染矿石取样量则应多一些。

（3）有用矿物的密度。矿石中各种有用矿物的密度差别愈大，愈易产生离析现象，取样量应多一些。

（4）矿石中有用成分的含量。在其他条件相同的情况下，如果矿石中有用成分含量愈高，则矿石中有用矿物成分的分布就应该愈均匀，试样质量也就可以少取一些。

7.2.1.2 试样最小质量的确定

为了使所取的试样真正是代表性试样，既能全面地反映矿石中的各种成分含量、矿物组成、化学组成和物理性质等，又能保证试样采取和制备的经济与方便，通常采用经验公式（7-1）确定试样的最小质量：

$$Q = Kd^2 \qquad\qquad (7-1)$$

式中　　Q ——为保证试样的代表性所必需的最小取样质量，kg；

　　　　d ——试样中最大块的粒度，mm；

K——矿石性质系数，含铜矿石 K 值为 $0.1 \sim 0.2$。

7.2.2 取样方法

7.2.2.1 取样点的选择

取样点的选择包括：

（1）为提供计算选矿产品产量和编制生产日报表所需的原始数据（如原矿处理量，原矿水分，原矿、精矿、尾矿的品位等），必须在磨机给矿皮带上和其他原矿进入选矿的地点设立原矿计量及水分取样点，在没有中矿返回的分级机或旋流器溢流处、精矿箱（管）、尾矿箱（管）处分别设立原矿、精矿、尾矿取样点。

（2）在影响数量、质量指标的关键作业处，如分级机或旋流器溢流处设浓度、细度取样点。

（3）在易造成金属流失的部位如浓缩机、沉淀池的溢流水、各种砂泵（泵池）、磨浮系统总污水排出管等处，设立取样、计量点。

（4）为编制实际金属平衡表提供原始数据（如出厂精矿或尾矿水分、出厂精矿或尾矿的数量和质量等），必须在出厂精矿或尾矿的汽车或其他运输设备上设取样点。

（5）为评价选矿工艺的数量、质量流程，进行流程考查取样，取样点设立在所考查流程的各作业的给矿、产品及尾矿排放处。

7.2.2.2 取样方法分类

A 移动松散物料的取样

磨矿以前的物料一般是在皮带运输机上运行的，其取样方法是采用断流截取法，即使皮带机停止运转，用一定长度（最好是 1m 或 0.5m）的木制板垂直物料运动方向移动，将皮带上与木板同长的物料全部刮入容器中。取样次数由取样的用途及质量确定，一般每隔 $15 \sim 30\text{min}$ 取一次，所取的质量必须不小于按取样公式计算的数量，若大于计算出来的量，根据需要缩分出所需的物料量。

B 矿浆取样

采用横向截取法取样，即连续或周期地横向截取整个矿浆流断面的物料流作为试样。取样时，必须等速切割，时间间隔相等，比例固定，避免溢漏。为保证截取到矿浆的全宽全厚料流，取样点应选取在矿浆转运处。如分级机的溢流堰口、溜槽口和管道口等；严禁直接在管道、溜槽或储存容器中取样，以避免在产生物料分层的环境截取代表性的试样，人工取样一般间隔 $15 \sim 30\text{min}$ 采一次样，每次采样时行程与速度应基本保持一致。

C 粉状精矿或尾矿取样

采用方格探管取样（又称探针，如图 7-1 所示）。粉状精矿取样主要是对精矿仓中堆存的精矿和装车待运的出厂精矿取样。取样时在取样矿堆的表面上划出网格，在网格交点处取样。网格可以是菱形的、正方形的或长方形的，取样点数目越多，试样的代表性亦越强，精确性也越高。但过多的取样点会加大试样加

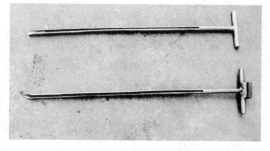

图 7-1 探管结构示意图

工的工作量，所以取样点数视具体情况而定，但最少不得少于6个，且分布要均匀。

7.2.3 常用取样器械

为了采取有代表性的试样，除了正确地选择取样方法外，合理地选择取样工具和设备也很重要，特别是对移动松散物料和流动矿浆的取样更为重要。目前选矿厂常用的取样器械有两类，即人工取样器和机械取样器。

7.2.3.1 人工取样器

常用的人工取样器有取样勺、取样壶、探管（或探针）等。

A 取样勺（壶）

取样勺（壶）是带扁嘴的容器，如图7-2所示。它的结构特点是口小底大，储量多，样品不易溅出，又便于把样品倾倒出来。

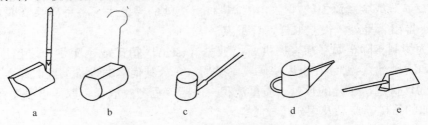

a　　　　b　　　　c　　　　d　　　　e

图7-2 人工取样勺和取样壶

取样勺的开口宽度不宜太小，至少应为所取样中最大颗粒的4~5倍，图7-2a、c、d中三种式样适用于取粒度较细的矿浆样。图7-2b式勺口较宽，适用于采取泡沫产品以及浓度较大、粒度较粗的试样。图7-2e式适用于采取球（棒）磨机排矿及分级机返砂等试样。

各选矿厂所用的取样勺（壶）规格略有差异，但形状基本相同，均是由镀锌白铁皮（一般厚度为0.5~1mm）焊接而成。

人工取样时，取样勺（壶）必须满足下列条件：

接取矿浆的勺（壶）口宽度至少应为试样中最大颗粒直径的4~5倍。取样勺（壶）的容积不得小于一次接取所要取得的矿浆体积。取样勺（壶）应不透水，有光滑的内壁，使勺（壶）中的矿浆容易完全倒尽。取样勺（壶）的棱边应垂直于取样勺（壶）的运动方向，并以等速运动横截整个矿浆流。

B 探管（探针）

探管（探针）形状如图7-1所示。探管（探针）适用于取粒度较细堆存的固体物料，如矿仓中的精矿和装车待运的精矿等。图7-1是圆筒形探管，由标准直径不锈钢钢管或硬质塑料制成。在其管上开一条纵向小缝，上部焊接一个手柄，通过小缝可以取得试样。

取样时按规定的位置将探管从物料的表面垂直插入到最底部（如出厂精矿取样），用力将探管拧动，使被取物料能最大限度地附着在探管的槽中，然后将探管抽出，将其槽中的物料倒（刮）入取样桶中。

人工取样器除上述几种，各厂还可自行设计和制作合理的取样器。

7.2.3.2 机械取样器（采样机）

机械取样机与人工取样器相比，除节省人力外，更主要的是取样间隔时间短，取样频率高，因而所采取的样品具有更高的代表性。凡是有条件的地方，应尽可能使用机械取样机。

目前所采用的取样机，大都是按断流截取法原则经过一定的时间间隔，从全部物料中取出试样的自动取样机。取样机种类较多，工作原理基本相似。

7.2.4 试样的制备

7.2.4.1 试样的加工、缩分流程编制

取来的试样，在粒度组成、质量或其他性质上不一定能满足化学分析的需要，必须进行一系列的试样制备工作。为了保证此项工作的有序合理性，需要根据实际需要编制正确客观的流程，如图 7-3 所示。在编制流程时需要注意以下两点。

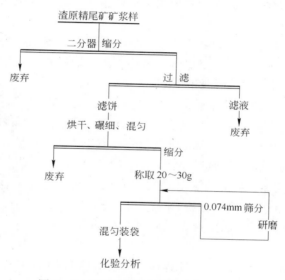

图 7-3 祥光铜业渣矿样品加工步骤图

（1）首先要明确所采样的用途、粒度和质量的要求如何，以保证所制备的试样能满足全部测试项目的需要，而不致遗漏或弄错。

（2）按试样量最小质量公式 $Q = Kd^2$，算出在不同粒度下为保证试样的代表性所必需的最小质量，据此确定在什么情况下可以直接缩分以及在什么情况下要破碎到较小粒度后才能缩分。若试样实际质量 $Q \geqslant 2Kd^2$，则试样不需破碎即可缩分；若 $Q < 2Kd^2$，则试样必须破碎到较小后才能缩分；若试样实际质量 $Q < Kd^2$，表明试样的代表性已有问题。

7.2.4.2 样品加工步骤

样品的加工步骤一般包括首次混匀缩分、过滤烘干、碾细混匀、再缩分、研磨、过筛、混匀装袋、送化验几个环节内容。图 7-3 所示为祥光铜业渣选矿厂渣原精尾矿矿浆化学分析试样缩分制样流程。下面具体介绍一下矿样的混匀与缩分、过滤、烘干、制样以

及对试样粒度和质量的要求。

A 矿样的混匀与缩分方法

混匀：破碎后的矿样，缩分前要将矿混匀。翻滚法适用于处理少量细粒物料。将试样置胶布或漆布上，轮流提起胶布或漆布的每一角或相对的两角，使试样翻滚而达到混匀的目的，重复数次即可混匀。对矿石中有用矿物颗粒密度大，含量很低的矿样（如金），翻滚次数需多重复几次。其他的方法还有移堆法或堆锥法；就是将细粒物料堆成圆锥形的料堆，堆料时物料要求从料堆正顶部落下，物料由锥顶向四周自然滚落形成锥体，反复移堆4次以上即可混合均匀。

矿样的缩分：大量矿浆试样只能采用湿式缩分器湿法缩分，不允许将试样烘烤干再缩分。常规缩分方法包括以下四种。

第一种：四分法对分。将试样混匀并堆成圆锥后，用小铁板插入样堆至一定深度，旋转薄板将样堆展平成圆盘状，通过圆盘状样堆中心划十字线，将样堆分割成四个扇形部分，取其对角两份样合为一份试样。若分出试样还多，可将其再用四分法对分，直到满足要求为止。

第二种：方格法。将试样混匀并堆成圆锥后，摊平为一薄层，将其划分成较均匀的许多小方格，然后逐格铲取试样，每铲必须铲到底，每格取样量要大致相等，此法主要用于细粒物料的缩分，可一批连续分出多份试样。

第三种：二分器。这种分样器通常用白铁皮制成，主体部分由多个相互呈相反方向倾斜的料槽交叉排列组成，形状如图7-4所示。主要用于缩分中等粒度的试样，缩分精度比堆锥四分法好。为使物料顺利通过小槽，小槽宽度应大于物料中最大物料尺寸的3~4倍。使用时两边先用盒接好，再将矿样沿二分器上端整个长度徐徐倒入，使矿样分成两份，其中一份为需要的矿样。如果量大，应再继续缩分，直至缩分到需要的质量为止。

图7-4 二分器结构外形

第四种：湿式缩分器缩分。充分搅拌矿浆试样，搅拌均匀后边搅拌边倒入湿式缩分器中缩分，用容器接取缩分出的试样，其余废弃，根据需要可反复缩分多次。

过滤：过滤前要先将滤纸称重，并记录在滤纸的一个角上，在滤纸的另一个角上夹好样品标签，详细检查滤盘盘面滤孔有无堵塞或孔径是否显著变大，避免局部抽力太大将滤纸吸破，引起被滤物随滤液透过滤纸。滤纸铺好后用细水润湿，再开启真空泵或打开抽气阀门将被滤物料搅拌均匀，缓慢地倒入滤盘内。注意，不得溢出，过滤完毕后关闭真空泵或抽气阀门，用两手轻轻将滤纸托起，然后送入烘箱内烘干。

若试样粒度很细或含泥多，过滤困难，可将试样倒入铺有滤纸的滤盒（底部布有许多小孔的铁盒或铝盒），待样盒中的水大部分滤去，就可直接放在加热板或烘箱中烘干。

烘干：试样的烘干一般在专用烘箱内进行。当一个烘箱内放有几种不同品位试样时，品位高的试样必须放在最下层，品位低的试样放在最上层。在烘干过程中，温度应控制在110℃以下，温度过高试样氧化导致化验结果不准确。检查试样是否烘干的简便方法是将试样从烘箱内取出放在干燥的木板或水泥地面上，稍后将样品拿起，观察木板或地板表面是否留有湿印，如没有则表明已烘干，否则应继续烘干。用作筛分分析和水析的试样，烘到含水 5% 左右即可，不得过分干燥，以免试样颗粒碎裂，改变粒度组成。

制样：试样烘干后需称重记录，视试样的多少决定是否缩分，然后磨细，全部过筛并混匀、缩分，按化学分析的质量要求装袋，供化学分析。

B　化学分析试样制备程序

化验要求：根据要求，确定试样化学分析内容，填写化验单、试料袋。如果试样要做矿物镜下鉴定，则不能研磨，应保持原样粒度。

筛分：试样中如粉状物较多时需预先筛分，筛除试样中已达合格粒度的物料，以利于试样的加工。如果试样中粉状物量少，可不筛分直接研磨。筛分时，不得采用任何形式强迫过筛，如用毛刷刷筛网等，这样不仅会加速筛面破损，使筛孔变形，更重要的是对筛下物的粒度组成有影响。

研磨：试样的研磨一般采用研磨机或瓷研钵。试样数量多时采用研磨机研磨；试样数量少时可采用瓷研钵研磨。研磨的器具要干净，不能留有异物，研磨机的磨钵盛好试样后要密闭，以防研磨时试样泼洒。研磨后试样再过筛，筛上试料再返回研磨，直至试样全部通过筛子。研磨时应注意：高品位样品和低品位样品必须分别用不同研磨钵研磨，同类样品先磨低品位的、后磨高品位的；当条件限制需要重复使用一个研钵时，在交互研磨不同样品时应当注意，当一种样品研完后，开始研磨另一种样品之前，需要用该类待磨样品将研钵研洗干净后才能研磨该待磨样品。

C　化学分析试样的质量及粒度要求

粒度要求：铜精矿过 0.09mm（170 目）以上筛子。原矿、尾矿过 0.1mm（150 目）以上的筛子。贵金属及稀有金属全部过 0.074mm（200 目）筛子。

质量要求：一般为 10 ~ 200g。原矿、精矿、尾矿试样如只分析一种元素，为 5 ~ 10g；原矿、精矿、尾矿试样分析两种以上元素，为 10 ~ 20g。物相分析试样 20 ~ 50g。多元素分析试样视分析元素多少而定。铂族元素分析试样 500g。试金分析试样（低品位）大于 100g。

7.3　选矿生产过程检测

7.3.1　原矿、精矿的计量及水分的测定

7.3.1.1　原矿和精矿的计量

原矿计量是通过磨矿机给矿端带式运输机上的皮带秤自动计数，由测定人员按时记录读数后计算得到。需说明的是：这样算得的矿量还需扣除其中所含水分，才为真正的矿石处理量。

精矿的计量是通过将生产出的精矿送往精矿仓的带式运输机上的皮带秤来自动计数的，也必须扣除精矿所含水分，才可求得精矿量。

7.3.1.2　试样水分的测定

原矿与精矿中水分含量的测定是用烘干的方法。烘干的温度不宜过高，特别是含有硫

化矿物的样品易氧化变质。因此，温度一般在 100℃ 左右，干燥到恒重为止，就是在 70 ~ 105℃ 温度下，相隔 20 ~ 30min，若两次称量试样的质量相等，即可认为已达恒重，湿重与干重之差再与湿重之比的百分数即为水分含量，用公式（7 - 2）表示。

$$W = \frac{Q_1 - Q_2}{Q_1} \times 100\% \qquad (7-2)$$

式中　W——试样的水分含量，%；

　　　Q_1——湿试样的质量，g；

　　　Q_2——干试样的质量（恒重后），g。

7.3.2　矿石密度的测定

密度是物质的重要性质和物质的重要物理常数之一。密度的大小反映该物质的物理化学特性。矿石密度的测定方法视矿块粒度而定。

7.3.2.1　粉状试样密度的测定

粉状（1 ~ 0mm）试样的密度可用比重瓶法进行测定。比重瓶的容积一般为 25mL、50mL、100mL，瓶口上有带毛细孔的玻璃塞子，表示装满水时之容积。根据试样的多少可采用不同容积的比重瓶。

比重瓶法包括煮沸法、抽真空法及抽真空同煮沸法相结合的方法，三者的差别仅仅是除去气泡的方法不同，其他操作程序一样。现将常用的煮沸法介绍如下：

为使测得数据准确，通常将比重瓶先用洗液（用重铬酸钾 20g，加 40mL 水稀释，加热溶解，待冷却后再加浓硫酸 350mL）洗涤，然后用蒸馏水或自来水清洗，烘干称重为 B（称重时一般常用千分之一天平）；再用滴管把蒸馏水注入比重瓶内，至有水自瓶塞毛细管中溢出为止，称重为 C；把比重瓶内的水倒出重新烘干后，再往瓶内加被测试样（约占瓶容积 1/3），称重为 A；接着向比重瓶内注入约占瓶容积 2/3 的煮沸过的蒸馏水，翻转和摇动直到将气泡自粉末中完全逐出为止；然后用滴管把蒸馏水注入比重瓶内，至有水自瓶塞毛细管中溢出为止。称重为 D。粉状试样的密度可按式（7 - 3）求得：

$$\delta = \frac{A - B}{(C - B) - (D - A)} \qquad (7-3)$$

式中　δ——粉状试样密度，g/cm^3；

　　　A——瓶加试样质量，g；

　　　B——瓶质量，g；

　　　C——瓶加水质量，g；

　　　D——瓶加试样加水质量，g。

用比重瓶法测密度时，一定要排净气泡，否则影响测定结果的准确性。为使测得数据准确，在测定时间可用 2 ~ 3 个比重瓶同时做，取其平均值。

7.3.2.2　块状试样密度的测定

块状试样密度可用最简单的称量法进行。该法是将被测的块状试样放入用细金属丝做成的笼子内，悬挂在天平一端（笼子的质量是已知的），首先在空气中称量，后浸在盛水（水的深度能淹没试样）的容器中再次称重。要求称量天平的精确度达 0.01 ~ 0.02g。块状试样密度可由式（7 - 4）求出。

$$\delta = \frac{P}{P - P_1} \tag{7-4}$$

式中　δ——块状试样密度，g/cm^3；

　　　P——块状试样在空气中质量，g；

　　　P_1——块状试样在水中质量，g。

用此法测定时，为使结果准确，应取数组具有代表性的试样进行测定，取其平均值。

7.3.2.3　MDMDY350 型全自动密度仪

不论粉状试样或是块状试样密度的测量都可以采用全自动密度仪。MDMDY350 型全自动密度仪是在国内首创的 MDMDY300 型密度仪基础上改进的新机型。该型号仪器的准确度和精密度更高，性能更加稳定，操作更加简单方便，技术指标达到国际先进水平，具有极高的性价比，应用广泛。

A　仪器原理

MDMDY350 型全自动密度仪是通过测定仪器样品室因放入样品所引起的样品室气体容量的减少来测定样品的真实体积。因为气体能进入样品中极小的孔隙和表面的不规则空陷，因此，测出的样品体积可以用来计算样品的密度，测值也更接近样品的真实密度。MDMDY350 型全自动密度仪是基于物理化学的理想气态定律和气体分子动力学理论和固气吸附与解吸理论。在恒定温度条件下，密闭系统中的气体压力和体积之乘积与气体的摩尔数成比例，比例关系如公式（7-5）所示。

$$pV = nRT \tag{7-5}$$

式中　p——气体的压力，Pa；

　　　V——气体体积，m^3；

　　　n——气体摩尔数，mol；

　　　T——气体的绝对温度（Kelin 温标）；

　　　R——气体通用常数，$R = 8.314 Pa \cdot m^3/(mol \cdot K)$。

仪器的测试系统由样品室和参比室构成。测定样品密度时，将一定体积的样品放入样品室，再加盖封闭样品室，仪器自动监测采集样品室的压力；通过参比室向样品室注入（或抽出）一定量的气体，同时监测这一过程中样品室和参比室气压的变化，根据测得的一系列压力值和仪器的系统参数计算出样品体积，再由试样的质量和体积按公式（7-6）计算出试样的密度。

$$\delta = m/V_s \tag{7-6}$$

式中　δ——试样密度，g/cm^3；

　　　m——试样质量，g；

　　　V_s——试样体积，cm^3。

B　仪器主要特点

测试精度高，准确性好：明显优于液体比重瓶法。不破坏样品：测试过程不改变样品的物理和化学性质（测试后样品保持原样，可以用于其他项目测试）。测试速度快：3~8min 完成整个测试过程。适用范围广：可以测定各种粉末状、颗粒状、块状的固体样品和不挥发的液体样品。测试范围宽：样品密度大小不受限制。自动化程度高：微处理器控制全自动操作（自动分析、计算、显示），且具有自身故障诊断功能。操作简单：每步操作均有提示。

7.3.2.4 堆密度、孔隙度的测定

矿石的堆密度又称假密度或容重，通常是指单位体积物料的质量（t/m³）。测定时取经过校准的容器，其容积为 V，质量为 P_0，将容器盛满密度为 δ 的矿石并抹平，然后称重为 P_D，堆密度及孔隙度分别由式（7-7）和式（7-8）求出。

$$\Delta = \frac{P_D - P_0}{V} \tag{7-7}$$

$$G = \frac{\delta - \Delta}{\delta} \tag{7-8}$$

式中 Δ ——堆密度，g/cm³；

　　　　δ ——密度，g/cm³；

　　　　G ——孔隙度。

在测定堆密度时应注意，测定容器不宜过小。一般情况下，容器的短边至少应为矿样中最大颗粒的 5~10 倍，否则精确度差。堆密度分为振实和未振实两种。测定时为减少误差，应进行多次测定，取其平均值。

7.3.3 矿浆浓度、细度的测定

7.3.3.1 矿浆浓度的测定

人工测定矿浆浓度的方法通常使用浓度壶，这个方法很简单，而且准确。浓度壶是一个铁壶（图7-5），浓度壶自重 G_0、容积 V，常有 1000mL、500mL、250mL 不等；壶壁上有溢流孔，把所得的矿浆注入浓度壶，称其质量 G（精确到 1g）。将矿浆的质量（即总重减去空壶之重）除以壶的容积 1000mL，就是矿浆密度。矿石密度是已知的，于是根据公式（7-9）即可求出被检查矿浆的浓度。

图7-5　浓度壶

$$P = \frac{\delta(G - G_0 - V)}{(G - G_0)(\delta - 1)} \times 100\% \tag{7-9}$$

式中 P ——矿浆百分比浓度，%；

　　　　δ ——矿石密度，g/cm³；

　　　　V ——浓度壶的容积，mL；

　　　　G ——浓度壶加矿浆的质量，g；

　　　　G_0 ——浓度壶的空壶质量，g。

由于检查矿浆浓度是经常性的工作，为方便起见，实际生产中，多采用 1L 的浓度壶测定多种矿浆密度后（矿石密度已知），通过式（7-9）计算出一系列对应矿浆的百分比浓度，然后编制出矿浆浓度、矿浆密度与矿浆质量的换算表，通过查表，就可立即得出被测矿浆的百分比浓度，从而省去大量的计算工作。

另外在有些场合，矿浆浓度还用液固比来表示。如果知道了矿浆的百分比浓度，就可以很快求出液固比。其换算方法按式（7-10）计算。

$$R = \frac{100 - P}{P} \tag{7-10}$$

式中　　R——液固比；

　　　　P——矿浆的百分比浓度，%。

7.3.3.2　矿浆细度的测定

矿浆中矿石颗粒的粗细常常标志着矿石中有用矿物解离程度，为了使矿石中有用矿物充分解离，以便分选，对磨矿分级产品就有一定的粒度要求。因此，在实际生产中需经常检查磨矿机排矿和分级溢流中 – 0.074mm 或其他细度级别的百分含量。

矿浆细度的测定是根据其粒度的大小不同而采用不同的测定方法。对细粒物料（大于 0.074mm）一般用筛析测定法；如需对微细粒物料（小于 0.074mm）进行测定时，则用水析测定法或显微镜测定法。矿浆细度的检测，除人工测定外，有些选矿厂也有用自动检测设备进行测定的。

A　筛析测定法

测定时先取质量为 100 ~ 200g 试样，用套筛在振筛机上筛析。筛析时间一般为 10 ~ 20min，然后将套筛取下，对各层筛子中的矿样用手筛检查，如果在 1min 内筛下质量小于筛上质量的 0.1% ~ 0.5% 时，可认为筛析合乎要求。筛后将各粒级称重，并计算其产率。

B　湿式快速筛分法

现场矿浆细度的测定多采用湿式快速筛分法。此法虽然有些误差，但测定很快，因而有实际意义。

快速筛分法所用的测定工具有浓度壶、200 目标准筛、天平等。

其测定方法是：设浓度壶的质量为 G_1，浓度壶装满清水后的质量为 G_2。用取样勺截取矿浆样品，倒入浓度壶中，至刚好装满为止，称得总质量为 G_3，将浓度壶矿浆慢慢地倒在浸在脸盆中的 200 目标准筛上（每次倒入固体质量不得超过 200g），进行湿筛，直到 – 0.074mm 的矿石全部筛净为止，然后将残留在标准筛筛面上的矿砂仔细地装回浓度壶，并加满清水，称重为 G_4，如图 7 – 6 所示。

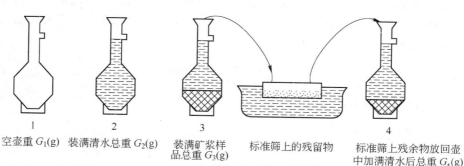

1	2	3		4
空壶重 G_1(g)	装满清水总重 G_2(g)	装满矿浆样品总重 G_3(g)	标准筛上的残留物	标准筛上残余物放回壶中加满清水后总重 G_4(g)

图 7 – 6　快速筛析步骤图

我们假定筛分前壶中的矿砂质量为 Q_0，筛分后壶中的筛上矿砂质量为 Q_1，矿砂比重为 δ，则矿样的 + 0.074mm 的质量百分数 $r_{+0.074}$ 为：

$$r_{+0.074} = \frac{Q_1}{Q_0} \times 100\% \qquad\qquad (7-11)$$

壶 4 中的清水重为：
$$G_4 - G_1 - Q_1 = G_2 - G_1 - \frac{Q_1}{\delta}$$

则
$$Q_1 = \frac{G_4 - G_2}{1 - \dfrac{1}{\delta}}$$

壶 3 中的清水重为：
$$G_3 - G_1 - Q_0 = G_2 - G_1 - \frac{Q_0}{\delta}$$

则
$$Q_0 = \frac{G_3 - G_2}{1 - \dfrac{1}{\delta}}$$

将 Q_1、Q_0 代入式（7－11）得（式（7－12）、式（7－13））：

$$r_{+0.074} = \frac{G_4 - G_2}{G_3 - G_2} \times 100\% \tag{7-12}$$

$$r_{-0.074} = 100 - r_{0.074} \tag{7-13}$$

C　湿法筛分法

该方法是取一定数量的矿浆，烘干后，用四分法缩分，取出 100g，在盛水的脸盆中用 0.074mm 的筛子进行湿筛。筛下的不要，筛上的烘干后称重，所得质量即为筛上的百分含量，由此可以计算出 －0.074mm 的细度。这个方法比较准确。

7.3.4　碎矿产品粒度及筛分效率的测定

7.3.4.1　碎矿产品粒度及合格率的测定

碎矿最终产品粒度的测定常用方法是筛分。即在运输碎矿最终产品的皮带上或卸矿处定时取样筛分。取样时间间隔视碎矿开车时间长短而定，一般不得超过 1 次/h。每班测定次数，手工筛分 1～2 次，机械筛分 2～4 次。每次取样质量应符合 $Q = Kd^2$ 公式的要求，但每个样最少不得少于 20kg。将所取样品在磅秤上称重，然后倒入指定的筛中筛分。筛孔的大小视最终产品粒度的要求而定。筛分到终点后，将筛上物称重，并记录数据，最终产品粒度合格率由式（7－14）求出。

$$E = \left(1 - \frac{Q_1}{Q}\right) \times 100\% \tag{7-14}$$

式中　E——碎矿最终产品粒度合格率，%；

　　　Q_1——筛上物质量，kg；

　　　Q——所取样品总质量，kg。

若每班筛分多次，则该班合格率是每次合格率的加权平均值。

值得注意的是，所用检查筛的筛孔，在尺寸相同而形状不同时，筛下产物也随之不同。筛下产物的最大粒度可按式（7－15）计算。

$$d_{最大} = KA \tag{7-15}$$

式中　$d_{最大}$——筛下产物最大粒度，mm。

　　　A——筛孔尺寸，mm。

　　　K——系数，可由表 7－1 查得。

表 7 – 1　筛孔形状系数

筛孔形状	圆 形	方 形	长方形
K	0.7	0.9	1.2 ~ 1.7

7.3.4.2　筛分效率的测定

分别对入筛物料、筛上物料及筛下物料每隔 15 ~ 20min 取一次样，应连续取样 4 ~ 8h。将取得的试样在检查筛里筛分，检查筛的筛孔应与生产上使用的筛子相同，分别求出原料、筛上、筛下产物中小于筛孔尺寸的粒级质量百分含量，即可按公式（7 – 16）计算出筛分效率 E。如果没有与所测定筛子的筛孔尺寸相等的检查筛子时，可用套筛作筛分分析，将其结果绘成筛析曲线，然后由筛析曲线求出该粒级的质量百分含量。

$$E = \frac{c(a - b)}{a(c - b)} \times 100\% \tag{7 – 16}$$

式中　a ——入筛物料中小于筛孔的粒级含量，%；

　　　b ——筛上产物中小筛孔的粒级含量，%；

　　　c ——筛下产物中小于筛孔的粒级含量，%。

7.3.5　球磨机生产能力及分级效率的测定

7.3.5.1　磨机生产能力的测定

磨机生产能力在生产中常用台时效率即每小时每台磨机处理的矿石量来表示。对磨机台效能力的核定有两种方法：

（1）由电子皮带秤直接测量，并扣除所含水分即可得到。

（2）在没有电子皮带秤等计量设备的情况下，在球磨机给矿皮带上，人工刮取一定长度的矿石，不能含磨机返砂矿，然后用普通台秤称量，按式（7 – 17）求出每小时运输的矿量。

$$Q = 3.6Pvf/L \tag{7 – 17}$$

式中　Q ——每小时的给矿量，t/h；

　　　P ——刮取的矿量，kg；

　　　v ——带式运输机运行速度，m/s；

　　　f ——原矿含水系数，$f = 1$ – 矿石水分含量；

　　　L ——刮取矿量的胶带长度，m。

为了表明磨矿效果，磨机生产能力也常用磨机利用系数，即每小时磨机单位有效容积新生成合格粒级产物的数量来表示，磨机利用系数按式（7 – 18）求得。

$$q_{-200} = \frac{Q(\beta_2 - \beta_1)}{V} \tag{7 – 18}$$

式中　q_{-200} ——按新生 – 200 目粒级计算，每小时磨矿机单位容积所处理矿石吨
　　　　　　　数，t/（m³ · h）；

　　　Q ——磨矿机每小时处理的原给矿量，t/h；

　　　β_1 ——磨矿机给矿中 – 0.074mm 粒级的含量，%；

　　　β_2 ——磨矿机产品中（闭路磨矿时分级机溢流；开路磨矿时为磨矿机排矿）

-0.074mm 粒级的含量，% ;

V——磨矿机的有效容积，m^3。

7.3.5.2 分级效率的测定

对分级机的给矿、溢流、沉砂每隔 20min 或 30min 分别取一次样，连续取样 4~8h，然后将取得的试样进行筛分分析，求得给矿、溢流、沉砂中小于筛孔尺寸的粒级百分含量，可按下列公式计算出分级效率、返砂比及返砂量。

设 a、b、c 分别为分级机给矿、溢流和沉砂中细粒级（小于分级的临界粒度的尺寸）含量的百分数。

分级效率 E 采用式（7-19）计算：

$$E = \frac{(a-c)(b-a)}{a(b-c)(100-a)} \times 10^4 \%$$ （7-19）

返砂比 i_H 可用式（7-20）计算：

$$i_H = \frac{b-a}{a-c} \times 100\%$$ （7-20）

式中 a，b，c——分别为分级机给矿、溢流和沉砂中指定粒级含量的百分数。

返砂量 S 可用式（7-21）计算：

$$S = \frac{b-a}{a-c} \times Q$$ （7-21）

式中 S——返砂量，t/h；

Q——磨矿机新给矿量，t/h。

7.3.6 矿浆酸碱度及药剂用量的测定

7.3.6.1 矿浆酸碱度的测定

常用的测定矿浆酸碱度的方法有以下三种：

（1）pH 试纸法。这是最简便的方法，测定时将 pH 试纸 1/2~1/3 部分直接插入矿浆中，经过 2~3s 取出，将接触矿浆部分的纸条变色程度与标准色对比，即可知道矿浆的 pH 值。缺点是不够准确。

（2）电位法。即用酸度计（或称 pH 计）测定矿浆的 pH 值。其原理是插入矿浆中的两个电极，能够根据矿浆中的氢离子浓度的大小，产生相应的电位差来确定矿浆的 pH 值。用这种方法测定的精度较高，而且能连续测量，并将测定的 pH 值自动显示和记录。

（3）滴定法。操作程序：1）取少量矿浆试样静置澄清；2）用移液管吸取澄清后的上清液 50mL，并将其转入干净的三角瓶内；3）往瓶中滴入几滴酚酞指示剂（这种指示剂在酸性介质中无色，在碱性介质中变为红色），如果试液是碱性的，则变成红色；4）用预先标定的已知浓度的滴定液（如 0.05mol/L 的硫酸溶液）滴定，细心逐滴滴定，并摇动三角瓶，直至溶液恰好无色为止；5）根据滴定时所耗硫酸的体积，按式（7-22）可计算出所测矿浆的碱度。

$$pH = \lg \frac{NV}{1000} + 14$$ （7-22）

式中　　N——硫酸溶液的当量浓度（$2N = 1\text{mol/L}$）；

　　　　V——滴定时所耗硫酸溶液的体积，mL。

7.3.6.2　药剂用量的测定

在生产过程中，为了保证一定的药剂添加量，必须对各种药剂每隔 0.5h 或 1h 测定一次。液体药剂多采用自动加药剂或老式加药装置如虹吸管式、斗式和轮式给药机的给药方式给药，其测定可用小量杯（筒），接取一段时间的药剂量，可以多测几次，得出 1min 的加药药量，然后可按下列公式计算给药量（以每吨原矿所消耗的药量克数表示）。

（1）溶液药剂用量按式（7－23）计算：

$$给药量（g/t）= \frac{每分钟滴入量杯的药液体积（mL）×药液密度（g/mL）×药液浓度（\%）×60}{单位时间入选新原矿量（t/h）}$$

$$(7-23)$$

（2）原液药剂用量按式（7－24）计算：

$$给药量（g/t）= \frac{每分钟滴入量杯的药液体积（mL）×药液密度（g/mL）×60}{单位时间入选新原矿量（t/h）}$$

$$(7-24)$$

对于集中（一次）给药的选矿厂，按公式计算的药剂用量即为该种药剂在单位时间内的总耗量；对于分段给药的选矿厂，应先将每一段作业该药剂在 1min 内测得的药剂体积数相加，然后再用公式求出单位时间内该种药剂的总耗量。

7.3.6.3　药剂浓度的测定

对于易溶于水的药剂（如黄药、硫化钠等）浓度的测定是采用测定药液密度的方法间接地测定出药剂浓度，因为已确定的药剂浓度其密度是一个定值。测定方法是：取已配制好的药剂溶液 200～350mL 放在容器中（一般用 250～500mL 烧杯），将波美密度计轻轻放进容器内，使其在药液中飘浮，等其稳定后，观察药液面交界处的浮标密度刻度，此值即为药液的密度。

对于较难溶于水的脂肪酸药剂（如塔尔油）浓度的测定，是将已配好的药剂取样化学分析，看其脂肪酸的含量（因为已确定的药剂浓度其脂肪酸的含量是个定值），就可间接知道药剂浓度。

7.3.7　浮选机充气量、浮选时间的测定

7.3.7.1　浮选机充气量的测定

浮选机的充气量用特制的透明充气测定管进行测定。在充气测定管上部一定的体积处标有一刻度，如图 7－7 所示。测定时，先将充气测定管装满水，用纸盖住充气测定管的入口，将其倒置插入浮选机矿浆，插入深度约 30～40cm，轻轻晃动充气测定管，使盖住充气测定管入口的纸脱落，见第一个气泡进入充气测定管时，按秒表计时，待空气将充气测定管中的水排至刻度时停止计时。根据充满一定体积的空气量及充气时间就可算出充气量。测定时，应在浮选机每槽不同

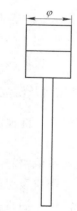

图 7－7　测定充气量装置

位置测 3~4 个点，取平均值，计算充气量按照公式（7-25）进行计算。

$$q = \frac{60V}{St} \tag{7-25}$$

式中　q——浮选机充气量，$m^3/(m^2 \cdot min)$；

　　　V——充气管刻度处容积，m^3；

　　　S——充气管的截面积，m^2；

　　　t——空气充满气管刻度处时所需时间，s。

7.3.7.2　浮选时间的计算

浮选时间按式（7-26）计算。

$$t = \frac{60VNK}{Q_0(R + 1/\rho)} \tag{7-26}$$

式中　t——作业浮选时间，min；

　　　V——单台浮选机的有效容积，m^3；

　　　N——浮选机的槽数；

　　　K——充气系数，浮选机内所装矿浆体积与浮选机有效容积之比，一般为 0.65~0.75，泡沫层厚时取小值，反之取大值；

　　　ρ——矿石的密度，t/m^3；

　　　Q_0——处理干矿量，t/h；

　　　R——矿浆液固比。

浮选机处理能力的计算可以由式（7-26）推导出来，在此不再详述。

7.3.8　浮选回收率的测定

在此只讲述单金属回收率。对入选原矿、浮选产生的精矿和尾矿分别采取化验样，时间间隔一般在 0.5h 一次，采样 4h 以上。获得原矿品位、精矿品位和尾矿品位指标数据后，可按公式（7-27）计算浮选回收率。

$$\varepsilon = \frac{\beta(\alpha - \theta)}{\alpha(\beta - \theta)} \times 100\% \tag{7-27}$$

式中　α——原矿品位，%；

　　　β——精矿品位，%；

　　　θ——尾矿品位，%。

7.3.9　浓密机及沉淀池溢流中固体含量的测定

浓密机及沉淀池溢流中固体含量的高低（亦称浑浊度），不仅反映浓缩、沉淀作业的工作情况，而且是造成金属流失的一个重要因素。溢流中固体含量的损失是编制实际金属平衡报表和采取措施减少溢流跑浑所必需的原始数据。

对于浓密机及沉淀池溢流中固体含量的测定，通常是用澄清和过滤较大量的溢流试样，将滤渣烘干后直接称重的办法。因为正常情况下浓密机和沉淀池中固体含量毕竟很少，用普通浓度壶法测定不够准确，测定误差较大。

通常在短时间内给入浓密机的给矿量（固体量）与浓密机中排出的沉砂、溢流中固体量的总和是不平衡的，因此，溢流中所含的固体量，并不能用给入浓密机的固体量减去沉砂（过滤机的给矿）的固体量来求得。只有通过测定溢流的流量、固体含量和分析其品位后计算得出。

为了测定溢流的浑浊度和金属损失量，要在溢流跑浑的整个时间内，每隔一定时间（通常 20~30min）取一次样，并测定溢流量，所采试样待澄清后，把上部清水用吸管吸出，将沉淀物用双层滤纸过滤、烘干、称重、制备分析样品供化验，最后根据测定和化验分析数据按式（7-28）计算浑浊度。

$$F = \frac{q}{V} \tag{7-28}$$

式中　F——浓密机及沉淀池溢流浑浊度或固体含量，g/L；

　　　q——所取溢流试样中的固体质量，g；

　　　V——所取试样的体积，L。

浓密机及沉淀池溢流中的金属损失量按式（7-29）计算。

$$P = \frac{FQ\beta}{1000} \tag{7-29}$$

式中　P——溢流中的金属损失量，kg；

　　　F——溢流中的固体含量，g/L；

　　　Q——测定期间的溢流总流量，L；

　　　β——溢流中固体的金属品位，%。

7.4　生产工艺流程考查

选矿厂要定期和不定期地对生产的状况、技术条件、技术指标、设备性能与工作状况、原料的性质、金属流失的去向以及有关的参数做局部及全部的流程调查，该调查称为流程考查。在选矿生产过程中，对生产工艺流程进行定期和不定期考查，目的是掌握生产工艺情况，发现生产中的薄弱环节，为挖掘设备潜力、提高工艺指标、降低生产成本、进行科学管理和操作改进以及工艺改革提供必要的数据和资料。

7.4.1　流程考查的分类和主要内容

流程考查的目的不同，考查的范围和对象也就不同。流程考查一般分为三类：第一类为单元流程考查（系统、循环的考查）；第二类为机组考查（单机、作业的考查）；第三类为数质量流程（局部、全部）考查。

流程考查的内容大致如下：

（1）原矿性质：包括入选原矿的矿物组成、结构、构造、化学组成、粒度组成、含水量、含泥量，矿石中有用矿物和脉石矿物的含量及嵌布特性，矿石的真假比重、摩擦角、安息角、可磨度及硬度等。

（2）对生产中各工序、各作业，各机组的技术特性、技术条件，生产中每年产品的数量（矿量、产率、水量、液固比等）和质量（品位、回收率、粒度组成等）作系统的调查。

（3）检查某些辅助设备的工作情况，以及对选别过程的影响。

（4）计算统计全厂的总回收率，必要的作业回收率，有关产品的粒度组成，金属分布率，嵌布特性，有用矿物和脉石矿物的分布情况，出厂产品的质量情况。

（5）检查有用矿物和金属流失的去向，以及某些作业、设备中的富集和积存情况。

（6）通过上述考查，对工艺过程和原始数据进行分析、计算，绘制选矿数质量流程图和矿浆流程图，编制三析（筛析、水析、镜析）表、金属平衡表、水量平衡表，绘制有关产品的粒度特性曲线、有关产品的品位 - 回收率曲线和品位 - 损失率曲线。

（7）按预先要求编写工艺流程考查报告。

7.4.2　流程考查前的准备工作

流程考查前的准备工作包括：

（1）在考查前首先应根据本次考查的目的与要求编写流程考查计划，在计划中应包括考查的深度与广度，考查需要的人力、资金、器材、工具、试样加工场地、化验工作量，供矿供水供电情况、必要的检修等；各有关单位（如试验室、化验室、机修工段、生产车间）根据总体计划制订本单位的执行计划；在各计划制订后，在生产调度会上下达流程考查任务。这项耗资费时涉及面较宽的工作，不但技术性强，而且是一项组织严密、计划周密的工作，要求各参加单位和人员要通力协作密切配合才能很好地完成流程考查任务。要保证在考查期间内入选原矿或矿石具有代表性；对设备运转情况进行调查及进行维修、检修，以保证取样过程中设备正常运转。

（2）按现行工艺流程编制取样流程图，对流程中各作业各产品进行统一编号；根据需要确定必要而又充分的取样点数和样品（质量样、品位样、粒度样、镜鉴样、浓度样等），并以不同的符号代表不同的样品标入取样流程图，同时要列表表示，样表见表 7 - 2。

表 7 - 2　样品名称

样品编号	样品名称	样品内容	取样方法	取样质量	间隔时间	取样人	备　注
1							
2							
3							
⋮							

（3）在考查前对取样、试样加工人员和数据处理人员进行明确分工、严密组织，统一进行技术教育，使每个参加取样考查的人员了解自己的工作内容、方法以及可能出现的问题。

（4）考查前认真勘察现场，对达不到取样要求的取样点进行改造；一切准备就绪后，组织全体人员到现场进行一次实地演习，以便发现问题及时解决。

7.4.3　流程考查中原始指标的选定

7.4.3.1　计算流程时所需的原始指标的数目

计算流程时所需的原始指标的数目按式（7 - 30）进行计算。

$$N = C(n_{产} - \alpha_{作})\qquad\qquad(7 - 30)$$

上式是下列各式的代表式，因此可以分别写出下列各式：

$$N_\gamma \leqslant n_产 - \alpha_作$$

$$N_\varepsilon \leqslant n_产 - \alpha_作$$

$$N_\beta \leqslant 2(n_产 - \alpha_作)$$

式中　N——计算流程时必需的原始指标数目（不包括原矿指标数）；

　　　　N_γ——计算流程时所需的产率指标数目；

　　　　N_ε——计算流程时所需的各产物金属回收率指标数目；

　　　　N_β——计算流程时所需的产物中金属的品位指标数目；

　　　　$n_产$——计算流程时所需的全部选别产物数目；

　　　　$\alpha_作$——计算流程时所需的选别作业数目；

　　　　C——计算流程的最终产物项目或按物料质量和物料中的一种或多种有价成分的项目数。

7.4.3.2　选矿各类原始指标选择时的注意事项

计算流程必需的原始指标数 N 可由不同数目的产率、回收率和品位指标组成很多个方案，但在流程考查中只能取得产物质量和品位指标，产率和回收率是通过产物质量和品位计算得到的，其指标选择注意事项如下：

在流程考查时，选用的原始指标除原矿质量和精矿质量外，一般不选取中间产物的质量作原始指标。为加工方便，其他各产物均取品位指标，为校核起见，可比必要而又充分的原始指标数多取 1～2 个中间产物的品位指标。

在非选别作业中，各产物的品位差别较大（如黄金选矿厂的磨矿分级作业），需要表明该作业中各产物的品位变化情况，在选定原始指标时，磨矿分级作业应作为选别作业对待，其产物亦应为选别产物对待。

7.4.4　流程考查时常计算的各种指标

7.4.4.1　流程考查时常计算的指标及表示方法

Q——生产率，单位时间内通过的干矿量，t/h；

γ——产率，产物质量与原矿质量之比的百分数，%；

β,α,θ——分别为精矿品位、原矿品位、尾矿品位；含量高的以 % 表示，含量低的以 g/t、g/m³ 表示，如金矿品位以 g/t 表示；

p——产物中所含金属的质量，称为金属量，以 g/h、kg/h、t/h 表示；

ε——回收率，回收产物中所含金属量与原矿中对应金属量之比的百分数，%；

W——单位时间内作业或产物中的水量，m³/h；

R——液固比，产物中液体与固体的质量比；

C——矿浆浓度，产物中固体质量与矿浆质量之比的百分数，%。

7.4.4.2　流程考察中各指标间的关系

流程考察各指标之间存在着一定关系，如式（7-31）、式（7-32）、式（7-33）、式（7-34）、式（7-35）所示。

$$\gamma_i = \frac{Q_i}{Q_0} \tag{7-31}$$

$$P_i = Q_i \cdot \beta_i = \gamma_i \cdot Q_0 \cdot \beta_i \tag{7-32}$$

$$\varepsilon_i = \frac{P_i}{P_0} = \frac{Q_i \beta_i}{Q_0 \beta_0} = \frac{\gamma_i \beta_i}{\beta_0} \qquad (7-33)$$

$$R_i = \frac{W_i}{Q_i} = \frac{100 - C_i}{C_i} \qquad (7-34)$$

$$C_i = \frac{Q_i}{W_i + Q_i} \times 100\% \qquad (7-35)$$

7.4.5　流程考查磨矿分级流程的计算方法

流程考查时，磨矿分级流程的指标按下列公式计算。

（1）有检查分级的磨矿流程（图7-8）的计算。循环负荷（也叫返砂比）公式如式（7-36）所示。

$$C = \frac{\gamma_5}{\gamma_1} \times 100\% = \frac{\beta_4 - \beta_3}{\beta_3 - \beta_5} \times 100\% \qquad (7-36)$$

式中　　C——循环负荷,%；

　　　　β_3——磨机排矿细度,%；

　　　　β_4——分级溢流细度,%；

　　　　β_5——分级返砂细度,%。

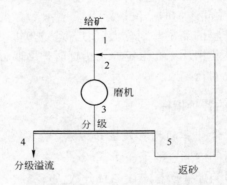

图7-8　有检查分级的磨矿流程

检查分级的分级效率公式包括量效率公式（7-37）和质量效率公式（7-38）：

$$E_{量} = \frac{\beta_4(\beta_3 - \beta_5)}{\beta_3(\beta_4 - \beta_5)} \times 100\% \qquad (7-37)$$

$$E_{质量} = \frac{\beta_4(\beta_3 - \beta_5)}{\beta_3(\beta_4 - \beta_5)} \times \frac{\beta_4 - \beta_3}{100 - \beta_3} \times 100\% \qquad (7-38)$$

以上两式中 γ_i 与 β_i 分别代表图7-8中各产物的产率和各产物中小于某指定粒级的含量。

（2）第二段磨矿预先检查分级流程（图7-9）的计算。

循环负荷计算公式：

$$C = \frac{\beta_3 - \beta_1}{\beta_5 - \beta_4} \times 100\% \qquad (7-39)$$

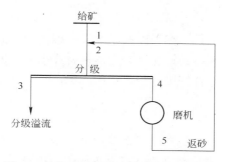

图 7-9 第二段磨矿预先检查分级流程图

分级量效率公式：

$$E_{量} = \frac{\beta_3(\beta_5 - \beta_4)}{\beta_3\beta_5 - \beta_1\beta_4} \times 100\% \qquad (7-40)$$

分级质量效率公式：

$$E_{质量} = \frac{\beta_3(\beta_5 - \beta_4)}{\beta_3\beta_5 - \beta_1\beta_4} \times \frac{(\beta_3 - \beta_4)(\beta_3 - \beta_1)}{100 \times (\beta_5 - \beta_4 + \beta_3 - \beta_1) - (\beta_3\beta_5 - \beta_4\beta_1)} \times 100\%$$

$$(7-41)$$

以上两项中 β_i 分别代表图 7-9 中各产物中小于某指定粒级的含量。

7.4.6 流程考查时选别流程的计算

这里仅以单个选别作业为例进行讲解，见图 7-10。由此产生的关系式是最基本的公式。

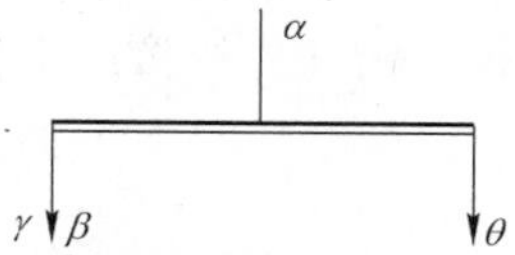

$$
\begin{array}{c}
\alpha \\
\downarrow \\
\gamma\ \beta \qquad\qquad \theta
\end{array}
$$

图 7-10 单个选别作业

选别精矿产率计算公式为：

$$\gamma = \frac{\alpha - \theta}{\beta - \theta} \times 100\% \qquad (7-42)$$

式中　γ——选别作业的精矿产率，%；

　　　α——进入选别作业的给矿品位，%；

　　　β——选别作业精矿品位，%；

　　　θ——选别作业尾矿品位，%。

选别作业回收率计算公式为：

$$\varepsilon = \frac{\beta(\alpha - \theta)}{\alpha(\beta - \theta)} \times 100\% \qquad (7-43)$$

式中　ε——选别作业回收率，%；

　　　α——进入选别作业的给矿品位，%；

　　　β——选别作业精矿品位，%；

　　　θ——选别作业尾矿品位，%。

由于各个选厂所处理的矿石性质不同，所采用的流程不同，在进行流程计算时采用的计算方法和公式也不相同。但是，都可以按照本节所讲各指标的关系式对浮选过程中每个作业泡沫的产率和作业回收率进行计算，其实很多公式都可以根据物料或金属含量平衡关系式推导出来，在此不再进行详细讲述。

7.4.7　流程计算的特点

流程考查的数质量流程计算具有以下特点：

(1) 流程考查时原矿计量比较准确，产品是矿浆，很难做到准确计量，因而一般将原矿的质量、品位、水分等取作原始指标，而不应反推。

(2) 选矿生产持续的时间长，指标波动性大，不能仅仅依靠利用短时间取得的少量试样得到的数据作为计算结果，而必须在生产稳定后进行较长时间（一般 5~6h）的连续取样，对所得到的数据进行统计，算出其平均值，将其作为计算结果。最好指出数据的波动范围或者误差界限。

(3) 流程的计算是一项非常细致的工作，首先要取得必要而又充分的原始指标，并检查这些指标是否符合正常情况，若有反常现象，须重新化验校核。

(4) 在进行具体计算时，必须要对个别指标或几个指标进行调整，此时首先检查校核是否可用；如不能，则要调整中间产品的尾矿指标，待调整完成后，即可进行系统的计算。

(5) 对全流程而言，在进行系统的计算时，应由外向里算，即由上下两头（由原矿、精矿、尾矿）向里算，待两头产物的未知数算完后，然后才能计算流程内部的各个作业；对作业而言（或循环而言），应一个作业一个作业地进行计算；对产品而言，先算出精矿的指标，然后用相减的办法算出作业的尾矿指标；对指标而言，应先算出产率，然后依次算出回收率和品位。最后要全部校核平衡，先校核产率，然后校核回收率。

7.4.8　流程考查报告的编写

流程考查报告是考查工作的总结，要将收集的资料，考查的结果、计算和分析意见系统地编写出来。编写考查报告并没有统一的格式，可根据考查内容、深度和广度自行拟定编写提纲。一般情况下，考查报告应具有以下几个部分：

(1) 前言。叙述流程考查的目的和意义，考查工作的进度日程等。

(2) 选矿生产现状的介绍。1) 矿山和选矿厂的生产现状（概况）；选矿厂的生产历史、流程沿革、生产规模、产品和产量等。2) 矿石性质：考查期间矿石来源，不同出矿地点的矿石比例和矿石性质，多元素分析，光谱分析，物相分析和较近期的岩矿鉴定结果等。3) 现行流程：主要设备和主要技术指标（列举近期内的生产指标和当班生产指标），列表与考查结果对比。

(3) 取样前的准备工作和取样。1) 取样流程和取样点的布置。2) 考查样品最小质量和取样质量的确定。3) 取样方法、时间间隔、取样次数和考查的总时间。4) 试样的加工方法和加工过程。

(4) 考查工艺流程取得的工艺参数、技术条件、技术指标及其对考查结果的计算。1) 碎矿流程中，破碎机排矿口的测定；矿石堆比重、摩擦角、安息角的测定；破碎比、筛分效率、循环负荷和主要设备负荷率的测定和计算，产物的粒度特性和粒度特性曲线。

2）磨矿过程中，磨矿机充填率、球比和转速的测定；矿石可磨度、硬度及比重的测定；分级效率、返砂比和磨矿机利用系数的测定计算；主要设备负荷率的计算；产物的粒度组成和粒度特性曲线。3）选别流程中，对选矿作业条件的测定，对各种药剂用量的测定；作业的富集比、选矿比、浮选浓度、作业回收率、浮选时间、搅拌时间的计算；选别的产品（原矿、精矿和尾矿）的筛析结果以及粒级回收率的计算等。

7.5　炉渣选矿生产过程控制

渣选矿生产过程控制的主要目的是控制各个环节的工艺条件，确保良好生产指标的顺利实现。下面按照系统进行简单介绍。

7.5.1　炉渣缓冷系统过程控制

要保证炉渣中矿物具有较大的结晶颗粒，为选矿回收提供良好的基础条件，必须对炉渣自然冷却时间和水冷时间以及总的冷却时间进行控制，及时检测炉渣温度、控制好温降梯度是保证获得最佳冷却效果的技术手段。采用渣包缓冷时，自然缓冷 24h 左右，总冷却时间达到 60h 以上效果最佳。祥光铜业渣选矿自然缓冷时间控制在 18h 以上，当遇到含铜品位比较高的炉渣时，要适当延长冷却时间。

7.5.2　炉渣破碎系统过程控制

在炉渣破碎过程中最终控制的目标是给磨矿提供最合适的给矿粒度。在破碎过程中要求经常检测各段破碎作业的破碎产品粒度，及时掌握破碎情况。通过测量破碎产品粒度，来判断各段破碎作业的好坏。为了保证各段破碎比和破碎粒度符合工艺要求，要定期对破碎设备的排矿间隙进行调节，衬板磨损严重影响破碎间隙时，要及时进行维修。因此生产过程中要经常检查破碎产品粒度，停车时检查破碎设备的衬板磨损情况或破碎间隙和排矿间隙。为了保证充分发挥破碎设备的生产效率和降低成本，经常校核皮带电子秤，以保证准确计量并及时记录数据计算生产效率，以保证破碎设备具有较高的负荷率。祥光铜业渣选矿在原矿仓设置 500 × 500 格筛来控制进入颚式破碎机的给矿粒度，保证破碎机的高效运转；通过定期调节颚式破碎机控制排矿口 100 ~ 120mm，来控制破碎产品粒度小于 200mm，完全满足半自磨机的给料要求。

7.5.3　磨浮系统过程控制

在磨矿过程中最终控制的目标是为浮选提供稳定的入选矿量、入选浓度和入选细度并达到工艺要求。为了达到浮选要求和较高的生产效率，在磨矿过程中，要控制好以下五个方面的工作：磨机要保持合理而稳定的填充率、较高而稳定的台效（每小时给入磨机的矿石质量，也叫台时效率）、合理的磨矿浓度、较高的分级效率和合适的溢流浓度，才能保证达到符合浮选的入选条件。因此生产过程中要经常计算台效，检查磨矿浓度、溢流浓度和磨矿细度，停车时要检查充填率、校核电子皮带秤，以保证良好的磨矿效率和准确计量。祥光铜业渣选矿一段磨矿采用半自磨机磨矿，钢球充填率要控制在 8% ~ 12%，运转时保持物料充填率达到 40% ~ 45%，磨矿浓度控制在 65% ~ 80%。二段磨矿采用流程球磨机时，钢球充填率控制在 40% ~ 45%，磨矿浓度保持 60% ~ 75%，与其配套的旋流器溢流浓度要控制在40%～45%，因为炉渣浮选需要高浓度浮选效果才最好，细度控制在 $-0.043mm$ 占80%以上。

在浮选过程中最终控制的目标是获得品位合格的精矿和最高的回收率。必须做好以下几方面的工作：保持浮选合理的药剂用量、浮选机内适当的矿浆液面高度、适度而平稳的浮选充气量，连续保证质量合格的浮选泡沫的最大排出量以及良好的设备运行状况。因此在生产过程中根据浮选实际情况，要经常检查和调节药剂用量、充气量、矿浆液面等因素，以克服矿石品位、矿量大小等波动因素的影响，保证稳定的浮选。祥光铜业渣选矿浮选药剂用量控制为 Z–200 号用量 $30～45g/t$、松醇油用量 $20～35g/t$、硫化钠用量 $150～300g/t$。在运转过程中观察浮选现象也会发现浮选设备问题，严重时必须停车检修，防止造成大量金属流失。此外，还要做好与磨矿岗位的沟通，做好磨浮岗位间的合作，渣精矿品位控制在23%～25%，尾矿品位控制在0.30%以下。

7.5.4　脱水系统过程控制

在脱水过程中最终控制的目标是精矿和尾矿滤饼水分、浓密机溢流固含量和浓密机排矿浓度达到正常要求。在保证浓密机和过滤机等脱水系统设备正常情况下，在过滤设备正常的能力范围内，尽最大可能提高浓密机的排矿浓度和排矿量，才能保证浓密机溢流水的质量。在过滤过程中，必须保证合理的给矿浓度、过滤机真空度和转速才能保证滤饼水分。因此在脱水过程中，要经常检测浓密机排矿浓度，察看溢流水清澈度，根据滤饼水分情况调节浓密机排矿浓度、过滤真空度以及转速等因素。祥光铜业渣选矿一般控制渣精矿水分小于8%，渣尾矿水分小于10%。浓密机溢流固含量为零，浓密机底流浓度及过滤机的给矿浓度控制在55%～75%，以便为过滤机提供合适的矿浆浓度。过滤机真空度根据过滤机滤饼水分情况进行调整。

7.6　选矿过程的工艺判断与问题处理

在选矿生产过程中，经常会出现一些问题，如何鉴别和判断问题，如何解决问题，是岗位技术工人应具备的岗位技能。下面分系统就一些常见问题进行讲解。

7.6.1　炉渣缓冷工艺的判断与问题处理

炉渣缓冷工艺的判断与问题处理包括：

（1）炉渣最短空冷时间的确定。当出现特殊情况时，需要缩短渣包冷却时间，提前加水冷却，因此要判断加水起始时间。原则是避免热熔炉渣遇水发生爆炸，因此必须保证渣包内炉渣液面冷却结出硬皮后方可加入冷却水。在水冷过程中要经常检测记录渣包温度，根据实际情况和冷却时间进行卸渣试验，冷却时间可以逐步缩短，连续试验5个以上不出现热熔渣，即表明是安全的，可以进一步探索。

（2）渣包卸渣时间的确定。一般渣包经过工艺规定要求的冷却时间后，经过检测表面温度达到卸渣温度，就可以卸渣。但是遇到特殊情况时，在规定的时间内可能得不到冷却，仍存在熔融态的炉渣，渣包表面温度偏高，在卸渣时熔融态的炉渣遇水就会发生爆炸。因此，遇到这种情况就必须延长冷却时间，直到温度降低到正常要求温度以下。

（3）粘包问题的处理。当渣包卸渣时倒不出来，炉渣整个粘在渣包里，称为粘包。当出现粘包时，可利用热胀冷缩原理解决，先将渣包放在一个地面平坦而且宽阔的场地，用木柴点火对渣包进行加热烘烤，约 0.5h 以上，同时用液压破碎机在渣包上部对炉渣进行击打振动，然后再卸包，基本能够得到解决。如果没有成功，则继续按照此方法处理即可。

（4）红包的处理。当渣包装入热熔炉渣后，由于渣包壁局部变薄而出现局部高温变红，称为"红包"，此时要及时找到合适的场地放好，然后加水进行冷却，防止渣包壁局部熔穿出现事故。当炉渣含铜过高，卸渣时因冷却程度不够仍然存在红色热熔渣，也称之为"红包"，此时的红包存在危险，绝不允许用液压破碎机进行破碎，应及时加冷却水进行冷却，操作人员要注意保持远距离操作和观察，以避免可能发生爆炸带来的危险。

7.6.2　破碎工艺的判断与问题处理

破碎工艺的判断与问题处理包括：

（1）破碎设备排矿间隙及衬板磨损情况的判断。在破碎过程中，可以从破碎设备排出的产品中挑取粒度最大的矿块，测量其最小宽度值是否达到破碎粒度要求，如果超过粒度要求，就需要停车调整排矿间隙。如果解决不了，说明衬板磨损严重，就要考虑利用停车检修时间更换工作腔衬板。

（2）筛分机筛网的磨损及破损情况的判断。在破碎过程中，可以从筛分机排出的筛下产品中挑取粒度最大的矿块，测量其粒度值是否达到破碎粒度要求，如果超过粒度要求，说明筛孔因磨损变大，需要找停车机会更换筛分机筛网，以保证最合适的破碎粒度。如果发现短时间突然出现严重超标的大矿块，说明筛网已经破损，必须马上停车检查，进行维修。

（3）筛分效率的判断。当在破碎筛分过程中，检查发现筛上产品中存在大量粒度合格的矿块、循环负荷增大时，说明筛分效率降低，此时应该调节筛分机的振幅和频率以及筛体坡度等参数，以提高筛分机的筛分效率。

7.6.3　磨矿工艺的判断与问题处理

磨矿工艺的判断与问题处理包括：

（1）磨机出现胀肚现象的判断。磨矿浓度的大小与给矿量、给矿工艺水有直接关系，给矿量突然增大和给矿工艺水突然减小都会引起磨矿浓度突然增大。磨矿浓度过大过小都将产生不良影响。浓度过大时，矿浆流动速度减慢，同时磨矿介质（钢球、钢棒）的冲击作用变弱。对溢流型球磨机，其排矿浓度变稠；而格子型磨机则可能出现胀肚现象。造成"胀肚"的原因主要是由于矿量增大或粒度、硬度变大和水量变小（水压降低）引起磨矿浓度急剧升高造成的。磨机"胀肚"时，声音变得沉闷，听不到钢球撞击声音，观察电流表可以发现电流大幅下降，说明电动机此时做功最小，磨机已失去磨矿作用。如果不及时调整过来，很快筒体内物料会从磨机给矿部喷吐出来造成金属流失。处理"胀肚"现象的措施：先关掉给矿机，停止给矿，将磨机给矿水量适当开大；对格子型球磨机来说，可将排矿水量适当减少将分级机溢流浓度提上来，目的是减少返矿量，减轻磨机负荷；对半自磨机来说，就要适当增加排矿水量，以保证与其构成闭路的振动筛和渣浆泵能够及时排走合格粒级的矿物。经精心处理和调整，一般来说 0.5h 左右就能恢复正常，个别严重的会长些。当发现排矿口排矿浓度变稀，排矿量渐少，可以听见钢球撞击衬板的声音；观察电流表发现电流恢复正常，这些现象均表示"胀肚"已得到解决。此刻，应恢复给矿和其他操作条件，使磨机工作正常起来。

（2）磨机排矿浓度过大或过小原因的判断。当磨机排矿浓度大于规定浓度要求时，要先查找是什么原因造成的。先检查给矿记录，看看矿量是否有变化，若增大了，如果无其他的原因，可将矿量调整下来。或者检查水压有无变化，如水压低（表现为水流量减低）造成浓度过大，也应该相应减少矿量，以适应变化。如果此时加大水量能见效时，也可用调整水量的方法来调整浓度。如果浓度小于规定要求，调整方法与浓度过大的方法相反。要注意，在调整过程中，一定要注意其他操作条件有无变化，防止顾此失彼。

（3）磨矿机运转时突然筒体声音变得尖脆的原因及格子板损坏的判断。当磨机运转中，发现筒体内部声音变得尖脆时，如果时间持续较长，要停车检查衬板是否有折断损坏现象；如果是突然短时间出现，则首先检查给矿量是否不足，一般出现此种现象主要是这两种原因。当然有时也会因为在中、小修时不注意将扳手或其他铁器丢在筒体内造成声音异常。如果筒体内部有间断沉闷的冲击声，则可能是某块衬板脱落；如果球磨机突然排出钢球和大块矿块，则表示内部格子板有损坏的地方。

（4）当磨矿机运转时发现电流间断升高原因的判断。从生产实践来看，如果发现操作盘上电流表指示的电流呈间断周期性的升高，当磨机各部运转正常时，则需查找泥勺头，此时泥勺头很可能松动，勺头松动是造成电流周期性间断升高的主要原因；当然也应该检查泥勺底部是否有钢球或其他铁器妨碍泥勺旋转。如果电流持续升高，不恢复到额定电流，则可能是由于磨机负荷过大或电压低造成的。属于给矿量大造成的，要调整给矿量；属于机械问题造成负荷过大，应停车处理。但是如果是电压低造成的，则纯属外部供电原因，积极的方法是勤观察有无大的变化和电动机温升。

（5）给矿粒度增大或矿石硬度变大的原因判断及对策。突然出现给矿粒度增大，往往是由于破碎系统筛分设备出现故障或筛底有破漏，造成粒度增大。矿石硬度变化，则可能由于矿石性质变化造成的。出现这两种情况，磨矿过程会引起相应变化。一是出现排矿粒度变粗，二是返砂量增大。调整的方法是提高排矿浓度，增加分级机溢流浓度，使返砂量降下来。如果细度解决不了，通过适当减少给矿量来处理。同时要及时解决破碎筛分系统设备问题。

（6）分级机溢流浓度大小原因的判断。分级机溢流浓度是指溢流中矿石（固体）与水所形成矿浆的百分比浓度，它可以直接测量。溢流浓度的大小直接反映溢流中矿石的细度（即入选物料的细度）。如果溢流浓度大，说明物料磨的比较粗，细度不够；如果溢流浓度小，则表示产品中细度较好，磨的较细。由于浓度主要是指固体与水的比例的大小，浓度小，则固体含量较少。所以，浓度大小影响处理量。现场生产中一般都是严格按规定控制溢流浓度来间接掌握溢流产品的细度。一般引起溢流浓度变化的原因是与磨矿给矿量、给矿水和排矿水相关的磨机排矿浓度有关系，经过检查可以直接对这些变量进行调整。

（7）磨机充填率不足或过高的判断和解决方法。磨矿过程中，台效总是达不到生产要求，一增加给矿量，就出现筒体内钢球撞击衬板的声音变弱，磨矿效果变差，甚至出现"胀肚"现象，此时说明磨机充填率不足，应该增加钢球。若增加加球量后效果仍无好转，说明缺少大球，应当增加大球加入量。还有另外一种现象，台效达不到生产要求，磨矿细度比以往高，一增加给矿量也出现"胀肚"现象，说明此时磨机充填率过高，应降低台效，停止日常补加球，直到磨机正常工作以后再恢复日常加球工作。

7.6.4 浮选工艺的判断与问题处理

7.6.4.1 判断浮选效果好坏的常用方法

浮选岗位操作最经常的任务是维护设备的正常运转和根据浮选过程中的各种现象判断选别指标的好坏。通过浮选现象准确判断产品质量和回收率情况，通过浮选机阀门调节液面，通过风阀调节浮选机风量，通过加药机调节浮选加药量，是人工操作能否获得良好指标的关键。判断浮选效果好与坏的常用方法是观察泡沫表象和淘洗产品。

A 观察泡沫的方法

浮选工能否正确地调节浮选药剂添加量、精矿刮出量和中矿循环量，很好地完成浮选过程的技术操作，首先取决于对浮选泡沫外观好坏判断的正确程度。根据浮选泡沫的外观进行浮选操作主要包括以下几方面：

（1）根据泡沫的虚实调整药剂用量。虚（空）与实（结）反映气泡表面矿化程度，精选和粗选作业的泡沫一般比较"实"，扫选作业的泡沫较"虚"。原矿品位高，药量适当，粗选头部泡沫应是正常的实，如果抑制剂过量而捕收剂过少则泡沫虚，要考虑增加捕收剂用量、适当减少抑制剂用量。在浮选中，捕收剂、活化剂用量过大，抑制剂用量过少时，就会发生泡沫过于"实"的所谓"结板"或"沉槽"现象，这对浮选是不利的，这时要考虑减少捕收剂、活化剂的用量。

（2）根据泡沫的大小和兼并情况调节药剂量。大与小是指泡沫层表面气泡的大小，常随矿石性质、药剂制度和浮选作业而变。在一般硫化矿浮选时，直径 8~10cm 的气泡可看作大泡，3~5cm 者为中泡，1~2cm 为小泡。气泡矿化良好为中泡，精选与粗选作业常见中泡；气泡矿化较差时多为小泡，扫选作业尾部较常见。气泡大小也与起泡剂用量有关，用量多时气泡较小。当粗选出现大泡较多时，说明捕收剂不足，应当考虑增加捕收剂用量；当粗选气泡兼并速度小于 0.5s 时，说明起泡剂量不足，此时应增加用量。当气泡兼并速度大于 5s 时，说明起泡剂用量较大，易造成跑槽，此时应适当减少起泡剂用量。扫选作业和精选作业可依此进行操作。

（3）根据泡沫的颜色调整药剂和泡沫刮出量。泡沫的颜色是由附着的矿物与水膜的颜色所决定。如闪速炉渣浮选时泡沫呈灰黑色，且有金属光泽。扫选尾部泡沫常为浅白色略带淡黑色。扫选作业泡沫颜色越深，金属损失越大，此时应该增加捕收剂用量、减少抑制剂用量，同时增大泡沫刮出量。粗精选作业浮选矿物的颜色越深越亮，则精矿质量越好，但是要控制精矿品位不要过高，此时要增加精矿泡沫刮出量，在保证精矿品位的前提下，进一步提高回收率，如果后劲不足，可考虑增加药剂用量。

（4）根据泡沫的光泽调整液位和药剂量。泡沫的光泽由矿物的光泽和水膜的水泽决定，但浮选矿粒的粗细对泡沫表面光泽也有影响。闪速炉渣浮选时，粗选和精选的泡沫光泽为灰色带亮呈银灰色。颜色越亮说明精矿品位越高，此时应增加精泡沫刮出量，同时要增加捕收剂用量；如果颜色暗淡，则要考虑减低液面，提高泡沫品位，直到颜色和光泽达到要求为止，此时如果泡沫产量较小，应增加捕收剂和起泡剂用量，以保证回收率。

(5) 根据泡沫的轮廓调整液面和充气量。浮选中的矿化气泡，由于受矿浆流动、气泡相互干扰和表面层矿粒重力作用的影响，常呈近圆形、椭圆形。刚形成矿化气泡的轮廓较为鲜明，泡沫在矿浆面停留时间长后则气泡轮廓模糊。如果出现气泡轮廓模糊现象就说明液面较低或充气量不足，可以根据实际情况调整，直到泡沫轮廓鲜明、具有活跃性为止。

(6) 根据泡沫的厚薄调节液面高度、浓度、起泡剂量和充气量。厚与薄是指泡沫层的厚薄，与起泡剂用量、液位高低、充气量、气泡矿化的程度有关。起泡剂多、原矿品位高、浓度大、矿化程度好，泡沫层就比较厚；反之则薄。但浮选矿粒过粗则难以形成厚泡沫层。一般在浮选过程中，泡沫层的厚薄通过调整起泡剂、矿浆液面高度、矿浆浓度、充气量进行调节。

(7) 根据泡沫的脆与黏调节起泡剂用量。泡沫过脆则稳定性差，易破裂，说明起泡剂用量不足，就要增加起泡剂加入量；过黏则易"跑槽"，输送困难，说明起泡剂过量，有时混入机油、矿石有大量矿泥等都会使泡沫过于稳定，就要减少起泡剂加入量或者暂时停止添加，直到慢慢转入正常为止。

(8) 根据泡沫的音响调节液面、药剂量和充气量。是指泡沫被刮出或泡沫落入泡沫槽时发出的声音，矿物比重大、粒度粗时，含在泡沫中被刮出落入泡沫槽后会"沙沙"作响。在闪速炉渣浮选的粗选和精选就特别明显。如果泡沫的音响清脆且保持平稳，说明浮选效果良好；如果出现"啪嗒啪嗒"的声响，就说明浮选效果不好，一般要调节矿浆液面、药剂加入量和充气量。如果泡沫稳定性好则不用调节起泡剂（否则就要调整）；如果泡沫颜色深、矿化好，就不用调节捕收剂（否则就要调整）；可先调节降低液面，然后调节充气量，以液面平稳不翻花为原则。

(9) 根据泡沫的产出量调节液位、充气量和药剂量。泡沫的产出量与矿石性质和浮选工艺要求有着密切的关系。要想得到较高的回收率指标，必须保证较大的泡沫产出量。一般原矿品位高，精矿刮出量就大。从粗选到扫选，泡沫的产出量由大逐渐变小，在精选时泡沫产量大一些，但不允许带浆，才能保证精矿质量。泡沫的产出量控制，中小型浮选机一般靠刮板排出泡沫产品，大型浮选机一般靠泡沫自动溢流排出。在其他条件都正常的情况下，要控制泡沫的产出量大小，一般首先靠调节充气量、液位的高度来实现，其次根据泡沫颜色考虑药剂量的增减。

B 淘洗产品的方法

淘洗法即用勺、碗等物淘洗浮选泡沫和尾矿，以鉴别精矿质量与金属损失情况。要根据淘洗的目的选择适当的淘选地点和淘洗产物种类，根据要检查的矿物含量确定合适的接矿量，根据检查矿物的密度及数量确定淘洗程度。要使淘洗检查准确，必须使每次取样的地点、取样的数量、淘洗的程度尽量一致，需要长期的观察与经验总结。

7.6.4.2　浮选实际操作的经验技巧

浮选操作的一般原则有三条：一是根据产品数量和质量的要求进行操作；二是根据矿石性质的变化进行操作；三是保持浮选工艺过程的相对稳定，因为只有工艺过程的稳定才能达到工艺指标的稳定。一般在矿石性质较为稳定或变化很小时，应尽量保持各种操作条件、工艺指标稳定。但如矿石性质变化较大，原有操作条件不适当，引起指标下降，则需要改变各种操作条件。

根据多年的生产经验，总结出了"三度一准"操作法。所谓"三度"，即在生产过程中准确地控制好磨矿细度、浮选浓度和矿浆酸碱度；"一准"，即浮选药剂给得准。在生产实践中还总结出"三勤、四准、四好、两及时、一不动"操作要领。"三勤"：勤观察泡沫变化，勤测浓度，勤调整；"四准"：药剂配制和添加的准，品位变化看的准，发生变化的原因找的准，泡沫刮出量掌握的准；"四好"：浮选与药台联系的好，浮选和磨矿联系的好，浮选和砂泵联系的好，混合浮选和分离浮选联系的好；"两及时"：出现问题研究的及时，解决问题处理的及时；"一不动"：不乱动浮选机闸门，这些操作经验已经取得了良好的效果。当然，这些经验是在具体条件下得到的，然后总结成为原理性的操作方法或要领，仅具有指导作用，不可照搬照抄。在实际应用时，应根据生产实际酌情采用，处理普遍性和突发性的问题。

7.6.5　磁选工艺的判断与问题处理

在此只介绍常用的永磁湿式筒式磁选机。

7.6.5.1　磁偏角的大小对磁选效果的影响

永磁筒式磁选机的磁系偏角大小要适宜。当磁选机工作时，磁系不是自然下垂，而是向精矿排出端偏离一定角度。磁系中心线（或对称轴）偏离铅垂线的角度即磁系偏角（β）。磁系偏角可随意调整，其正常值为 15°~20°。磁系偏角在正常值范围内变化对分选指标没有大的影响。但如果过大或过小，可能对选别产生较大影响。如果磁系偏角过大，以致磁系上边缘超过精矿冲矿水的冲洗位置，则精矿冲不掉，同时选别带也变短了，回收率会降低；如果磁系偏角过小，磁系上边缘过低距排精矿点有一段较大距离，吸住的精矿可能还未到达槽外就又吸回槽内，以致排不出精矿，一部分磁性矿粒从尾矿管跑掉，使尾矿品位升高，同时因磁性物在槽内堆积，磁选机将给不进矿，造成满槽。磁系偏角通过磁选机一端的调整机构进行调整，用扳子调整螺杆，磁系连同主轴就会一同旋转，有的磁选机轴端装有一个角度显示器，调整就更方便了。磁系偏角一经调好，不再经常调整。

7.6.5.2　磁选机精矿排矿跑偏的原因判断

当磁选机工作时，有时会发现磁选机精矿卸矿区的精矿偏向一侧，称为精矿卸矿跑偏。一般原因在于给矿箱给矿因堵塞原因造成给矿不均匀造成的，因此要及时检查清理，确保给矿均匀，否则会影响回收率，严重时也会影响精矿质量。

7.6.5.3　磁选机内槽体漏矿的判断

当磁选机工作时，给矿均匀正常，但是精矿量和其他磁选机相比，精矿量少，排除磁偏角偏小问题外，可以初步断定为内部槽体漏矿，为了充分分析和判断，应及时采取本台磁选机和其他磁选机的尾矿样，进行化验对比，如果本台磁选机的尾矿品位显著高于其他磁选机，就说明本台磁选机的内槽体漏矿，应及时停车补漏；否则会严重影响回收率。

7.6.6　脱水工艺的判断与问题处理

7.6.6.1　浓密机溢流"跑浑"的判断与处理方法

察看浓密机溢流堰的溢流水是否清澈，如果发现溢流水逐渐变得浑浊，说明溢流开始"跑浑"。一般原因为两个方面：一个是上游浮选或其他作业给入浓密机的矿量突然增大；另一个是浓密机的效率降低。采取的措施是，加快浓密机的排矿量、增大过滤机的处理能力，同时调快浓密机耙体的转速。如果是由于物料过细或胶体化严重等原因造成的，需要加入絮凝剂来解决。

7.6.6.2 浓密机附耙卡阻的判断与处理方法

当浓密机突然在运行中经常性过负荷跳闸，造成浓密机不能正常工作时，若检查浓密机排矿浓度正常而且上游给矿量没有突然变大，可以初步断定，是浓密机内进入杂物对附耙造成了卡阻事故。遇到此类事故，应停机进行处理。处理方法：将浓密机内矿浆抽净，将杂物清理出来，经检查设备不存在问题后方能恢复生产。

7.6.6.3 滤饼水分的高低判断与处理方法

用手接住过滤机卸下的滤饼，用手稍微用力攥一下，不带水光，则滤饼水分为10%以下；略带水光，则滤饼水分为10%~14%；如果沾手有泥状，则水分在14%以上。如果水分偏高，就要察看和调节过滤机真空度、给矿浓度以及不同细度给料的配比。

7.7 渣选矿金属平衡管理

7.7.1 渣选矿金属平衡的意义和种类

选矿处理渣原矿中的金属量，在理论上应当等于选矿产品中所含的金属量，但是在实际金属平衡表中却不一致。差值取决于取样的准确性、化学分析和机械损失。差值小说明选矿生产技术管理水平高；差值大则说明管理水平差。

为了评定选矿厂某一时间的工作情况，必须按一定形式编制关于入厂渣矿和已处理渣矿以及选矿产品的报表，其中包括渣原矿质量、选矿产品质量、渣矿和选矿产品的化学分析结果、渣精矿中金属回收率等。在处理各种不同炉渣的选矿厂中，可以按照炉渣或金属种类，来编制各种金属平衡表。贵金属或其他不能分成独立精矿的金属，也要编制单独的但是不完整的平衡表。

金属平衡分为两种：一种是实际金属平衡，又叫商品平衡；另一种叫理论金属平衡，又叫工艺平衡。实际金属平衡考虑了工艺过程中各个选矿阶段上的机械损失和局部损失在内，如浮选泡沫跑槽、渣浆泵喷浆、浓密机溢流跑浑、管路漏浆等各种因素。实际金属平衡是根据现场实际处理的渣原矿量及渣原矿品位和得到的实际渣精矿量及渣精矿品位来计算出渣精矿回收率，这个回收率被称为实际回收率。根据现场实际处理的渣原矿量及渣原矿品位和得到的实际渣精矿量及渣精矿品位以及局部损失等数据编制的金属平衡，叫做实际金属平衡或商品平衡。理论金属平衡没有考虑选矿各阶段的机械损失和金属流失。根据渣原矿、渣精矿、渣尾矿的化验品位计算出的精矿回收率称为理论回收率。根据渣原矿处理量以及渣原矿、渣精矿、渣尾矿品位编制的金属平衡，叫做理论金属平衡或工艺平衡。理论回收率和实际回收率允许差值范围为：单一金属选矿为±1%，重选为±1.5%，多金属选矿为±2%。金属平衡回收率允差一般不超过此范围要求，一旦超出允差范围，就要及时召开原因分析会，查找真正影响金属平衡的原因，及时纠正解决。

7.7.2 车间金属流失的检查与测定

车间金属流失一般是指磨矿、选别和脱水工序的流失，这是因为选矿生产的渣原矿处理量一般是以磨矿机的渣原矿给矿量为标准的。磨选和脱水的金属流失，首先表现在磨矿和选别生产过程中的流失，例如磨矿机漏浆、矿浆池或泵池漫浆、浮选跑漕、管路泄漏和渣浆泵喷浆等；其次表现在浓密机溢流水跑浑；再次表现在高寒地区干燥机的烟尘。

7.7.2.1　磨选过程中金属流失的检查和测定

在多数冶炼厂的渣选矿车间，磨矿和浮选配置于同一个车间厂房内，从地面标高位置而言，磨矿作业位于浮选作业之上，两个作业生产过程中产生的污水或跑冒的矿浆会合并在一起。有的是进入沉淀池进行沉淀处理，有的是由地坑泵返回合适的作业环节。由于现代环保法律法规的严格要求，选矿过程的矿浆泄漏完全属于零外排。在进行金属平衡时，要对进入沉淀池沉积而不能及时返回流程的矿砂进行定期清理，计量和采样化验水分和品位，以便在金属平衡计算中进行考虑。

7.7.2.2　浓密机溢流水中金属流失的检查与测定

浓密机溢流水中的金属流失量 E_b，可以由已知溢流水中固含量 P 与固体的金属品位 β_b，以及总溢流水量 W 求出，按公式（7-44）计算。

$$E_b = \frac{P\beta_b W}{1000} \tag{7-44}$$

式中，E_b、P、β_b、W 的计算单位为 t、g/L、%、m^3。

从浓密机溢流出去的总水量 W，可以根据进入浓密机的精矿矿浆中的含水量和与过滤机排出滤饼的水分含量求出。

7.7.2.3　干燥机烟尘中金属流失的检查与测定

对于高寒地区的冶炼厂，会增加第三段脱水工艺，即采用干燥机来保证精矿的水分符合入炉要求，干燥机烟尘中的金属流失量是不可忽视的。干燥机烟气中固含量的检查有两种意义，一是确定烟尘中的固含量，为金属平衡报表的编制提供必要的数据；二是为消除环境污染提供原始数据。测定烟尘中的固含量，是通过收集一定体积烟气中所含固体，并称其质量，计算出单位体积烟气中的固含量。烟气总体积可以通过排风机的额定风量计算得到，也可以通过实际测量烟道风速和截面积计算得到。烟气中的固含量和金属损失量可由式（7-45）和式（7-46）求得。

$$F = \frac{Qq}{1000000} \tag{7-45}$$

$$P = \frac{Qq\beta}{1000000} \tag{7-46}$$

式中　F——一定时间内烟气中的固含量，t；

　　　Q——一定时间内烟气总体积量，m^3；

　　　q——单位体积中烟气的固含量，g/m^3；

　　　P——一定时间内烟气中损失的金属量，t；

　　　β——烟气中固体物料的金属含量（或品位），%。

7.7.3　理论金属平衡表的编制

渣选矿生产是连续不断进行的，分选出来的渣精矿矿浆要经过浓缩、过滤或干燥等作业进行脱水，因此在各种设备内的产品不能精确地计算出来。为了及时掌握生产情况，便于选矿产品的统计，一般先要编制工艺金属平衡表，由于它是按日报出，以月累总，所以常称为选矿生产日报表。工艺金属平衡表是根据渣原矿和选矿最终产品（渣精矿和渣尾矿）的化学分析资料以及被处理渣原矿的数量进行编制的。通过按班、日编制工艺金属平衡表，日金属平衡表的加权累计，即得旬或月金属平衡表，月累计即得季度或年度工艺金属平衡表。

工艺金属平衡表作为对选矿工艺过程和技术管理业务的检查，可以反映出工艺环节和班组的工作情况。因此，可以通过金属平衡表中反映出的问题，对各工序环节和班组的工作指标进行比较和监督，以查明选矿过程中的不正常情况以及在采样、计量和各种分析与测量中存在的误差。

在渣选矿过程中，多数属于单一金属选矿，在这里重点简述单一金属平衡表。单一金属平衡表包括的内容主要有：渣原矿处理量、磨矿细度、炉渣原精尾矿品位、渣原矿金属含量、回收率、渣精矿金属含量、累计渣原精尾矿品位、累计磨矿细度、累计渣原矿数量、累计渣原矿精矿水分、累计外运出库渣精矿数量、品位、水分等。有尾矿脱水的相应的渣尾矿数据也要包括进去。有时为了方便全面管理需要，可以将磨机开车时间、磨机台效、作业率、球耗、电耗、水耗、药剂消耗等经济指标纳入其中。

7.7.4 产品余额的测定

产品包括选矿最终产成品和过程在制品，过程在制品是指在工艺过程中，设备和仓体及槽体内正在进行处理或缓存的含金属渣矿或物料。产品余额包括选矿最终产成品和过程在制品两类余额。生产过程由于受各种条件的限制，实现完全的金属和矿量平衡是不可能的，进入流程的矿量和品位，随时都在发生波动，流程中的在制品的数量和品位也随时发生着变化，同时总会有一定数量的在制品或产品积存在流程中，所以在一段时间内，理论回收率不能完全反映这段时间的实际情况。要编制商品金属平衡表，反映生产过程的真实情况，就必须对流程中的在制品和产品库存的金属量进行盘点。表面上看来，产品余额的原料形态是渣原矿、矿浆和选矿产成品（精矿和尾矿等），按储存渣矿和产成品的地方，产品余额可在储矿仓、精矿仓和堆积场中测定；按获得矿浆和成品的地方来说，可以在浮选机、浓密机中测定。在金属平衡过程中，如果生产处于连续正常状态，浮选机、浓密机内的积存量可视为一个常数，仅对矿仓内的缓存物料或产品进行盘点。只有当生产出现事故停车，造成流程内大量积压物料即在制品时，就要对其进行必要的盘点和采样化验工作，一般仅对大型设备或槽体设备内的物料如浮选柱、大型浮选机和浓密机进行盘点。

7.7.4.1 浮选机或浮选柱中在制品的盘点

浮选机或浮选柱中在制品的盘点，可根据槽体尺寸和矿浆所占的高度算出矿浆的容积，然后将设备开动起来，当矿浆搅拌均匀后进行采样、化验品位、浓度、矿浆比重。可按公式（7-47）进行计算在制品的金属含量。

$$P = V\delta_n R\beta \qquad (7-47)$$

式中　P——在制品金属含量，t；

　　　V——矿浆在槽体内占据的体积（应减去槽体内部设备运转部分的体积），m^3；

　　　δ_n——矿浆密度，t/m^3；

　　　R——矿浆质量浓度，%；

　　　β——矿浆中有用矿物的品位，%。

7.7.4.2　浓密机中在制品的盘点

浓密机分为澄清区、沉降区及压缩区、积压区，停车时间较长的情况下，即沉降区和澄清区完全相同时，仅对压缩区和积压区进行计算；如果停车时间较短，存在一定的沉降区时，除了要对压缩区和积压区进行计算外，还要对澄清区进行计算。积压区为浓密机椎体高度，用 h_4 表示；压缩区为与椎体上部连接的柱体矿浆沉淀高度，可以用探管插入测量得到数据，用 h_3 表示。沉降区和澄清区一般不易区分，澄清区可以根据目视情况进行测量得到，用 h_1 表示。然后可以根据压缩区到液面的高度减去澄清区高度得到沉降区的高度，用 h_2 表示。一般按照公式（7-48）和公式（7-49）进行计算。

$$V_1 = \psi\pi R^2\left(\frac{1}{3}h_4 + h_3\right) \tag{7-48}$$

式中　V_1——压缩及挤压区体积，m^3；

　　　ψ——有效系数，取 0.8 左右；

　　　R——浓密机半径，m；

　　　h_3——浓密机压缩区高度，m；

　　　h_4——浓密机挤压区高度，m。

$$Q_1 = \frac{V_1\delta K}{\delta - K(\delta - 1)} \tag{7-49}$$

式中　Q_1——压缩区及挤压区矿石质量，t；

　　　δ——矿石密度，t/m^3；

　　　K——该二区矿浆浓度，停车前两天浓密机排矿平均浓度，%。

一般沉降区按照压缩区和积压区的矿量30%进行简单估算。也可以用采样测固含量方法进行计算。用 Q_2 表示。

则浓密机内总矿量为

$$Q = Q_1 + Q_2$$

浓密机内的矿石品位采用停车前两天的平均精矿品位为 $\beta_{平均}$。因此可以按公式（7-50）得到浓密机内矿物的金属含量为：

$$P = Q\beta_{平均} \tag{7-50}$$

式中　P——浓密机内矿物的金属含量，t；

　　　Q——浓密机内的矿物数量，t；

　　$\beta_{平均}$——停车前两天的精矿平均品位，%。

7.7.4.3　渣精矿仓中产品余额的测定

一般在盘点前可将仓内的渣精矿堆成规则的几何体，如长方体、圆锥体等形状以便测量和采样。经过测量计算可以得到渣精矿堆体的体积，用所采的样品可以测得渣精矿的水分和堆密度以及渣精矿品位。用式（7-51）和式（7-52）即可得到渣精矿的质量和金属含量。

$$Q = V\delta_0(1 - F/100) \tag{7-51}$$

式中　Q——渣精矿仓内精矿的质量，t；

　　　V——精矿仓内渣精矿堆体的体积，m^3；

　　　δ_0——精矿仓内渣精矿堆体的堆密度，t/m^3；

F ——精矿仓内渣精矿水分,%。

$$P = Q\beta \tag{7-52}$$

式中　P ——精矿仓内渣精矿的金属量,t;

　　　Q ——精矿仓内渣精矿的质量,t;

　　　β ——精矿仓内渣精矿品位,%。

7.7.5　实际金属平衡表的编制

实际金属平衡表又叫商品金属平衡表,它是根据选矿生产统计资料进行编制的,统计资料主要包括处理渣原矿的实际数量、出厂渣精矿数量、机械损失量、在制品和产成品的存留量(包括矿仓、浓密机和各种设备器械中的物料)、渣原矿及选矿产品的化学分析资料等。这些资料一般可以通过选矿生产统计日报表获得。由于选矿生产是一个连续生产的过程,矿石要经过较长时间才能选出精矿来,所以在短时间内实际金属平衡表是难以编制的;通常是按旬、月、季、年进行编制。

根据实际金属平衡表中的数字,可以知道出厂商品渣精矿的数量、金属量和商品渣精矿的回收率、产品余额、渣精矿产成品的库存量以及工艺过程中金属的机械损失等。选矿通用的金属平衡表一般包括理论生产金属平衡表、出库表、结存表、实际生产金属平衡表以及理论与实际金属平衡回收率差五个部分,格式见表7-3。金属平衡数据包括渣矿数量平衡和渣矿金属含量平衡两套数据。因为目前计量仪器比较准确,一般将皮带秤计量的磨矿处理量、运输计量衡器计量的渣精矿质量(有渣尾矿销售的也进行计量)视为准确数据,作为实际平衡数据。因此与这些计量相关的计量衡器要定期进行校验,发现偏离要及时校正。

表7-3　渣选矿单金属平衡样表

渣选矿(年季月旬)金属平衡报表

一 (年季月旬) 理论生产金属平衡报表

品　名	数量(干)/t	品位/%	含量/t	理论回收率/%	备　注
渣原矿					
渣精矿					
渣尾矿					

二 (年季月旬) 出库报表

品　名	数量(湿)/t	水分/%	数量(干)/t	品位/%	含量/%
转序渣精矿					
销售渣尾矿					

三 (年季月旬) 结存报表

品　名	数量(湿)/t	水分/%	数量(干)/t	品位/%	含量/%
月初库存渣精矿					
月末库存渣精矿					
月初库存渣尾矿					
月末库存渣尾矿					

续表 7-3

四（年季月旬）实际生产金属平衡报表

品　名	数量（干）/t	品位/%	含量/%	实际回收率/%	备　注
实际渣原矿					
实际渣精矿					
实际渣尾矿					

五（年季月旬）理论与实际金属平衡回收率差

品　名	数量/t	品位/%	含量/t	回收率/%	理论回收率-实际回收率/%
理论渣精矿					

品　名	数量/t	品位/%	含量/t	回收率/%	理论铜含量-实际铜含量/t
实际渣精矿					

在此仅以铜冶炼渣单一金属选矿流程为例结合不同生产模式，分以下两种情况对金属平衡的编制进行介绍，金属平衡表可以通过下面介绍的关系式来计算数据和编制，关系式中的数据均为扣除水分以后的干矿质量，单位为 t；品位、回收率数据均为百分数，单位为%。

7.7.5.1　渣原矿和渣精矿有计量、无渣尾矿销售计量的情况

在这种情况下，原矿计量一般以皮带秤对原矿入磨量进行计量为主，精矿计量以汽车衡、轨道衡计量为主，汽车衡、轨道衡计量精度比皮带秤要更高一些。尾矿直接排入尾矿库不作为商品销售。

（1）理论金属平衡数据按下列公式及顺序计算：

本期理论渣原矿处理量 = 本期报表累计入磨渣原矿量

本期理论渣原矿金属含量 = 本期报表累计入磨渣原矿金属含量

本期理论渣精矿生产量 = 本期报表累计渣精矿生产量

本期理论渣精矿金属含量 = 本期报表累计渣精矿金属含量

本期理论渣原矿品位 = 本期理论渣原矿金属含量÷本期理论渣原矿处理量×100%

本期理论渣精矿品位 = 本期理论渣精矿金属含量÷本期理论渣精矿生产量×100%

本期理论金属回收率 = 本期理论渣精矿金属含量÷本期理论渣原矿金属含量×100%

（2）实际金属平衡数据按下列公式及顺序计算：

本期实际渣原矿处理量 = 本期累计入磨渣原矿量

本期实际渣原矿金属含量 = 本期报表累计入磨渣原矿金属含量

本期实际渣精矿生产量 = 本期实际渣精矿出库量 - 上期末实际渣精矿库存量 + 本期实际渣精矿库存量

本期实际渣精矿金属含量 = 本期渣精矿累计出库量×累计出库渣精矿品位 - 上期末实际渣精矿库存量×上期库存渣精矿品位 + 本期实际渣精矿库存量×本期库存渣精矿品位

本期实际金属回收率 = 本期实际渣精矿金属含量÷本期实际渣原矿金属含量×100%

7.7.5.2 渣原矿、渣精矿和渣尾矿都有计量的情况

在这种情况下，原矿计量一般以皮带秤对原矿入磨量进行计量为主，精矿和尾矿的计量以汽车衡、轨道衡计量为主，汽车衡、轨道衡计量精度比皮带秤要更高一些。尾矿不直接排入尾矿库，而是作为商品进行销售。

（1）理论金属平衡数据按下列公式及顺序计算：

本期理论原矿处理量 = 本期报表累计原矿入磨量

本期理论原矿金属含量 = 本期报表累计入磨原矿金属含量

本期理论精矿生产量 = 本期报表累计精矿生产量

本期理论原矿品位 = 本期理论原矿金属含量 ÷ 本期理论原矿处理量 × 100%

本期理论精矿品位 = 本期理论精矿金属含量 ÷ 本期理论精矿生产量 × 100%

本期理论金属回收率 = 本期理论精矿金属含量 ÷ 本期理论原矿金属含量 × 100%

本期理论尾矿生产量 = 本期报表累计尾矿生产量

（2）实际金属平衡数据按下列公式及顺序计算：

本期实际渣精矿生产量 = 本期实际渣精矿累计出库量 - 上期末实际渣精矿库存量 + 本期实际渣精矿库存量

本期实际渣尾矿生产量 = 本期实际渣尾矿累计出库量 - 上期末实际渣尾矿库存量 + 本期实际渣尾矿库存量

本期实际渣原矿处理量 = 本期实际渣精矿生产量 + 本期实际渣尾矿生产量

本期实际渣精矿含量 = 本期累计出库渣精矿量 × 本期累计出库渣精矿品位 + 本期库存渣精矿量 × 本期库存渣精矿品位 - 上期末库存渣精矿量 × 上期末库存渣精矿品位

本期实际渣尾矿含量 = 本期累计出库渣尾矿量 × 本期累计出库渣尾矿品位 + 本期库存渣尾矿量 × 本期库存渣尾矿品位 - 上期末库存渣尾矿量 × 上期末库存渣尾矿品位

本期实际渣原矿金属含量 = 本期实际渣精矿含量 + 本期实际渣尾矿含量

本期实际金属回收率 = 本期实际渣精矿含量 ÷ 本期实际渣原矿金属含量 × 100%

在编制金属平衡表过程中，需要注意的是加强车间金属流失、事故在制品的积压和产品库存数量和金属量的盘点工作，要在表格的备注中说明清楚。对于事故在制品的积压数量要在投料量中扣除，并且保证在下月金属平衡盘点之前随投料返回流程。处理事故精矿浓密机内的渣精矿要转入渣精矿库，纳入产品库存。对于金属流失的物料在金属平衡中要作为一种损失产品纳入金属平衡数据中，并作明确说明。在日常管理中，要加强各种计量工具、采样制样和化验环节的校验工作，加强技术管理、生产流程的维修维护及操作管理工作，提高技术管理水平，杜绝跑冒滴漏和紧急停车的事故发生，以保证顺利平稳的生产和准确的物流数据，这些是搞好金属平衡工作、突出技术管理水平的基础。

渣选矿金属平衡通常将理论金属平衡表和实际金属平衡表编制在一起进行比较，主要是对渣精矿金属产量和金属回收率的比较，借以评价选矿指标和生产管理的好坏。对于多金属实际金属平衡表，可以按金属种类不同单独编制，也可以增加项目，编在同一张表中。比较理论金属平衡表和实际金属平衡表，能够揭露出选矿过程中机械损失的来源，便于查明工艺过程中的不正常状况，以及在取样、称重和各种分析与测量中的误差。造成实际与理论金属平衡差距的原因是多方面的，最常见的是取样、计量和化学分析中出现的误差；当两种平衡表间有很大差别时，应当认真检查技术操作过程中各个阶段，仔细研究产

生差别的原因。在金属平衡工作中，产生金属流失的主要原因找出后，就要采取果断措施，进行制止和纠正，尽量减少两种平衡间存在的差距，达到国标要求范围。因此，比较和分析两种平衡表是检查选矿生产技术管理状况的必要条件。

7.7.6 金属平衡的误差来源与影响因素

7.7.6.1 金属平衡的误差来源

金属平衡是指入厂渣原矿与出厂产品金属量之间的平衡。理论上，入厂的渣原矿数量及金属量应等于出厂的渣精矿和渣尾矿数量及金属量之和。理论金属平衡报表中的理论回收率是由渣原矿品位、渣精矿品位和渣尾矿品位计算出来的，实际金属平衡中的实际回收率是由实际渣精矿数量、实际渣精矿品位、渣原矿数量和渣原矿品位计算出来的。由此可以看出，金属平衡的误差来源于渣原矿品位、渣精矿品位、渣尾矿品位、渣原矿数量、渣精矿数量五大因素。

7.7.6.2 影响金属平衡的因素

根据金属平衡误差的五大来源因素，结合实际生产，归纳起来可分以下四种情况。

（1）计量、水分误差。渣选矿厂的渣原矿计量一般以入磨量为准，它的误差主要来源于皮带秤自身的计量精度和日常管理的准确度。它与矿粒的粒度变化、渣矿中的杂物、渣矿水分、操作维护等有关。实际渣精矿量的来源，采用地中衡、轨道衡或电子磅，误差来源主要来源于称量的精度和称量方式不同。

水分主要有渣原矿水分和渣精矿水分，一般按照技术规程操作，误差不大，主要与工作质量和称量的准度有关。

（2）取样、制样误差。与金属平衡有关的取样主要有渣原矿、渣精矿、渣尾矿品位样，是渣选矿厂金属平衡依据来源的基础样，是最为关键的一个环节。渣原矿、渣精矿、渣尾矿样主要是用于化验品位，误差主要有每次取样的时间间隔、每次取样的代表性、缩分误差、样品的组合方式、工艺操作波动等。

（3）化验的误差。化学分析方法都有一个允许误差，铜分析误差见表7-4。这些误差看似很小，但稍有一点系统误差，对每个月的金属平衡影响是很大的。

表7-4 铜化学分析方法允许误差

铜快速分析误差		铜内外检分析误差	
铜品位/%	允许误差	铜品位/%	允许误差
<0.1	0.01	<0.1	0.007
0.25~3.0	0.07~0.1	0.501~3.0	0.04
10.01~30	0.5	20.01~30	0.3

（4）金属流失。选矿工艺难免出现一些跑、冒、滴、漏，操作不当，造成金属流失，最后导致金属平衡的误差。这一部分的误差是由渣原矿的金属量已经计入和渣精矿的金属量减少导致的，一般选矿厂允许有一定的损失。在实际生产中要减少这种损失，只要加强现场监督、记录、考核、回收，是可以控制在较小范围内的。

7.7.6.3 各项误差对金属平衡的影响

根据金属平衡回收率计算公式可知，各项误差对金属平衡的影响如下：

渣原矿品位虚增,造成理论回收率升高、实际回收率下降,使金属平衡为正差;渣精矿品位虚增,造成理论回收率下降、实际回收率上升,使金属平衡为负差;渣尾矿品位虚增,造成理论回收率下降、实际回收率不影响,使金属平衡为负差。

渣原矿数量虚增,理论回收率不受影响,造成实际回收率下降,使金属平衡为正差;渣精矿数量虚增,理论回收率不受影响,造成实际回收率上升,使金属平衡为负差。

渣原矿水分虚增,理论回收率不受影响,造成实际回收率下降,使金属平衡为正差;渣精矿水分虚增,理论回收率不受影响,造成实际回收率上升,使金属平衡为负差。

金属流失增加,理论回收率不受影响,造成实际回收率下降,使金属平衡为正差。金属平衡影响最大的因素是渣原矿品位、渣原矿数量的计量,渣精矿的计量一般比较精确,误差较小。渣原矿、渣精矿水分可能由于现场烘样时间不足造成水分偏小,只要通过考查是容易发现的。渣原矿的计量误差虽大,但通过皮带秤的校验,加强管理,误差也是有规律可控的。其实,最为关键和不易发现的是渣原矿、渣精矿、渣尾矿的采样、缩分环节,这一环节的误差可能比化验误差还大。

7.7.7 金属平衡管理的关键环节

对金属平衡影响的因素虽然比较多,但是在实际管理工作中抓住重点的几个关键环节,就可以缩小金属平衡的差值。

(1)对皮带秤的管理。皮带秤应有专人进行管理和维护,每天人工用测矿法校正一次,即从皮带上刮取1m进行测量,发现误差及时调整,并做好记录。定期用标准链码对皮带秤进行校准。

(2)渣原矿、渣精矿、渣尾矿取制样管理。渣原矿取样的样量达不到要求,这个环节是最为关键的,可以延长取样时间,10min一次,对取出的班样进行缩分,最好采用缩分机,避免人工缩分、操作不认真产生的误差。

渣精矿、渣尾矿粒度已经很细,取样环节稍加注意误差不会大,渣原矿、渣精矿、渣尾矿的取样,最大的问题是因粒级、密度的代表性差而产生误差,这是一个系统误差,也是最多的问题环节。

(3)其他环节的管理。对制样的管理,要进行样品加工损失率、样品缩分误差的抽检,化验要严格按照规程进行内外检,对渣原矿、渣精矿水分样进行抽检。

8 铜冶炼渣选矿设备

8.1 选矿设备概述

铜冶炼炉渣经过缓冷以后一般都是 1m 以上的大块炉渣,目前使用较多的破碎设备是移动式液压破碎机,将大块炉渣破碎到 600mm 以下的破碎产品后再给入破碎工序。根据炉渣易破碎、难磨的物料性质,在目前铜冶炼渣选矿的碎磨工艺的选择方面,具有两个突出的原则特点,即多碎少磨原则流程和粗碎自磨(半自磨)原则流程。

多碎少磨原则流程一般采用三段一闭路破碎流程,将炉渣破碎到 10mm 或 15mm 以下;给入磨矿,磨矿采用两段球磨或三段球磨的磨矿流程。一段破碎设备可采用颚式破碎机、旋回破碎机等,二段破碎可采用标准圆锥破碎机、颚式破碎机等,三段破碎可采用短头圆锥破碎机、反击式破碎机、立轴式破碎机等。第三段破碎与振动筛构成闭路,振动筛可采用自定中心振动筛。一段磨矿采用格子型球磨机,二段、三段磨矿采用溢流型球磨机,与磨机构成闭路的分级设备可采用螺旋分级机、水力旋流器、直线振动筛等。

粗碎自磨(半自磨)原则流程一般采用一段粗碎、一段自磨(或半自磨)流程,将炉渣破碎到 200mm 以下,给入半自磨机,半自磨机的产品粒度在 2mm 以下,再给入下一段磨矿,磨矿采用一段或两段球磨磨矿流程。一段粗碎可采用颚式破碎机、旋回破碎机等设备,一段自磨(或半自磨)多采用长筒型自磨机或半自磨机等设备,磨矿可采用溢流型球磨机等设备,与半自磨机构成闭路的分级设备可采用直线振动筛,与球磨机构成闭路的分级设备可采用水力旋流器、高频振动筛、螺旋分级机等设备。当炉渣中含有铜合金或纯铜且嵌布粒度大小不均匀时,可以考虑在磨矿回路中增加重选和快速浮选设备,对粗颗粒铜矿物做到及时早收。可以使用的重选设备有摇床、跳汰机等。

由于炉渣属于高比重矿物,在浮选工艺方面应多考虑使用充气机械搅拌式浮选机,如 CLF 型浮选机、XCF 型浮选机等;但是也可考虑使用部分机械搅拌式浮选机,如 JJF 型浮选机、SF 型浮选机等。回收浮选后的铁矿一般采用湿式永磁滚筒式磁选机,如果考虑充分回收铁矿物,应采用湿式强磁磁选机,如 SHP 湿式平环强磁选机、湿式双立环强磁选机等。

在选择脱水工艺时多考虑高效浓缩和过滤设备,浓密脱水一般考虑采用水力旋流器作预先浓缩分级处理,粗粒级矿物直接给入过滤机过滤,细粒矿物进入浓密机进行浓缩脱水。浓密机应考虑采用高效浓密机,如 GX 型高效浓密机、NXZ 型高效浓密机、GZN 型高效浓密机等。一般炉渣选矿需要较高的磨矿细度,在过滤设备选择方面采用高效陶瓷过滤机和立式压滤机效果较好。

8.2 破碎设备

8.2.1 移动式液压破碎机

移动式液压破碎机是将移动式液压挖掘机的挖斗换装上液压破碎锤头和钎杆的改装设

备，如图 8 - 1 所示，用来把从渣包卸出的大块炉渣破碎成小块炉渣。

钎杆是常用易损备件，需要经常更换。使用
液压锤的注意事项：（1）安装液压锤规格必须与
整机相匹配，事先应和挖掘机制造厂商沟通，采
用其认可的规格，以免对液压锤和挖掘机产生损
害，引发事故。（2）应当安装防护网确保操作人
员安全。（3）当使用液压锤的工作时间占 30% 以
上时，应咨询挖掘机制造厂商，采取适当方式加
强工作装置，延长使用寿命。（4）必须由有相关
资质的人员进行安装调试；操作人员经过培训，
严格按照液压锤使用说明书操作、保养。（5）安
装上液压锤，连接好管路后，切忌把液压管路中
两截止阀均旋到开的位置（截止阀上旋钮的刻线
与截止阀的轴线平行），接通油路。（6）正确加载

图 8 - 1　移动式液压破碎机

有助于破碎工作快速进行。加载不足打击力无法发挥，同时打击反震至液压锤本体、护
板、工作装置，会导致上述部位损坏；加载过大，会导致挖掘机前部抬起，石块破碎瞬间
机体前倾，产生巨大震动，损坏机器，撞伤液压锤。（7）液压锤加载方向要垂直于被打击
物表面，并随时保持，如有倾斜，打击时钎杆会滑开，导致钎杆损坏，并影响活塞。
（8）使用液压锤整机振动大，应加强检查各部件有无松动现象，排除故障后才能进行作
业。（9）避免让液压锤在无目标下空打；不要用液压锤推动重物；勿使钎杆摇晃工作；打
击不能连续操作 1min 以上；除钎杆外，液压锤不能浸入水或泥泞中作业；不能用液压锤
快速落下冲击被打击物；不能用液压锤吊起重物。（10）液压锤要在第六挡转速下工作，
过高转速不能提高打击力度，反而使液压油温快速上升，导致润滑能力及工作能力下
降，损坏液压锤和挖掘机整机。（11）不能在工作装置油缸全伸或全缩时进行作业，以
免振坏油缸和挖掘机。（12）进行破碎作业前，请将挖掘机充分暖机，尤其是在冬季使
用时。（13）液压油滤芯和液压油的更换周期相应缩短，请遵循液压锤保养手册的
指引。

8.2.2　颚式破碎机

8.2.2.1　颚式破碎机工作原理

颚式破碎机有简单摆动和复杂摆动两种类型，结构虽然有区别，但他们的工作原理是
相似的，只是动颚的运动轨迹有较大区别。

简单摆动颚式破碎机设备结构如图 8 - 2 所示，因动颚 2 是悬挂在动颚悬挂轴 11 上，
所以动颚做往复运动时，动颚上各点的运动轨迹都是圆弧形，而且水平行程上小下大，以
动颚的底部（排矿口处）为最大。由于落入破碎腔的矿石，其上部均为大矿石，因此往往
达不到矿石破碎所必需的压缩量，故上部的矿石，需要反复压碎多次，才能破碎。由于破
碎负荷大都集中在破碎腔的下部，整个颚板没有均匀工作，从而降低了破碎机的生产能
力，同时这个破碎机的垂直行程小，磨剥作用小，排矿速度慢。但颚板的磨损较轻，产品
过粉碎少。

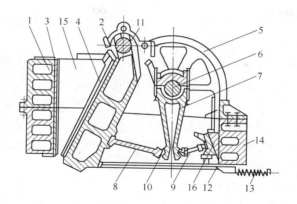

图 8-2 简摆式颚式破碎机结构剖面示意图

1—机架；2—动颚；3—定颚；4—衬板；5—飞轮；6—偏心轴；7—连杆；8—前肘板；9—后肘板；10—凹槽；11—动颚悬挂轴；12—拉杆；13—弹簧；14—后壁；15—侧壁衬板；16—挡板

复杂摆动颚式破碎机如图 8-3 所示，设备结构如图 8-4 所示，其动颚是曲柄连杆机构，在偏心轴 6 的带动下，动颚板上各点的运动轨迹近似椭圆形，椭圆度是上小下大，其上部接近于圆形。这种破碎机的水平行程正好与简单摆动颚式破碎机相反，其上部大下部小，上部的水平行程约为下部的 1.5 倍，这样就可以满足破碎腔上部大块矿石破碎所需的压缩量。同时整个动颚的垂直行程都比水平行程大，尤其是排矿口处，其垂直行程约为水平行程的 3 倍，有利于促进排矿和提高生产能力。实践证明，在相同条件下，复摆颚式破碎机的生产能力比简摆颚式破碎机高近三成左右。但颚板的磨损快，产品粉碎比简摆颚式破碎机严重。

图 8-3 复杂摆动颚式破碎机

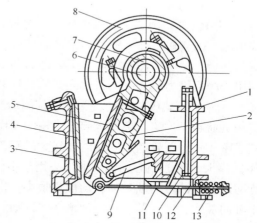

图 8-4 复摆式颚式破碎机结构剖面示意图

1—机架；2—动颚；3—定颚；4—定颚衬板；5—动颚衬板；6—偏心轴；7—滚珠轴承；8—飞轮；9—肘板；10，11—楔铁；12—拉杆；13—弹簧

两种类型的颚式破碎机，都是间歇性地工作。简摆颚式破碎机动颚的往复运动是由偏心轮旋转，通过连杆机构传递带动的，因此当偏心轮旋转一周，动颚只能前进后退各一次，所以只有一半时间做功。而复摆颚式破碎机，由于动颚上端直接悬挂在偏心轴上，下端又受衬板的约束，所以当偏心轴按逆时针方向旋转时，每转中约有四分之三的时间在破

碎矿石，即当动颚上端后退时，下端向前压矿，下端后退时，上端向前压矿，这也是复摆型颚式破碎机生产能力较高的主要原因之一。

简摆颚式破碎机在破碎矿石时，其破碎矿石的反作用力主要作用在动颚悬挂轴上，因而破碎机主要零件受力较为合理，所以它一般做成大、中型的。而复摆颚式破碎机的动颚悬挂轴是偏心轴，虽具有结构紧凑、生产率高、质量小的优点，但在破碎矿石时，动颚受到巨大的挤压力，大部分作用在偏心轴及其轴承上，使其受力恶化，易于损坏；所以这种破碎机虽然越来越得到广泛应用，但一般都制成中、小型的。应当指出，随着耐冲击的大型滚动轴承的出现，复摆颚式破碎机已逐步向大型化发展。

8.2.2.2 颚式破碎机主要部件

颚式破碎机主要部件包括：

（1）机架。机架是上下开口的四壁刚性框架，用作支撑偏心轴并承受破碎物料的反作用力，要求有足够的强度和刚度，一般用铸钢整体铸造，小型机也可用优质铸铁代替铸钢。大型机的机架需分段铸成，再用螺栓牢固连接成整体，铸造工艺复杂。自制小型颚式破碎机的机架也可用厚钢板焊接而成，但刚度较差。

（2）颚板和侧护板。定颚和动颚都由颚床和颚板组成，颚板是工作部分，用螺栓和楔铁固定在颚床上。定颚的颚床就是机架前壁，动颚的颚床悬挂在周上，要有足够的强度和刚度，以承受破碎反力，因而大多是铸钢或铸铁件。侧护板是破碎腔动颚两侧的机体的防护板，用来保护破碎腔两侧机体部分。

（3）传动件。偏心轴是破碎机的主轴，会受到巨大的弯扭力，通常采用高碳钢制造。偏心部分需精加工、热处理，轴承衬瓦用巴氏合金浇铸。偏心轴一端装带轮，另一端装飞轮。

（4）调节装置。调节装置有楔块式、垫板式和液压式等，一般采用楔块式，由前后两块楔块组成，前楔块可前后移动，顶住后推板；后楔块为调节楔，可上下移动，两楔块的斜面倒向贴合，由螺杆使后楔块上下移动而调节出料口大小。小型颚式破碎机的出料口调节是利用增减后推力板支座与机架之间的垫片多少来实现的。

（5）飞轮。颚式破碎机的飞轮用以存储动颚空行程时的能量，再用于工作行程，使机械的工作负荷趋于均匀。带轮也起着飞轮的作用。飞轮常以铸铁或铸钢制造，小型机的飞轮常制成整体式。飞轮制造安装时要注意静平衡。

（6）润滑装置。偏心轴轴承通常采用集中循环润滑。心轴和推力板的支撑面一般采用润滑脂通过手动油枪给油。动颚的摆角很小，使心轴与轴瓦之间润滑困难，常在轴瓦底部开若干轴向油沟，中间开一环向油槽使之连通，再用油泵强制注入干黄油进行润滑。

8.2.2.3 颚式破碎机操作方法

颚式破碎机操作方法及注意事项如下：

（1）空载试车：1）颚式破碎机连续运转2h，轴承温升不得超过30℃。2）所有紧固件应牢固，无松动现象。3）飞轮、槽轮运转平稳。4）所有摩擦部件无擦伤、掉屑和研磨现象，无不正常的响声。5）排料口的调整装置应能保证排料口的调整范围。

（2）有载试车：1）颚式破碎机不得有周期性或显著的冲击、撞击声。2）最大给料粒度应符合设计规定。3）连续运转8h，轴承温升不得超过30℃。

（3）颚式破碎机使用前的准备工作：1）仔细检查轴承的润滑情况是否良好，推力板的连接处是否有足够润滑脂。2）仔细检查所有紧固件是否紧固。3）仔细检查传动带是否良好。若发现有破损现象，应及时更换，当传动带或带轮上有油污时，应用抹布将油污擦净。4）检查防护装置是否良好，发现有不安全现象时，应及时排除。5）检查破碎腔内有无矿石或杂物，若有矿石或杂物时，必须清理干净，以确保破碎机空腔启动。6）检查起顶螺栓是否退回，垫片组是否压紧，T型螺栓是否拧紧。破碎机操作人员必须经过培训，达到"三懂"（懂结构、懂性能、懂原理）、"四会"（会使用、会维护、会保养、会处理故障），经培训考试合格，取得合格证后，方准上岗操作。

（4）操作提示：1）根据使用情况，碎石轧料槽上面应设保护罩，防止碎石由轧料槽内崩出伤人。2）开机前，要清除破碎机内及周围的杂物，必须检查各润滑部位，并用手搬动数圈，各部机构灵活才允许开机。3）破碎机工作时，严禁用手从颚板间取出石块，如有故障应用撬棍、铁钩等工具处理。4）若因破碎腔内物料阻塞而造成停车，应立即关闭电动机，待物料清除干净后，再行启动。5）调节排料口时，应先松开拧紧弹簧，待调整好后，再适当调整弹簧的张紧程度并拧紧螺栓，以防衬板在工作时脱落。6）破碎机工作时，要防止石块嵌入张力弹簧中，而影响弹簧强度。

8.2.2.4 颚式破碎机使用与维护说明

颚式破碎机使用与维护说明如下：

（1）颚式破碎机启动前的准备工作：1）应仔细检查轴承的润滑情况是否良好，轴承内肘板连接处是否有足够的润滑脂。2）应仔细检查所有的紧固件是否完全紧固。3）防护装置是否良好，发现不安全现象应立即消除。4）检查破碎腔内有无矿石或其他杂物，如有应立即消除。

（2）颚式破碎机的启动：1）经检查、证明机器与传动部分情况正常，始可启动。2）机器只能在无负荷情况下启动。3）启动后，若发现有不正常的情况时，应立即停车，待查明原因排除隐患，方可再次启动。

（3）颚式破碎机的使用：1）破碎机正常运转后方可投料。2）待破碎材料应均匀地加入破碎腔内，并应避免侧面加料，防止负荷突变或单边突增。3）在正常工作情况下，轴承的温升不应超过35℃，最高温度不得超过70℃，否则应立即停车，查明原因加以消除。4）停车前，应先停止加料，待破碎腔内被破碎物料完全排空后，方可关闭电动机。

（4）颚式破碎机润滑：1）经常注意并及时做好摩擦面的润滑工作，确保机器的正常运转和延长其使用寿命。2）颚式破碎机所采用润滑脂应根据使用的地点、气温条件确定，一般情况下采用钙基、钠基和钙钠基润滑脂。3）加入轴承座内的润滑脂为其空间容积的50%左右，每3~6个月更换一次。换油时应用洁净的汽油或煤油清洗滚柱轴承的滚道。4）颚式破碎机开动前，推力板与推力板支座之间应注入适量的润滑脂。

（5）颚式破碎机维修：为保证颚式破碎机的正常工作，除正确操作外，必须进行计划性维修，其中包括日常维护检查，小修、中修和大修。1）小修主要内容包括检查并修复调整装置，调整排料口间隙，对磨损的衬板调头或更换。检查传动部分、润滑系统，及时更换润滑油等。小修的周期为1~3个月。2）中修除进行小修的工作外，还包括更换推力板、衬板，检查并修复轴瓦等。中修的周期一般为1~2年。3）大修除进行中修的工作外，还包括更换车削偏心轴和颚心轴，浇铸连杆头上部的巴氏合金，更换或修复各磨损件。大修的周期一般为5年左右。

(6) 颚式破碎机故障介绍。颚式破碎机在运行过程中承受力矩或振动较大，常会造成传动系统故障，常见的有皮带轮与轴头部位产生间隙造成的轴头与轮毂磨损，偏心轴受力造成的轴承位磨损等。

出现上述问题后传统维修方法是将轮毂扩孔，补焊或刷镀后机加工修复为主，但两者均存在一定弊端：补焊高温产生的热应力无法完全消除，易造成材质损伤，导致部件出现弯曲或断裂；而电刷镀受涂层厚度限制，容易剥落，且以上两种方法都是用金属修复金属，无法改变"硬对硬"的配合关系，在各力综合作用下，仍会造成再次磨损。

上述维修方法在经济发达国家已不常见，针对以上问题多使用高分子复合材料的修复方法，应用最成熟的是美国福世蓝技术，其具有超强的黏着力，优异的抗压强度等综合性能，可免拆卸、免机加工进行现场修复。用高分子材料维修既无补焊热应力影响，修复厚度也不受限制，同时产品所具有的金属材料不具备的退让性，可吸收设备的冲击震动，避免再次磨损的可能，并大大延长设备部件的使用寿命，为企业节省大量的停机时间，创造巨大的经济价值。

(7) 颚式破碎机的故障原因及排除方法见表 8 - 1。

表 8 - 1　颚式破碎机的故障原因及排除方法

故　障	产 生 原 因	排 除 方 法
(1) 飞轮旋转但动颚停止摆动	(1) 推力板折断； (2) 连杆损坏； (3) 弹簧断裂	(1) 更换推力板； (2) 修复连杆； (3) 更换弹簧
(2) 齿板松动、产生金属撞击	齿板固定螺钉或侧楔板松动	紧固或更换螺钉或侧楔板
(3) 轴承温度过高	(1) 润滑脂不足或脏污； (2) 轴承间隙不适合或轴承接触不好或轴承损坏	(1) 加入新的润滑脂； (2) 调整轴承松紧程度或修整轴承座瓦或更换轴承
(4) 产品粒度变粗	齿板下部显著磨损	将齿板调头或调整排料口
(5) 推力板支承垫产生撞击声	(1) 弹簧拉力不足； (2) 支承垫磨损或松动	(1) 调整弹簧力或更换弹簧； (2) 紧固或修正支承座
(6) 弹簧断裂	调小排料口时未放松弹簧	排料口在调小时首先放松弹簧，调整后适当地拧紧拉杆螺母
(7) 机器跳动	地脚紧固螺栓松弛	拧紧或更换地脚螺栓

(8) 注意事项：1) 破碎机正常运转后，方可投料生产。2) 待碎物料应均匀地加入破碎机腔内，应避免侧向加料或堆满加料，以免单边过载或承受过载。3) 正常工作时，轴承的温升不应该超过 30℃，最高温度不得超过 70℃。超过上述温度时，应立即停车，查明原因并加以排除。4) 停车前，应首先停止加料，待破碎腔内物料完全排出后，方可关闭电源。5) 破碎时，如因破碎腔内物料阻塞而造成停车，应立即关闭电源停止运行，将破碎腔内物料清理干净后，方可再行启动。6) 颚板一端磨损后，可调头使用。7) 破碎机使用一段时间后，应将紧定衬套重新拧紧以防松动而损伤机器。

8.2.3 外动颚式破碎机

8.2.3.1 外动颚式破碎机工作原理

外动颚式破碎机如图 8-5 所示，设备结构如图 8-6 所示。本机由电动机、三角皮带、拉紧部、机架部、动颚部、可调颚部、润滑系统、调整部等组成。电动机经三角皮带通过皮带轮驱动偏心轴，通过边板将偏心轴的偏心转动传到外侧的动颚上，变成动颚的周期性摆动，使落入动颚与可调颚组成的破碎腔中的物料受到挤压、劈裂和弯曲的作用而被破碎，经破碎后的物料由排料口排出。

图 8-5 外动颚式破碎机

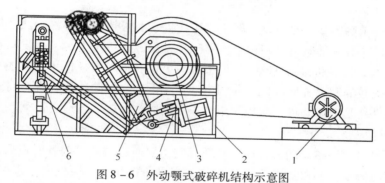

图 8-6 外动颚式破碎机结构示意图

1—传动部；2—机架部；3—动颚部；4—调整部；5—可调颚；6—拉紧部

8.2.3.2 外动颚式破碎机结构特征

外动颚式破碎机结构特征如下：

（1）该机不像传统复摆颚式破碎机那样，由偏心连杆套环装置将偏心运动直接传递到动颚上，而是通过边板将偏心轴的运动传到外侧的动颚上。

（2）动颚和偏心轴位于破碎腔及可调颚两侧，动颚的往复运动为破碎机提供了可靠的进料保障。

（3）可调颚由悬挂轴悬挂在机架上，其下部通过肘板与机架相连，调整肘板的位置，可调颚绕悬挂轴旋转以改变排料口大小，从而控制排料粒度。

（4）破碎腔呈倾斜状态，大大降低了喂料的高度。

（5）负悬挂机构；皮带轮及飞轮不在设备的上部，而在设备的中部，降低了皮带轮及飞轮的安装高度，从而大大降低了设备的整体高度。它与同规格的传统破碎机相比，其高度降低了 1/3。

8.2.3.3 外动颚式破碎机主要部件

A 机架

机架部分系钢板焊接结构，经整体退火消除应力；大型机整个机架由左、右上机架、下机架、连接框等一些零部件组成。下机架采用整体焊接，其余均为组合式焊接件，分别用螺栓连接，各部件都经过退火消除应力，保证主机架的强度和刚度。配合面经过加工确保轴承、动颚和调整机构的装配。

B 动颚部件

动颚部由上楔铁、颚板、上边护板、方埋头螺栓、中楔铁、动颚体、下边护板、偏心轴、皮带轮、飞轮等零部件组成。

动颚体为钢板焊接结构，正面装有颚板。动颚体的两块侧板内壁装有边护板，其作用有两点，其一为将动颚板楔紧在动颚体上，其二为防止侧板内壁受到磨损。动颚体的一端借偏心轴，通过双列向心球面滚子轴承将动颚悬挂在机架上，另一端支承在肘板上，并与肘板呈滚动接触。

偏心轴穿过动颚轴承座和双列向心球面滚子轴承将动颚悬挂在机架上，轴承内圈轴向紧固，外圈在非动力端为自由端。轴承采用迷宫密封。偏心轴两端装有飞轮和大皮带轮，均采用胀套连接，便于设备安装、维修时的拆卸，运转时有辅助过载保护作用。

C 可调颚部件

可调颚部件由静颚体、悬挂轴、颚板、中楔铁、肘板垫等零部件组成。可调颚部中的静颚体为铸钢件，其正面装有颚板，上部靠悬挂轴固定在机架上，下部支承在肘板上。肘板的另一端支承于调整部的调整座上。肘板除对可调颚部起支撑作用外，还可在外来不能破碎的异物进入破碎腔内、破碎机负荷剧增的情况下，起保险作用，即自身迅即断裂，从而保证主要机件不受损坏。可调颚的颚板也采用耐磨性能好的铸造高锰钢。

D 调整机构

破碎机排料口的调整靠调整机构来实现。它主要通过增减可调颚肘板后面的调整垫片的数量和厚度，调整排料口的大小，从而获得产品所需粒度。该机由于采用了独特设计，使调整垫片不需要液压装置，降低了成本。调整好后，拉紧拉杆，使可调颚、肘板与肘板座紧密接触。弹簧拉紧装置主要由拉杆、弹簧及垫圈螺母组成。拉杆一端钩住可调颚部件上的拉杆销，一端靠弹簧、螺母和垫圈固定于机架上。如果旋松拉杆上的螺母、可调颚借自重下垂，可以通过增减调换垫片调整，因此对控制排料口的大小非常方便。

8.2.3.4 外动颚式破碎机使用与维护

外动颚式破碎机使用与维护工作包括：

（1）启动前的准备工作：1）认真检查破碎机的主要零部件，如颚板、轴承、肘板等是否完好。2）仔细检查所有的紧固件是否紧固。3）检查轴承内及肘板连接处是否有足够的润滑脂。4）传动皮带是否良好，拉紧程度是否适当。发现皮带有破损现象应及时更换，当皮带或皮带轮上有油污时应用干净抹布将其擦净。5）防护装置是否良好，如发现防护装置有不安全现象，应立即消除。6）检查破碎腔内有无矿石，如有矿石或其他杂物应立即清除。7）排料口的尺寸是指两颚板齿顶到齿根的距离。为防止严重设备事故的发生，最小排料口不可小于"规格与性能"表中排料口宽度的最小值。8）严格执行"操作盘"

制度,设备停止运转时,应将"禁止开动"牌挂在设备的操作箱上,牌子未拿掉任何人不得开动。

（2）启动、运转：1）经检查、证明机器与传动部分情况正常,方可启动。该机仅许可无负荷情况下启动。2）启动后,若发现有不正常的情况,应立即停止开动,必须在查明和消除不正常的情况后,方可再启动破碎机。3）破碎机正常运转后,方可开始投料。4）待破物料应均匀地加入破碎腔内,应避免侧面加料,以防止负荷突变或单边突增。5）在正常情况下,轴承温升不应超过30℃,最高温度不得超过75℃,如超过75℃时应立即停车,查明原因消除故障。6）停机前,首先停止加料,待破碎腔内破碎物料完全排出后,方可关闭电动机。7）破碎时若因破碎腔内物料阻塞而造成停车,应立即关闭电动机,将物料清除后,再启动。8）颚板一端磨损后,上部动颚颚板及上部静颚颚板可以调头使用。9）破碎机使用一段时间后,机器轴承处的紧定衬套在最初使用180h后应重新胀紧,以后可以3~6个月检测一次,以防止由于紧定衬套松动而产生对机器的损伤。胀紧紧定衬套采用下述方法：先紧定胀套上任意对角四螺栓,使紧定衬套与轴、轴承胀紧。再分几次拧紧胀套上其余螺栓,紧固胀套,最后装上轴端挡圈。

（3）润滑：1）维护破碎机时应注意,当拆卸有可能生锈的机架工表面的零件或轴承时,不论这些零件从破碎机拆下需放置多长时间,应用足够的润滑油覆盖,且零件应置于木块上。因使用条件不同,用户可以按自己的经验决定保养时间。2）经常注意和及时做好摩擦面的润滑工作,可保证机器的正常运转和延长使用寿命。3）本机所采用的润滑脂,应根据机器的使用地点、气温条件决定,一般可采用锂基、钙基、钠基或钙钠基。4）加入轴承座内的润滑脂为容积的1/2~1/3,每三个月必须更换一次,换油时应用洁净的汽油或煤油仔细地清洗滚柱轴承的跑道。5）该机采用集中或分散供油润滑系统。使用该系统应每天加油一次。

（4）外动颚式破碎机产生故障及其消除方法见表8-2。

表8-2 外动颚式破碎机产生的故障及其消除方法

可能发生的故障	主 要 原 因	消 除 办 法
可调颚板抖动产生撞击声	紧固件松弛	逐个检查并拧紧螺母
动颚颚板抖动产生撞击声	边护板松动,紧固件松弛	（1）楔紧防护板； （2）逐个检查并拧紧螺母
剧烈的劈裂声后,可调颚部以动颚摆动频率上下摆动,飞轮继续回转	可调颚板后肘板断裂	更换可调颚后肘板
破碎产品粒度增大	齿板下部显著磨损	（1）调整排矿口； （2）如齿板磨损严重,更换齿板
轴承温度过高	（1）润滑脂不足； （2）润滑脂脏污； （3）轴承损坏； （4）紧定衬套回转	（1）加入适量的润滑脂； （2）清洗轴承后更换润滑脂； （3）更换轴承； （4）按紧定衬套要求拧紧紧定衬套
机器后部产生敲击声	拉杆未拉紧,可调颚与可调颚后肘板、可调颚后肘板与机架相撞击	适当地拧紧拉杆螺母

8.2.4　圆锥破碎机

8.2.4.1　圆锥破碎机的分类、用途与工作原理

圆锥破碎机按照使用范围分为粗碎、中碎和细碎三种。粗碎圆锥破碎机又叫旋回破碎机，中碎和细碎圆锥破碎机又称菌形圆锥破碎机。旋回破碎机作为一种粗碎设备，它在选矿工业中，主要用于粗碎各种硬度的矿石。菌形破碎机主要用作各种硬度矿石的中碎和细碎设备。就我国选矿厂碎矿车间的当前情况来看，中碎设备大都采用标准型圆锥破碎机，细碎设备大都使用短头型圆锥破碎机，而且粗碎设备不是采用旋回破碎机，就是使用颚式破碎机。为了正确选择和合理使用粗碎设备，现将它们简要分析对比如下。

图 8-7　中心排矿旋回破碎机

旋回破碎机如图 8-7 所示，与颚式破碎机比较具有如下主要优点：

（1）破碎腔深度大，工作连续，生产能力高，单位电耗低。它与给矿口宽度相同的颚式破碎机相比，生产能力比后者要高 1 倍以上，而每吨矿石的电耗则较低。

（2）工作比较平稳，振动较轻，机器设备的基础质量较小。旋回破碎机的基础质量通常为机器设备质量的 2~3 倍，而颚式破碎机的基础质量为机器本身质量的 5~10 倍。

（3）可以挤满给矿，大型旋回破碎机可以直接给入原矿石，无需增设矿仓和给矿机。而颚式破碎机不能挤满给矿，且要求给矿均匀，故需要另设矿仓（或给矿漏斗）和给矿机，当矿石块度大于 400mm 时，需要安装价格昂贵的重型板式给矿机。

（4）旋回碎矿机易于启动，不像颚式破碎机启动前需用辅助工具转动沉重的飞轮（分段启动颚式破碎机例外）。

（5）旋回破碎机生成的片状产品较颚式破碎机要少。

旋回破碎机与颚式破碎机相比，存在以下缺点：

（1）旋回的机身较高，比颚式破碎机一般高 2~3 倍，故厂房的建筑费用较大。

（2）机器质量较大，它比相同给矿口尺寸的颚式破碎机要重 1.7~2 倍，故设备投资费较高。

（3）它不适宜于破碎潮湿和黏性矿石。

（4）安装、维护比较复杂，检修亦不方便。

圆锥破碎机的类型和构造虽有区别，但是它们的工作原理基本上是相同的。旋回破碎机的工作原理如图 8-8 所示。它的工作机构是由两个截头圆锥体——可动圆锥和固定

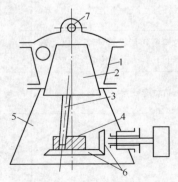

图 8-8　旋回破碎机工作原理

1—固定圆锥；2—可动圆锥；3—主轴；4—偏心轴套；
5—下机架；6—伞齿轮；7—悬挂点

圆锥组成。可动圆锥的主轴支承在破碎机横梁上面的悬挂点，并且斜插在偏心轴套内，主轴的中心线与机器的中心线间的夹角约为2°～3°。当主轴旋转时，它的中心线以悬挂点7为顶点划一圆锥面，其顶角约为4°～6°，并且可动圆锥沿周边靠近或离开固定圆锥。当可动圆锥靠近固定圆锥时，处于两锥体之间的矿石就被破碎；而其对面，可动圆锥离开固定圆锥，已破碎的矿石靠自重作用，经排矿口排出。这种破碎机的碎矿工作是连续进行的，这一点与颚式破碎机的工作原理不同。矿石在旋回碎矿机中，主要是受到挤压作用而破碎，但同时也受到弯曲作用而折断。

中、细碎圆锥破碎机，就工作原理和运动学方面而言，与旋回破碎机是一样的，只是某些主要部件的结构特点有所不同而已。从这类破碎机的破碎腔形式来看，它又分为标准型（中碎用）、中间型（中、细碎用）和短头型（细碎用）三种，其中以标准型和短头型应用最为广泛。它们的主要区别就在于破碎腔的剖面形状和平行带长度不同（图8－9），标准型的平行带最短，短头型最长，中间型介于它们两者之间。例如，ϕ2200圆锥破碎机的平行带长度：标准型为175mm，短头型为350mm，中间型为250mm。这个平行带的作用，是使矿石在其中不只一次受到压碎，因而保证破碎产品的最大粒度不超过平行带的宽度，故适用于中碎、细碎各种硬度的矿石（物料）。由于圆锥碎矿机的工作是连续的，故设备单位质量的生产能力大，功率消耗低。

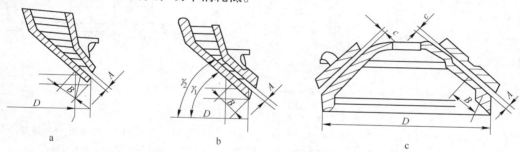

图8－9　圆锥破碎机示意图
a—标准型；b—中间型；c—短头型

旋回破碎机的规格用给矿口宽度β和排矿口宽度e表示。例如PXZ1400/170液压旋回破碎机表示给矿口宽度是1400mm，排矿口宽度是170mm，P代表破碎机，X代表旋回，Z代表重型。中、细碎圆锥破碎机的规格以可动圆锥下部的最大直径D表示，例如PYZ1200中间型圆锥破碎机表示可动圆锥下部的最大直径为1200mm，P代表破碎机，Y代表圆锥，Z代表中间型。PYB1200标准型圆锥破碎机表示可动圆锥下部的最大直径为1200mm，P代表破碎机，Y代表圆锥，B代表标准型。PYD1200短头型圆锥破碎机表示可动圆锥下部的最大直径为1200mm，P代表破碎机，Y代表圆锥，D代表短头型。

8.2.4.2　旋回破碎机

按照排矿方式的不同，旋回破碎机又分为侧面排矿和中心排矿两种。前者国内早已停止生产；后者我国仍在大力制造。此外，目前我国还生产液压旋回碎矿机。

A　中心排矿旋回破碎机

中心排矿旋回破碎机如图8－8所示，这种破碎机的构造（图8－10），主要是由工作机构、传动机构、调整装置、保险装置和润滑系统等部分组成。

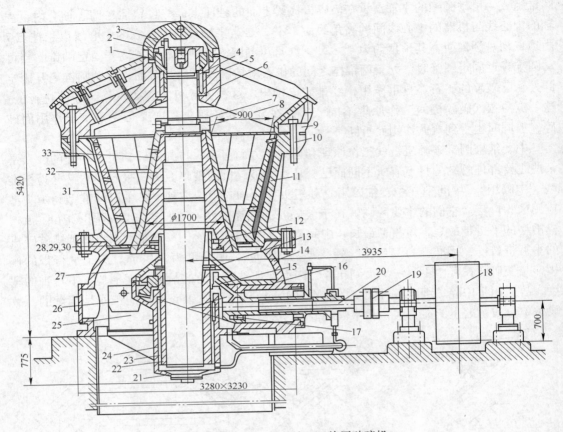

图 8 - 10 中心排矿式 900 旋回破碎机

1—锥形压套；2—锥形螺帽；3—楔形键；4，23—衬套；5—锥形衬套；6—支承环；7—锁紧板；8—螺帽；
9—横梁；10—固定圆锥；11，33—衬板；12—挡油环；13—止推圆盘；14—下机架；15—大圆锥齿轮；
16，26—护板；17—小圆锥齿轮；18—三角皮带轮；19—弹性联轴节；20—传动轴；21—机架下盖；
22—偏心轴套；24—中心套筒；25—筋板；27—压盖；28，29，30—密封套环；31—主轴；32—可动圆锥

旋回破碎机的工作机构是由可动圆锥 32 （即破碎锥） 和固定圆锥 10 （即中部机架）
构成。矿石就是在可动锥和固定锥形成的空间 （即破碎腔） 里被破碎的。固定锥的工作表
面镶有锰钢衬板 11，衬板与中部机架之间必须采用锌合金 （或水泥） 浇铸。可动锥为一
个正立的截头锥体，外表面装有锰钢衬板 33，为使衬板与锥体紧密结合，两者之间必须浇
铸锌合金，衬板上端需用螺帽 8 压紧。为了防止螺帽松动，还在螺帽上装有锁紧板 7。可
动锥装在主轴 31 （竖轴） 上面。主轴一般采用 45～50 号钢，大型碎矿机可用合金钢
（24CrMoV 和 35SiMn$_2$MoV 等材料） 制作。

主轴的上面端部是通过锥形螺帽 2 （开口螺母）、锥形压套 1、衬套 4 和支承环 6 等
装置 （图 8 - 10） 悬挂在横梁 9 当中，主轴和可动锥的整个重量由横梁中的锥形轴承来
支承。衬套 4 下端与锥形衬套 5 的内表面都是圆锥面，故能保证衬套沿支承环与锥形衬
套滚动，满足了主轴运动的要求。主轴的下端插入偏心轴套 22 的偏心孔中，该孔的中
心线与旋回碎矿机的轴线略成偏心。偏心轴套的内外表面都要浇铸 （或熔焊） 一层巴
氏合金，但是外表面只浇铸 3/4 的巴氏合金。为使巴氏合金牢固地附着在偏心轴套上

面，在轴套的内壁上设置环形的燕尾槽。当偏心轴套旋转时，可动锥的主轴就以横梁上的固定悬挂点为锥顶作圆锥面运动，从而破碎矿石。为了防止已破碎的矿石排出时灰尘不落入偏心轴套内部，在动锥底部装有防尘装置。传动机构的作用是传递动力，即把电动机的旋转运动经过减速装置转化为动锥的旋摆运动。当电动机转动时，通过三角皮带轮 18、联轴节 19、小圆锥齿轮 17，带动固定在偏心轴套 22 上的大圆锥齿轮 15 旋转，从而使动锥作旋摆运动。另外，在大圆锥齿轮与中心套筒 24 之间，装有三片止推圆盘 13。在动锥衬板磨损以后，为了保证破碎产品粒度，需要恢复原来的排矿口宽度，恢复的办法是利用主轴上端的锥形螺帽进行调整。调整排矿口宽度时，首先取下轴帽，再用桥式起重机将主轴（连同可动锥）稍微向上抬起，然后把主轴上的锥形螺帽 2 顺转或反转（图 8 - 11），使得主轴和可动锥上升或下降，排矿口减小或增大，然后测量排矿口宽度。如果尚未达到要求的宽度，再将可动锥提起，并按上述方法继续进行调整，直至达到所要求的排矿口宽度为止。如果锥形螺帽调到主轴螺纹的端部，而排矿口宽度仍不能满足要求时，必须更换可动锥或固定锥的衬板。这种调整装置很不方便，调整时必须停车。

旋回破碎机的保险装置一般采用装在皮带轮上的削弱断面的轴销来实现（图 8 - 12）。该轴销削弱断面的尺寸通常是按照电动机负荷的 2 倍考虑计算的。如果旋回破碎机进入大块非破碎物体，轴销应该首先被剪断，破碎机停止运转，而使机器其他零件免遭损坏。这种装置虽然结构简单，但保险的可靠性较差。有人认为，粗碎旋回破碎机可以不设保险装置，但一些生产事故说明，增设保险装置较好。例如，我国某铜矿选厂的 700 旋回破碎机，由于该机器没有保险装置，生产中由于非破碎物体进入破碎腔内，多次发生主轴断裂和小圆锥齿轮打齿等严重的设备事故。

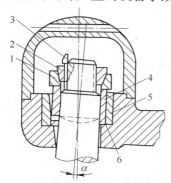

图 8 - 11　排矿口的调整装置
1—锥形压套；2—锥形螺帽；3—楔形键；
4—衬套；5—锥形衬套；6—支撑环

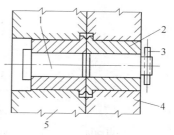

图 8 - 12　皮带轮保险轴销示意图
1—保险轴销；2—衬套；3—开口销子；
4—三角皮带轮；5—轮毂

B　液压旋回破碎机

由于一般的旋回破碎机存在保险可靠性较差和排矿口调整比较麻烦等缺点，所以，当前国内外都在采用液压旋回破碎机，如图 8 - 13 所示，利用液压技术来实现机器的保险和调整作用。因为液压技术具有调整容易，操作方便，安全可靠，易于实现自动控制等优点。这种破碎机的构造与一般旋回破碎机基本相同，只是它的调整、保险装置全都采用液压油缸。这个液压油缸既是排矿口的调整装置，又是破碎机的保险装置。油缸装在机器主轴下部的横梁上面。可动锥就是通过装在主轴下面的液压装置（油缸、活塞和锥形套）进行调整和实现保险的。

改变油缸的油量，即可自动调整排矿口的大小，调整既容易简便，且在工作中也可进行调整。在调整排矿口时，首先将接受器表盘中的一个指针对准所要求的排矿口宽度的刻度上，然后启动油泵，压力油经过电液换向阀和支承阀，沿着压力管流向横梁上面的油缸。在接受器表盘上的另一个指针，则随同油缸的油位升高而转动，直到两个指针重合，这时可动锥已上升到所要求的排矿口宽度，接受器发生作用，使油缸自动停止运转。液压系统如图8-14所示。

图 8-13 液压旋回破碎机

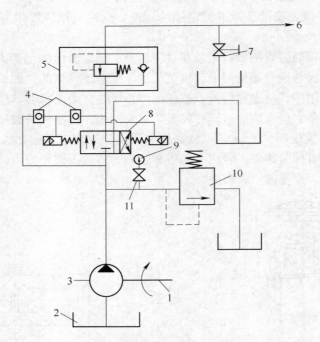

图 8-14 液压系统示意图

1—电动机；2—油箱；3—单级叶片泵；4—单向阀；5—支撑阀；6—通往工作油缸；
7—截止阀；8—电液换向阀；9—压力表；10—溢流阀；11—压力开关

液压装置作为机器的保险装置，既安全可靠，又迅速方便。当机器的破碎腔内进入非破碎物体时，油缸内的油压突然增加，超过一定的压力时，支撑阀即起作用。油缸中的压力油经电液换向阀、回油管流到油箱中，可动锥开始下降，排矿口增大（最大可达170mm），非破碎物体即可排出。如果非破碎物体仍不能排出，电液换向阀就起作用，在油缸保留10mm油层的情况下，立即切断电源，使碎矿机停止运转。然后打开截止阀，放出油缸的油层，使非破碎物体卡死处松动，即可取出非破碎物体。故障排除后，重新调整排矿口宽度，再启动破碎机。

8.2.4.3 中、细碎圆锥破碎机

中、细碎圆锥破碎机的工作原理与旋回破碎机基本类似，但在结构上还是有差别的，主要区别是：（1）旋回破碎机的两个圆锥形状都是急倾斜的，可动锥是正立的，固定锥则为倒立的截头圆锥，这主要是为了增大给矿块度的需要。中、细碎圆锥破碎机的两个圆锥形状均是缓倾斜的、正立的截头圆锥，而且两锥体之间具有一定长度的平行碎矿区（平行带），这是为了控制排矿产品粒度的要求，因为中、细碎破碎机与粗碎机不同，它是以破碎产品质量和生产能力作为首要的考虑因素。（2）旋回破碎机的可动锥悬挂在机器上部的横梁上；中、细碎圆锥破碎机的可动锥是支撑在球面轴承上。（3）旋回破碎机采用干式防尘装置；中、细碎圆锥破碎机使用水封防尘装置。（4）旋回破碎机是利用调整可动锥的升高或下降，来改变排矿口尺寸的大小；中、细碎圆锥破碎机是用调节固定锥（调整环）的高度位置，来实现排矿口宽度的调整。中、细碎圆锥破碎机按照排矿口调整装置和保险方式的不同，又分为弹簧圆锥破碎机和液压圆锥破碎机。

A 弹簧圆锥破碎机

弹簧圆锥破碎机如图 8-15 所示，图 8-16 是 1750 型弹簧圆锥破碎机的构造。它与旋回破碎机的构造大体相似，但也有些明显的区别，现简介如下。

工作机构：弹簧圆锥破碎机是由带有锰钢衬板的可动圆锥和固定圆锥（调整环 10）组成。可动锥的锥体压装在主轴（竖轴）上。主轴的一端插入偏心轴套的锥形孔内。在偏心轴套的锥形孔中装有青铜衬套或 MC-6 尼龙衬套。当偏心轴套转动时，就带动可动锥作旋摆运动。为了保证可动锥作旋回运动的要求，可动锥体的下部表面要做成球面，并支承在球面轴承上。可动锥体和主轴的全部重量都由球面轴承和机架承受。

图 8-15　弹簧圆锥破碎机

应当指出，在圆锥破碎机的偏心轴套中，采用尼龙衬套代替青铜衬套是一项比较成功的技术革新。生产实践证明，尼龙衬套具有耐磨、耐疲劳、寿命长、质量轻和成本低等优点，是一种有前途的代用材料。

调整装置：圆锥破碎机的调整装置和锁紧机构实际上都是固定锥的一部分，主要是由调整环 10、支承环 8、锁紧螺帽 18、推动油缸 9 和锁紧油缸等组成。其中调整环和支承环则构成排矿口尺寸的调整装置。支承环安装在机架的上部，并借助于碎矿机周围的弹簧 6 与机架 7 贴紧。支承环上部装有锁紧油缸和活塞（1750 型圆锥破碎机装有 12 个油缸，2200 型圆锥破碎机装有 16 个油缸），而且支承环与调整环的接触面处均刻有锯齿形螺纹。两对拨爪和一对推动油缸分别装在支承环上。破碎机工作时，高压油通入锁紧缸使活塞上升，将锁紧螺帽和调整环稍微顶起，使得两者的锯齿形螺纹呈斜面紧密贴合。调整排矿口时，需将锁紧缸卸载，使锯齿形螺纹放松，然后操纵液压系统，使推动缸动作，从而带动调整环向右或向左转动，借助锯齿形螺纹传动，使得固定锥上升或下降，以实现排矿口的调整。

保险装置：这种破碎机的安全保护措施就是利用装设在机架周围的弹簧作为保险装置。当破碎腔中进入非破碎物体时，支承在弹簧上面的支承环和调整环被迫向上抬起而压

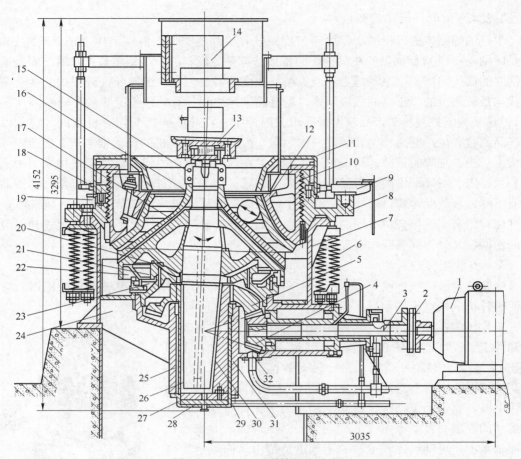

图 8 – 16   1750 型弹簧圆锥破碎机

1—电动机；2—联轴节；3—传动轴；4—小圆锥齿轮；5—大圆锥齿轮；6—保险弹簧；7—机架；

8—支承环；9—推动油缸；10—调整环；11—防尘罩；12—固定锥衬板；13—给矿盘；14—给矿箱；

15—主轴；16—可动锥衬板；17—可动锥体；18—锁紧螺帽；19—活塞；20—球面轴瓦；

21—球面轴承座；22—球形颈圈；23—环形槽；24—筋板；25—中心套筒；26—衬套；

27—止推圆盘；28—机架下盖；29—进油孔；30—锥形衬套；31—偏心轴承；32—排油孔

缩弹簧，从而增大了可动锥与固定锥的距离，使排矿口尺寸增大，排出非破碎物体，避免机件的损坏。然后，支承环和调整环在弹簧的弹力影响下，很快恢复到原来位置，重新进行碎矿。

应该看到，弹簧既是保险装置，又在正常工作时造成破碎力，因此，它的张紧程度对碎矿机的正常工作具有重要作用。在拧紧弹簧时，应当考虑留有适当的压缩余量，对于 2200 型圆锥破碎机至少留有 90mm，1750 型破碎机约为 75mm，1200 型破碎机约为 56mm。

B　液压圆锥破碎机

弹簧圆锥破碎机的排矿口调整，虽已改用液压操纵，但结构仍为锯齿形螺纹的调整装置，工作中螺纹常被灰尘堵塞，调整时比较费力又费时间，而且一定要停车；同时在取出卡在破碎腔中的非破碎物体也很不方便。另外，这种保险装置并不完善，甚至当机器遭受到严重过载的威胁时，而未起到保险作用等缺点。为此，目前国内外都在大力生产和推广应用液压圆锥破碎机，这类破碎机不但调整排矿口容易方便，而且过载的保险性很高，完全消除了弹簧圆锥破碎机这方面的缺点。

按照液压油缸在圆锥破碎机上的安放位置和装置数量，又可将其分为顶部单缸、底部单缸和机体周围的多缸等形式。尽管油缸数量和安装位置不同，但它们的基本原理和液压系统都是相类似的。现以我国当前应用较多的底部单缸液压圆锥破碎机为例作一说明，单缸液压圆锥破碎机如图8-17所示。

这种破碎机的工作原理与弹簧圆锥破碎机相同，但在结构上取消了弹簧圆锥破碎机的调整环、支承环和锁紧装置以及球面轴承等零件。该破碎机的液压调整装置和液压保险装置，都是通过支承在可动锥体的主轴底部的液压油

图8-17 单缸液压圆锥破碎机

缸（一个）和油压系统来实现的。底部单缸液压圆锥破碎机的构造如图8-18所示。可动锥体的主轴下端插入偏心轴套中，并支承在油缸活塞上面的球面圆盘上，活塞下面通入高压油用于支承活塞。由于偏心轴套的转动，从而使可动锥作锥面运动。

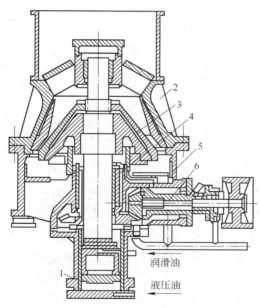

图8-18 底部单缸液压圆锥破碎机
1—液压油缸；2—固定锥；3—可动锥；4—偏心轴套；5—机架；6—传动轴

这种破碎机的液压系统是由油箱、油泵、单向阀、高压溢流阀、手动换向阀、截止阀、蓄能器、单向节流阀、放气阀和液压油缸等组成。图8-19为该机器的液压系统示意图。破碎机排矿口的调整，是利用手动换向阀，使通过油缸中的油量增加或减小，推动可动锥上升或下降，从而达到排矿口调整的目的。当液压油从油箱压入油缸活塞下方时，可动锥上升，排矿口缩小（图8-20a）；当油缸活塞下方的液压油放入油箱时，可动锥下降，排矿口增大（图8-20b）。排矿口的实际大小可从油位指示器中直接看出。

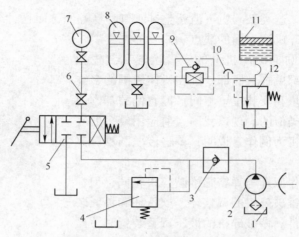

图 8-19　液压系统示意图

1—油箱；2—油泵；3—单向阀；4，12—高压溢流阀；5—手动换向阀；6—截止阀；
7—压力表；8—蓄能器；9—单向节流阀；10—放气阀；11—液压油缸

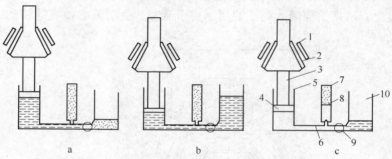

图 8-20　液压调整和液压保险装置的示意图

1—固定锥；2—可动锥；3—主轴；4—活塞（液压缸）；5—液压油缸；6—油管；
7—蓄能器；8—活塞；9—阀；10—油箱

　　机器的过载保险作用，是通过液压系统中装有不活泼的气体（如氮气等）的蓄能器来实现的。蓄能器内充入 50MPa 压力的氮气，它比液压油缸内的油压稍高一点，在正常工作情况下，液压油无法进入蓄能器中。当破碎腔中进入非破碎物体时，可动锥向下压的垂直力增大，立即挤压活塞，这时油路中的油压大于蓄能器中的氮气压力，于是液压油就进入蓄能器中，使油缸内的活塞和可动锥同时下降，排矿口增大（图 8-20c），排除非破碎物体，实现保险作用。非破碎物体排除以后，氮气的压力又高于正常工作时的油压，进入蓄能器的液压油又被压回液压油缸促使活塞上升，可动锥立即恢复正常工作位置。

　　如果破碎腔出现堵塞现象，利用液压调整的方法，改变油缸内油量的大小，使可动锥上升下降反复数次，即可排除堵矿情况。

　　生产实践证明，这种破碎机具有结构简单，没有弹簧圆锥破碎机的调整环、支承环和球面轴承等复杂零件；制造比较容易，生产一台相同规格的单缸液压圆锥破碎机的加工工时，只相当于弹簧圆锥破碎机的 60%；操作方便，一个液压油缸同时起着调整排矿口和过载的保护作用；液压系统动作灵敏，工作可靠；过载保护作用可靠性高；排矿口调整很方便；破碎腔堵矿现象容易排除以及破碎产品粒度比较均匀等突出的优点。但是，这种破碎机的油缸设在机器底部，致使工作空间狭小，给设备维修工作造成一定的困难。

多缸液压圆锥破碎机保留了弹簧圆锥破碎机的工作特点，结构上主要采用了液压保险装置，即将弹簧圆锥破碎机的弹簧保险改为液压油缸保险，以一个油缸替换每组弹簧。而碎矿机排矿口的调整是利用液压锁紧和液压推动缸的调整机构，代替了弹簧圆锥破碎机的机械调整装置，故简化了排矿口的调整工作。该破碎机的结构较复杂，制造成本高，维修工作量大，还有漏油现象。但是，它对改造弹簧圆锥破碎机却有一定的作用，因为只要把圆锥破碎机的弹簧保险换成液压油缸，其他部件基本上无需改动，各个厂矿皆可就地解决。

8.2.4.4 旋回破碎机的安装操作与维护检修

A 旋回破碎机的安装操作

圆锥破碎机的地基应与厂房地基隔离开，地基的质量应为机器质量的 1.5 ~ 2.5 倍。装配时，首先将下部机架安装在地基上，然后依次安装中部和上部机架。在安装工作中，要注意校准机架套筒的中心线与机架上部法兰水平面之间的垂直度，下部、中部和上部机架的水平，以及它们的中心线是否同心。接着安装偏心轴套和圆锥齿轮，并调整间隙。随后将可动圆锥放入，再装好悬挂装置及横梁。

安装完毕，进行 5 ~ 6h 的空载试验。在试验中仔细检查各个联结件的联结情况，并随时测量油温是否超过 60℃。空载运转正常，再进行有载试验。

在启动之前，须检查润滑系统、破碎腔以及传动件等情况。检查完毕，开动油泵 5 ~ 10min，使破碎机的各运动部件都受到润滑，然后再开动主电动机。让破碎机空转 1 ~ 2min 后，再开始给矿。破碎机工作时，须经常按操作规程检查润滑系统，并注意在密封装置下面不要过多地堆积矿石。停车前，先停止给矿，待破碎腔内的矿石完全排出以后，才能停主电动机，最后关闭油泵。停车后，检查各部件，并进行日常的修理工作。

润滑油要保持流动性良好，但温度不宜过高。气温低时，需用油箱中的电热器加热；当气温高时，用冷却过滤器冷却。工作时的油压为 0.15MPa，进油管中的油速为 1.0 ~ 1.2m/s，回油管的油速为 0.2 ~ 0.3m/s。润滑油必须定期更换。该碎矿机的润滑系统和设备与颚式碎矿机的相同。润滑油分两路进入碎矿机，一股油从机器下部进入偏心轴套中，润滑偏心轴套和圆锥齿轮后流出；另一股油润滑传动轴承和皮带轮轴承，然后回到油箱。悬挂装置用干油润滑，定期用手压油泵打入。

B 故障及消除方法

旋回破碎机工作中产生的故障及其消除方法见表 8 - 3。

表 8 - 3 旋回破碎机工作中产生的故障及其消除方法

序号	设备故障	产生原因	设备故障产生原因消除方法
1	油泵装置产生强烈的敲击声	油泵与电动机安装得不同心；半联轴节的销槽相对其槽孔轴线产生很大的偏心距；联轴节的胶木销磨损	使其轴线安装同心；把销轴堆焊出偏心，然后重刨；更换销轴
2	油泵发热（温度为 40℃）	稠油过多	更换比较稀的油

续表 8 - 3

序号	设备故障	产生原因	设备故障产生原因消除方法
3	油泵工作，但油压不足	吸入管堵塞； 油泵的齿轮磨损； 压力表不精确	清洗油管； 更换油泵； 更换压力表
4	油泵工作正常，压力表指示正常压力，但油流不出来	回油管堵塞； 回油管的坡度小； 黏油过多； 冷油过多	清洗回油管； 加大坡度； 更换比较稀的油； 加热油
5	油的指示器中没有油或油流中断，油压下降	油管堵塞； 油的温度低； 油泵工作不正常	检查和修理油路系统； 加热油； 修理或更换油泵
6	冷却过滤前后的压力表的压力差大于 0.04MPa	过滤器中的滤网堵塞	清洗过滤器
7	在循环油中发现很硬的掺和物	滤网撕破； 工作时油未经过过滤器	修理或更换滤网； 切断旁路，使油通过过滤器
8	流回的油减少，油箱中的油也显著减少	油在碎矿机下部漏掉； 或者由于排油沟堵塞； 油从密封圈中漏出	停止破碎机工作，检查和消除漏油原因； 调整给油量，清洗或加深排油沟
9	冷却器前后温度差过小	水阀开得过小，冷却水不足	开大水阀，正常给水
10	冷却器前后的水与油的压力差过大	散热器堵塞； 油的温度低于允许值	清洗散热器； 在油箱中将油加热到正常温度
11	从冷却器出来的油温超过 45℃	没有冷却水或水不足； 冷却水温度高； 冷却系统堵塞	给入冷却水或开大水阀，正常给水； 检查水的压力，使其超过最小许用值； 清洗冷却器
12	回油温度超过 60℃	偏心轴套中摩擦面产生有害的摩擦	停机运转，拆开检查偏心轴套，消除温度增高的原因
13	传动轴润滑油的回油温度超过 60℃	轴承不正常，阻塞，散热面不足或青铜套的油沟断面不足等	停止破碎机，拆开和检查摩擦表面
14	随着排油温度的升高，油路中油压也增加	油管或破碎机零件上的油沟堵塞	停止碎矿机，找出并消除温度升高的原因
15	油箱中发现水或水中发现油	冷却水的压力超过油的压力； 冷却器中的水管局部破裂，使水掺入油中	使冷却水的压力比油压低 0.05MPa； 检查冷却器的水管连接部分是否漏水
16	油被灰尘弄脏	防尘装置未起作用	清洗防尘及密封装置，清洗油管并重新换油
17	强烈劈裂声后，可动圆锥停止转动，皮带轮继续转动	主轴折断	拆开破碎机，找出折断损坏原因，安装新的主轴
18	破碎时产生强烈的敲击声	可动圆锥衬板松弛	校正锁紧螺帽的拧紧程度； 当铸锌剥落时，需重新浇铸
19	皮带轮转动，而可动圆锥不动	连接皮带轮与传动轴的保险销被剪断（由于掉入非破碎物体）； 键与齿轮被损坏	清除破碎腔内的矿石，拣出非破碎物体，安装新的保险销； 拆开破碎机，更换损坏的零件

C 旋回破碎机的维修

维修包括大、中、小修。（1）小修检查破碎机的悬挂零件；检查防尘装置零件，并清除尘土；检查偏心轴套的接触面及其间隙，清洗润滑油沟，并清除沉积在零件上的油渣；测量传动轴和轴套之间的间隙；检查青铜圆盘的磨损程度；检查润滑系统和更换油箱中的润滑油。（2）中修除了完成小修的全部任务外，主要是修理或更换衬板、机架及传动轴承。一般约为半年一次。（3）大修一般为五年进行一次。除了完成中修的全部内容外，主要是修理下列各项：悬挂装置的零件，大齿轮与偏心轴套，传动轴和小齿轮，密封零件，支承垫圈以及更换全部磨损零件和部件等。同时，还必须对大修以后的破碎机进行校正和测定工作。

8.2.4.5 中、细碎圆锥破碎机的安装操作与维护检修

A 中、细碎圆锥破碎机安装操作

安装时首先将机架安装在基础上，并校准水平度，接着安装传动轴。将偏心轴套从机架上部装入机架套筒中，并校准圆锥齿轮的间隙。然后安装球面轴承支座以及润滑系统和水封系统，并将装配好的主轴和可动圆锥插入，接着安装支承环、调整环和弹簧，最后安装给料装置。

破碎机装好后，进行 7~8h 空载试验。如无毛病，再进行 12~16h 有载试验，此时，排油管排出的油温不应超过 50~60℃。

破碎机启动以前，首先检查破碎腔内有无矿石或其他物体卡住；检查排矿口的宽度是否合适；检查弹簧保险装置是否正常；检查油箱中的油量、油温（冬季不低于 20℃）情况；并向水封防尘装置给水，再检查其排水情况，等等。作了上述检查，并确信检查无误后，可按下列程序开动碎矿机。

开动油泵检查油压，油压一般应在 0.08~0.15MPa，注意油压切勿过高，以免发生事故，如，我国某铁矿的碎矿车间，由于破碎机油泵的压力超过 0.3MPa，结果导致中碎圆锥破碎机的重大设备事故。另外，冷却器中的水压应比油压低 0.05MPa，以免水掺入油中。

油泵正常运转 3~5min 后，再启动破碎机。破碎机空转 1~2min，一切正常后，开动给矿机进行碎矿工作。

给入破碎机中的矿石，应该从分料盘上均匀地给入破碎腔，否则将引起机器的过负荷，并使可动圆锥和固定圆锥的衬板过早磨损，而且降低设备的生产能力，并产生不均匀的产品粒度。同时，给入矿石不允许只从一侧（面）进入破碎腔，而且给矿粒度应控制在规定的范围内。

注意均匀给矿的同时，还必须注意排矿问题，如果排矿堆积在破碎机排矿口的下面，有可能把可动圆锥顶起来，以致发生重大事故。因此，发现排矿口堵塞以后，应立即停机，迅速进行处理。

对于细碎圆锥破碎机的产品粒度必须严格控制，以提高磨矿机的生产能力和降低磨矿费用。为此，要求操作人员定期检查排矿口的磨损状况，并即时调整排矿口尺寸，再用铅块进行测量，以保证破碎产品粒度的要求。

为使破碎机安全正常生产，还必须注意保险弹簧在机器运转中的情况。如果弹簧具有正常的紧度，但支承环经常跳起，此时不能随便采取拧紧弹簧的办法，而必须找出支承环

跳起的原因，除了进入非破碎物体以外，可能是由于给矿不均匀或者过多、排矿口尺寸过小、潮湿矿石堵塞排矿口等原因造成的。

应当看到，为了保持排矿口宽度，应根据衬板磨损情况，每两三天顺时针回转调整环使其稍稍下降，可以缩小由于磨损而增大了的排矿口间隙。当调整环顺时针转动2~2.5圈后，排矿口尺寸仍不能满足要求时，就得更换衬板了。

停止破碎机，要先停给矿机，待破碎腔内的矿石全部排出后，再停破碎机的电动机，最后停油泵。

B　故障及消除方法

中、细碎圆锥破碎机工作中产生的故障及消除方法见表8-4。

表8-4　中、细碎圆锥破碎机工作中产生的故障及消除方法

序号	设备故障	产生原因	设备故障产生原因消除方法
1	传动轴回转不均匀，产生强烈的敲击声或敲击声后皮带轮转动，而可动圆锥不动	圆锥齿轮的齿由于安装的缺陷和运转中传动轴的轴向间隙过大而磨损或损坏；皮带轮或齿轮的键损坏；主轴由于掉入非破碎物体而折断	停止破碎机，更换齿轮，并校正啮合间隙；换键；更换主轴，并加强挑铁工作
2	破碎机产生强烈的振动，可动圆锥迅速运转	主轴由于下列原因而被锥形衬套包紧：主轴与衬套之间没有润滑油或油中有灰尘；由于可动圆锥下沉造成球面轴承损坏；锥形衬套的间隙不足	停止破碎机，找出并消除原因
3	破碎机工作时产生振动	弹簧压力不足；碎矿机给入细的和黏性物料；给矿不均匀或给矿过多；弹簧刚性不足	拧紧弹簧上的压紧螺帽或更换弹簧；调整破碎机的给矿；换成刚性较大的强力弹簧
4	破碎机向上抬起的同时产生强烈的敲击声，然后又正常工作	破碎腔中掉入非破碎物体，时常引起主轴的折断	加强挑铁工作
5	碎矿或空转时产生可以听见的劈裂声	可动圆锥或固定圆锥衬板松弛；螺钉或耳环损坏；可动圆锥或固定圆锥衬板不圆产生冲击	停止破碎机，检查螺钉拧紧情况和铸锌层是否脱落，重新铸锌；停止破碎机，拆下调整环，更换螺钉与耳环；安装时检查衬板的椭圆度，必要时进行机械加工
6	螺钉从机架法兰孔和弹簧中跳出	机架拉紧螺钉损坏	停机，更换螺钉
7	破碎产品中含有大块矿石	可动圆锥衬板磨损	下降固定圆锥，减小排矿口间隙
8	水封装置中没有流入水	水封装置的给水管不正确	停机，找出并消除给水中断的原因

C 中、细碎圆锥破碎机的维修

维修工作包括：（1）小修检查球面轴承的接触面，检查圆锥衬套与偏心轴套之间的间隙和接触面，检查圆锥齿轮传动的径向和轴向间隙；校正传动轴套的装配情况；并测量轴套与轴之间的间隙；调整保护板；更换润滑油等。（2）中修在完成小修全部内容的基础上，重点检查和修理可动锥的衬板和调整环、偏心轴套、球面轴承和密封装置等。中修的间隔时间取决于这些零部件的磨损状况。（3）大修除了完成中修的全部项目外，主要是对圆锥碎矿机进行彻底检修。检修的项目有更换可动圆锥机架、偏心轴套、圆锥齿轮和动锥主轴等。修复后的碎矿机，必须进行校正和调整。大修的时间间隔取决于这些部件的磨损程度。

8.2.5 反击式破碎机

8.2.5.1 反击式破碎机的结构特点

反击式破碎机按照转子数目不同可分为两种：单转子和双转子反击式破碎机。反击式破碎机的规格，是用转子直径 D（实际上是板锤端部所绘出的圆周直径）×转子长度 L 来表示。例如，$\phi 1250 \times 1000$ 单转子反击式破碎机，表示转子直径为 1250mm，转子长度为 1000mm。

单转子反击式破碎机的构造比较简单，如图 8-21 所示。图 8-22 为 $\phi 500 \times 400$ 单转子反击式破碎机，主要是由转子 5（打击板 4）、反击板 7 和机体等部分组成。转子固定在主轴上。在圆柱形的转子上装有三块（或者若干块）打击板（板锤），打击板和转子多呈刚性连接，而打击板是用耐磨的高锰钢（或其他合金钢）制作。

图 8-21 单转子反击式破碎机

反击板的一端通过悬挂轴铰接在上机体 3 的上面，另一端由拉杆螺栓利用球面垫圈支承在上机体的锥面垫圈上，故反击板呈自由悬挂状态置于机器的内部。当破碎机中进入非破碎物体，这时反击板受到较大的反作用力，迫使拉杆螺栓（压缩球面垫圈）"自动"地后退抬起，使非破碎物体排出，保证了设备的安全，这就是反击式破碎机的保险装置。另外，调节拉杆螺栓上面的螺母，可以改变打击板和反击板之间的间隙大小。

机体沿轴线分成上、下机体两部分。上机体上部装有供检修和观察用的检查孔，下机体利用地脚螺栓固定于地基上。机体的内部装有可更换的耐磨材料保护衬板，以保护机体免遭磨损。碎矿机的给矿口处（靠近第一级反击板）设置的链幕，是防止机器在碎矿过程中，矿石飞出来发生事故的保护措施。

双转子反击式破碎机，根据转子的转动方向和转子配置位置，又分为下述三种（图 8-23）。

（1）两个转子反向回转的反击式破碎机（图 8-23a）。两转子运动方向相反，相当于两个平行配置的单转子反击式破碎机并联组成。两个转子分别与反击板构成独立的破碎腔，进行分腔碎矿。这种破碎机的生产能力高，能够破碎较大块度的矿石，而且两转子水平配置可以降低机器的高度，故可作为大型矿山的粗、中碎碎矿机。

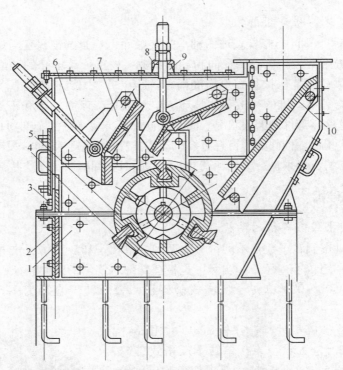

图 8-22 $\phi500 \times 400$ 单转子反击式破碎机

1—机体保护衬板；2—下机体；3—上机体；4—打击板；5—转子；6—拉杆螺栓；7—反击板；
8—球面垫圈；9—锥面垫圈；10—给矿溜板

（2）两个转子同向回转的反击式破碎机（图8-23b）。两转子运动方向相同，相当于两个平行装置的单转子反击式破碎机的串联使用，两个转子构成两个破碎腔。第一个转子相当于粗碎，第二个转子相当于细碎，即一台反击式破碎机可以同时作为粗碎和中、细碎设备使用。该破碎机的破碎比大，生产能力高，但功率消耗多。

（3）两个转子同向回转的反击式破碎机（图8-23c）。两转子是按照一定的高度差进行配置的，其中一个转子位置稍高，用于矿石的粗碎；另一个转子位置稍低，作为矿石的细碎。这种破碎机是利用扩大转子的工作角度，采用分腔（破碎腔）集中反击破碎原理，使得两个转子充分发挥粗碎和细碎的碎矿作用。所以，这种设备的破碎比大，生产能力高，产品粒度均匀，而且两个转子呈高差配置时，可以减少漏掉不合乎要求的大颗粒产品粒度的缺陷。

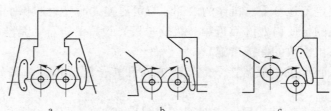

图 8-23 双转子反击式破碎机的结构示意图

下面就以具有一定高度差配置的国产的 $\phi1250 \times 1250$ 双转子反击式破碎机（图8-24）为例（图8-25）详细地介绍它的结构。破碎机的传动装置，是由两台电动机，经由弹性联轴节、液力联轴器和三角皮带装置，分别驱动两个转子作同向回转运动。采用液力联轴器，可使电动机成为轻负荷启动，减小运转过程中的扭转振动和载荷的脉动，并且可以防止电动机和破碎机的过负载，保护电动机和破碎机不致损坏。这种破碎机的特点是：

（1）两个转子具有一定的高度差（两转子的中心线与水平线之间的夹角为12°），扩大了转子的工作角度，使得第一个转子具有强制给矿的可能，第二个转子有提高线速度的可能，可使矿石达到充分的破碎，从而获得合格的产品粒度要求。

图 8-24　国产双转子反击式破碎机

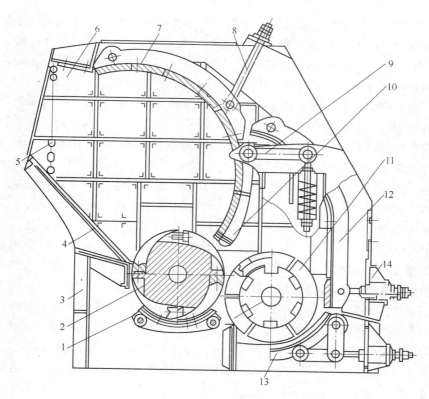

图 8-25　φ1250×1250 双转子反击式破碎机

1，13—排矿栅板；2—第一个转子部分；3—下机体；4—上机体；5—链幕；6—机体保护衬板；7—第一反击板；
8—拉杆螺栓；9—连杆；10—分腔反击板；11—第二个转子部分；12—第二反击板；14—调节弹簧

（2）两个同向运动的转子分别与第一级、第二级反击板组成粗碎和细碎破碎腔。第一级转子与反击板将矿石从 −850mm 碎到 100mm 左右给入细碎破碎腔；第二级转子与第二级反击板继续将物料碎成 −20mm，经破碎机下部的排矿栅板处排出。这种采用分腔集中反击破碎原理，可以充分发挥粗碎腔和细碎腔的分腔集中碎矿的作用。

（3）两个转子装有个数不等的锤头，不同锤头高度和锤头形状，以及两个转子具有不同的线速度，它们的情况大体上是这样：第一个转子上固定 4 排锤头共 8 块板锤，大约以 38m/s 的线速度破碎进入破碎机内的大块矿石；第二个转子上固定着 6 排锤头共 12 块板锤，大约以 50m/s 的线速度继续将给入的 100mm 左右的物料碎成所要求的产品粒度。

（4）为了保证破碎产品的质量（粒度），在两个转子的排矿处分别增设了排矿栅板。

转子、板锤和反击板是构成反击式破碎机的主体。

转子是反击式破碎机最重要的工作部件，必须具有足够的重量，以适应破碎大块矿石的需要。因此，大型反击式破碎机的转子，一般采用整体式的铸钢结构。这种整体式的转子，不仅重量较大，坚固耐用，而且便于安置打击板。有时也采用数块铸钢或钢板构成圆盘叠合式的转子。这种组合式的转子，制造方便，容易得到平衡。小型的破碎机采用铸铁制作，或者采用钢板焊接的空心转子，但强度和坚固性较差。转子两端采用双列向心球面滚动轴承支承在下机体上。由于转子的圆周速度高，故轴承需用二硫化钼润滑脂进行润滑。

板锤又称打击板，是反击式破碎机中最容易磨损的工作零件，要比其他破碎机的磨损程度严重得多。板锤的磨损程度和使用寿命与板锤的材质、矿石的硬度、板锤的线速度（转子的圆周速度）、板锤的结构形式等因素直接有关，其中板锤的材质问题是决定磨损程度的主要因素。板锤材料当前我国均用高锰钢。板锤在转子上面的固定方式有螺钉固定、压板固定、楔块固定三种。螺钉固定方式，不仅螺钉露在打击表面，极易损坏，而且螺钉受到较大的剪力，一旦剪断将造成严重事故。压板固定方式，板锤从侧面插入转子的沟槽中，两端采用压板压紧。但是这种固定方式使板锤不够牢固，工作中板锤容易松动，这是因为板锤制造加工要求很高以及高锰钢等合金材料不易加工所致。楔块固定是采用楔块将板锤固定在转子上的方式，工作中在离心力作用下，这种固定方式会越来越坚固，而且工作可靠，拆换比较方便。这是目前较好的一种板锤固定方式，各国都在采用这种固定方式。板锤的个数与转子规格直径有关，一般地说，转子规格直径小于 1m 时，可以采用三个板锤；直径为 1 ~ 1.5m 时，可以选用 4 ~ 6 个；直径为 1.5 ~ 2m 时，可选用 6 ~ 10 个板锤。对于处理比较坚硬的矿石，或者破碎比较大的破碎机，板锤的个数应该多些。

反击板的结构形式对破碎机的破碎效率影响很大。反击板的形式主要有折线形或圆弧形等结构。折线形的反击板结构简单，但不能保证矿石获得最有效的冲击破碎。圆弧形的反击板比较常用的有渐开线形的，这种结构形式的特点是，在反击板的各点上矿石都是以垂直的方向进行冲击，因而破碎效率较高。另外，反击板也可制成反击栅条和反击辊的形式。这种结构主要是可起筛分作用，提高破碎机的生产能力，减少过粉碎现象，并降低功率消耗。第一级、第二级反击板的一端通过悬挂轴铰接于上机体的两侧，另一端分别由拉杆螺栓（或调节弹簧）支承在机体上。分腔反击板通过方形断面轴悬挂在两转子之间，将机器分成两个破碎腔，通过改变分腔反击板的位置，可以调整粗碎腔和细碎腔的碎矿产品粒度情况，而悬挂分腔反击板的方形断面轴，又与装在机体两侧面的连杆和压缩弹簧相连接。

8.2.5.2　反击式破碎机的工作原理

反击式破碎机（又称冲击式破碎机）属于利用冲击能破碎矿石的机器设备。就运用机械能的形式而言，应用冲击力"自由"破碎原理的碎矿机，要比以静压力的挤压破碎原理的碎矿机优越。上述各类碎矿设备（颚式、旋回等）基本上都是以挤压破碎作用原理为主的碎矿机，而反击式破碎机则是利用冲击力"自由"破碎原理来粉碎矿石的。如图 8–26 所示，矿石进入碎矿机中，主要是受到高速回转的打击板的冲击，矿石沿着层理面、节理面进行选择性破碎。被冲击以后的矿石获得巨大的动能，并以很高的速度，沿着打击板的切线方向抛向第一级反击板，经反击板的冲击作用，矿石再次被击碎，然后从第一级反击板返回的料块，又遭受打击板的重新撞击，继续被粉碎。破碎后的物料，同样又以很高速度抛向第二

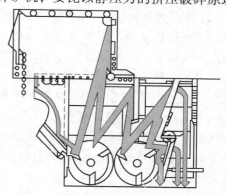

图 8–26　反击式破碎机工作原理示意图

级反击板，再次遭到冲击，使矿石（物料）在反击式碎矿机中产生"联锁"式的碎矿作用。矿石在打击板和反击板之间的往返途中，除了打击板和反击板的冲击作用外，还有矿石（物料）之间的多次相互撞击作用。上述这种过程反复进行，直到破碎后的物料粒度小于打击板和反击板之间的间隙时，从碎矿机下部排出，即为破碎后的产品粒度。

反击式破碎机虽然出现较晚，但发展极快，广泛用于各种矿石中、细碎作业，也可用做矿石的粗碎设备。反击式破碎机之所以如此迅速发展，主要是因为它具有下述重要特点：

（1）破碎比很大。一般破碎机的破碎比最大不超过 10，而反击式破碎机的破碎比一般为 30～40，最大可达 150。因此，当前采用的三段破碎工艺流程，采用一段或两段反击式碎矿机就可以完成了，从而大大地简化了生产流程，节省了投资费用。

（2）破碎效率高，电能消耗低。因为一般矿石的抗冲击强度比抗压强度要小得多，同时，由于矿石受到打击板的高速作用和多次冲击之后，矿石沿着节理分界面和组织脆弱的地方首先击裂，因此，这类破碎机的破碎效率高，而且电能消耗低。

（3）产品粒度均匀，过粉碎现象少。这种破碎机是利用动能破碎矿石的，而每块矿石所具有的动能大小与该块矿石的质量成正比。因此，在碎矿过程中，大块矿石受到较大程度的破碎，而较小颗粒的矿石，在一定条件下不会被破碎，故破碎产品粒度均匀，过粉碎现象少。

（4）可以选择性破碎。在冲击碎矿过程中，有用矿物和脉石首先沿着节理面破裂，以利于有用矿物产生单体分离，尤其是对于粗粒嵌布的有用矿物（如钨矿等），这点更加显著。

（5）适应性大。这种破碎机可以破碎脆性、纤维性和中硬以下的矿石，特别适合于石灰石等脆性矿石的破碎，所以，水泥和化学工业采用反击式破碎机是很适宜的。

（6）设备体积小，质量轻，结构简单，制造容易，维修方便。

8.2.5.3　反击式破碎机的安装与维护

A　设备的安装与调试

设备安装主要包括：（1）反击式破碎机电泵带有振动性工作的机组，在安装时和试车

前均应紧固好所有的紧固件，在生产运转中也应定期检查，随时紧固。（2）安装中应注意反击破旋向（在皮带轮上标有旋向箭头）不可逆转。（3）把反击破电动机安装好后，应根据安装情况，配备传动带防护罩。（4）反击板与板锤的间隙应按工作需要逐渐调小，调整后应用手转动转子数转，检查有无撞击。调整完毕后，应锁紧套筒螺母，防止反击板受振动后因螺母松动而逐渐下降与板锤相碰撞，造成事故。（5）由于反击式破碎机（反击破）的出料口在下部，安装高度以及如何与进料、出料装置配合，均应在系统设计中考虑好。

设备调试主要包括：（1）转子在出厂前已经通过平衡处理，用户一般不需要再作平衡试验，在更换锤头及转子部件时，应作平衡配置。（2）主机安装应调平衡，主轴水平度误差小于 1mm/m，主从动轮在同一平面内，调整皮带松紧适度，固定电动机。（3）检查各部件安装位置是否移动、变形、锁紧所有螺栓，检查密封是否良好。（4）检查电器箱接线及紧固情况，调整延时继电器及过载保护器，接通电路，试验电动机转向，选择合适规格的保险丝。（5）检查液压系统动作是否可靠，有无渗漏现象。（6）清除反击式破碎机内异物，用手搬动转子，检查有无摩擦、碰撞。

B 维护保养

（1）反击式破碎机器运转点应平稳，当机器振动量突然增加时，应立即停车查明原因消除。（2）在正常情况下，轴承的温升不应超过 35℃，最高温度不应超过 70℃，如超过 70℃时，应立即停车，查明原因。（3）板锤磨损达到极限标志时应调头使用或及时更换。（4）装配或更换板锤后，必须保持转子平衡，静平衡不得超过 0.25kg·m。（5）当机架衬板磨损后，应及时更换，以免磨损机壳。（6）每次开机前需检查所有螺栓的紧固状态。（7）经常注意和及时做好摩擦面的润滑工作。（8）反击式破碎机所采用的润滑油，应根据破碎机机器使用的地点、气温等条件来决定，一般可采用钙–钠基润滑油。（9）每工作 8h 后往轴承内加注润滑油一次，每三个月更换润滑脂一次，换油时应用洁净的汽油或煤油仔细清洗轴承，加入轴承座内的润滑脂为容积的 50%。

C 常见故障及排除方法

反击式破碎机的常见故障及排除方法见表 8–5。

表 8–5 反击式破碎机的常见故障及排除方法

序号	故障内容	可能产生的原因	排 除 方 法
1	振动异常	物料过大	检查进料尺寸
		磨损不均	更换锤头
		转子不平衡	校平衡、配重
		基础处理不当	检查地脚及基础并紧固、加固
2	轴承发热	轴承缺油	及时加油
		加油过多	检查油位
		轴承损坏	更换轴承
		上盖过紧	调节螺栓、松紧适度
3	出料粒度大	锤头磨损	调头或更换
		锤头与反击板间隙大	调整间隙为 15～20mm
		进料粒度大	控制大料

序号	故障内容	可能产生的原因	排除方法
4	皮带翻转	皮带磨损	更换三角带
		皮带轮装配问题	调整在同一平面
		三角带内在质量	更换

D 反击式破碎机的维修

新机器投入运行后，每班工作完毕时必须对机器进行全面的检查。大约运行两周后，只需每月对机器进行一次全面的检查。设备的电动机、润滑需每周作一次全面的检查。检查的内容包括固定部位的紧固情况，皮带传动、轴承密封。电器开关的情况。

必须每周对机器的主要零件如板锤、反击衬板、衬板的磨损情况进行检查，并结合检修周期建立定期的维修和更换制度。

（1）转子和反击衬板的间隙调整：当转子在运行时，不能调整转子与反击衬板之间的间隙。如物料成块滞留在反击板与板壳之间，建议在重新调整间隙之前稍微抬起反击架，这样成块的进料会变松，反击架容易调整，如果反击架不够充足，可在放松的拉杆上轻拍（用一块木板保护），转子和反衬板的间隙由机器的调整装置来完成，首先松开螺杆套，然后转动长螺母，此时，拉杆会沿箭头方向运动，调整好再将螺杆套拧紧（注意：务必拧紧）。更换易损件时，需打开后上架。使用时，先将后上架与中箱体的连接螺栓卸下，然后用扳手拧动翻盖装置的六角头部分，将后上架徐徐打开，在此同时，可利用机架上方的吊挂装置吊住后架。

（2）板锤：板锤磨损到一定程度时应对其及时调整或更换，以避免紧固件与其他部件的损伤。用翻盖装置将后上架打开，用手转动转子，将需调整或更换的板锤转至检修门处，然后固定转子；拆去板锤定位零件，再将压紧沿轴向拆出。然后将板锤沿轴向从检修门处推出，或从机架吊出。拆卸时需用手锤在板锤上轻轻敲打。安装板锤时，颠倒上述步骤即可。但需注意质量近似相同的板锤应安装在相对位置，以避免转子工作时不平衡。

（3）反击衬板：如果安装新的反击衬板，颠倒上述步骤即可。

（4）衬板：调整反击衬板均需打开后上架，所有衬板允许在磨损较重地域和磨损较轻的地域互换。当一件里衬板仅仅有一边被磨损尽，可转动 90°或 180°继续使用。发现有物料积压在反击架上面卡住反击架时，可利用垫圈及螺栓垫在反击架侧面的衬板后面以减小其间隙，避免此现象的出现。

（5）进料口底部与板锤之间间隙调整：在进料口底部有一方钢，当下料处一角磨损时，可旋转 90°来控制未经破碎的骨料的下料。调整时，需卸下机架两侧的方盖，然后抽出方钢，旋转后再装入。

（6）胀套连接的拆装和拧紧检查：该设备大皮带轮（槽轮）的固定采用无键联胀套联结。

胀套在拆卸时应注意在圆周上以对角交叉的顺序分几步拧松锁紧螺钉，但不要全部拧出，取下镀锌的螺钉和垫圈，并以螺纹较大的螺栓旋入拆卸螺孔中，轻敲所有螺钉头部，使胀套松动拉出。胀套在装配之前所有相关零件表面必须清洗干净，并稍稍涂油。锁紧螺钉必须涂上足够的油脂，注意所有油脂不得含有二硫化钼添加剂。此后，将胀套装进轴和轮之间，轻轻拧紧锁紧螺钉，再用槽轮装配工具，将槽轮顶紧在正确位置，最后用力矩扳手在圆周上以对角交叉的顺序均匀地分三步（分别以（1/3）MA，（1/2）MA 和 MA 力矩）拧紧螺钉，直至每个螺钉都达到给定拧紧力矩 MA。在使用力矩扳手之前，务必检查或调定所需的拧紧力矩 MA = 125N·m。完成后在胀套外露表面及螺钉头部涂上防锈油脂。

（7）润滑：必须严格遵守润滑说明，以确保破碎机正常高效率的工作。主轴两端的轴承采用二硫化钼脂（3 号锂基脂）润滑。一般每套轴承添加量为 6g/50h。每三个月更换润滑油一次。换油前应用洁净的汽油或煤油仔细地冲洗轴承，加入轴承内的润滑脂为轴承空腔容积的 50% ~70%。

（8）肘板断裂频繁可以适当调松弹簧：反击式破碎机后肘板断裂频繁。后肘板除传递动力外，还靠其强度的不足起保险作用。除了肘板中部强度过低，其强度不足以克服因正常破碎矿石产生的破碎力而损坏外，可能是拉杆弹簧压得过紧，再加上工作时的破碎力使其过载而断裂，可适当调松弹簧。飞轮回转，破碎机不工作，原因是由于拉杆弹簧和拉杆损坏、拉杆螺帽脱扣使肘板从支承滑块中脱出，也可能是肘板断裂脱落，应重新更换安装。飞轮显著地摆动，偏心轴回转慢。该故障是由于皮带轮与飞轮键松动或损坏，轮与轴不能同步转动。破碎产品粒度变粗，是破碎衬板下部严重磨损的结果。应将破碎机齿板上下调换或更换新衬板，调整排矿口达到要求的尺寸。

8.2.6 立轴式破碎机

8.2.6.1 立轴式破碎机结构特点

立轴式破碎机即立式冲击式破碎机，俗称制砂机，如图 8 – 27 所示，是一种具有国际先进水平的高能低耗设备。其结构如图 8 – 28 所示，由进料斗、分料器、涡动破碎腔、叶轮体、主轴总成、底座、传动装置及电动机等七部分组成。

图 8 – 27 立轴式破碎机　　　　　　　图 8 – 28 立轴式破碎机结构

（1）进料斗。进料斗的结构为一倒立的棱台体（或圆筒体），进料口设置耐磨环，从给料设备的来料经给料斗进入破碎机。

（2）分料器。分料器安装在涡动破碎腔的上部，分料器的作用就是将给料斗的来料进行分流，使一部分物料经由中心入料管直接进入叶轮被逐渐加速到较高速度抛射出去，使另一部分物料从中心入料管的外侧，旁路进入涡动破碎腔内叶轮的外侧，被从叶轮抛射出来的高速度物料冲击破碎，不增加功率消耗，增大生产能力，提高破碎效率。

（3）涡动破碎腔。涡动破碎腔的结构形状为上下两段圆柱体组成的环形空间，叶轮在涡动破碎腔内高速旋转，涡动破碎腔内也能驻留物料，形成物料衬层，物料的破碎过程发生在涡动破碎腔内，由物料衬层将涡动破碎腔壁隔开，使破碎作用仅限于物料之间，起到耐磨自衬的作用。观察孔用于观察叶轮流道发射口处耐磨块的磨损情况及涡动破碎腔顶部衬板的磨损情况，破碎机工作时必须将观察孔密封关严。分料器固定在涡动破碎腔的上部圆柱段。叶轮高速旋转产生气流，在涡动破碎腔内通过分料器、叶轮形成内部自循环系统。

（4）叶轮。叶轮是由特殊材料制作的一空心圆柱体，安装在主轴总成上端轴头上，用圆锥套和键连接传递扭矩，高速旋转，叶轮是立式冲击破碎机的关键元件。物料由叶轮上部分料器的中心入料管进入叶轮的中心。由叶轮中心的布料锥体将物料均匀地分配到叶轮的各个发射流道，在发射流道出口，安装有特殊材料制成的耐磨块，可以更换。叶轮将物料加速到 $60 \sim 75\text{m/s}$ 速度抛射出去，冲击涡动破碎腔内的物料衬层，进行强烈的自粉碎，在锥帽和耐磨块之间装有上下流道板，保护叶轮不受磨损。

（5）主轴总成。主轴总成安装在底座上，用以传递电动机经由三角皮带传来的动力及支撑叶轮旋转运动。主轴总成由轴承座、主轴、轴承等组成。

（6）底座。涡动破碎腔、主轴总成、电动机、传动装置均安装在底座上，底座结构形状：中部为四棱柱空间，四棱柱空间的中心用于安装主轴总成，两侧形成排料通道。双电动机安装在底座纵向两端，底座可安装在支架上，也可直接安装在基础上。

（7）传动装置。采用单电动机或双电动机驱动的皮带传动机构（75kW 以上，为双电动机传动），双电动机驱动两台电动机分别安装在主轴总成两侧，两电动机皮带轮用皮带与主轴皮带轮相连，使主轴两侧受力平衡，不产生附加力矩。

（8）支架。根据破碎机工作场所不同——露天作业或室内作业，可以考虑配置支架或不配置支架。

（9）润滑系统。采用美孚车用润滑脂特级集中润滑，润滑部位为主轴总成上部轴承和下部轴承两处，为使注油方便，用油管引到机器外侧，用于油泵定期加油。

8.2.6.2 立轴式破碎机工作原理

物料由进料斗进入制砂机，经分料器将物料分成两部分，一部分由分料器中间进入高速旋转的叶轮中，在叶轮内被迅速加速，其加速度可达数百倍重力加速度，然后以 $60 \sim 70\text{m/s}$ 的速度从叶轮三个均布的流道内抛射出去，首先同由分料器四周落下的一部分物料冲击破碎，然后一起冲击到涡动腔内物料衬层上，被物料衬层反弹，斜向上冲击到涡动腔的顶部，改变运动方向，偏转向下运动，从叶轮流道发射出来的物料形成连续的物料幕。这样一块物料在涡动破碎腔内受到两次以至多次撞击、摩擦和研磨破碎，破碎之后的物料由下部排料口排出。在整个破碎过程中，物料相互自行冲击破碎，不与金属元件直接接触，而是与物料衬层发生冲击、摩擦而粉碎，可减少污染，延长机械磨损时间。涡动腔内部巧妙的气流自循环，消除了粉尘污染。

该设备具有以下特点：（1）结构简单合理、自击式破碎，超低的使用费用。（2）独特的轴承安装与先进的主轴设计，使该机具有重负荷和高速旋转的特点。（3）具有细碎、粗磨功能。（4）可靠性高、严密的安全保障装置，保证设备及人身安全。（5）运转平稳、工作噪声小、高效节能、破碎效率高。（6）受物料水分含量的影响小，含水量可达 8% 左右。（7）易损件损耗低，所有易损件均采用国内外优质的耐磨材料，使用寿命长。少量易磨损件用特硬耐磨材质制成，体积小、质量轻、便于更换配件。（8）涡流腔内部气流自循环，粉尘污染小。（9）叶轮及涡动破碎腔内的物料自衬可大幅度减少磨损件费用和维修工作量。生产过程中，石料能形成保护底层，机身无磨损，经久耐用。（10）安装方式多样，可移动式安装。（11）产品呈立方体，堆积密度大，铁污染小。可作石料整形机。

8.2.6.3 立轴式破碎机的安装与维护

安装与维护包括：

（1）设备安装试车：1）该设备应安装在水平的混凝土基础上，用地脚螺栓固定。2）安装时应注意主机体与水平的垂直。3）安装后检查各部位螺栓有无松动及主机仓门是否紧固，如有应进行紧固。4）按设备的动力配置电源线和控制开关。5）检查完毕，进行空负荷试车，试车正常即可进行生产。

（2）设备维护：1）轴承负担机器的全部负荷，所以良好的润滑对轴承寿命有很大的影响，它直接影响机器的使用寿命和运转率，因而要求注入的润滑油必须清洁，密封必须良好，本机器的主要注油处是转动轴承、轧辊轴承、所有齿轮、活动轴承及滑动平面。2）新安装的轮箍容易发生松动必须经常进行检查。3）注意机器各部位的工作是否正常。4）注意检查易磨损件的磨损程度，随时注意更换被磨损的零件。5）放活动装置的底架平面，应除去灰尘等物以免机器遇到不能破碎的物料时活动轴承不能在底架上移动，以致发生严重事故。6）轴承油温升高，应立即停车检查原因加以消除。7）转动齿轮在运转时若有冲击声应立即停车检查，并消除。

（3）立轴式破碎机的常见故障与消除方法见表8-6。

表8-6 立轴式破碎机的常见故障与消除方法

序号	常见故障	产生原因	故障消除措施
1	机体摆动过大	叶轮上易损件磨损严重	更换易损件
		给料粒度过大	减小给料粒度
		叶轮流道有阻塞物	取出阻塞物
2	产品粒度过大	三角带过松	拉紧三角带
3	空转阻力过大	轴承上密封盖内塞料	打开上密封盖清除
4	轴承发热	缺油或进粉尘	加油或清洗设备
		轴承损坏	更换轴承
5	金属相碰声	衬板或叶轮易损件脱落	重新紧固

8.3 筛分设备

8.3.1 筛分设备的分类

工业中使用的筛子种类繁多，根据使用特点可以分为以下三类。

（1）固定筛。固定筛包括格筛、条筛，这种筛构造简单，不需要动力，是选矿厂中最常见的一种筛子。用于破碎过程中的预先分级。格筛装在粗矿仓上部，以保证粗碎机的入料块度合适，格筛的筛上大块需要用手锤或其他方法破碎，使其过筛。固定格筛一般是水平安装的。条筛主要用于粗碎和中碎前作预先筛分，一般为倾斜安装，倾角的大小应能使物料沿筛面自动地下滑，就是说倾角应大于物料对筛面的摩擦角。一般筛分矿石时，倾角为40°~50°，对于大块矿石，倾角可稍减小，而对于黏性矿石，倾角应稍增加。

（2）振动筛。振动筛主要用于筛分和分级，有时也用于脱水、脱泥等。按振动频率是否接近或远离共振频率分为共振筛、低频振动筛和高频振动筛。按激振器产生激振力的原理不同，又可分为偏心振动筛（也叫半振动筛）、惯性振动筛和电磁振动筛。目前，偏心振动筛已很少用，电磁振动筛主要应用于粉末状细粒物料的分级。共振筛曾一度崛起，发展很快，但在生产实践中，暴露出结构复杂、调整困难、故障较多等缺点。在筛分作业中，大量使用的是惯性振动筛，一般简称为振动筛。目前，将振动筛按筛面工作时的运动轨迹的特点，分为圆运动振动筛（简称圆振动筛）和直线运动振动筛（简称直线振动筛）。根据激振器不同，圆振动筛分为块偏心圆振动筛和轴偏心圆振动筛。圆振动筛按工作时激振器轴上胶带轮的几何中心在空间的位置变与不变可分为限定中心圆振动筛、不定中心圆振动筛和自定中心圆振动筛。

（3）细筛。细筛是一种具有击振装置的细粒筛分分级（分选）设备。其特点是可以筛分细粒物料（分离粒度可以达到0.074mm），用于磨矿回路的细粒分级。

8.3.2　振动筛

在振动筛中，自定中心振动筛和直线振动筛在选矿生产中应用比较广泛。自定中心振动筛分为悬挂式和座式两种，如图8-29所示。在此以悬挂式为例进行介绍。

图8-29　自定中心振动筛（座式和悬挂式）

自定中心振动筛根据激振器结构的不同，又可分为轴承偏心式和胶带轮偏心式两种。

图8-30a为轴承偏心式自定中心振动筛的工作原理。筛箱通过弹簧吊挂（或支承）在固定基础上，主轴的轴颈部分有偏心，筛箱通过轴承与主轴的偏心部分相连。主轴两端安装有不平衡轮（其中一个同时又是胶带轮），轮上备有偏心配重块。安装时，偏心配重块的质心和主轴轴颈的偏心分别布置在轮子几何中心的两侧，并保持三点在同一直线上。当电动机通过三角胶带带动飞轮回转时，不平衡重量产生的离心力激起筛箱的振动，主轴绕轴线转动；筛箱和不平衡块各自产生的离心力方向相反。适当调节不平衡块的质量，使筛箱的振幅等于主轴的偏心距，则系统振动时，振动中心与主轴轴线重合，主轴中心线在空间位置几乎不变，即胶带轮不参振，从而消除了胶带时松时紧现象。这样，自定中心振动筛的振幅就可以设计得大一些，筛分效果也可提高。

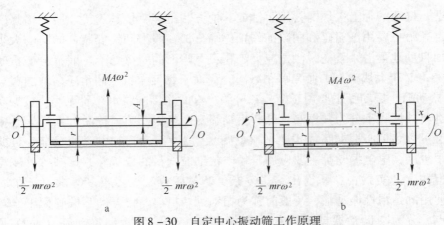

图 8-30 自定中心振动筛工作原理

a—轴承偏心式自定中心振动筛；b—胶带轮偏心式自定中心振动筛

图 8-30b 是胶带轮偏心式自定中心振动筛的工作原理。这种筛子的主轴中心与轴承中心在同一直线上，胶带轮与不平衡轮上的轴孔有偏心，轴孔中心与偏心块质心分别布置在胶带轮轮缘几何中心两侧，并且三者布置在一条直线上。筛分机工作时，胶带轮几乎不参振，同样也可以克服三角胶带时松时紧的缺点。胶带轮偏心式激振器的结构与轴承偏心式比较，前者的主轴结构简单，易于加工制造，所以在 20 世纪 60 年代我国圆振动筛定型设计时，采用了胶带轮偏心式，有 DD 和 ZD 两个系列，D 表示吊式支撑，Z 表示座式安装，型号中第二个 D 表示单轴惯性激振器。这两个系列均可用于预先分级和最终筛分，针对矿山的重型分级筛，也可采用胶带轮偏心式，但大都采用座式安装。

8.3.2.1 自定中心振动筛结构特点

图 8-31a 所示为 DD 系列圆振动筛外形图，它是由筛箱、激振器、钢丝绳吊挂装置和隔振弹簧等主要部件组成。电动机带动激振器工作时，产生激振力使筛箱在垂直平面内做圆振动，入筛的物料在筛面上跳跃前进，到排料端成筛上产物，筛下物从集料箱排出。

DD 系列圆振动筛属于胶带轮偏心式自定中心振动筛，采用单轴激振器，其结构如图 8-31b 所示。主轴的两端分别装有偏心胶带轮和偏心配重轮，偏心配重分别布置在两偏心轮和主轴上。主轴由一对向心球面滚子轴承安装在轴承座上。为便于装卸，轴承内圈通过锥形紧定衬套口与轴相连，两轴承座之间用套管封闭安装。

单轴惯性激振器的结构特点：（1）胶带轮和不平衡轮上轴孔上的轴孔中心与轮缘几何中心不同心，轮子有偏心，轴颈无偏心，容易加工制造。（2）配重质量分别布置在主轴和偏心轮上，可以使主轴弯矩最小，从而减少主轴的断面尺寸。（3）偏心质量可调。增减偏心块数量即可改变激振力，改变筛箱振幅。（4）采用自动调心的向心球面滚子轴承，有利于安装与设备运行；使用紧定衬套与轴结合，便于轴承装卸。（5）激振器轴承座与筛箱用锥形套连接，便于激振器整体装卸，用锥形套定心，精度高。（6）轴承密封。内侧用一般的毛毡圈密封，外侧采用双迷宫式密封，工作可靠。

胶带轮偏心式单轴惯性激振器在国际上应用较多。ZD 系列圆振动筛为座式安装，同样也采用胶带轮偏心式单轴惯性激振器。除支承方式不同外，其他结构与 DD 系列基本一致。

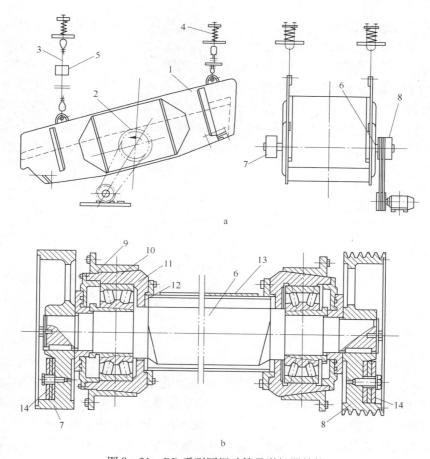

图 8-31 DD 系列圆振动筛及激振器结构

1—筛箱；2—激振器；3—钢丝绳；4—隔振弹簧；5—防摆配重；6—激振器主轴；7—偏心配重轮；
8—偏心胶带轮；9—紧定套；10—轴承座；11—轴承；12—紧定衬套；13—套管；14—配重块

8.3.2.2 直线振动筛

A 直线振动筛的工作原理

直线振动筛如图 8-32 所示，是利用同步反向旋转的双不平衡重激振器使筛箱振动的筛分机。图 8-33 是这种筛子的结构示意图。筛箱支持在四组弹簧上。筛箱上有激振器，激振器为两根带不平衡重的轴，两轴用齿轮连接，使之做同步反向回转，筛箱一般水平安置。

图 8-32 直线振动筛

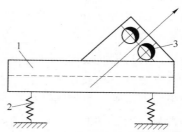

图 8-33 直线振动筛结构示意图

1—筛箱；2—弹簧；3—激振器

　　当电动机带动胶带轮及一根轴回转时，通过齿轮使另一根也回转。这两根轴做同步反向回转，其不平衡重所产生的离心惯性力及合力方向由图 8 - 34 可知。在各瞬时位置时，每根轴上不平衡重量所产生的离心惯性力，沿 x—x 方向的分力总是相互抵消，而沿 y—y 方向的分力总是相互叠加，因此形成了单一的沿 y—y 方向的合力。这个力就是激振力，它使筛箱做沿 y—y 方向的往复直线运动。在图 8 - 34a 和图 8 - 34c 的位置上，离心力完全叠加，激振力最大；在图 8 - 34b 和图 8 - 34d 所示的位置上，离心力完全抵消，激振力为零。振动方向与筛面成一定角度（一般为 45°），因此使物料在筛面上斜向抛起并落下，以进行筛分。

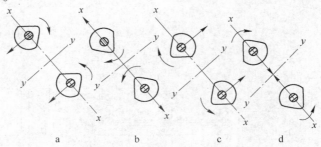

图 8 - 34　激振器工作原理图

　　直线振动筛具有结构简单、使用可靠、制造容易、处理能力和筛分效率都较高的优点，但是使两个激振轴同步反向回转的齿轮转动存在不少问题。由于筛子的振动次数较高、振幅也较大，就要求齿轮的材质要好，制造精度要高。另外，由于要用稀油润滑，密封装置要求也高，这就给生产和维修带来了不少麻烦。同时齿轮运转中产生很大噪声并发热。为了克服这些缺点，近年来出现了双电动机拖动的直线振动筛。双电动机拖动的直线振动筛，其激振器的两根带不平衡重的轴不是由齿轮联系强迫同步反向回转，而是分别由两个异步电动机直接带动回转，两根轴间没有联系。这种传动方式可使两轴上的不平衡重虽然在工作开始时不在相应位置上，但却能依靠力学关系，使两轴上的不平衡重相互自动追随，很快就可达到反向同步回转。这种筛子虽然对电动机和轴承要求较高，而且从结构上多了一台电动机，耗电量也较单电动机拖动的大，但却省掉了一对加工要求较高的齿轮，简化了激振器结构，从根本上解决了发热和漏油现象，并且大大减少了噪声及筛子的维护和检修，因而是目前国内使用较广泛的一种筛分设备。

　　B　直线振动筛的结构特点

　　a　DS 系列直线振动筛

　　图 8 - 35 所示为 DS 系列直线振动筛的结构图，由筛箱、箱式激振器、钢丝绳吊挂装置和隔振弹簧等组成。DS 系列直线振动筛采用的是箱式激振器，安装在筛箱的横梁上，产生的激振力与筛面成 45°夹角。箱式激振器结构如图 8 - 36 所示。箱体是由 35 号铸钢制作，箱内安装有主动轴和从动轴，两轴上各有一对质量相等的不平衡重块，主动轴的一端装有胶带轮，两轴都由带圆锥孔的向心球面滚子轴承支承，轴承由稀油润滑，用迷宫和毛毡双重密封。胶带轮带动主动轴回转，通过人字形齿轮使从动轴做同步反向回转，两轴上的不平衡重产生定向的激振力。

　　整体箱式激振器的结构特点：偏心轮成对布置在箱体外，便于调整偏心轮上的配重，

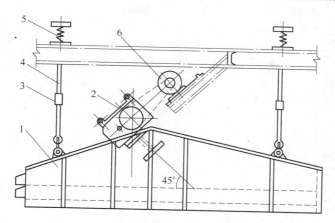

图 8-35　DS 系列直线振动筛的结构简图

1—筛箱；2—整体箱式激振器；3—防摆配重；4—钢丝绳；5—隔振弹簧；6—电动机

从而调节筛箱振幅，还可避免偏心轮回转时撞击箱内润滑油，引起发热。箱体做成整体式，没有剖分面，承受较大的激振力时比较合理，制造简单，但拆装比较困难。

b　ZS 系列直线振动筛

ZS 系列直线振动筛为座式安装，激振器采用如图 8-37 所示的筒式双轴激振器。筒式双轴激振器是由两横贯筛箱的长轴构成，偏心质量分布在两轴上。主动轴的一端装有胶带轮，另一端与齿轮相连，两轴均安装在可以自动调心的双列向心球面滚子轴承的轴承座上，轴承

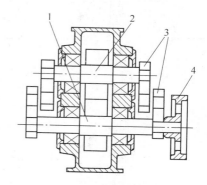

图 8-36　箱式激振器结构简图

1—主动轴；2—从动轴；3—偏心块；4—胶带轮

内孔为锥形，轴承与轴采用弹性锥形紧定套连接，便于装卸。齿轮外侧装有金属罩，内装稀油润滑，两端的轴承均采用迷宫及胶圈密封。整个激振器安装在筒形外壳中，两端通过轴承座与筛箱侧壁用螺栓连接。

筒式激振器特点是：与箱式激振器相比，筒式激振器安装在筛箱侧帮上，安装高度低，不需要大型工字梁支承；激振力沿筛箱宽度均布载荷，安装精度易于保证；胶带轮伸出筛箱之外，便于座式安装。缺点是：加工长轴需要大型设备，不便于与其他设备通用；胶带轮和齿轮都在筛箱外侧，致使筛箱宽度大，筛箱一侧需留较大的检修空间。

c　ZKP 型直线振动筛

ZKP 型直线振动筛主要由筛箱、激振器、传动装置、万向传动轴、支承装置、电动机及电动机架等部件组成，如图 8-38 所示。

其结构特点如下：

(1) 筛框所有连接件采用扭剪型高强度螺栓，连接可靠。

(2) 上层筛面为聚氨酯网状，两端为张紧结构，下层筛面采用不锈钢焊接筛板，上下横梁均为无缝钢管，筛框侧板为平板结构。

(3) 激振器为偏心块外置式整体箱式结构，如图 8-39 所示。采用高精度斜齿轮传

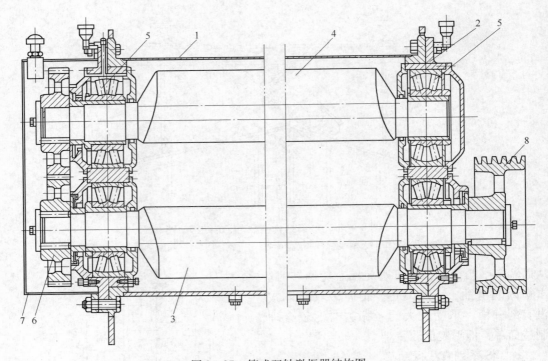

图 8 - 37　筒式双轴激振器结构图

1—外壳；2—轴承座；3—主动轴；4—从动轴；5—轴承；6—传动齿轮；7—金属罩壳；8—胶带轮

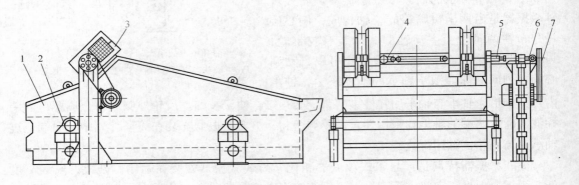

图 8 - 38　ZKP 直线振动筛结构简图

1—筛箱；2—支撑装置；3—激振器；4—万向传动轴（内）；5—万向传动轴（外）；6—传动装置；7—三角带

动，载荷平稳，噪声低。振动器通过螺栓与主梁连接，拆卸方便。

（4）激振器之间采用万向轴传递动力。

d　ZKR 直线振动筛

ZKR 直线振动筛为双轴偏心块激振器、双电动机、电动机自同步驱动方式。ZKR 直线振动筛主要由筛箱、筛框、筛网、振动电动机、电动机台座、减振弹簧、支架等组成，具有如下特点：

（1）筛箱由数种厚度不同的钢板焊制而成，具有一定的强度和刚度，是筛机的主要组成部分。

（2）筛框由松木或变形量较小的木材制成，主要用来保持筛网平整，达到正常筛分。

（3）筛网有聚氨酯、低碳钢、黄铜、青铜、不锈钢丝等数种筛网。

（4）振动电动机带动双轴偏心块激振器产生振动，通过转动轴传递给筛体带动筛网进行振动。

（5）电动机台座安装振动电动机，使用前连接螺钉必须拧紧，特别是新筛机试用前三天必须反复紧固，以免松动造成事故。

（6）减振弹簧具有阻止振动传给地面、同时支持筛箱的全部重量的作用。安装时，弹簧必须垂直于地面。

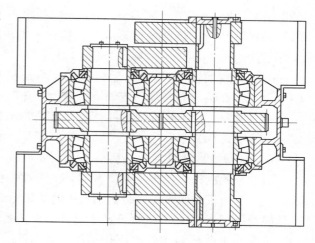

图 8-39　ZKP 直线振动筛激振器结构

（7）支架由四个支柱和两个槽钢组成，支持着筛箱，安装时支柱必须垂直于地面，两支柱下面的槽钢应相互平行。

8.3.2.3　振动筛的安装与操作

振动筛品种较多，结构也各有不同，因此，用户要针对不同的筛分机进行合理的安装、使用与维护。在此仅介绍通用的常识。

A　振动筛的安装及调试

振动筛安装前的准备包括：新设备在安装前应该进行认真检查。由于制造的成品库存堆放时间较长，可能发生轴承生锈、密封件老化或者搬运过程中损坏等，遇到这些问题时需要更换新零件。还有，激振器出厂前为防锈，注入了防锈油，正式投入运行前应更换成润滑油。安装前应该认真阅读说明书，做好充分准备。

振动筛的安装包括：安装支承或吊挂装置。安装时，要将基础找平，然后按照支承或吊挂装置的部件图和筛子的安装图，顺序装设各部件。弹簧装入前，应按端面标记的实际刚度值进行选配。（1）将筛箱连接在支承或吊挂装置上。装好后，应按规定倾角进行调整。对于吊挂式的筛子，应当同时调整筛箱倾角和筛箱主轴的水平。一般先进行横向水平度的调整，以消除筛箱的偏斜。水平校正后，再调整筛箱纵向倾角。隔振弹簧的受力应该均匀，其受力情况可通过测量弹簧的压缩量进行判断。一般，给料端两组弹簧的压缩量必须一样，排料端两组弹簧也应如此。排料端和给料端的弹簧压缩量可以有所差别。（2）安装电动机及三角胶带。安装时，电动机的基础应该找平，电动机的水平需要校正，两胶带轮对应槽沟的中心线应当重合，三角胶带的拉力要求合适。（3）按要求安装并固定筛面。（4）检查筛子各连接部件（如筛板、激振器等）的固定情况，筛网应均匀张紧，以防止产生局部振动。检查传动部分的润滑情况，电动机及控制箱的接线是否正确，并用手转动传动部分，查看运转是否正常。（5）检查筛子的入料、出料溜槽及筛下漏斗在工作时有无碰撞现象。

振动筛的试运转：筛分机安装完毕，应该进行空车试运转，初步检查安装质量，并进行必要的调整。（1）筛子空车试运转时间不得少于8h。在此时间内，观察筛子是否启动平稳迅速，振动和运行是否稳定，有无特殊噪声，通过振幅牌观察其振幅是否符合要求。（2）筛子运转时，筛箱振动不应产生横摆。如出现横摆，其原因可能是两侧弹簧高差过大、吊挂钢丝绳的拉力不均、转动轴不水平或三角胶带过紧，应进行相应的调整。（3）开车4h内，轴承温度渐增，然后保持稳定。最高温度不超过75℃，温升不能超过40℃。（4）如果开车后有异常噪声或轴承温度急剧升高，应立即停机，检查轴是否转动灵活及润滑是否良好等，待排除故障后再启动。（5）开车2~4h后停机检查各连接部件有否松动，如果有松动，待紧固后再开车。（6）试车8h后如无故障，才可对安装工程验收。

B 振动筛的操作要点

振动筛的操作要点包括：（1）操作人员在工作前应阅读值班记录，并进行设备的总检查。检查三角带的张紧程度、振动器中的油位情况，检查筛面张紧情况、各部螺栓紧固情况和筛面破损情况。（2）筛子启动应遵循工艺系统顺序。（3）在筛子工作运转时，要用视、听觉检查激振器和筛箱工作情况。停车后应用手触摸轴承盖附近，检查轴承温升。（4）筛子停车应符合工艺系统顺序。除特殊要求外，严禁带料停车后继续向筛子给料。（5）交接班时应把当班筛子技术状况和发现的故障记入值班记录。记录中应注明零部件的损伤类别及激振器加、换油日期。（6）筛子是高速运动的设备，筛子运转时操作巡视人员要保持一定的安全距离，以防发生人身事故。

8.3.2.4 振动筛的维护与检修

筛子维护和检修的目的是了解筛子的全面状况，并以修理和更换损坏、磨损的零部件的方法恢复筛子的工作能力。其内容包括日常维护、定期检查和修理以及故障处理等。

（1）日常维护内容包括筛子表面，特别是筛面紧固情况，松动时应及时紧固。定期清洗筛子表面，对于漆皮脱落部位应及时修理、除锈并涂漆，对于裸露的加工表面应涂以工业凡士林以防生锈。

（2）定期检查包括周检和月检。周检包括检查激振器、筛面、支承装置等各部螺栓紧固情况，当有松动时应加以紧固。检查传动装置的使用状况和连接螺栓的锁紧情况，检查三角带张紧程度，必要时适当张紧。检查筛子时，须特别注意查看在飞轮上的不平衡重块固定得是否可靠，如固定不牢，筛子运转时，不平衡重块就可能脱离飞轮，导致安全事故。月检包括检查筛面磨损情况，如发现明显的局部磨损应采取必要的措施（如调换位置等），并重新紧固筛面。检查整个筛框，主要检查主梁和全部横梁焊缝情况，并仔细检查是否有局部裂纹。检查筛箱侧板全部螺栓情况，当发现螺栓与侧板有间隙或松动时，应更换新的螺栓。

（3）修理是指对筛子进行定期检查时所发现的问题进行修理。修理内容包括及时调整三角带拉力，更换新带，更换磨损的筛面以及纵向垫条，更换减振弹簧，更换滚动轴承、传动齿轮和密封，更换损坏的螺栓，修理筛框构件的破损等。

筛框侧板及梁应避免发生应力集中，因此不允许在这些构件上施以焊接。对于下横梁开裂应及时更换，侧板发现裂纹损伤时，应在裂纹尽头及时钻5mm孔，然后在开裂部位加补强板。

激振器的拆卸、修理和装配应由专职人员在洁净场所进行。拆卸后检查滚动轴承磨损情况，检查齿轮齿面，检查各部件连接情况，清洗箱体中的润滑回路使之畅通，清除各结合面上的附着物，更换全部密封件及其他损坏零件。维修时应特别注意：1）激振器及传动装置拆卸应由有经验的技术工人进行，严禁野蛮操作，防止损坏设备。装配前应保持零件洁净。2) 更换后的新筛网应每隔 4~8h 重新张紧一次，直到完全张紧为止。

（4）筛分机在工作中常见的故障、原因及消除措施见表 8-7。

表 8-7　筛分机的常见故障及消除措施

序号	常见故障	产生原因	故障消除措施
1	筛分质量不好	（1）筛孔堵塞；（2）原料的水分高；（3）筛子给料不均匀；（4）筛上物料过厚；（5）筛网不紧	（1）停机清理筛网；（2）对振动筛可以调节倾角；（3）调节给料量；（4）减少给料量；（5）拉紧筛网
2	筛子的转数不够	传动胶带过松	张紧传动胶带
3	轴承发热	（1）轴承缺油；（2）轴承弄脏；（3）轴承注油过多或油的质量不符合要求；（4）轴承磨损	（1）注油；（2）洗净轴承，并更换密封环，检查密封装置；（3）检查注油情况；（4）更换轴承
4	筛子的振动力弱	飞轮上的重块装得不正确，或过轻	调节飞轮上的重块
5	筛箱的振动过大	偏心量不同	找好筛子的平衡
6	筛子轴转不起来	轴承密封被塞住	清扫轴承密封
7	筛子在运转时声音不正常	（1）轴承磨损；（2）筛网未拉紧；（3）固定轴承的螺栓松动；（4）弹簧损坏	（1）换轴承；（2）拉紧筛网；（3）拧紧螺栓；（4）换弹簧

8.3.3　细筛

8.3.3.1　细筛的种类、结构及原理

细筛是一种具有击振装置的细粒筛分分级（分选）设备。就击振装置而言，可以分为三类：第一类是利用机械的敲打装置，第二类是采用装在筛体上的不平衡电动机动作时产生振动。这两类击振装置都是通过机械击振装置产生突然的作用力，使筛面引起高频振动，借此作用力来消除筛孔的堵塞。第三类是采用电磁振动器装置，称为电磁振动高频振网筛，是一种新型高效节能细筛，主要用于选矿厂作分级设备，可代替机械击振细筛和螺旋分级机，是目前广泛使用的设备。

细筛的结构很简单，主要是由给矿器、筛面、筛框、筛体和敲振装置组成。如图 8-40 所示，上部是一个给矿器，下部是由钢板焊接成的筛体，内装有筛框和筛面，筛框的背面有一敲振装置。给矿器由一个缓冲箱和匀分器构成。缓冲箱采用阀门控制，以保持箱内恒压和调整给矿量大小。矿浆流到匀分器，均匀地流经筛面，分成筛上和筛下两种产品。筛面采用尼龙格筛或不锈钢筛网等，

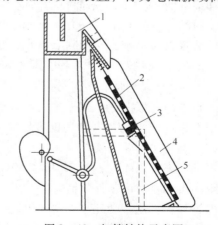

图 8-40　细筛结构示意图

1—给矿器；2—筛面；3—敲打装置；4—筛框；5—筛体

根据不同的工艺需要进行选择。细筛的工作原理与一般筛分机械不一样,细筛筛面呈 $45°\sim65°$ 角安置,以 $55°\sim60°$ 为好。矿浆流不是垂直筛面给入,而是与筛面相切(相平行)给入。

8.3.3.2 MVS 型电磁振动高频振网筛

该振网筛是唐山陆凯获国家实用新型专利的新型筛分机械,是一种高效节能的分级脱水细筛,可采用不同筛孔的筛网,满足选矿流程中各段对分级的要求,适用于各种物料的干、湿法筛分、分级、脱水,已在工业应用中获得良好效果。

该振网筛的筛机由筛箱、机架、减振器、给料箱、入料缓冲筛板(不锈钢焊接条缝筛网)、筛下漏斗、筛上接矿槽、筛上喷水装置、电脑控制柜等几部分组成。筛箱由钢板及角钢焊接而成,结构简单、紧凑、质量轻,机架下部设有四个橡胶弹簧,进一步减小了对基础的动载荷,安装中,可近似认为无动载。机架可拆卸,便于运输和现场安装。给料箱固定安装在机架上,内有布料板及耐磨橡胶衬里。筛下漏斗与筛箱焊接在一起,筛下漏斗内有耐磨橡胶衬里。

喷水装置两道置于筛箱上面,特制喷嘴可在筛面上沿横向形成两道水帘,对筛面均匀喷水,冲刷筛网并调节浓度。筛面由三层柔性筛网组成,最下层为大孔钢丝绳芯聚氨酯网,直接与激振装置接触。上层筛网是两层不锈钢丝编织网黏在一起的复合网。筛面入料端上方设不锈钢焊接条缝筛网,对入料起缓冲作用,避免矿浆剧烈冲刷筛面。

布置于筛箱外侧的以电磁激振器为主的振动系统驱动布置在筛网下面的振动臂振动,振动臂上装有沿筛面全宽的橡胶帽,橡胶帽托住筛网并激振筛网。每台筛机沿纵向布置有若干组振动系统,由电脑控制柜集中控制,每个振动系统分别独立驱动振动臂振动筛网,振幅可随时分段调节。筛网采用两端折钩,纵向张紧安装。筛面安装具有一定的倾角,并且可调,物料在自重和筛面高频振动作用下沿筛面流动、分层、透筛。

该振网筛的特点是:(1)筛面高频振动、筛箱不动。振动器固定于筛箱上,在筛箱上振动器弹性系统的弹性力与激振力的反力平衡,所以筛箱不动。激振力驱动振动系统激振筛面,振动系统设计在近共振状态工作,可以以较小的动力达到所需的工作参数。(2)筛面高频振动,振幅 $1\sim2$ mm,有很高的振动强度,可达 $8\sim10$ 倍重力加速度,是一般振动筛振动强度的 $2\sim3$ 倍。筛面自清洗能力强,筛分效率高,处理能力大。非常适用于细粒粉体物料的筛分、脱水。(3)筛面由 3 层不同的筛网组成,下层为钢丝绳芯聚氨酯托网,与激振装置直接接触,在托网上面张紧铺设由两层不锈钢丝编织网黏接在一起的复合网,复合网的上层和物料接触,上层网也可用粗丝密纹网(一般用 0.18mm × 0.35mm 长孔网),根据筛分工艺要求确定网孔尺寸,筛网开孔率高,具有一定刚度,便于平整张紧安装。入料缓冲筛板保证矿浆平缓均匀地给入工作网(复合网),减小对工作网的冲击,延长使用寿命。(4)筛机安装角度可随时方便的调节,以适应物料的性质及不同筛分作业。对选矿厂的湿法筛分,安装倾角一般在 $26°\pm5°$ 的范围。(5)筛机振动参数采用计算机集控,振动频率可以改变,在 25Hz 和 50Hz 之间转换,并由软件编程确定。另外,对每个振动系统的振动参数由软件编制,除一般工况振动参数外,还有间断瞬时强振以随时清理筛网,保持筛孔不堵。功耗小,每个电磁振动器的有用功率仅 150W,选矿一般用 MVS2020 型电磁高频筛,装机功率 1.2kW。筛机分单通道和双通道、单层和双层,采用模块化设计,根据具体应用场合可灵活设计。

型号含义示例：MVS2020，M—电磁，V—振动，S—筛，20—筛面宽，20dm，20—筛面长，20dm。

该振网筛均为双通道，一般选矿厂多用 MVS2020 型，根据现场空间的大小也可选用 MVS2018 型和 MVS2015 型。

8.3.3.3 DGS 型高频振动细筛

该细筛是大孤山选矿厂研制的，于 1988 年 10 月获国家专利。DGS 型高频振动细筛的工作原理与一般筛分机械不同。矿浆通过给矿口均匀地给入安装成一定角度（一般为 45°~60°）的筛面，由于筛条横向排列，因此矿浆流不是垂直筛面给入，而是垂直于筛条运动。在矿浆流经筛面的过程中，由于重力和高频振动力的作用产生重力分层现象，有利于富集和分级。固定的筛条对流动的矿浆产生一种机械性的"切割"作用，被"切割"下来的矿粒成为筛下产品，未被"切割"的矿粒成为筛上产品。同时，高频击振力还以 1/50s 的频率产生抛起和下落的直线振动，更有利于"切割"作用的产生和防止筛孔堵塞。由于上述工作原理，因而筛下颗粒的大小并不等于筛孔尺寸，而近似于它的水平投影，故可以用大筛孔获得小的筛下产品，也可以用同一筛孔通过改变筛面角度获得所需筛下级别的产品。直线高频振动不但可以防止筛孔堵塞，提高筛分效率，而且可以减少筛面磨损。

DGS 型高频振动细筛的特点是：设备构造比较简单，安装维修方便，无传动部件，不需要润滑，运行费用低，生产可靠。筛分细粒级时筛孔不易堵塞，筛面磨损小，筛分效率高，电耗少。

8.4 磨矿设备

8.4.1 磨矿设备的种类

在铜冶炼渣选矿生产中，使用的磨矿设备有湿式半自磨机、湿式球磨机，湿式半自磨机分为长筒型和短筒型两种，鉴于冶炼渣需要较高的磨矿细度，一般多采用长筒型半自磨机。湿式球磨机又分为格子型球磨机和溢流型球磨机两种，湿式格子型球磨机一般用于一段磨矿作业，湿式溢流型球磨机一般用于二段磨矿和中矿再磨作业。

8.4.2 湿式半自磨机

8.4.2.1 湿式半自磨机的特点和磨矿原理

半自磨机是在自磨机的基础上发展而来的一种磨矿设备，如图 8-41 所示为 $\phi 5.03 \times 5.08$ 半自磨机。自磨机的最大特点是可以将经过粗碎的矿石等直接给入磨机。自磨机可将物料一次磨碎到 -0.074mm，其含量占产品总量的 20%~50%。粉碎比可达 4000~5000。自磨机是一种兼有破碎和粉磨两种功能的磨矿设备。自磨机利用被磨物料自身为介质，通过相互的冲击和磨剥作用实现粉碎，自磨机因此而得名，自磨机还被叫做无介质磨机。半自磨机与自磨机相比，是在自磨机入磨物料硬度下降、自磨效果不足时，在自磨机筒体内部加入少量（一般为 2%~8%）钢球来增强磨矿效果，自磨机便成了半自磨机，其结果使处理能力提高 10%~30%，单位产品的能耗降 10%~20%，但衬板磨损相对增加 15%，产品细度也变粗些。自磨机和半自磨机一般用于一段粗磨。自磨机和半自磨机一般靠给料皮带和给料小车给矿，通过磨机给料端中空轴进入磨机筒体内部。自磨机给矿粒度一般最大块度可达 300～500mm。

图 8 – 41　湿式半自磨机

自磨机的磨矿原理：当磨矿机筒体运转时，在衬板提升条和衬板的提升作用下，在摩擦力和离心力的作用下，给入筒体内部的不同块度的矿石在磨矿机筒体中做抛落和泻落运动。这样一来，自磨机内的矿石彼此强烈冲击、研磨，从而将矿石粉碎。

半自磨给矿粒度一般最大块度可达 200～350mm。半自磨机的磨矿原理：当筒体转动时，在提升条和衬板的提升作用下，在摩擦力和离心力的作用下，装在筒体内的研磨介质（钢球）和矿块随着筒体回转而被提升到一定的高度，然后按一定的线速度被抛落，给入筒体内部的矿石受下落钢球的撞击和钢球与钢球之间及钢球与磨机衬板、矿块之间的附加压碎作用和磨剥作用而被粉碎。

在自磨机或半自磨机内部，由于伴随磨矿过程不断给入保持一定磨矿浓度的工艺水，矿石在磨矿作用下形成矿浆，当磨碎的矿石粒度达到可以通过格子板孔时，就随着矿浆通过格子板孔，借助格子板后面的提升斗的提升作用和排矿工艺水的冲力而被排出筒体外。提升斗具有强制排矿作用，因此这种排矿方式称为强制排矿。在实际生产过程中，半自磨机和自磨机一般要与直线振动筛构成闭路，从磨机筒体排出的矿浆进入到直线振动筛进行分级，粒度合格的矿石随矿浆进入下一道工序，不合格的粗粒矿石则经过皮带返回磨机进行再磨，周而复始，完成磨矿过程。

8.4.2.2　湿式半自磨机结构组成

在此以河南洛阳中信重工机械股份有限公司制造的 $\phi 5.03m \times 5.8m$ 湿式半自磨机为例进行介绍，如图 8 – 41 所示。该磨机主要由给料小车、筒体部、主轴承、传动部、气动离合器、慢速驱动装置、顶起装置及润滑、电控、主电机等部分组成。

A　给料小车

给料小车主要由带衬板的料仓、进料溜槽或进料管和带车轮的支架组成，可以方便地在预埋在基础里的轨道上移动，便于维护和检修。小车底部设有配重箱，现场可将废钢铁等放入箱中，以便整体牵引时小车重心处在较低位置。

B　筒体部

筒体部是磨机的主要部件，由两端的端盖及圆筒组成，为防止端盖及筒体的过快磨损，在两端端盖及筒体内部装有衬板，筒体衬板和端部衬板带有提升条（提升波峰），衬板用螺栓固定。半自磨机除了有端盖衬板及筒体衬板外，在出料端端盖有格子板和槽板。格子板由槽板支承，当支承的筋板磨损时，可随槽板一同更换。筒体衬板和筒体间、端衬板和端盖间及槽板与端盖间垫有橡胶垫，有缓冲钢球对筒体的冲击和有助于衬板与筒体内壁紧密贴合的作用，磨机筒体外面的螺母下垫有橡胶环和金属压圈，以防止矿浆流出。进出料端盖的中空轴径内装有铸造的进出料口，以防止中空轴颈的磨损。

C 主轴承

主轴承采用动静压轴承，是一种既有动压润滑又有静压浮升作用的轴承，在磨机启动之前及停磨时，向轴承内供入高压油，此时静压起作用；在磨机正常运转 15min 后，停止供高压油，动压起作用，故称为动静压轴承。这样在磨机启动前高压油将磨机筒体浮起约 0.10~0.35mm，可大大降低启动负荷，减少对磨机传动部的冲击，也可避免擦伤轴瓦，从而提高磨机的运转效率；当磨机停止运转时高压油将轴颈浮起，轴颈在轴瓦中逐渐停运，可使轴瓦不被擦伤，延长轴承的使用寿命。

主轴承用以支撑磨机回转部，左右两个主轴承结构形式相同，主轴瓦与中空轴的包角成 120°，摩擦面上铸有轴承合金，轴瓦内埋有蛇形冷却水管，通入冷却水，以降低轴瓦温度。主轴瓦与轴承座之间为腰鼓形线接触，以便当磨机回转时可以自动调位，每个主轴承上装有三个铂热电阻，当轴颈表面温度大于规定的温度值时，能自动停磨，为了补偿由于温度影响而可能使筒体长度发生的变化，进料端中空轴颈与轴承轴瓦配合尺寸相差 25mm，允许轴颈在轴瓦上轴向窜动。

D 传动部

传动部包括大齿轮、小齿轮轴组、齿轮罩等部件。磨机大小齿轮均采用斜齿传动，工作平稳，冲击小，寿命长。开式齿轮采用喷射润滑装置润滑，定时定量自动喷油，该润滑方式减轻了操作人员的劳动强度，润滑效果好，减少了润滑油消耗量。

E 慢速驱动装置

慢速驱动装置由电动机、行星减速器等组成，自带安装底板，该装置用于磨机检修及更换衬板用，当停机超过 4h 以上时，筒体内的物料有可能结块，在启动电动机前应用慢速驱动装置盘车，可以达到松动物料的目的，但若长期停磨，必须将物料及钢球卸出，以防筒体变形及物料板结严重。

在启动慢速驱动装置时，主电动机不能接合；主电动机工作时，慢速驱动装置不得接合，两者配置有联锁装置。在启动慢速驱动装置之前，必须先开启高压润滑油泵使中空轴顶起，防止擦伤轴瓦。

F 顶起装置

顶起装置由液压油泵站、平衡阀、千斤顶和托架等组成，在停机检修时，可将顶起装置安置在筒体下部将筒体顶起，方便检查和维修主轴承轴瓦，在顶起完成检修工作落下筒体时，应注意不能迅速卸压，应逐步关停，使筒体缓慢下落，以防损坏轴瓦。

G 润滑系统

主轴承及小齿轮轴承润滑站：一磨一站，分别向进出料端主轴承和小齿轮轴组的两个轴承供油。磨机主轴承润滑包括用于启动和停车时的高压小流量润滑和正常运行的低压大流量润滑，小齿轮轴承只有低压润滑以保证轴承的使用寿命。

喷射润滑装置：用于开式齿轮润滑，自动周期性喷油。

H 电气部分

高压电控部分由用户自备，低压电控部分由制造厂配套。电气部分的低压电控系统由以下部分组成：主轴承高低压润滑站油泵电动机控制、润滑油箱加热与冷却控制及指示、润滑站各参数检测及显示，其中润滑站的油压、油位、油温、油流等检测信号以模拟量进入触摸屏监控，油位、压差等其他信号以开关量进入触摸屏监控，电控系统配有相应的声光报警，并给出主电动机控制，PLC 控制系统的联锁条件。慢速驱动控制，在磨机旁设有就地慢速驱动操作按钮箱。主轴承及小齿轮测温信号以模拟量进入触摸屏监控及显示，给出联锁接点信号。只有温度、油流报警信号参与停机控制，其他信号只报警不停机。

8.4.2.3 湿式半自磨机工作原理

半自磨机由同步电动机驱动，电动机经气动离合器、大小齿轮的传动带动半自磨机筒体部转动。筒体部是回转磨矿区域，其机组配置如图 8 - 42 所示，筒体内部装有衬板和格子板，筒体衬板和格子板在筒体内部安装情况如图 8 - 43 所示，格子板如图 8 - 44 所示。在磨机内加入少量钢球，充填率在 5% ~ 8%，用来补偿大块矿石的冲击作用，借以提高磨矿效率。

图 8 - 42 湿式半自磨机机组配置图

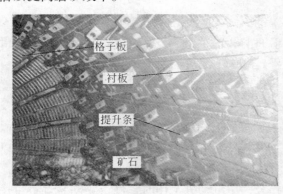

图 8 - 43 （半）自磨机筒体衬板和格子板
在筒体内部安装

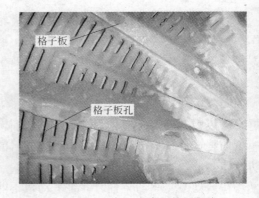

图 8 - 44 （半）自磨机格子板在
筒体内部安装

给料方式是粉矿仓内的炉渣经过振动给料机给到输送皮带上，由输送皮带给入半自磨机给料小车，通过给料小车进入半自磨机内部进行磨矿，当筒体转动时，半自磨主要利用衬板和提升条将矿石和钢球提升到一定高度作抛落和泻落运动，使炉渣和钢球在磨机内发生相互冲击和磨剥作用达到粉碎的目的，可一次磨碎到 1mm 以下所需要的产品粒度。被粉碎的炉渣与水混合形成矿浆，并借助工艺水的冲力将被磨碎的合格物料送出筒体外。半自磨机与直线振动筛构成闭路磨矿循环，由半自磨机排出的矿浆排入直线振动筛进行分级，合格的矿浆被渣浆泵送入下段磨矿系统，筛上的物料经过返料皮带返回半自磨机再磨。

8.4.2.4　湿式半自磨机的操作

A　半自磨机启动顺序

低压油泵→高压油泵→减速器润滑装置→主轴承冷却系统→输送系统→喷射润滑→主电动机→气动离合器抱闸→给料设备。

在筒体转速达到工作转速时，关闭高压润滑装置，此时低压润滑装置继续工作。一般情况下，不宜在1h内连续两次启动磨机。

B　半自磨机停机顺序

启动高压润滑装置→停给料设备→松气动离合器抱闸→停主电动机→停输送系统→关闭主轴承冷却系统→停喷射润滑→磨机停止运转后关闭高低压润滑系统和减速器润滑装置，然后手动，每隔30min开2min高压油泵，直至筒体冷却至室温。

C　半自磨机紧急停车

磨机在运转过程中，有时会遇到某种特殊情况，为了保证设备安全，有下述情况时必须采取紧急停磨措施：（1）大小齿轮啮合不正常，突然发生较大振动。（2）主轴承振动振幅超过0.6mm。（3）衬板螺栓松动或折断脱落时。（4）主轴承、传动装置和主电动机的地脚螺栓松动时。（5）筒体内没有物料而连续空转时。（6）主轴承轴瓦温度达到65℃并继续上升。（7）润滑系统发生故障，不能正常供油时。（8）主电动机温升超过规定值或主电动机电流超过规定值。（9）输送设备发生故障并失去输送能力时。（10）其他需要紧急停车的情况发生时。

在突然发生事故紧急停车时，必须立即停止给料，切断电动机和其他机组电源后，再进行事故处理。并挂警示牌，未经指定人员许可，任何人不得擅自启动磨机。如果磨机在运转过程中突然断电，应立即将磨机及其附属设备的电源切断，以免来电时发生意外事故。

D　半自磨机长期停机的注意事项

（1）长期停磨时，筒体逐渐冷却收缩，轴颈将在轴瓦上产生滑动，为了降低摩擦，减少由于筒体收缩产生的轴向拉力，高压油泵应该在停磨后每隔30min开2min，使轴颈与轴瓦之间保持一定的油膜厚度。在冬季停磨时，应将有关水冷却部分的冷却水全部放尽（用压缩空气吹干），避免冻裂有关管道。（2）一般正常情况下，停磨之前停止喂料，继续加水稀释磨机内存料，停止喂料约5~10min后停磨，否则黏稠的料浆干涸后，会把磨矿介质粘在一起，增加下次启动磨机的困难。（3）若长时间停车，应把钢球倒出，以免时间长久使筒体变形。

E　半自磨机正常运转时必须遵守和注意的事项

（1）不给料时，磨机不能长时间运转，以免损坏衬板，消耗介质。（2）均匀给料是磨机获得最佳工效的重要条件之一，因此操作人员应保证入磨物料的均匀性。（3）定期检查磨机筒体内部的衬板和介质的磨损情况，对磨穿和破裂的衬板及时更换；对松动或折断的螺栓应及时拧紧或更换，以免磨穿筒体。（4）经常检查和保证各润滑点（小齿轮轴轴承、主轴承橡胶密封圈等处）有足够和清洁的润滑油（脂）。对稀油站的回油过滤器每月最少清洗一次，每半年检查一次润滑油的质量，必要时更换新油。（5）经常检查磨机大小齿轮的啮合情况和接口螺栓是否松动。（6）根据入磨物料及产品粒度要求调节钢球加入量及级配，并及时向磨机内补充钢球，使磨机内钢球始终保持最佳状态，补充钢球为首次加球中的最大直径规格（但如果较长时间没有加球，也应加入较小直径的球）。(7) 磨机各处安全防护罩完好可靠，并在危险区域内挂警示牌。(8) 磨机在运转过程中不得从事任何机件拆卸检修工作，当需要进入筒体内工作时，必须事先与有关人员取得联系，做好监控措施。如果需在磨机运行时观察主轴承的情况，应特别注意，以防被端盖上的螺栓刮伤。(9) 对磨机进行检查和维护检修时，只准使用低压照明设备，对磨机上零件实施焊接时，应注意接地保护，防止电流灼伤齿面和轴瓦面。(10) 主轴承及各油站冷却水温度和用量应以轴承温度不超过允许的温度为准，可以适当调整。(11) 使用过程中，应制定定期检查制度，对机器进行维修。(12) 必须精心保养设备，经常打扫环境卫生，并做到不漏水、不漏浆，无油污，螺栓无松动，设备周围无杂物。

F　半自磨机调整

(1) 均匀喂料是磨机获得最高产量的重要条件之一，因此，操作人员应精心调整喂料量，使其达到高产、稳产。入料中的含水量将显著影响物料在筒体内的运动，从而影响处理能力，如果要保持一定的物料通过量，可以适当增大球径，降低填充率。(2) 在其他条件不变的情况下，入料量的大小决定物料在磨机内的停留时间，在其他参数一定的条件下，入料量增大，出料变粗，入料量变小，出料变细。(3) 介质填充率对出料粒度影响很大，调高介质充填率时（球加的多）出料粒度明显变细；反之，出料粒度变粗。在实际生产中，为适应磨机不同处理能力要求，可以把充填率作为调整磨机产量的重要手段之一。

8.4.2.5　湿式半自磨机的维护与保养

A　日常检查与维护

磨机的维护与保养是一项极其重要的经常性的工作，它应与磨机的操作和检修等密切配合。应有专职人员进行值班检查。其主要内容有：(1) 主轴承和电动机等轴承的润滑好坏，直接影响这些机件的使用寿命和磨机的运转率，因而要求注入的润滑油必须清洁，密封必须良好，注油量应符合要求，对于新更换或新安装的摩擦零件注油运转 30 天之后，应将油全部更换，更换新油时，要清洗油腔内壁，冬季加油或换油时，应预先将油加热至20℃左右，对于已经变质或不干净的润滑油，一律不准使用。(2) 新安装的衬板螺栓容易发生松动，一般在维修后初运转8h 后必须紧一遍，32h 后再紧一次。日常运转过程中，必须经常进行检查，发现衬板螺栓松动必须及时紧固。(3) 对润滑和冷却系统应经常进行检查，注意其各部工作是否正常。(4) 定期检查系统中连接螺栓的紧固情况，如有松动进行紧固处理。(5) 定期清洗高低压油站的回油腔磁网一体化过滤装置。(6) 定期检查喷射润滑情况是否正常，喷嘴是否堵塞。(7) 定期检查空气离合器摩擦片的磨损情况，做好皮带式空压机的维护保养工作。(8) 定期进行高压仪表及安全阀等装置的测试。(9) 每班次巡检油站温度、压力、压差等参数并做好记录。(10) 油站精过滤器压差达到 0.1MPa时要及时更换滤芯。(11) 油站冷却器压差达到 0.1MPa 时要更换或清洗芯子。(12) 处理局部的漏水、漏油、漏矿问题。(13) 油站内润滑油每半年进行一次油质检测，必要时更换润滑油。(14) 保持本机台及周围场地的清洁卫生。

B　湿式半自磨机的常见的故障与排除方法

湿式半自磨机的常见的故障与排除方法见表 8-8。

表 8-8 湿式半自磨机的常见的故障与排除方法

常见故障	故障原因	排除方法
电流不稳定或过大	(1) 主轴承润滑不良； (2) 齿轮严重磨损； (3) 弹性联轴器螺丝松动或尼龙棒严重磨损； (4) 传动轴承水平不一致或联轴节偏斜； (5) 加球过多或料过多，砂浆浓度过高	(1) 换油； (2) 更换； (3) 紧固、更换； (4) 调整； (5) 调整加入量
齿轮振动严重、噪声过大	(1) 齿轮磨损过甚； (2) 齿轮啮合不正确； (3) 润滑油过脏，油质不良或缺少润滑油； (4) 大齿轮轴向或径向跳动过大； (5) 大齿轮连接螺栓或对口螺栓松动； (6) 轴承磨损过甚； (7) 轴承座螺栓松动； (8) 联轴器螺栓松动	(1) 更换； (2) 调整； (3) 换油及补加油； (4) 调整； (5) 紧固调整； (6) 更换； (7) 紧固； (8) 紧固
齿轮齿面磨损过快	(1) 润滑不良； (2) 啮合间隙过大或过小，装配不合理； (3) 齿间进入矿砂	(1) 改善润滑； (2) 调整； (3) 清洗
齿轮打齿或断齿	(1) 齿间进入金属物体； (2) 材质不佳，装配不良，加工不良，齿形不正	(1) 清除； (2) 调整或更换
轴承过热	(1) 供油中断或油量不足； (2) 油质不佳，油太脏； (3) 轴承进入异物； (4) 轴承安装不平，轴承间隙过大或过小	(1) 检查、添加； (2) 换油； (3) 清除； (4) 调整
球磨机转动不起来	(1) 电器设备有故障； (2) 长期停车，筒体内物料沉淀结底	(1) 检查； (2) 盘车
胀 肚	(1) 操作不正常； (2) 装球量少； (3) 大球少； (4) 无水或水压低； (5) 矿石性质或粒度变化	(1) 纠正操作； (2) 补加钢球； (3) 补加大球； (4) 停止或减少给矿，改善供水； (5) 调节给矿和磨矿浓度

C 湿式半自磨机的检修

半自磨机的检修分为大修、中修和小修。

小修范围：包括（1）小齿轮倒个或更换、大齿轮清洗，调整齿轮啮合间隙；（2）更换进出料橡胶衬板；（3）更换各种衬板；（4）调整离合器间隙，更换部件；（5）检查或更换慢传减速机的内部部件；（6）油泵、过滤器、管路的检查、清扫、换油。（7）修补齿轮罩防泥圈和各部溜槽；（8）更换各种阀门和管路；（9）检查、更换、紧固各部螺栓。

中修范围：除小修范围内项目，还包括以下内容：（1）更换进出料给矿衬套；（2）大齿轮倒个；（3）给排矿端盖补焊；（4）主轴瓦局部刮研和检查、补焊或更换；（5）更换大齿轮罩；(6) 更换齿轮下架体和二次灌浆；(7) 更换小齿轮轴和轴承；(8) 新换件外表喷漆、刷油。

大修范围：除中修项目外，还包括以下内容：(1) 更换进出料端盖；(2) 修理或更换筒体；(3) 更换大齿轮；(4) 修理或更换主轴承座、底板和地脚螺栓；(5) 修理基础；(6) 设备喷漆、刷漆。

8.4.3 湿式球磨机

8.4.3.1 湿式球磨机的结构特点

湿式球磨机（图 8 - 45）包括湿式格子型球磨机（图 8 - 46）和湿式溢流型球磨机（图 8 - 47），溢流型球磨机和格子型球磨机结构和组成基本相同，都是由给料部、出料部、回转部、传动部（减速机、小传动齿轮、电动机、电控）等主要部分组成。大型设备还配有给料小车、空气离合器、慢速传动装置、顶起装置及润滑系统部分。中空轴采用铸钢件，内衬可拆换，回转大齿轮采用铸件滚齿加工，筒体内镶有耐磨衬板，具有良好的耐磨性，与半自磨机筒体衬板相比没有提升条结构，因此格子型球磨机对磨矿介质和物料的提升高度小，冲击作用力小，所以格子型球磨机的给料粒度比半自磨机小，

图 8 - 45　φ5.03×8.3 湿式球磨机

适合处理 30mm 以下的矿石。两者都采用钢球做磨矿介质。

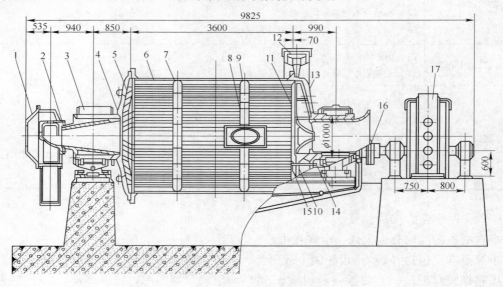

图 8 - 46　格子型球磨机结构示意图

1—联合给料器；2, 14—轴颈内套；3—主轴承；4—给料端盖；5—扇形衬板；6—筒体；
7—衬板；8—人孔；9—楔形压条；10—中心衬板；11—格子衬板；12—齿圈；
13—排料端盖；15—楔块；16—弹性联轴节；17—电动机

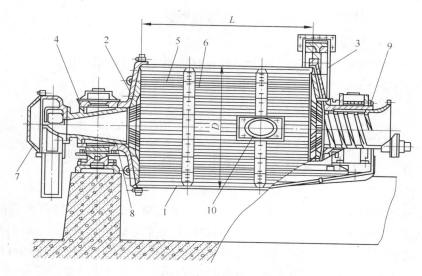

图 8-47 溢流型球磨机结构示意图

1—筒体；2—端盖；3—大齿圈；4—轴承；5，6—衬板；7—给料器；8—给料管；9—排料管；10—人孔

溢流型球磨机与格子型球磨机相比，不同之处在于以下六个方面：

（1）在给料器方面，格子型球磨机为鼓勺联合给料器，溢流型球磨机有联合给料器和鼓式给料器两种。当设备为大型磨机时，两种磨机的给料器基本都采用给料小车。

（2）在筒体衬板方面，所安装的排矿端衬板存在差别；格子型球磨机安装的是格子板和中心衬板，如图 8-48 所示；溢流型球磨机安装的是与给料端相同的端衬板，没有中心衬板，和给料端给料管进口处结构基本相同，但孔径要大一些，此外还在排料管内壁增加了返料螺旋，如图 8-49 所示；目的是防止筒体内部的钢球和大块矿石排出磨机。

图 8-48 湿式格子型球磨机排矿端衬板

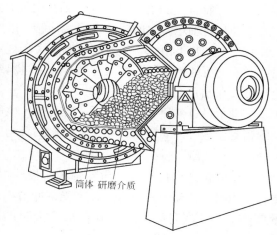

筒体 研磨介质

图 8-49 湿式溢流型球磨机排矿端衬板

（3）在给料粒度方面，溢流型球磨机一般用于细磨或二段磨矿，给料粒度比格子型球磨机要小。

（4）在排矿方式方面，格子型球磨机是靠格子板和提升斗强制排矿，排矿速度快。而溢流型球磨机排矿则靠矿浆自己从排矿口溢流排矿。

（5）在磨矿介质方面，溢流型球磨机的钢球比格子型球磨机的小。

（6）格子型球磨机一般用于一段粗磨，溢流型球磨机一般用于二段细磨。

8.4.3.2　湿式球磨机的结构

在此以河南洛阳中信重工机械股份有限公司制造的 $\phi 5.03 m \times 8.3 m$ 的湿式溢流型球磨机为例进行介绍。球磨机主要由给矿小车、主轴承、筒体部、传动部、圆筒筛、主电机、慢速驱动装置、顶起装置及润滑、电控等部分组成。

A　筒体部

筒体部是磨机的主要部件，由两端的端盖及圆筒组成，为防止端盖及筒体的过快磨损，在进出料端盖及筒体内部装有衬板，且筒体衬板都铸成波浪形断面，端部衬板有提升条，衬板用螺栓固定，筒体衬板和筒体之间及端衬板和端盖间垫有橡胶垫，有缓冲钢球对筒体的冲击和有助于衬板与筒体内壁紧密贴合的作用，磨机筒体外面的螺母下垫有橡胶环和金属压圈，以防止矿浆流出。进出料端盖的中空轴径内装有铸造的进出料口，以防止中空轴颈的磨损。

B　主轴承

主轴承采用动静压轴承，是一种既有动压润滑又有静压浮生作用的轴承，在磨机启动之前及停磨时，向轴承内供入高压油，此时静压起作用；在磨机正常运转 15min 后，停止供高压油，动压起作用，故称为动静压轴承。这样在磨机启动前高压油将磨机筒体浮起约 0.10~0.3mm，可大大降低启动负荷，以减少对磨机传动部的冲击，也可避免擦伤轴瓦，从而提高磨机的运转效率；当磨机停止运转时高压油将轴颈浮起，轴颈在轴瓦中逐渐停运，使轴瓦不被擦伤，延长了轴承的使用寿命。

主轴承用以支撑磨机回转部，左右两个主轴承结构形式相同，主轴瓦与中空轴的包角成 120°，摩擦面上铸有轴承合金，轴瓦内埋有蛇形冷却水管，通入冷却水，以降低轴瓦温度。主轴瓦与轴承座之间为腰鼓形线接触，以便当磨机回转时可以自动调位，每个主轴承上装有三个铂热电阻，当轴颈表面温度大于规定的温度值时，能自动停磨，为了补偿由于温度影响而可能使筒体长度发生的变化，进料端中空轴颈与轴承轴瓦配合尺寸相差 30mm，允许轴颈在轴瓦上轴向窜动。

主轴承经过数年长期工作后，轴瓦会产生磨损，致使中空轴下沉，这时可利用主轴承上的密封压板外的螺栓来调整，保持密封环与中空轴的密封间隙。

C　传动部

传动部包括大齿轮、小齿轮轴组、齿轮罩等部件。本磨机大小齿轮均采用合金钢制造，采用斜齿传动，特点是工作平稳，冲击小，寿命长。采用喷射润滑装置润滑，定时定量自动喷油，该润滑方式减轻了操作人员的劳动强度，润滑效果好，减少了润滑油消耗量。

D　慢速驱动装置

慢速驱动装置由电机、行星减速器等组成，自带安装底板，该装置用于磨机检修及更换衬板用，当停机超过 4h 以上时，筒体内的物料有可能结块，在启动电动机前应用慢速驱动装置盘车，可以达到松动物料的目的，但若长期停磨，必须将物料及钢球卸出，以防筒体变形及物料板结严重。

在启动慢速驱动装置时，主电机不能接合；主电机工作时，慢速驱动装置不得接合，两者配置有联锁装置。在启动慢速驱动装置之前，必须先开启高压润滑油泵使中空轴顶起，防止擦伤轴瓦。

E　顶起装置

顶起装置由液压油泵站、平衡阀、千斤顶和托架等组成，在停机检修时，可将顶起装置安置在筒体下部将筒体顶起，方便检查和维修主轴承轴瓦，在顶起完成检修工作落下筒体时，应注意不能迅速卸压，应逐步关停，使筒体缓慢下落，以防损坏轴瓦。

F　润滑系统

该磨机选用两台高低压润滑站，满足磨机的润滑要求。E655 高低压润滑站用于润滑磨机主轴承，包括用于启动和停车时的高压小流量润滑和一般运行的低压大流量润滑，加油量具体见油箱油位指示。

G　电气部分

电气部分的低压电控系统（不包括电机高压控制部分）由以下部分组成：主轴承高低压润滑站油泵电动机控制、润滑油箱加热与冷却控制及指示、润滑站各参数检测及显示，以及润滑站的油压、油位、油温、油流等检测手段，电控系统配有相应的声光报警，并给出主电动机控制、PLC 控制系统的联锁条件。慢速驱动控制，在磨机旁设有就地慢速驱动操作按钮箱。

主轴承测温及显示，给出联锁接点信号。单机操作由控制柜面板上的启、停按钮操作，并留有远方操作的接线端子。

8.4.3.3　湿式球磨机工作原理

该设备由同步电动机驱动，电动机通过传动部的传动带动筒体部转动，当筒体转动时，装在筒体内的研磨介质——钢球在摩擦力和离心力的作用下，随着筒体回转而被提升到一定的高度，然后按一定的线速度被抛落，矿石受下落钢球的撞击和钢球与钢球之间及钢球与衬板之间的附加压碎和磨剥作用而被粉碎，并与水混合形成矿浆，借助工艺水的冲力将被磨碎的合格物料送出筒体外。

在实际生产过程中，格子型球磨机一般与螺旋分级机或水力旋流器等分级设备构成磨矿分级闭路，溢流型球磨机与水力旋流器或高频细筛构成磨矿分级闭路。从磨机筒体排出的矿浆直接排入分级设备分级，粒度合格的矿浆形成溢流进入下一道工序，不合格的粗粒矿石返回球磨机进行再磨。随着矿石和工艺水不断地给入磨机内部，在磨机连续正常运转的情况下，经球磨机分级设备循环分离出粒度合格的矿浆连续排入下一道工序，这样就完成了连续磨矿过程。

以上所讲的格子型球磨机是单仓的，是选矿行业广泛使用的机型。目前市场上也有两仓的格子型球磨机，与单仓格子型球磨机相比，筒体较长，筒体中间由中间隔仓板分开，由一仓变两仓，近年来已经投入生产使用，磨矿原理基本相同。磨矿细度比单仓的高，多用于细磨作业。

8.4.3.4　湿式球磨机的使用与操作

A　球磨机启动顺序

高压油泵→低压油泵→主轴承冷却系统→喷射润滑→同步电动机→输送系统→气动离合器抱闸。在筒体转速达到工作转速时，关闭高压润滑装置，此时低压润滑装置继续工作。一般情况下，不宜在1h内连续两次启动磨机。

B　球磨机停机顺序

停给料设备→启动高压润滑装置→气动离合器松闸→停同步电动机→停输送系统→关闭主轴承冷却系统→磨机停止运转后关闭高低压润滑系统，然后手动每隔30min开2min高压油泵，直至筒体冷却至室温。

C　球磨机紧急停车

磨机在运转过程中，有时会遇到某种特殊情况，为了保证设备安全，有下述情况时必须采取紧急停磨措施：（1）大小齿轮啮合不正常，突然发生较大振动。（2）主轴承振动振幅超过0.6mm。（3）衬板螺栓松动或折断脱落时。（4）主轴承、传动装置和主电动机的地脚螺栓松动时。（5）筒体内没有物料而连续空转时。（6）主轴承轴瓦温度达到65℃并继续上升。（7）润滑系统发生故障，不能正常供油时。（8）主电动机温升超过规定值或主电动机电流超过规定值。（9）输送设备发生故障并失去输送能力时。（10）气动离合器发生异常现象。（11）其他需要紧急停车的情况发生时。

在突然发生事故紧急停车时，必须立即停止给料，切断电动机和其他机组电源后，再进行事故处理。并挂警示牌，未经指定人员许可，任何人不得擅自启动磨机。如果磨机在运转过程中突然断电，应立即将磨机及其附属设备的电源切断，以免来电时发生意外事故。

D　球磨机长期停磨

（1）长期停磨时，筒体逐渐冷却而收缩，轴颈将在轴瓦上产生滑动，为了降低摩擦，减少由于筒体收缩而产生的轴向拉力，高压油泵应该在停磨后每隔30min开2min，使轴颈与轴瓦之间保持一定的油膜厚度。在冬季停磨时，应将有关水冷却部分的冷却水全部放尽（用压缩空气吹干），避免冻裂有关管道。（2）一般正常情况下，停磨之前停止喂料，继续加水稀释磨机内存料，停止喂料约20~40min后停磨，否则黏稠的料浆干涸后，会把磨矿介质粘在一起，增加下次启动磨机的困难。（3）若长时间停车，应把钢球倒出，以免时间长久使筒体变形。

E　球磨机正常运转时操作人员必须遵守和注意的事项

（1）不给料时，磨机不能长时间运转，以免损坏衬板，消耗介质。（2）均匀给料是磨机获得最佳工效的重要条件之一，因此操作人员应保证给入物料的均匀性。（3）定期检查磨机筒体内部的衬板和介质的磨损情况，对磨穿和破裂的及时更换；对松动或折断的螺栓应及时拧紧或更换，以免磨穿筒体。（4）经常检查和保证各润滑点（小齿轮轴轴承、主轴承橡胶密封圈等处）有足够和清洁的润滑油（脂）。对稀油站的回油过滤器每月最少清洗一次，每半年检查一次润滑油的质量，必要时更换新油。（5）经常检查磨机大小、齿轮的啮合情况和接口螺栓是否松动。（6）根据入磨物料及产品粒度要求调节钢球加入量及级配，并及时向磨机内补充钢球，使磨机内钢球始终保持最佳状态，补充钢球为首次加球中的最大直径规格（但如果较长时间没有加球，也应加入较小直径的球）。（7）磨机各处安全防护罩完好可靠，并在危险区域内挂警示牌。（8）磨机在运转过程中不得从事任何机件拆卸检修工作，当需要进入筒体内工作时，必须事先与有关人员取得联系，做好监控措施。如果需在磨机运行时观察主轴承的情况，应特别注意，以防被端盖上的螺栓刮伤。（9）对磨机进行检查和维护检修时，只准使用低压照明设备，对磨机上零件实施焊接时，应注意接地保护，防止电流灼伤齿面和轴瓦面。（10）主轴承及各油站冷却水温度和用量应以轴承温度不超过允许的温度为准，可以适当调整。（11）使用过程中，应制定定期检查制度，对机器进行维修。（12）必须精心保养设备，经常打扫环境卫生，并做到不漏水、不漏浆，无油污，螺栓无松动，设备周围无杂物。

F　球磨机调整

（1）均匀喂料是磨机获得最高产量的重要条件之一，因此，操作人员应精心调整喂料量，使其达到高产、稳产。入料中的含水量将显著影响物料在筒体内的运动，从而影响处理能力，如果要保持一定的物料通过量，可以适当增大球径，降低填充率。

（2）在其他条件不变的情况下，入料量的大小决定物料在磨机内的停留时间，在其他参数一定的条件下，入料量增大，出料变粗，入料量变小，出料变细。

（3）介质填充率对出料粒度影响很大，单调高介质充填率时（球加的多）出料粒度明显变细；反之，出料粒度变粗。在实际生产中，为适应磨机不同处理能力要求，可以把充填率作为调整磨机产量的重要手段之一。

8.4.3.5　球磨机维护与保养

A　日常检查与维护

球磨机的维护与保养是一项极其重要的经常性的工作，它应与球磨机的操作和检修等密切配合。应有专职人员进行值班检查。其主要内容有：（1）主轴承和电动机等轴承的润滑好坏，直接影响到这些机件的使用寿命和磨机的运转率，因而要求注入的润滑油必须清洁，密封必须良好，注油量应符合要求，对于新更换或新安装的摩擦零件注油运转 30 天之后，应将油全部更换，更换新油时，要清洗油腔内壁，冬季加油或换油时，应预先将油加热至 20℃ 左右，对于已经变质或不干净的润滑油，一律不准使用。（2）新安装的衬板螺栓容易发生松动，一般在维修后初运转 8~16h 以后对衬板螺栓紧固一次，40h 以后再紧固一次。日常运转过程中，必须经常进行检查，发现衬板螺栓松动必须及时紧固。（3）对润滑和冷却系统应经常进行检查，注意其各部工作是否正常。（4）定期停磨（建议每月一次），对重要部件，如中空轴、主轴承、筒体、减速机、大小齿轮等作认真检查，作详细记录。（5）球磨机各润滑点润滑情况和油面高度至少每 4h 检查一次。（6）球磨机运转时，主轴承润滑油的温升不应超过 55℃。传动轴承和减速机的温升不应超过 55℃，最高不超过 60℃。（7）球磨机大、小齿轮传动平稳，无异常噪声。必要时应及时调整间隙。（8）各连接紧固件无松动，结合面无漏油、漏水、漏矿现象。（9）球磨机衬板被磨损 70% 或有 70mm 长的裂纹时应更换。球磨机衬板螺栓有损坏造成衬板松动时应更换。球磨机主轴承严重磨损时应更换。格子式球磨机的格子板磨损到不能再焊补时应更换。（10）球磨机地脚螺栓松动或损坏应及时修复。

B　球磨机常见故障与排除方法

球磨机常见故障与排除方法见表 8-9。

表 8 – 9　球磨机常见故障与排除方法

序号	常见故障	产生原因	故障排除措施
1	轴承过热，轴瓦衬里融化或烧伤，电动机超负荷	(1) 润滑油中断或供油量太少； (2) 润滑油污染或黏度不合格； (3) 尘砂或污物进入轴承内； (4) 油槽歪斜或损坏，油流不进轴颈或轴瓦； (5) 油环不转动，带不上油来； (6) 轴承安装不正； (7) 轴颈与轴瓦的间隙过大或过小，接触不良； (8) 主轴承冷却水少，或水温过高； (9) 联轴器安装不正； (10) 筒体或传动轴有弯曲	停车查明原因，针对具体情况，采取相应的排除故障措施。检修润滑系统，增加供油量；清洗轴承和润滑装置，更换润滑油；检修油槽、油环，刮研轴颈和轴瓦间隙；增加冷却水量或降低供水温度；调整、找平联轴器；休整筒体，矫直传动轴
2	齿轮或轴承振动及噪声过大	(1) 齿轮磨损严重； (2) 齿轮啮合不良，大齿圈跳动偏差过大； (3) 齿轮加工精度不符合要求； (4) 大齿圈的固定螺栓或对口连接螺栓松动； (5) 轴承轴瓦磨损严重； (6) 轴承座连接螺栓松动； (7) 轴承安装不正	修理、调整或更换齿轮；修理、研配轴承轴瓦；调整轴承；紧固所有螺栓连接
3	齿轮齿面磨损过快	(1) 润滑不良； (2) 啮合间隙过大或过小； (3) 装配不正； (4) 齿间进入东西； (5) 齿轮材质不佳； (6) 齿轮加工质量不合要求，如齿形误差大，精度不够，热处理不当等	停车清洗检查，更换润滑油，调整齿轮啮合间隙，更换质量更好的齿轮
4	磨机启动不起来或启动时电动机过载	(1) 电气系统发生故障； (2) 回转部位有障碍物； (3) 长期停车，磨内物料和研磨体未清除，潮湿物料结成硬块，启动时，研磨体不抛落，加重电动机负荷	(1) 检修电气系统； (2) 检查清楚障碍物； (3) 从磨机中卸出部分研磨体和陈旧物料，对剩下物料和研磨体进行搅浑、松动
5	磨音沉闷，电流表读数下降，出料少，甚至磨头返料	(1) 喂料量过多，粒度过大； (2) 物料水分大，粘球、糊磨、算子堵塞； (3) 研磨体级配不当，或因窜仓造成失调，各仓长度不合理	(1) 减少喂料量，减小物料入磨粒度； (2) 降低物料水分，加强通风，停磨处理粘球，清除算孔堵塞物； (3) 调整研磨体级配及各仓长度
6	出磨量减少，台时产量过低	(1) 喂料过少或过多； (2) 喂料机溜子堵塞或损坏，或入料螺旋筒叶片磨损； (3) 研磨体磨损过多，或数量不足； (4) 衬板安装方向有误； (5) 通风不良或算孔堵塞； (6) 物料水分过大，块度过大，研磨体级配不当	(1) 调整供料量至合适程度； (2) 检查修理； (3) 向磨内补充研磨体； (4) 重新安装； (5) 清扫通气管或算孔； (6) 与工艺员联系处理

序号	常见故障	产生原因	故障排除措施
7	磨机内温度过高	（1）入磨物料温度过高； （2）筒体冷却不良； （3）磨机通风不良	（1）降低物料温度； （2）加强筒体冷却； （3）清扫通气管或箅孔
8	衬板连接螺栓处漏料	（1）衬板螺栓松动或折断； （2）衬板磨损严重； （3）密封垫圈磨损； （4）筒体与衬板贴合不严	（1）拧紧或更换螺栓； （2）修理或更换衬板； （3）更换垫圈； （4）应使其严密贴合
9	筒体局部有磨损	（1）衬板没有错位安装； （2）衬板脱落后继续运转； （3）衬板与筒体间有空隙物料冲涮	（1）衬板错开缝安装； （2）停机安装衬板； （3）衬板与筒体间贴合应严密
10	传动轴及轴承座连接螺栓断裂	（1）传动轴的联轴器安装不正确，偏差过大； （2）传动轴上负荷过大； （3）传动轴的强度不够或材质不佳； （4）大小齿轮啮合不良，特别是齿面磨损严重，振动剧烈； （5）轴承安装不正，或其连接螺栓松动（或过紧）	（1）重新将联轴器安装调整好； （2）预防过载发生； （3）更换质量好的传动轴； （4）正确安装齿轮，当齿轮磨损到一定程度时应及时修理或更换； （5）将轴承安装调正，更换螺栓，拧紧程度合适
11	齿轮打牙或断裂	（1）金属硬杂物进入齿间； （2）冲击负荷及附加载荷过大； （3）齿轮疲劳； （4）齿轮材质不佳，加工质量差，齿形不正确，装配不合要求	（1）防止硬杂物进入齿间； （2）控制载荷大小，防止过载； （3）更换； （4）改进、调整、修理或更换
12	齿轮传动有冲击声	（1）啮合不良，侧隙过大； （2）大齿圈两半齿圈结合不严，齿距误差过大； （3）固定轴承座的螺栓松动	（1）重新安装调整齿轮，使之符合要求； （2）重新装配调整； （3）拧紧螺栓
13	磨机振动和轴向窜动异常	（1）基础局部下沉，引起磨机安装不水平； （2）基础因漏油侵蚀，底脚螺栓松动	（1）停机处理，可加垫调整下沉量，使之水平； （2）将被油侵蚀的二次灌浆层打掉，并重埋地脚螺栓，然后调好磨机，再拧紧地脚螺栓
14	磨机电流表读数明显增大，电流不稳定	（1）磨机内装载量过大； （2）轴承润滑不良； （3）传动系统过度磨损或发生故障； （4）衬板沿圆周质量不均匀； （5）有其他附加载荷（如给料漏斗碰壁等）	（1）调整装载量，使之合适； （2）调整润滑系统； （3）检查轴、轴承、齿轮等传动件，并修理； （4）调节衬板； （5）检查、处理
15	润滑系统油压过高或过低	（1）油管堵塞； （2）供油量不足； （3）油泵或油管渗入空气或漏油； （4）油泵有问题	（1）检查、清洗； （2）补充油； （3）检修； （4）检修

序号	常见故障	产生原因	故障排除措施
16	主轴承漏水	(1) 水管接头不严; (2) 球面瓦出现裂缝	(1) 接头用密封胶重新装配; (2) 用粘接法或补焊法修补裂缝
17	进料端漏料	(1) 进料溜子与进料螺旋筒间以及喂料机与漏斗间的间隙大,密封不良; (2) 密封毡圈垫磨损或脱落	(1) 调整间隙,密封好; (2) 更换毡垫
18	小齿轮在齿轮轴处断裂	轴颈与齿轮孔是过渡配合,由于磨机振动大,在接触表面处生产微震腐蚀磨损,在轴肩处引起应力集中,成为疲劳源,导致疲劳断裂	(1) 尽可能减小磨机振动; (2) 降低接触表面的粗糙度; (3) 在接触表面加锰青铜衬套

8.5 分级设备

在铜冶炼渣选矿生产中,磨矿系统使用的分级设备多为螺旋分级机和水力旋流器(图 8 - 50),有的选厂也会采用高频细筛和直线振动筛,由于在筛分设备中已经进行了介绍,因此在此仅介绍螺旋分级机和水力旋流器。

图 8 - 50 水力旋流器

8.5.1 水力旋流器

在磨矿系统和脱水系统都有水力旋流器使用,均为 FX 系列水力旋流器。在磨矿系统中,旋流器主要用来与球磨机构成闭路磨矿循环,起预先检查分级和控制分级作用。在脱水系统起浓缩和分级作用。水力旋流器规格一般用旋流器圆柱体直径尺寸来表示水力旋流器的大小。在此以威海市海王旋流器有限公司生产的 FX 系列旋流器为例进行介绍。

8.5.1.1 FX 系列水力旋流器的结构

FX 系列水力旋流器的结构有以下几类:

(1) 单体水力旋流器(图 8 - 51)由圆柱体、大锥体、小锥体、给矿管、溢流管、沉砂嘴和内衬组成。旋流器采用钢壳内衬 KM 抗磨复合材料制作,耐流体冲刷及酸碱腐蚀,有效地增强了旋流器的使用寿命。给矿口的形状采用渐开线进料,有利于提高旋流器分级效率。

(2) FX 型水力旋流器可以组成组合式旋流器组,水力旋流器组主要由以下几部分组成：矿浆分配器、水力旋流器、溢流箱、沉砂箱、支架、气动控制柜。采用矿浆分配器集中进料，有利于进入各旋流器的矿浆保持均衡的压力，从而保证各旋流器的正常工作。

（3）为了增强溢流箱及沉砂箱的耐磨性和抗腐蚀性，箱底及箱壁均铺衬耐磨高铝陶瓷，有效地增加了箱体的使用寿命。

（4）进料分配器采用钢壳内衬 KM 抗磨复合材料制作，以提高分配器的使用寿命。

（5）矿浆分配器设计合理，保证各单体旋流器工作状态完全一致，溢流粒度组成稳定；溢流箱、沉砂箱角度设计合理，有利于溢流、沉砂顺利排出，且不发生喷溅。

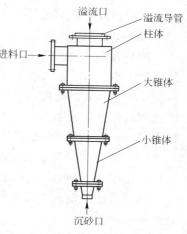

图 8 - 51　水力旋流器结构示意图

（6）FX 型水力旋流器通过气动阀门倾斜安装在径向圆柱式料浆分配器上。旋流器溢流汇流到溢流箱经溢流总管排出，旋流器沉砂汇流到倾斜式沉砂箱经沉砂总管排出。整体结构紧凑、安装方便、处理能力大。

（7）旋流器控制阀门采用气动阀门，配有气动控制柜，可实现远程或近程控制。

8.5.1.2　水力旋流器的工作原理

当矿浆用渣浆泵以一定压力（一般是 0.05 ~ 0.25MPa）和流速（约 5 ~ 12m/s）经给矿管沿切线方向进入水力旋流器圆柱体后，矿浆便以很快的速度沿筒壁旋转，而产生很大的离心力。在离心力和重力的作用下，较粗、较重的矿粒被抛向器壁，沿螺旋线的轨迹向下运动，并由圆锥体下部的沉砂嘴排出，而较细的矿粒则在锥体中心和水形成内螺旋状的上升矿浆流，经溢流管排出。

8.5.1.3　FX 型水力旋流器的操作、故障诊断与维护

在使用前应检查旋流器及管路是否处于正常状态，根据来矿量的多少，决定旋流器的使用台数，将使用旋流器的阀门打开，备用旋流器阀门关闭。设备正常运行时，应时常检查压力表的稳定性、溢流及沉砂流量大小、排料状态，并定时检测溢流和沉砂的浓度和细度。

（1）给料压力：给料压力应稳定在生产要求压力上，不得产生较大波动。给料压力发生波动有损于设备性能，影响旋流器的分级效果，压力波动通常是泵池液位下降和空气拽引造成泵给料不足或者是泵内进入杂物堵塞造成的。运行很长时间后压力下降是由泵磨损造成的。

调整方法：若是泵池液位下降引起的压力波动可以通过增加液位或关闭一两个旋流器或减小泵速来调整。若是由泵堵塞或磨损引起的压力波动，则需检修泵。

（2）堵塞：检查所有运行中的旋流器溢流和沉砂排料是否通畅。如果旋流器溢流和沉砂的流量减少或沉砂断流，则表明旋流器发生堵塞。

调整方法：若是旋流器溢流和沉砂流量均减小，则可能是旋流器进料口堵塞，此时应关闭堵塞旋流器的进料阀门，将其拆下，清除堵塞物。若是沉砂流量减小或断流，则是沉砂口堵塞，此时可将法兰拆下，清除沉砂口中杂物。

（3）沉砂参数分析：经常观察旋流器沉砂排料状态，并定期检测沉砂浓度和细度。沉

砂浓度波动或"沉砂夹细"均应及时调整。旋流器正常工作状态下，沉砂排料应呈"伞状"，如果沉砂浓度过大，则沉砂呈"柱状"或呈断续"块状"排出。

调整方法：沉砂浓度大可能是给料浆浓度大或沉砂口过小造成的，可以先在进料处补加适量的水，若沉砂浓度仍大，则需更换较大的沉砂口。若沉砂呈"伞状"排出，但沉砂浓度小于生产要求浓度，则可能是进料浓度低造成的，此时应提高进料浓度。"沉砂夹细"的原因可能是沉砂嘴口径过大、溢流管直径过小、压力过高或过低。可以先调整好压力，再更换一个较小规格的沉砂嘴，逐步调试到正常生产状态。

（4）溢流参数分析：定时检测溢流浓度及细度。溢流浓度增大或"溢流跑粗"可能与给料浓度增大和沉砂口堵塞有关。

调整方法：发现"溢流跑粗"可以先检测沉砂口是否堵塞，再检测进料浓度，并根据具体情况调整。

（5）设备维护：应经常检查旋流器各部件的磨损情况，如果任何一种部件的厚度减少50%，就必须将其换掉。旋流器最易磨损的部位是沉砂嘴的沉砂口，若发现"沉砂夹细"，应检测沉砂口是否磨损，并更换沉砂嘴。

8.5.2 螺旋分级机

螺旋分级机分为高堰式螺旋分级机和沉没式螺旋分级机，按照螺旋数量又分为高堰式单螺旋和双螺旋、沉没式单螺旋和双螺旋四种分级机。单、双螺旋分级机分别如图 8-52、图 8-53 所示。高堰式：溢流端螺旋叶片的顶部高于溢流面，且溢流端螺旋中心低于溢流面，图8-53 为高堰式双螺旋分级机。主要用于溢流粒度为 0.83~0.15mm 的矿石分级；沉没式：溢流端的螺旋叶片全部浸入溢流面以下，图 8-54 为沉没式双螺旋分级机，主要适用于溢流细度为 0.15~0.07mm 的矿石分级。螺旋分级机一般用螺旋的直径大小来表示；如"2FG-15"，其中，

图 8-52 单螺旋分级机

"2"表示双螺旋，单螺旋不标；"F"表示螺旋分级机；"G"表示高堰式，或标为"C"表示沉没式；"15"表示分级机螺旋直径，单位 dm。

图 8-53 双螺旋分级机

图 8-54 沉没式双螺旋分级机

8.5.2.1 螺旋分级机结构与工作原理

分级机主要由传动装置、螺旋体、槽体、升降机构、下部支座（轴瓦）和排矿阀组成。该机底座采用槽钢，机体采用钢板焊接而成。螺旋轴的入水头、轴头采用生铁套，耐磨耐用，提升装置分电动和手动两种。在实际生产中，螺旋分级机通过球磨机排矿溜槽和返砂溜槽与球磨机紧密相连。球磨机的排矿通过排矿溜槽进入螺旋分级机。

螺旋分级机是借助固体粒大小不同、比重不同，在液体中的沉降速度不同的原理实现自然沉降分级，细矿粒沉降速度慢，随水流越过分级机溢流堰形成溢流流出，然后从与分级机相连的溢流管子排出；粗矿粒沉降速度快，沉于分级机槽底，由分级机的螺旋体通过旋转将粗矿粒推向分级机槽体上部输送排出，然后把粗料利用螺旋片旋入磨机进料口，返回磨机再磨，这样就完成了分级过程。

8.5.2.2 螺旋分级机安装与操作

螺旋分级机的安装：（1）机器经检查无损伤、螺钉无松动，即可安装。分级机应牢靠地安装在浇注好的混凝土的基础上，用地脚螺栓固定。基础设计应具有很好的支撑作用，尽量减少对螺钉的剪切力。（2）安装时应注意主机体与水平的安装坡度符合设备要求。（3）安装后检查各部位螺栓有无松动，如有应进行紧固。（4）按设备的动力配置电源线和控制开关。（5）检查完毕，进行空负荷试车，试车正常即可进行生产。（6）开机前，必须检查各润滑点是否有足够的润滑脂，连接螺栓必须紧固，各螺旋叶片必须紧固。

螺旋分级机的操作：（1）对螺旋分级机的结构和工作原理清楚后，方可操纵本机。（2）螺旋体转动后，方可开始给入矿浆，逐渐提高给矿量。（3）螺旋体处在工作状态时，如遇特殊故障（如卡住、过载）须立即停车时，立即将螺旋体提出出矿浆面，绝不准许螺旋体压在矿浆内，迅速将矿阀打开，避免淤塞。（4）再次启动时，须将螺旋体下降到一定位置，才能转动螺旋体。（5）在使用中如需要停车时，应先停止供料，待物料分级完毕，分级机槽体内无物料之后，才能停止运转。

8.5.2.3 螺旋分级机的维护及保养

A 日常检查与维护

（1）新设备投入使用时，减速机内的机油在负荷运转一周内应全部更换新机油。以后每隔六个月更换一次。每班检查油面高度并及时添加。其余各润滑点均以钠基润滑脂或钙基润滑脂润滑。每班拧注油杯一次。（2）应经常检查下部支座或中间架轴瓦、轴承、密封圈是否磨损、轴瓦是否损坏，以便及时更换。（3）轴承润滑必须每隔4h用手动干油泵向轴承内压注高压油，以保持轴承的密封性能。（4）大轴部件轴承的润滑脂每年清洗更换一次。（5）螺旋衬片磨损后应及时更换。

B 螺旋分级机的常见故障与排除方法

螺旋分级机的常见故障与排除方法见表8-10。

表 8-10 螺旋分级机的常见故障与排除方法

序号	常见故障	产生原因	故障排除措施
1	断轴	返砂量忽大忽小，负荷不匀，轴材料，加工质量差；安装不正或轴弯曲	焊接或换轴

序号	常见故障	产 生 原 因	故障排除措施
2	下轴头进砂	法兰盘或填料塞得过松；垫子不严	修理下轴头
3	螺旋叶或辐条弯曲	返砂量过大而返砂槽堵塞；启动时，返砂过多；开车前螺旋提升不够	修正或更换螺旋叶或辐条
4	下降时提升齿轮空转	槽内沉砂太多	挖放沉砂
5	提升杆振动	轴头弯曲；下轴头内进砂；轴头滚珠磨坏	清洗更换

8.6 选别设备

在铜冶炼渣选矿过程中，根据炉渣所含金属铜粒度特点，多在磨矿回路中对金属铜进行提前回收，也可用于对浮选尾矿中的铜矿物进行充分回收。采用的重选设备选择跳汰机和摇床较为合适，二者可单独使用，也可以搭配使用，对不同粒级的铜矿物进行回收。绝大部分铜矿物由浮选设备通过浮选进行回收，铁矿物则由磁选设备通过磁选进行回收，下面按照不同类型的设备进行介绍。

8.6.1 跳汰机

8.6.1.1 跳汰机的种类

国内外采用的各种类型的跳汰机，根据设备结构和水流运动方式不同，大致可以分为活塞跳汰机、隔膜跳汰机、空气脉动跳汰机、动筛跳汰机四种。

活塞跳汰机靠活塞往复运动，产生一个垂直上升的脉动水流，它是跳汰机的最早形式，现在基本上已被隔膜跳汰机和空气脉动跳汰机取代。

隔膜跳汰机是用隔膜取代活塞的作用，其传动装置多为偏心连杆机构，也有采用凸轮杠杆或液压传动装置的。机器外形以矩形、梯形为多，近年来又出现了圆形。按隔膜的安装位置不同，又可分为上动型（又称旁动型）、下动型和侧动型隔膜跳汰机。隔膜跳汰机主要用于金属矿选矿厂。

空气脉动跳汰机（亦称无活塞跳汰机）中的水流垂直交变运动，是借助压缩空气进行的。按跳汰机空气室的位置不同，可分为筛侧空气室（侧鼓式）和筛下空气室跳汰机。该类型跳汰机主要用于选煤。

动筛跳汰机有机械动筛和人工动筛两种，手动已少用。机械动筛是一种槽体中水流不脉动，直接靠动筛机构用液压或机械驱动筛板在水介质中作上下往复运动，使筛板上的物料产生周期性地松散。目前该类型跳汰机主要用于大型选煤厂尤其是高寒缺水地区选煤厂的块煤排矸。

8.6.1.2 跳汰机的结构和工作原理

根据跳汰机的分类和应用情况，在此仅对隔膜跳汰机进行介绍。根据隔膜所在位置的不同划分为：上（旁）动型隔膜跳汰机、下动型圆锥隔膜跳汰机、侧动型隔膜跳汰机、复振跳汰机和圆形跳汰机等。

A 上（旁）动型隔膜跳汰机

上（旁）动型隔膜跳汰机在我国广泛用于分选钨矿、锡矿和金矿等。分选粒度上限可达 12～18mm，下限为 0.2mm。可作为粗、中、细粒矿石的分选，也可作为粗选或精选设备。上（旁）动型隔膜跳汰机的基本结构如图 8-55 所示。由机架、跳汰室、隔膜室、网室、橡胶隔膜、分水阀和传动偏心机构等组成。该机有两个跳汰室，在第一跳汰室给料经分选后进入第二跳汰室。每室的水流分别由偏心连杆机构传动，使摇臂摇动，于是两个连杆带动两室隔膜作交替的上升和下降往复运动，因此迫使跳汰室内的水也产生上下交变运动。跳汰机的冲程和冲次均可根据要求调节。

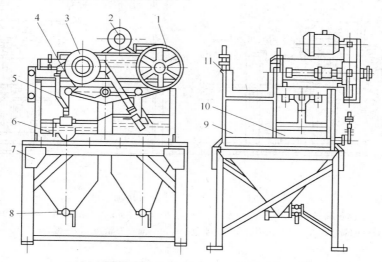

图 8-55 上（旁）动型隔膜跳汰机的基本结构

1—传动部分；2—电动机；3—分水阀；4—摇臂；5—连杆；6—橡胶隔膜；7—机架；
8—排矿阀门；9—跳汰室；10—隔膜室；11—网室

跳汰室分选的筛上重产物（粗精矿），采用中心套筒装置排出，如图 8-56 所示。其筛下精矿由水箱底部的排水阀门排出。轻产物则随上部水流越过尾矿堰排出。

上（旁）动型隔膜跳汰机只有一种定型产品，每室宽 300mm、长 450mm，双室串联。该机具有冲程调节范围大、适应较宽的给矿粒度、水的鼓动均匀、床层稳定、分选指标好、精矿排放容易、可一次获得粗精矿或合格精矿、单位面积生产率大、操作维修方便等优点。其缺点是：单机规模小，生产能力低，由于隔膜室占用机体的一半，因此，占地面积大等。

B 下动型圆锥隔膜跳汰机

下动型圆锥隔膜跳汰机也是常用隔膜跳汰机的一种，有两个跳汰室，传动装置安设在跳汰室的下方。隔膜是一个可动的倒圆锥体，用环形橡

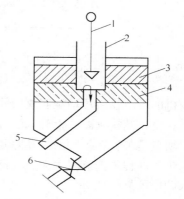

图 8-56 筛上精矿中心排矿装置

1—锥形阀；2—外套筒；3—轻矿层；4—重矿层；
5—筛上精矿导管（内套筒）；6—筛下精矿阀门

胶隔膜与跳汰室相连。电动机和皮带轮安置在设备的一端,通过杠杆推动隔膜作上下往复运动,使跳汰室产生上升下降水流。设备结构如图 8 - 57 所示,设备工作过程如图 8 - 58 所示。

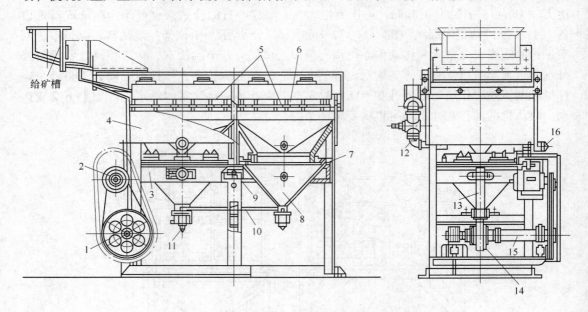

图 8 - 57 双室下动型圆锥隔膜跳汰机

1—大皮带轮;2—电动机;3—活动机架;4—机体;5—筛格;6—筛板;7—隔膜;8—可动锥底;9—支承轴;
10,13—弹簧板;11—排矿阀门;12—进水阀门;14—偏心头部分;15—偏心轴;16—木塞

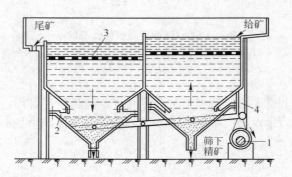

图 8 - 58 下动型圆锥隔膜跳汰机工作示意图

1—传动装置;2—隔膜;3—筛面;4—机架

　　该机的重产物由可动锥底阀门间断排出。该机优点是:设备大,故生产能力大;占地面积小;设备结构紧凑;上升水流分布均匀;重产物排料口安设在可动锥底,因此,排料顺畅。缺点是装置在下部的鼓动隔膜承受力大,易使橡胶隔膜破裂,支架折断,因而维护检修困难;冲程不能调得太大,处理粗粒物料效果不好;传动机构设置在机械的下部,容易受水砂侵蚀易损坏等。

　　该机只适用于处理小于 6mm 的中、细粒级的矿石。若经改造也可分选粗粒级矿石,如江西大吉山钨矿重选厂选别 5 ~ 10mm 的钨矿,无论在处理能力、作业回收率和精矿品位等都有明显的效果。

C 侧动型隔膜跳汰机

侧动型隔膜跳汰机分纵向侧动隔膜跳汰机和横向侧动隔膜跳汰机。现介绍常用的横向隔膜跳汰机——梯形跳汰机。

梯形跳汰机隔膜运动方向与矿流方向垂直，故称横向隔膜跳汰机。侧动型隔膜跳汰机的隔膜垂直地安装在跳汰室筛板下的侧壁上。梯形跳汰机是由我国自行设计制造的，并于1966 年定型生产。其结构如图 8-59 所示。梯形跳汰机全机分为两列，每列 4 个室共 8 个跳汰室组成一个整体。每 2 个相对的跳汰室为一组，由传动箱伸出的轴带动两侧垂直隔膜运动。全机由 2 台电动机驱动 2 个传动箱。在传动箱内装有偏心连杆机构。梯形跳汰机的筛面自给料端向排料端扩展，成梯形布置。

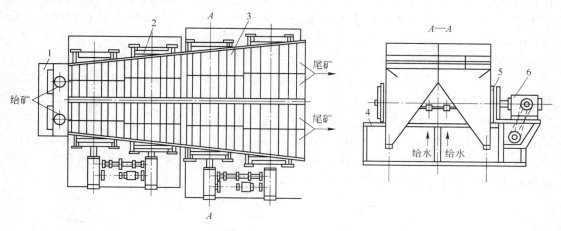

图 8-59 梯形跳汰机
1—给矿槽；2—中间轴；3—筛框；4—机架；5—鼓动隔膜；6—传动装置

梯形跳汰机结构特点：跳汰室的面积为梯形，沿进料方向由窄到宽，矿浆流速逐渐减缓，有利于细粒级重矿物的回收；全机由 8 个跳汰室组成，分 2 列，各列 4 室，每室的冲程、冲次能单独调节，根据需要组成不同的跳汰制度；结构可拆，有利于运输和搬迁；该机结构简单、维修方便、运转可靠。

梯形跳汰机的处理能力大，可达 15~30t/(台·h)；一般用于分选钨、锡、金、铁矿石等，分选效果很好。1 台梯形跳汰机可代替 10~14 台摇床。另外，其适应性强，适于中、细粒级和不同品位的给矿。对细粒级有较好的分选效果。给矿粒度范围一般为 0.2~10mm。

D 圆形跳汰机和复振跳汰机

圆形跳汰机是将几个梯形跳汰机合并而成的。复振跳汰机设两组偏心连杆机构，通过摇杆合并为一种复合运动，摇杆借助摇框，带动圆锥形隔膜作上下运动，形成复振跳汰周期曲线。

8.6.2 摇床

8.6.2.1 摇床的构成和分类

摇床的类型主要按床头、床面、支承机构和调坡装置的组合情况区分。我国的工业摇床分类见表 8-11。除此而外还可按结构、应用的不同分类。

表 8 – 11　我国常用摇床类型

力场	力场床头机构	支承方式	床面运动轨迹	摇床名称
重力	凸轮杠杆（plat-O 型）	滑动	直线	贵阳摇床、云锡摇床、CC-2 摇床
	偏心肘板（wilfley 型）	摇动	弧线	衡阳摇床、6-S 摇床
	惯性弹簧	滚动	直线	弹簧摇床
	多偏心惯性齿轮	悬挂	微弧	多层悬挂摇床
离心力	惯性弹簧	中心轴	直线、回转	离心摇床

按床面的配置有左式和右式之分。站在床头看床面，若给矿槽在左侧即是左式摇床，在右侧即是右式摇床；依安装方式有坐落式和悬挂式之分；按床面层数有单层摇床和多层摇床之分；按处理原料不同有选矿用摇床与选煤用摇床之分；按处理矿石粒度有矿砂（2～0.2mm）摇床和矿泥（–0.2 mm）摇床之分，矿砂摇床又可进一步分为粗砂（2～0.5mm）摇床和细砂（0.5～0.2mm）摇床。

床面是分选的工作表面。形状有梯形、菱形等，我国几乎均采用梯形床面，优点是便于配置。将梯形床面的三角形无矿带切下，接到下部尾矿侧便构成菱形床面，可以有效利用分选表面并延长分选时间，两种床面形状对比如图 8 – 60 所示。

所有床面均布置有床条，床条走向与传动方向平行。但亦有将中间一段布置成倾斜状的，成为波形床条（图 8 – 61）。这种床条在倾斜条区轻矿物易于排出，因而有助于提高设备处理能力并增加金属回收率。

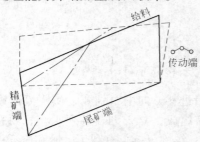

图 8 – 60　梯形床面与菱形床面比较

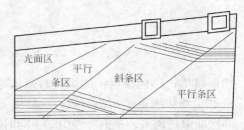

图 8 – 61　波形床条示意图

床面制造材质有木结构、玻璃钢（玻璃纤维增强聚酯树脂）及铝合金等。木结构床面上要铺以橡胶，上面钉以木床条或黏结塑料橡胶床条。云锡公司床面则涂以漆灰（生漆与煅石膏混合物），后来又改用聚胺基甲酸酯橡胶作涂层。木质床面制造工期长且容易变形损坏，近年已推广玻璃钢床面。该床面是钢骨架与玻璃钢的复合结构，工作表面涂以刚玉树脂耐磨层，床条可直接在床面上造型，质量轻（300～350kg）、造价低、制造工期短是其优点，预计使用寿命可在 10 年以上。铝合金床面质量轻、表面平整、无变形且使用寿命长，但造价高。

8.6.2.2　摇床的结构特点

A　6-S 摇床

这种摇床又称衡阳式摇床，如图 8 – 62 所示。其总体结构如图 8 – 63 所示。采用偏心连杆式床头。转动手轮，上下移动滑块可以调节冲程。冲次则须借改变皮带轮调节。操作中应旋紧弹簧，不使肘板发生撞击。

图 8 – 62　6-S 摇床实物图

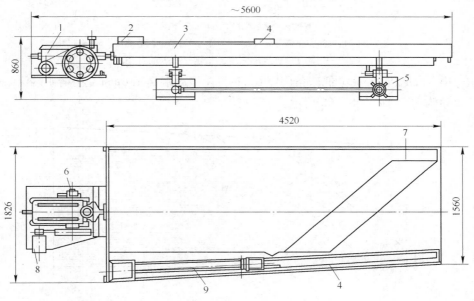

图 8 – 63　6-S 摇床总体结构

1—床头；2—给矿斗；3—床面；4—给水槽；5—调坡机构；6—润滑系统；7—床条；8—电动机；9—给料槽

支承装置和调坡机构安装在机架上，如图 8 – 64 所示。床面支撑在 4 块板形摇动杆上，可使床面运动呈一定的弧线，有助于床面上矿砂的运搬。支撑杆的座槽用夹持槽钢固定在调节座板上，后者再坐落在鞍形座上。转动手轮，通过调节丝杆使调节座板在鞍形座上回转，即可调节床面倾角。这种调坡不影响床面拉杆的空间轴线位置，称为定轴式调坡机构。调坡范围较大，达 0° ~ 10°。调坡后仍可保持床面运行平稳。6-S 摇床适合选别矿砂，但亦可选别矿泥，操作调节容易，弹簧安装在摇床头内，结构紧凑，但摇床头的安装精度要求较高，床头结构比较复杂，易磨损件多。改进的摇床头是在箱体外面偏心轴末端安装一个小齿轮油泵，送油到各摩擦点润滑，并可避免传动箱内因装油多而漏油。

6-S 摇床有矿砂和矿泥两种床面。矿砂床面的床条断面为矩形，宽 7mm，每隔 3 根低床条夹 1 根高床条，高床条在传动端的高度由给矿槽向下依次是 8mm、8.5mm、9mm、9.5mm、10mm、10.5mm、11mm、11.5mm、12mm、13mm 和 18mm 共 11 种尺寸。高床条 11 根，低床条 35 根，共 46 根，在末端沿两条斜线尖灭，尖灭角 40°，如图 8 – 65 所示。6 – S 矿泥床面断面为三角形，每隔 11 根低床条有 1 根高床条，高床条底面宽，在尾矿侧边缘 1 根为 25mm，其余 4 根为 25mm，高度自给矿槽以下分别为 5.1mm、6.9mm、

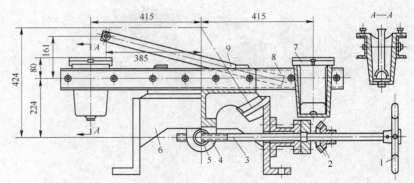

图 8-64　6-S 摇床的支承装置和调坡机构

1—手轮；2—伞齿轮；3—调节丝杆；4—调节座板；5—调节螺母；6—鞍形座；
7—摇动支承机构；8—夹持槽钢；9—床面拉条

8.6mm、10.4mm 和 12mm。低床条底宽 6 mm，在传动端高 1.6mm，在精矿端沿一斜线尖灭，尖灭角为 30°。如图 8-66 所示。

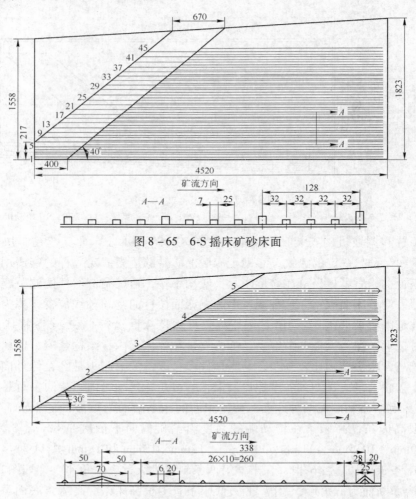

图 8-65　6-S 摇床矿砂床面

图 8-66　6-S 摇床矿泥床面

B 云锡摇床

云锡摇床是在前苏联 CC-2 型摇床基础上经改进而成，又称贵阳摇床，如图 8 - 67 所示。其整体结构如图 8 - 68 所示。采用凸轮杠杆式床头，如图 8 - 69 所示，亦可采用凸轮摇臂式床头，如图 8 - 70 所示。改变滑动头在摇臂上的位置可以调节冲程，冲次则由更换电动机皮带轮调节。

图 8 - 67 云锡摇床实物

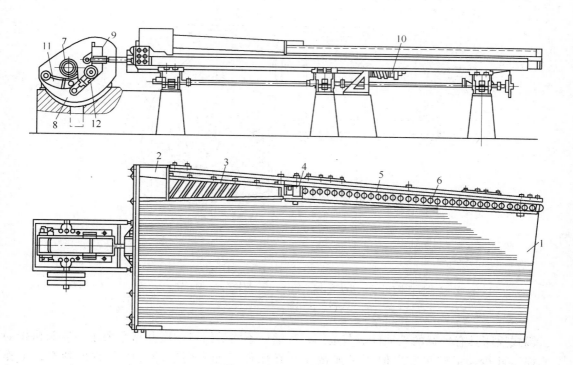

图 8 - 68 云锡式摇床

1—床面；2—给矿斗；3—给矿槽；4—给水斗；5—给水槽；6—菱形活瓣；7—滚轮；8—机座；
9—机罩；10—弹簧；11—摇动支臂；12—曲拐杠杆

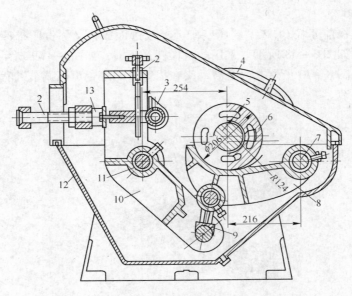

图 8 - 69　凸轮杠杆机构床头

1—拉杆；2—调节丝杆；3—滑动头；4—大皮带轮；5—偏心轴；6—滚轮；7—台板偏心轴；

8—摇动支臂（台板）；9—连接杆（卡子）；10—曲拐杠杆（摇臂）；11—摇臂轴；12—机罩；13—连接叉

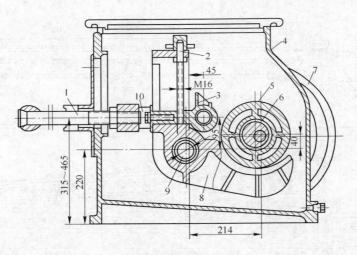

图 8 - 70　凸轮摇臂式床头

1—拉杆；2—调节螺杆；3—滑动头；4—箱体；5—滚轮；6—偏心轴；7—皮带轮；8—摇臂；

9—摇动轴；10—连接叉

云锡式摇床具有较宽的差动性调节范围，以适应不同的给料粒度和选别要求。床头机构易磨损零件少，运转可靠。但压紧弹簧安装在床面下面，调节冲程时需放松弹簧，工作不便。

床面采用滑动支承方式。在床面四角的下方固定有四个半圆形凸起的滑块，滑块由下面长方形油槽中的凹形支座支承。床面在滑块座上呈直线往复运动。在床面的给矿给水槽一侧的支承油槽下面各有三个支脚，支持在三个三角形楔形块上。转动手轮推动楔形块，即可改变床一侧的高度，从而调整床面坡度。这样调坡会使床面头拉杆的轴线位置发生变化，称为变轴式调坡机构。支承装置和调坡机构示于图8-71中。

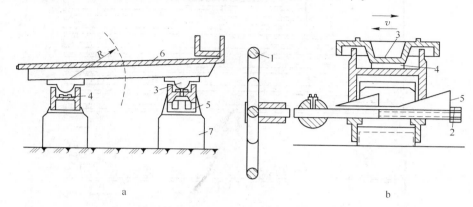

图8-71 云锡摇床的滑动支承（a）和楔形块调坡机构（b）示意图

1—调坡手轮；2—调坡拉杆；3—滑块；4—滑块座；5—调坡楔形块；6—摇床面；7—水泥基础

云锡摇床的横向坡度可调节范围小，且冲程也不宜过大，故适合处理细粒矿石或矿泥使用。

云锡床面有粗砂、细砂和矿泥之分。粗砂床面由三个坡度为1.4%的斜面连接四个平面构成。矿粒经三次爬坡，床条依次降低。床条总数为28根，断面呈梯形。在粗选区，即靠近传动端平面最低处，在每根条上加一小凸条，以增大紊流强度并保护重矿物不致被冲走。粗砂床面及床条构成如图8-72及图8-73所示。

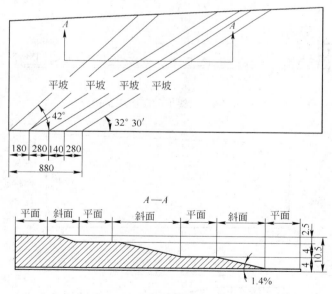

图8-72 云锡粗砂床面纵坡形式

云锡式细砂床面采用较低的锯齿形床条构成较浅的槽沟。每3根床条增加1根3mm高的小条，以部分提高2根小条间的水位，有利于细粒锡石沉落，床条共27根，床面及床条构成情况如图8-74及图8-75所示。

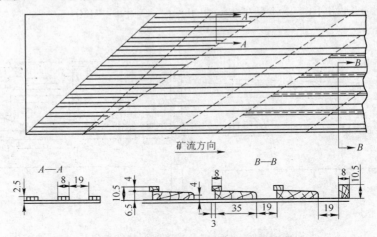

图8-73　云锡粗砂床面床条构成

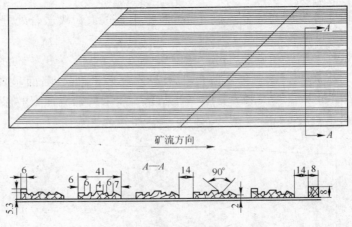

图8-74　云锡细砂床面床条构成

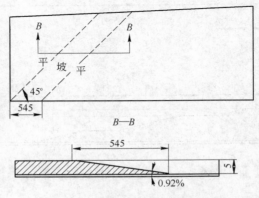

图8-75　云锡刻槽床面纵向坡度

云锡式矿泥床面亦称刻槽床面，由一个坡度为0.37%的斜面连接两个平面构成，采用倒置三角形的尖底槽沟,槽沟共60条,床面构成和槽沟形状如图8-76及图8-77所示。

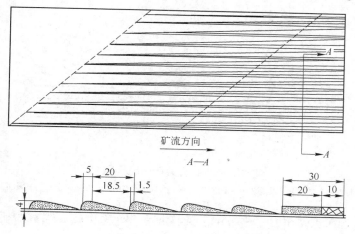

图8-76 云锡刻槽床面构成

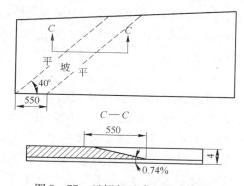

图8-77 云锡细矿床面纵向坡度

C 弹簧摇床

弹簧摇床由偏重轮起振,借助软硬弹簧带动床面作差动运动。摇床整体结构如图8-78所示。图8-79给出了偏重轮与床面的柔性连接方式。

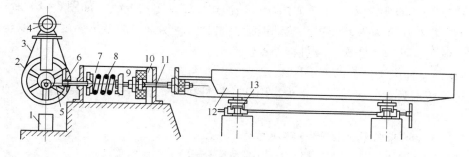

图8-78 弹簧摇床的整体结构

1—电动机支架;2—偏重轮;3—三角皮带;4—电动机;5—摇杆;6—手轮;7—弹簧箱;8—软弹簧;
9—软弹簧帽;10—橡胶硬弹簧;11—拉杆;12—床面;13—支承调坡装置

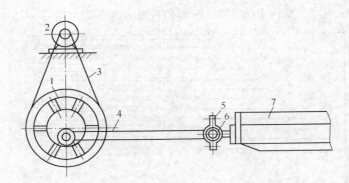

图 8 - 79　摇杆柔性连接示意图

1—偏重轮；2—电动机；3—三角皮带；4—摇杆；5—卡弧；6—胶套；7—床面

调整软弹簧的压缩量可在一定范围内调整冲程，如需作较大调整即须改变偏心质量或偏心距。冲次需由改换皮带轮直径调整。

弹簧摇床的支承方式原是用辊柱支持，因用久磨损而变成椭圆，引起床面振动，故近年多改成云锡式床面支承方法，同样用楔形块调坡。床面采用刻槽床面。

弹簧摇床的优点是结构简单、造价低、差动性大，适于分选矿泥。缺点是冲程随给矿量而变化，难保持稳定，且噪声较大。

D　多层摇床

多层摇床有坐落式和悬挂式两种类型。坐落式发展较早，用一台摇床头带动多个床面，但常常因组合床面的重心与传动中心不重合，使床面发生颤动，机架受力大而导致损坏。这类摇床在我国推行一段时间后，多数已经淘汰不用，现在尚有一种新研制的四层弹簧摇床在推广。国外采用玻璃钢、铝合金等轻质床面做成的二层或三层坐落式摇床仍有应用，但国内外比较注意推广的则是悬挂式多层摇床。我国还制成了半悬挂的多层摇床。

a　悬挂式多层摇床

该摇床采用多偏心惯性齿轮摇床头，结构如图 8 - 80 所示。这是 1957 年出现在美国的一种新型摇床头，它一改过去的坐落式床头结构，应用差动惯性力带动床面运动，故可将床头与床面用钢丝绳全部悬吊在钢架或房梁上，免去了笨重的基础，且可安装在楼层上面。我国于 1977 年陆续制成了选矿用四层悬挂式摇床（型号 8YC，如图 8 - 81 所示），在固定床面的框架上面有调坡装置，拉动链轮，改变前后钢丝绳的悬吊高度，可以整体改变床面横向倾角、冲程、冲次，及进行差动性调节。

b　床面悬挂床头坐落的多层摇床

这种摇床由云锡公司制成，床头采用凸轮杠杆机构，床面则是六层悬挂式，如图 8 - 82 所示。

8.6.2.3　摇床常见的故障与解决方法

在此以常用的 6-S 摇床和云锡摇床为例进行介绍。

A　6-S 摇床常见的故障与解决方法

6-S 摇床在日常工作性能较稳定，但在实际生产中由于缺乏正确的维修方法及更换部件时安装不正确等因素，因此易出现一些常规问题。这些问题大多因实际使用者缺乏检测

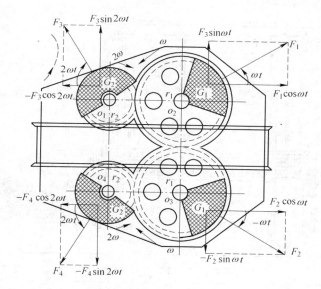

图 8 – 80　多偏心惯性齿轮床头结构及作用力示意图

F_1，F_2，F_3，F_4—大小齿轮偏重物的惯性离心力

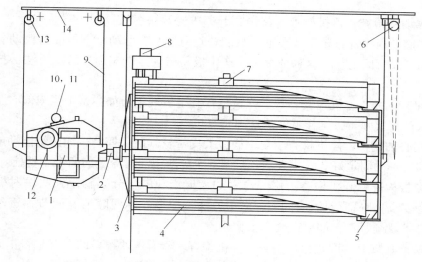

图 8 – 81　选矿用四层悬挂式摇床

1—惯性床头；2—床头床架连接器；3—床架；4—床面；5—接矿槽；6—调坡装置；7—给水槽；

8—给矿槽；9—悬吊钢丝绳；10，11—电机及小皮带轮；12—大皮带轮；13—钢丝绳转向轮；14—屋架或支架梁

及维修经验，影响选厂正常生产，造成不必要的损失。易造成摇床出现异常响声的主要部位包括大皮带轮、摇动杆、弹簧、偏心轴、肘板、鞍形基脚上摇动盒的撑板。

检查方法及解决对策：

（1）大皮带轮检查：停机检查。用手去转动大皮带轮，如果感觉大皮带轮有间隙，说明大皮带轮没装稳。这样在实际生产中极易产生异常响声。解决方法：找一块废弃的钢锯皮或薄一点的小铁皮，塞到大皮带轮的键子里（俗称销子），再拧紧旁边的固定螺栓，然后再检查间隙是否消除。

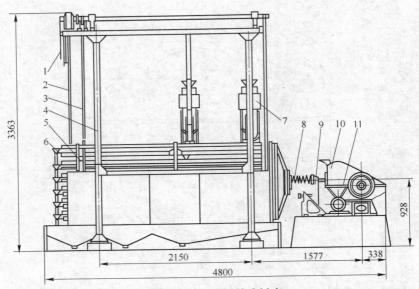

图 8-82　六层悬挂式摇床

1—坡度指针；2—调坡杆；3—吊索；4—吊架；5—床身；6—接矿槽；7—旋转分配器；
8—弹簧；9—弹簧架；10—床头；11—电动机

（2）摇动杆检查：停机检查。首先取下旁边的两块肘板，用一只手先稳住大皮带轮，另一只手去摆动摇动杆，正常情况下，只能较吃力的左右摆动、不能前后摆动。如果相反则说明摇动杆没有固定住。这种情况在生产中极易产生异常响声。解决方法：拧紧摇动杆上的固定螺栓。

（3）弹簧检查：停机检查。看看弹簧是否有走位现象。如弹簧歪了或偏心了等。解决方法：用铁锤击打弹簧，这样就能迫使弹簧复位。

（4）偏心轴检查：停机检查。双手稳住大皮带轮，前后摆动，如感觉能动或有机械间隙，说明偏心轴没固定好。解决方法：拧紧 6-S 传动箱油封盖上的两个小螺栓。

（5）肘板检查：开机检查。用一只手的大拇指和中指分别触摸到两块肘板上（检查时务必注意安全），感觉是否有间隙。解决方法：根据实际间隙情况调节弹簧丝杆上的螺栓。如果松了就调紧点，如果太紧了就调松点。

（6）鞍形基脚上的四块撑板检查：停机检查。看看四块撑板的位置是否正确，如是否在摇动盒的正中间，是否会刮到摇动盒的边壁上。解决方法：调整撑板位置，使其在正确的位置上。

B　云锡摇床的维护和常见故障解决方法

云锡摇床在使用后，应进行必要的维护和修理，因摇床各部件经常保持良好状况，不但能影响选矿性能和效率指标，而且能增长其寿命。

使用床面的注意事项：（1）床面的漆层具有一定的脆性，因此不能强力敲打、碰撞。（2）为避免床面漆层压坏变形，不能放置高温和过重物体。（3）为防止因水渗透造成床面受潮变形而影响漆层泡肿，严禁床面上钉钉子。（4）为保证流膜均匀，应避免油类污染床面。（5）使用的摇床面为了能保持制造时的质量，在搬运及堆放和安装过程中必须特别注意。一般要求搬运和堆放应避免不平或多张重叠侧立，应使给矿侧朝下，并防止雨淋曝晒。

使用床头的注意事项：（1）在使用云锡摇床时，必须根据所选别的技术条件来选定冲程冲次。（2）床头部分滑动轴承系采用 ZQSn5-5-5 材料。虽经精密加工制成，但使用时应确保箱体内有足够的润滑油，防止润滑轴承因缺油造成磨损。（3）床头使用一定时期后，当滑动轴承产生自然磨损时，应根据磨损程度及时更换滑动轴承。（4）摇床在使用时，应注意保持床头部分的清洁，防止因矿砂渗进床头内，造成机件不必要的磨损。

使用溜动设备部分的注意事项：（1）调节床面的倾斜度时，应根据选别矿物的技术条件确定合格的倾斜坡度。（2）滑动设备的溜滑轴承，系采用 HT15-30 的材料制成。在使用时应保持溜动轴承座内足够油量，以免使溜动轴承产生不应有的磨损。（3）弹簧座部分是使弹簧拉在床架上，使床面在床头的推动下产生往复运动的弹力。因此使用时应注意弹簧不要过紧或过松，应能保持床面平稳地进行往复运动为宜。

在此介绍采用凸轮杠杆式传动机构的云锡摇床介绍摇床常见的故障及其解决方法，见表 8-12。

表 8-12　云锡摇床常见故障及其解决方法

故　障	原　因	解 决 方 法
摇床头振动	（1）检查摇床头地脚螺栓是否松动或断离； （2）拉杆与弹簧调节过紧	（1）松动加弹簧垫或用双螺母拧紧，断离重新焊接加固； （2）调节拉杆与弹簧松紧度
拉杆折断	直行轴磨损，床面摇摆或跳动，拉杆铜套磨损	更换磨损严重的部件
肘板折断	弹簧太松、电压突然降低	调紧弹簧，检测电压线路
冲次突然降低	皮带打滑，电压突然降低	调紧皮带，检测电压线路
摇床头响声大	（1）打开床头盖，检查零部件是否磨损严重； （2）调整小偏心轴弹簧太松、电压突然降低； （3）拉杆与弹簧受力不均匀； （4）观察油链是否转动	（1）更换磨损严重的部件； （2）右手用活动扳手松开小偏心左、右止头螺钉，左手用扳手卡阻小偏心凸台，慢慢地向顺时针方向调整，当听到摇床头响声渐渐减弱时，右手用活动扳手拧紧左、右止头螺钉，松开左手活动扳手； （3）调整拉杆与弹簧使双边调整的力达到均匀，开动摇床，如果摇床头响声大，观察摇床滑动块是偏向前还是后，如偏向前调节弹簧，反之调节拉杆； （4）打开轴承盖上的密封盖，用铁丝和木筷轻轻扒动油链，让油链与偏心轴同转
床面跳动	（1）检查摇床底面的张力线是否松动； （2）弹簧过紧或过松； （3）床头连床面的拉杆歪扭； （4）观察摇床两个固定座及两个溜动座	（1）调整张力线，使两根张力线与床面达到受力为止； （2）观察床面的运动情况进行调节； （3）校正床头连床面的拉杆； （4）调整固定座水平。调整溜动座水平

8.6.3　浮选设备

8.6.3.1　浮选设备的种类

根据浮选机的充气和搅拌方式，可将目前我国生产的浮选机分为机械搅拌式浮选机、充气搅拌式浮选机、充气式浮选机三类。

A 机械搅拌式浮选机

机械搅拌式浮选机槽体内矿浆的充气和搅拌都是由叶轮和定子组成的机械搅拌装置完成的,属于外气自吸式浮选机,一般是上部气体吸入式,即在浮选槽下部的机械搅拌装置附近吸入空气。根据机械搅拌装置的形式,可将这类浮选机分为不同的型号,如 XJ 型、XJQ 型、GF 型、SF 型、棒型等。这类浮选机的优点是:可以自吸空气和矿浆,中矿返回时易实现自流,辅助设备少,设备配置整齐,操作维护简单等;其缺点是充气量较小、电耗高、磨损较大等。

B 充气搅拌式浮选机

充气搅拌式浮选机既装有机械搅拌装置,又利用外部特设的风机强制吹入空气。但是,机械搅拌装置一般只起搅拌矿浆和分布气流的作用,空气主要靠外部风机压入,矿浆充气与搅拌是分开的。因此,这类浮选机与一般机械搅拌式浮选机相比有下述特点:(1) 充气量可根据需要增减,并易于调节,保持恒定,因而有利于提高浮选机的处理能力和选别指标。(2) 叶轮不起吸气作用,故转速低、功率消耗少、磨损小,且脆性矿物不易产生泥化现象。(3) 由于处理能力大、槽子浅等原因,单位处理量的电耗较低。其缺点是需要外加一套压气系统,中间产品返回时要用砂泵扬送。这类浮选机有 CHF-X 型、XJC 型、BS-X 型、KYF 型、BS-K 型、LCH-X 型、YX 型、CLF 型等。近年来,在铜冶炼渣浮选中流行采用的浮选机是北京矿冶研究总院在 CLF 型浮选机基础上研究的 CLF 型粗粒浮选机。其中 YX 型浮选机是专门开发用于磨矿分级回路的浮选机。

C 充气式浮选机

充气式浮选机特点是没有机械搅拌器,也没有传动部件,由专门设置的压风机提供充气用的空气。浮选柱即属于此种类型的浮选机。其优点是结构简单,容易制造。缺点是没有搅拌器,使浮选效果受到一定影响,充气器容易结钙,不利于空气弥散。我国在 20 世纪 70 年代前后曾研制并应用了几种浮选柱,但由于存在较多缺点而基本被淘汰。

8.6.3.2 CLF 型粗粒浮选机

CLF 系列粗颗粒充气机械搅拌式浮选机有两种类型,一种是用于粗扫选作业的大型浮选机,如 CLF-40 粗颗粒充气机械搅拌式浮选机 (图 8-83);另一种是用于精选作业的中型浮选机,如 CLF-8 粗颗粒充气机械搅拌式浮选机 (图 8-84);该浮选机又分为两种机型,一种是用于精选作业首槽的具有吸浆能力的浮选机,另一种是用于精选作业直流槽的不具吸浆能力的浮选机。

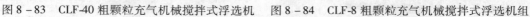

图 8-83 CLF-40 粗颗粒充气机械搅拌式浮选机   图 8-84 CLF-8 粗颗粒充气机械搅拌式浮选机组

A CLF 系列浮选机的结构及工作原理

CLF 型粗颗粒浮选机由循环通道、假底、格子板组成设备槽体，由定子、叶轮、空气分配器、空心主轴和轴承体组成叶轮机构。CLF-40 粗颗粒充气机械搅拌式浮选机和 CLF-8 粗颗粒充气机械搅拌式浮选机结构原理基本相同，不同点是：首先，CLF-40 粗颗粒充气机械搅拌式浮选机只有直流槽浮选机，如图 8 - 85 所示；CLF-8 粗颗粒充气机械搅拌式浮选机除了有直流槽浮选机外，还有吸浆槽浮选机。其次，CLF-40 粗颗粒充气机械搅拌式浮选机靠压泡装置和自然溢流将泡沫精矿排出浮选机，CLF-8 粗颗粒充气机械搅拌式浮选机靠刮板将泡沫精矿排出浮选机。在这里以 CLF-8 粗颗粒充气机械搅拌式浮选机为代表对其结构和工作原理进行讲解，结构如图 8 - 86 所示。

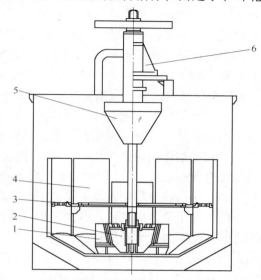

图 8 - 85 CLF-40 粗颗粒充气机械搅拌式浮选机结构示意图
1—定子；2—叶轮；3—阻流栅板；4—槽体；
5—推泡锥；6—轴承体

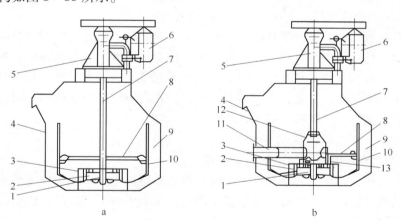

图 8 - 86 CLF-8 粗颗粒充气机械搅拌式浮选机结构示意图
a—直流槽；b—吸浆槽
1—空气分配器；2—转子；3—定子；4—槽体；5—轴承体；6—电动机；7—空心主轴；
8—格子板；9—循环通道；10—隔板；11—中矿返回管；12—中心筒；13—盖板

该机工作原理为：当浮选机叶轮旋转时，来自鼓风机的低压空气通过空心主轴、分配器周边的孔进入叶轮叶片间，与此同时假底下面矿浆由叶轮下部被吸入到叶轮叶片间，矿浆和空气在叶轮叶片间充分混合后，从叶轮上半部周边排出，排出的矿浆空气混合物由定子稳流后，穿过格子板，进入槽内上部区。此时浮选机内部区矿浆中含有大量气泡，而外侧循环通道内矿浆中不含气泡（或含有极少量气泡），于是内外矿浆就形成压差，在此压差及叶轮抽吸力作用下，内部区矿浆和气泡在设定的流速下一起上升通过格子板，将粗颗粒矿物带到格子板上方，形成粗颗粒矿物悬浮层，而矿化气泡和含有较细矿粒的矿浆则继续上升，矿化气泡升到液面形成泡沫层，含有较细矿粒的矿浆则越过隔板经循环通道，进入叶轮区加入再循环。特征是采用了叶轮定子系统和设有假底的强制循环通道及格子板的槽体，在叶轮、循环通道和格子板的作用下产生了矿浆循环和稳定的分离区及泡沫层。

CLF-8 型粗粒浮选机有直流槽和吸浆槽两种形式，图 8 – 86a 为直流槽，图 8 – 86b 为吸入槽；其主要区别在于叶轮结构。直流槽采用了单一叶片叶轮，它与槽体相配合可产生槽内矿浆大循环，分散空气效果良好。吸浆槽采用了双向叶片叶轮，它是在直流槽叶轮的基础上增加了起吸浆作用的上叶片。这两种叶轮的叶片都后倾一定角度，但吸浆式叶轮的下叶片高度比直流式的小。实践证实这种结构叶轮搅拌力弱，而矿浆循环量较大，功耗低，与槽体和格子板联合作用，充分保证了粗粒矿物的悬浮及空气分散。

特点：槽内产生上升矿浆流，有助于附着有粗粒矿物的矿化气泡上浮，减少了粗粒矿物与气泡之间的脱离力；叶轮周速低，返回叶轮的循环矿浆浓度低，粒度细，因此叶轮和定子磨损大大减轻，功耗低；叶轮与定子间的间隙大，随着叶轮和定子的磨损，充气和空气分散情况变化不大，可保证选别指标的稳定性；设计了吸浆槽，可使浮选机配置在同一水平上而不需要泡沫泵，且兼顾了细粒矿物的选别格子板造成粗颗粒悬浮层，并可减少槽体上部区的紊流，有利于粗粒浮选；采用外加充气方式，充气量大，气泡分散均匀，矿液面稳定，有利于粗粒上浮；采用了新式的叶轮、定子系统及全新的矿浆循环方式，在较低叶轮周速下，粗粒矿物可悬浮在槽子中部区，而返回叶轮的循环矿浆浓度低，矿粒粒度细，这不仅有利于粗粒浮选，也有利于细粒浮选。

CLF 型粗颗粒浮选机提供了良好流体力学条件，提高了矿化气泡的负载能力和被浮选的磨矿的粒度。优点：空气分散好，充气量大，功率消耗低；矿浆循环好，处理粗粒物料时不沉槽；处理最大矿物粒度达 1.1mm，设有矿浆液面自动控制系统，操作管理容易；粗颗粒浮选机设有吸浆槽，浮选作业间可水平配置，省去中矿返回用的泡沫泵。槽内设有格子板，使矿浆表面平稳，改善了技术性能。

B　CLF 型粗颗粒浮选机的操作

a　CLF 型粗颗粒浮选机的空槽启动操作

首先开始给矿，待矿浆完全盖住转子时立即启动浮选机。浮选机启动顺序如下：首先充分打开风阀给气，随后立即开动浮选机电动机，调节风阀至正常操作状态。

b　CLF 型粗颗粒浮选机的停机操作

（1）浮选槽排空的停机操作。先停止给矿→当给矿完全停止后，手动打开液位控制阀→浮选机正常运转，风阀处在正常状态→直至转子可见，关闭浮选机电动机和给风阀→打开放矿阀排走槽内剩余矿浆。

（2）浮选机保持满槽矿浆的停机操作。先停止给矿→确认给矿停止后，从首槽逐次向后停浮选机→首先关掉浮选机电动机→随后立即关闭给风阀，停止给气。

注意：若液位控制采用自动控制系统，当给矿停止后锥阀将自动关闭，槽内还会保持相当高的矿浆液面。

c　CLF 型粗颗粒浮选机停机后满槽启动的操作

启动浮选机时最好由两个操作工（一个开电动机，一个开给风阀）分别从最后一槽逐次向首槽启动。浮选机启动顺序：首先充分打开风阀给气→然后立即启动浮选机电动机→开始给矿→调节风阀至正常操作状态。

如果浮选机轴不能转动，应关闭电动机开关，然后重新启动电动机，如反复几次都不能启动，就需将电动机启动器锁在关闭状态，打开皮带罩，人工盘动皮带轮，直至皮带轮能轻松转动，操作人员迅速远离 V 形皮带装置，并立即按上述方法打开给风阀和启动浮选机电动机，待运转几分钟后，关闭风阀和电动机，重新安装好皮带罩，再按上述方法打开给风阀和启动浮选机电动机。

d CLF 型粗颗粒浮选机风量调节的操作

CLF 型浮选机充气量调节范围一般在 $0.1 \sim 1.5 m^3/(m^2 \cdot min)$。浮选机分散空气量多少不仅受浮选机本身结构性能的影响，而且也受矿石性质、药剂制度和药剂混合程度等影响。

对浮选机本身结构而言，分散空气量能力大些为好，但在使用中应将浮选机给风量保持在浮选机分散能力以下。确定最高空气分散限度的方法如下：逐步增加浮选机的给风量，直到泡沫表面不稳定，超过该最大分散限度，轴周围的矿浆液面提高，泡沫表面翻花。

在实际生产中需根据矿石性质和选别作业不同来调节给风量的大小。在可能情况下给风量大些为好，提高给风量主轴的功耗会下降。

浮选机启动后需反复调节浮选机上的给风阀，直至一个作业中所有浮选机的泡沫表面处于同一水平为止，在正常操作中如需调节一个作业的风量，应调节进入该作业的总风管上的阀门，浮选机上的给风阀不可随意调整。

C CLF 型粗颗粒浮选机的维护

应随时检查设备运转状态，发现问题要及时处理，主要包括以下内容：

（1）电动机过热：检查电动机是否过负荷；检查电动机是否有足够的冷却空气；检查给气量是否过少；检查转子和定子间是否有杂物。

（2）转子充气量不足：检查风管上阀门的开启度；检查风源。

（3）矿浆液面不稳：检查风量是否合适；检查药剂添加是否准确；检查转子和定子是否有问题；如果配置了矿浆液位自动控制系统，检查浮球和冲洗水；检查主轴转速，张紧皮带。

（4）电源事故处理：如果浮选机电源发生事故，浮选机机构停转，此时应关闭给风阀，及时处理浮选机电源；如果风机电源发生故障，给风停止，此时应立即停止浮选机运转，因为无给风浮选机功率会上升，长时间运转对电动机不利。

（5）泡沫槽溢流堰清洗：每 $24 \sim 48h$ 清洗一次泡沫槽溢流堰，使泡沫易于流动。

（6）润滑：主轴轴承部分润滑主要有轴承和密封圈，采用 2 号钠基润滑脂，电动机轴承润滑使用钠基润滑脂。浮选泡沫刮板、刮板轴承润滑使用钠基润滑脂，每月加注一次。刮板减速机润滑采用 40 号机油，油面低于油标尺下线即可加油，加注油面到油标尺上线即可。

8.6.3.3 YX 型浮选机

YX 型预选浮选机是专门用于磨矿分级回路中的单槽浮选设备，又称闪速浮选机，如图 8-87 所示；在磨矿分级回路中处理螺旋分级机或旋流器返砂，提前获得部分已单体解离的粗粒有价矿物或有价连生体，直接获得最终精矿或粗精矿，该机的结构简图如图 8 - 88 所示。主轴部件带有特殊设计的叶轮，实行外充气。叶轮、定子下部装有矿浆循环筒，其作用主要是促进叶轮下部矿浆循环，以利于矿粒悬浮，使可浮矿物能反复进入叶轮区，与新鲜空气和药剂混合作用，增加入选几率。叶轮上部也设有上循环通道，产生上循环，一是增加搅拌力度和均匀性，二是使选矿药剂与矿物颗粒在搅拌中充分接触。槽体下部为圆锥形，以消除沉槽死角，避免堵塞和起浓密作用。尾矿通过下锥体浓密、积聚、均匀地排出，进入磨矿机再磨。

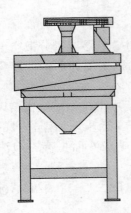

图 8 - 87　YX 型预选浮选机

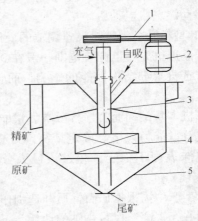

图 8 - 88　YX 浮选机结构示意图
1—三角带；2—电机；3—主轴部件；4—叶轮；5—槽体

该机工作原理为：电动机通过皮带带动主轴及其下端的叶轮旋转。叶轮转动时由中心向外甩出矿浆及空气，叶轮腔内部形成负压，产生抽吸作用，促使矿浆循环。叶轮的强烈搅拌促使空气、矿浆和药剂混合，并使其获得动能。在其通过稳定器的定向叶片时，切向速度转变为径向速度，产生局部湍流，造成空气、矿浆、药剂进一步混合，气泡细化。带有大量气泡的矿浆离开叶轮和定向叶片进入槽内矿化区。有价矿物和脉石分离后，矿化气泡上升到泡沫区。在推泡锥（板）的作用下自溢浮出或由刮板刮出浮选精矿。

8.6.3.4　XCF 浮选机

XCF 型吸浆式充气机械搅拌浮选机，不仅具有一般充气机械搅拌式浮选机的优点，而且能自吸给矿和中矿，如图 8 - 89 所示；该机结构如图 8 - 90 所示，叶轮定子系统如图 8 - 91 所示。

图 8 - 89　XCF 型吸浆式充气机械搅拌浮选机组

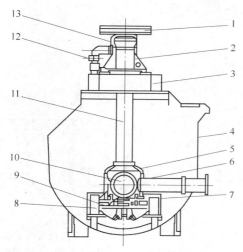

图 8-90 XCF 浮选机结构示意图

1—传动装置；2—轴承体；3—横梁；4—槽体；5—中矿管；
6—盖板；7—定子；8—叶轮；9—给矿管；10—中心筒；
11—连接管；12—空气调节阀；13—电动机

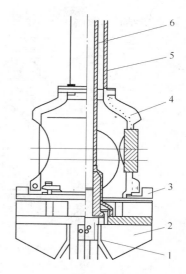

图 8-91 XCF 浮选机叶轮定子系统图

1—空气分配器；2—叶轮；3—盖板；
4—中心筒；5—连接管；6—空心主轴

从图 8-90、图 8-91 中可看到：叶轮由上叶片、下叶片和大隔离盘组成。上叶片为辐射直叶片，下叶片为后倾某一角度的多边形叶片，隔离盘直径大于或等于叶片外圆直径。上叶片主要从槽外吸入矿浆并与盖板一起组成吸浆区，下叶片负责循环矿浆和分散空气，称为充气区，隔离盘将充气区和吸浆区分开，它的设计直接影响浮选机的吸浆能力，空气分配器安装在叶轮充气区中。盖板是一种具有特殊结构参数的重要零件，它与叶轮上叶片组成吸浆区。盖板封闭上叶片，使上叶片中心区形成负压，同时还起到吸浆区与槽内部区的隔离作用，有效地防止充入的空气被导入到吸浆区，使吸浆得到实现。连接管的作用在于定位中心筒和盖板，连接管上设计有一排气装置，及时将浮选机运转过程中产生的大量气体排出，防止连接管内空气及压力不断增加，使上叶片中心区负压不断减小，最终无法吸入给矿和中矿。该机工作原理为：当叶轮旋转时，叶轮上叶片抽吸给矿及中矿，槽内矿浆从四周经槽底由叶轮下端吸入到叶轮下叶片间，与此同时，由鼓风机给入的低压空气通过分配器进入叶轮下叶片间，矿浆和空气在叶轮下叶片间进行充分混合后，从叶轮下叶片周边排出，排出的矿浆空气混合物与上叶片排出的矿浆一起，由安装在叶轮周围的定子稳流定向后进入到槽内主体矿浆中，矿化气泡上升到槽子表面形成泡沫层，槽内矿浆一部分返回叶轮下叶片进行循环，另一部分通过槽壁上的流通孔进入下槽再选别。

8.6.3.5 KYF 型浮选机

KYF 型浮选机是在充分分析研究大量浮选机的基础上，经过大量的小型实验室试验和工业实践由北京矿冶研究总院研制成功的，如图 8-92 所

图 8-92 KYF 型浮选机组

示。浮选机结构如图8-93所示，叶轮结构如图8-94所示。

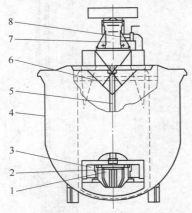

图8-93　KYF型浮选机结构示意图

1—叶轮；2—空气分配器；3—定子；4—槽体；
5—空心主轴；6—推泡板；7—轴承体；8—空气调节阀

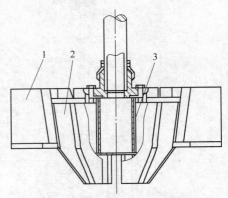

图8-94　KYF型浮选机叶轮机构

1—定子；2—叶轮；3—空气分配器

　　该机的独特之处是采用了单壁后倾叶片倒锥台状叶轮和多孔圆筒形气体分配器和较小的悬空式定子。

　　工作原理：当叶轮旋转时，槽内矿浆从四周经槽底由叶轮下端吸入叶轮叶片间，与此同时，由鼓风机给入的低压空气经风道、空气调节阀、空心主轴进入叶轮腔的空气分配器中，通过分配器周边的孔进入叶轮叶片间，矿浆与空气在叶轮叶片间进行充分混合后，由叶轮上半部周边排出，排出的矿流方向向斜上方，由安装在叶轮四周斜上方的定子稳定和定向后，进入到整个槽子中。矿化气泡上升到槽子表面形成泡沫，经泡沫刮板刮到泡沫槽中，矿浆再返回叶轮区进行再循环。

8.6.3.6　JJF浮选机

　　JJF浮选机是由北京矿冶研究总院参考美国威姆科浮选机的原理，通过大量实验室试验和工业试验研究成功的，如图8-95所示。JJF浮选机采用深型叶轮，形状为星形，叶片为辐射状，定子为圆筒形，其上均布长孔作为矿浆通道。定子遮盖叶轮高度仅三分之二，定子外增加了表面均布小孔的锥形分散罩，起稳定液面的作用。JJF浮选机的叶轮机构如图8-96所示，浮选机结构如图8-97所示。为能自吸气，叶轮下部又增设导流管和假底，以便在槽内产生矿浆的下部大循环，有助于槽子下部矿粒的循环，防止沉槽。该机的特点是：叶轮高度大，叶片面积大，安装深度浅，既能保证自吸足够的空气，又有较强的搅拌力，叶轮直径小，周速低，叶轮与定子间隙大，因此叶

图8-95　JJF浮选机组

轮与定子寿命长，但结构较复杂，气泡上升距离短，减少了在上升过程中气泡与有用矿物碰撞的机会。

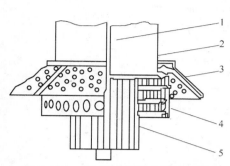

图 8 – 96   JJF 型浮选机叶轮机构图
1—主轴；2—竖筒；3—分散罩；
4—定子；5—叶轮

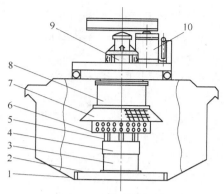

图 8 – 97   JJF 型浮选机结构示意图
1—槽体；2—假底；3—导流管；4—调节环；5—叶轮；
6—定子；7—分散罩；8—竖筒；9—轴承体；10—电动机

该机工作原理：叶轮旋转，使附近矿浆产生漩涡。这个漩涡的气 – 液界面向上延伸到竖筒的内壁，向下穿过叶轮中心区延伸到导流管内。在这个漩涡中心形成负压区。其负压大小主要取决于叶轮转速和浸没深度。由于竖筒与周围大气相通，所以漩涡中心的负压使空气流进竖筒和叶轮中心。与此同时矿浆从假底的下边通过导流管向上进入叶轮和叶片间，在叶轮中部与吸入到漩涡中心的空气混合。三相矿浆以较大的切向及径向动量离开叶轮、叶片。当矿浆通过定子上的开孔时，切向部分的动量转变成径向，同时产生一个局部湍流场。该湍流场有助于空气矿浆混合和细化空气泡。空气-矿浆混合物离开定子后就进入槽内主体矿浆中，浮选分离过程在浮选区完成。矿化气泡上到泡沫区，剩余矿浆返回槽底进行再循环。

8.6.3.7   GF 型浮选机

GF 型浮选机适用于选别有色、黑色、贵金属和非金属矿物的中、小型规模企业，该机处理的物料粒度范围为 0.074mm 占 45% ~ 90%，矿浆浓度小于 45%，如图 8 – 98 所示。GF 型浮选机主要由叶轮、定子、主轴、中心筒、槽体、吸浆管、轴承体、电动机等组成，结构简图如图 8 – 99 所示。

该机的工作原理为：当叶轮旋转时，叶轮上叶片中心区形成负压，在此负压作用下，抽吸空气、给矿和中矿，空气和矿浆同时进入上

图 8 – 98   GF 型浮选机

叶片间，与此同时下叶片从槽底抽吸矿浆，进入下叶片间，在叶片中部上下两股矿浆流合并，继续向叶轮周边流动，矿浆-空气混合物离开叶轮后流经盖板，并由盖板上的折角叶片稳流和定向，而后进入槽内主体矿浆中，矿化气泡上升到表面形成泡沫层，槽内矿浆一部分返回叶轮下叶片进行再循环，另一部分进入下一槽进行再选别或排走。

该机的特点为：自吸空气，自吸空气量可达 $1.2m^3/(m^2 \cdot min)$。自吸矿浆，能从机外自吸给矿和泡沫中矿，浮选机作业间可平面配置。槽内矿浆循环好，由于独特的叶轮-定

子结构，进入叶轮的循环矿浆来自叶轮
下方，槽底部矿浆循环好，无粗砂停留，
槽内矿浆上下粒度分布均匀。液面平稳，
因叶轮直径小，周速低，使矿浆离开叶
轮的速度低，同时又配以折角叶片定子，
使离开定子的矿浆呈径向，槽内矿浆无
旋转现象，分选区和液面相当平稳，无
翻花。分选效率高，该机槽内无稳流板，
叶轮又从下部吸入矿浆，槽底部无粗砂
沉积，槽内矿粒悬浮状态好，离开定子
的矿浆又呈径向，气泡能均匀地分布于
槽内矿浆中，分选区和矿液面平稳，为
选别创造了良好条件，有利于提高粗粒
和细粒矿物的回收率。功耗低，因叶轮
直径小、周速低，因此降低了运转功耗，
易损件如叶轮、定子的寿命长。

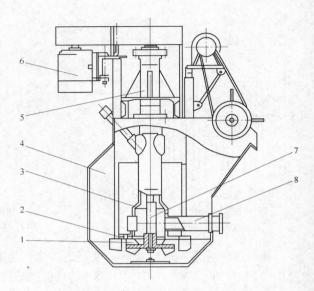

图 8 – 99   GF 型浮选机结构示意图
1—叶轮；2—定子；3—中心筒；4—槽体；5—轴承体；
6—电动机；7—主轴；8—吸浆管

8.6.3.8 SF、BF 浮选机

SF 浮选机是近年设计的自吸气机械
搅拌式浮选机，如图 8 – 100 所示，结构如图 8 – 101 所示。它的主要特点是保持了机械搅
拌式浮选机的自吸空气和矿浆的优点，不需阶梯配置，中矿返回不需泡沫泵。吸气量大，
叶轮周速低，叶轮与盖板间隙大，磨损轻。采用该类型浮选机可方便流程布置，对流程复
杂，选别段数多的中小选厂尤为合适。BF 浮选机是 SF 浮选机的新型改进型，比 SF 浮选
机增加了吸气量并降低了能耗。

图 8 – 100   SF 浮选机组

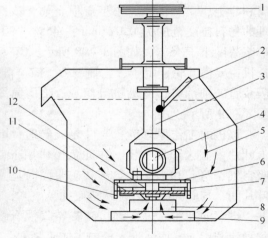

图 8 – 101   SF 型浮选机结构示意图
1—皮带轮；2—吸气管；3—中心筒；4—主轴；
5—槽体；6—盖板；7—叶轮；8—导流管；9—假底；
10—下叶片；11—上叶片；12—叶轮盘

SF 型浮选机工作原理：叶轮带有后倾式的上下叶片，上叶片的作用一是吸入足够的空气，二是吸入矿浆。下叶片的作用主要是抽吸其下部矿浆向四周抛出，这部分矿浆比叶片抛出的气液混合物比重大，因此，离心力亦大，对气液混合物具有较大的加速作用，加大了叶轮腔的真空度，提高了浮选机的吸气量。下叶片的另一作用是使下部矿浆产生循环，增加了叶轮到槽底的距离而不产生粗矿沉淀。叶轮圆周速度低，易损件使用周期长，叶轮与盖板之间的间隙较大，对吸气量影响较小。

叶轮旋转后，在轮腔中形成负压，使得槽底下和槽中的矿浆分别由叶轮的下吸口和上吸口进入混合区，也使得空气沿吸气管和中心筒进入混合区，矿浆、空气和药剂在这里混合。在叶轮离心力的作用下，混合后的矿浆进入矿化区，空气形成气泡并被粉碎，与矿粒充分接触，形成矿化气泡，在定子和索流板的作用下，均匀地分布于槽体截面，并且向上移动进入分离区，富集形成泡沫层，由刮泡机构排出，形成精矿泡沫。槽底上面未被矿化的矿粒会通过循环孔和上吸口再一次混合、矿化和分离。槽底下未被叶轮吸入的部分矿浆，通过埋没在矿浆中的中矿箱排出形成尾矿。

8.6.3.9 浮选柱

浮选柱构造简单，如图 8 – 102 所示。自溢式浮选柱是由上体、中间圆筒和下体组成，整个柱体为圆形，如图 8 – 103 所示。刮板式浮选柱还有泡沫刮板和传动装置，其柱体形状为上方下圆形，这种形状不但节省材料，而且受力情况及稳定性也较好。浮选柱中的给矿管有多种深度，其给矿点数目视柱径大小而异，分别为三、四和八点。浮选柱的充气是由风源经柱体下端的风室通过风管进入竖置的微孔塑料空气管。刮板式浮选柱的传动装置采用效率高、质量轻的单轴或双轴圆弧齿圆柱蜗杆减速器。刮板轴承采用寿命较高的铁基合油石墨球面轴承。

图 8 – 102 自溢式浮选柱

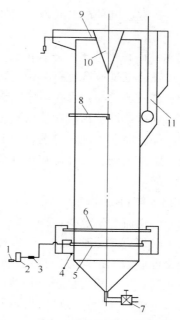

图 8 – 103 自溢式浮选柱结构示意图

1—风机；2—风包；3—减压阀；4—充气器；5—总水管；6—总风管；

7—闸阀；8—给矿管；9—喷水管；10—推泡锥；11—测量筒

浮选柱为一个高达 9 ~ 15m 的柱体，矿浆从中上部给矿管给入，由空气压缩机充气，通过下面的竖置空气管形成细小气泡，均匀分布于整个断面上，矿浆在重力作用下缓缓沉降，气泡由下往上缓缓升起，与矿浆中所要选取的有用矿物在柱中不断相遇。在对流运动中由于浮选药剂的作用，所要选取的矿物附着于升起的气泡表面上，其余矿物则从下面锥底排出成为尾矿，由刮板刮入或自流到泡沫槽中的泡沫为精矿，从而完成整个分选过程。另外，矿化气泡中可能夹杂部分连生体及脉石粒子。这是因为，这些粒子的一部分由于表面附着了捕收剂，形成较弱的疏水性，在适当条件下吸附于气泡被带入泡沫，但是，这些粒子的大部分是由于气泡在矿浆中上升时，因携带矿浆而机械夹杂进来的。在上述对流过程中，新给入的矿浆和被抑制的下沉矿浆与矿化气泡的上升，发生对流冲刷作用，使气泡中夹杂的连生体和脉石粒子被冲落，重又落入矿浆，形成"二次富集作用"，有利于加强分选并能提高精矿品位。

8.6.4 磁选设备

8.6.4.1 磁选设备的分类

磁选设备的结构多种多样，分类方法也比较多。通常根据以下一些特征来分类。

（1）根据磁场强度和磁场力的强弱可分为弱磁场磁选机和强磁场磁选机两种。弱磁场磁选机磁极表面的磁场强度为 80 ~ 120kA/m；强磁场磁选机磁极表面的磁场强度为 800 ~ 1600kA/m。

（2）根据分选介质可分为干式磁选机和湿式磁选机两种。干式磁选机是在空气中分选，主要用于选分大块、粗粒的强磁性矿石和细粒弱磁性矿石，当前也力图用于选分细粒强磁性矿石。湿式磁选机是在水或磁性液体中分选。主要用于选分细粒强磁性矿石和细粒弱磁性矿石。

（3）根据磁性矿粒被选出的方式可分为：吸出式磁选机、吸住式磁选机和吸引式磁选机三种。吸出式磁选机是被选物料给到距工作磁极或运输部件一定距离处，磁性矿粒从物料中被吸出，经过一定时间才吸在工作磁极或运输部件表面上。这种磁选机一般精矿质量较好。吸住式磁选机是被选物料直接给到工作磁极或运输部件表面上，磁性矿粒被吸在工作磁极或运输部件表面上。这种磁选机一般回收率较高。吸引式磁选机是被选物料给到距工作磁极表面一定距离处，磁性矿粒被吸引到工作磁极表面的周围，在本身的重力作用下排出成为磁性产品。

（4）根据给入物料的运动方向和从选分区排出选别产品的方法可分为顺流型磁选机、逆流型磁选机、半逆流型磁选机三种。顺流型磁选机是被选物料和非磁性矿粒的运动方向相同，而磁性矿粒偏离此运动方向。这种磁选机得到的回收率一般较低。逆流型磁选机是被选物料和非磁性矿粒的运动方向相同，而磁性产品的运动方向与此方向相反。这种磁选机一般回收率较高。半逆流型磁选机是被选物料从下方给入，而磁性矿粒和非磁性矿粒的运动方向相反。这种磁选机一般精矿质量和回收率都比较高。

（5）根据磁性矿粒在磁场中的行为特征可分为有磁翻动作用的磁选机和无磁翻动作用的磁选机两种。有磁翻动作用的磁选机，由磁性矿粒组成的磁链在其运动时受到局部或全部破坏，有利于精矿质量的提高。无磁翻动作用的磁选机，磁链不受到破坏，有利于回收率的提高。

（6）根据排出磁性产品的结构特征可分为圆筒式、圆锥式、带式、辊式、盘式和环式，等等。

（7）根据磁场类型可分为：恒定磁场磁选机、旋转磁场磁选机、交变磁场磁选机和脉动磁场磁选机四种。恒定磁场磁选机：磁选机的磁源为永久磁铁和直流电磁铁、螺线管线圈。磁场强度的大小和方向不随时间变化。旋转磁场磁选机：磁选机的磁源为极性交替排列的永久磁铁，它绕轴快速旋转，磁场强度的大小和方向随时间变化。交变磁场磁选机：磁选机的磁源为交流电磁铁。磁场强度的大小和方向随时间变化。脉动磁场磁选机：磁选机的磁源为同时通直流电和交流电的电磁铁。磁场强度的大小随时间变化，而其方向不变化。磁选机的最基本的分类是根据磁场或磁场力的强弱和排出磁性产品的结构特征进行的。

8.6.4.2　干式弱磁场磁选机

干式弱磁场磁选机有电磁的和永磁的两种，由于后者有许多独特的特点，如结构简单、工作可靠和节省电耗等，所以应用广泛，下面着重介绍这种磁选机。在此以 CTG 型永磁筒式磁选机为例进行介绍，如图 8－104 所示。这种磁选机主要用于 1.5mm 以下的细粒级强磁性矿石的干选。

设备结构：这种磁选机的设备结构如图 8－105 所示。它主要由辊筒（有单筒的和双筒的两种）、磁系、选箱、给矿机和传动装置组成。

图 8－104　CTG 型永磁筒式磁选机

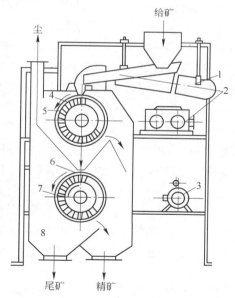

图 8－105　CTG 型永磁筒式磁选机结构
1—电振给矿机；2—无级调速器；3—电动机；4—上辊筒；
5，7—圆缺磁系；6—下辊筒；8—选箱

辊筒由 2mm 厚的玻璃钢制成，且在筒面上粘一层耐磨橡胶。由于辊筒的转数高，为了防止由于涡流作用使混筒发热和电动机功率增加，所以这种磁选机的筒皮不采用不锈钢而用玻璃钢。

磁系是由锶铁氧体永磁块组成。磁系的极数多，极距小（有30、50和90三种）。磁系包角为270°。磁系的磁极沿圆周方向极性交替排列，沿轴向极性一致。

选箱用泡沫塑料密封。在选箱的顶部装有管道，和除尘器相连，使选箱内处于负压状态工作。

单筒磁选机的选别带长度可通过挡板位置进行调整，双筒磁选机可通过磁系的定位角度（磁系偏角）以适应不同选别流程的需要（进行精选或扫选）。

选分过程：被粉碎的细干矿粒由给矿机先给到上辊筒进行粗选。磁性矿粒吸在筒面上被带到无极区（磁系圆缺部分）卸下，从精矿区排出。非磁性矿粒和连生体因重力和离心力共同作用被抛离筒面，它们进入下辊筒进行扫选。非磁性矿粒进入尾矿槽，而富连生体同之前选出的磁性矿粒进入精矿槽。

8.6.4.3 湿式弱磁场磁选机

湿式弱磁场磁选机有电磁和永磁两种。由于永磁的弱磁场磁选机具有许多独特的特点，所以比电磁的应用广泛。近年来实践证明，增加圆筒直径有利于提高磁选机的比处理能力（每米筒长的处理能力）和回收率且节电节水。目前，国内外都趋向采用筒体直径900mm以上的磁选机。

磁选机槽体根据结构形式的不同，它可分为顺流型、逆流型和半逆流型三种。现在常用的槽体以半逆流型为最多，这里重点介绍半逆流型永磁筒式磁选机。CTB 型永磁筒式磁选机，C—磁选机，T—筒式，B—半逆流。如图8-106 所示，这种形式的磁选机适用于 0.5～0mm 的强磁性矿石的粗选和精选，尤其适用于0.15～0mm 的强磁性矿石的精选。

图 8-106　CTB 型永磁筒式磁选机

A　设备结构

这种磁选机（图8-107）由圆筒、磁系和槽体（或叫底箱）等三个主要部分组成。圆筒是由不锈钢板卷成，筒表面加一层耐磨材料（耐磨橡胶）。它不仅可以防止筒皮磨损，同时有利于磁性产品在筒皮上的附着，加强圆筒对磁性产品的携带作用。保护层的厚度一般是 2mm 左右。圆筒的端盖是用铝铸成的。圆筒的各部分所采用的材料都应是非导磁材料，以免磁力线不能透过筒体进入选分区，而与筒体形成磁短路。圆筒由电动机经减速机带动。

小筒径（如直径 600mm）磁选机的磁系为三极磁系，而筒径大些的（如直径为 750mm或大于 750mm）磁选机的磁系为四极至六极磁系。每个磁极由锶铁氧体永磁块组成，用铜螺钉穿过磁块中心孔固定在马鞍状磁导板上。磁导板经支架固定在圆筒体的轴上，磁系固定不旋转。也有的磁系是用永磁块黏结组成，用黏结的方法固定在底板上，再用上述方法固定在轴上。磁极的极性沿圆周交替排列，沿轴向极性相同。磁系包角与磁极数、磁极面宽度和磁极隙宽度有关，通常为 106°～135°。磁系偏角（磁极中线偏向精矿排出端与垂直线的夹角）为 15°～20°。磁系偏角可以通过搬动装在轴上的偏角转向装置调节。

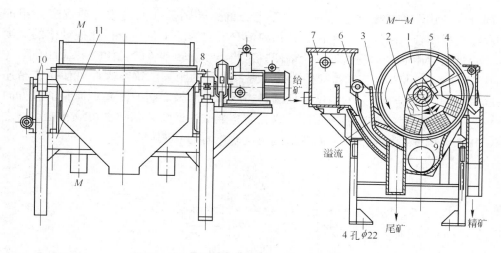

图 8 - 107 CTB 型永磁圆筒式磁选机结构图

1—圆筒；2—磁系；3—槽体；4—磁导板；5，11—支架；6—喷水管；7—给矿箱；8—卸矿水管；
9—底板；10—磁偏角调整装置

槽体为半逆流型。矿浆从槽体的下方给到圆筒的下部，非磁性产品移动方向和圆筒的旋转方向相反，磁性产品移动方向和圆筒旋转方向相同。具有这种特点的槽体叫做半逆流型槽体。槽体靠近磁系的部位应用非导磁材料，其余可用普通钢板制成，或用硬质塑料板制成。

槽体的下部为给矿区，其中插有喷水管，用来调节选别作业的矿浆浓度，把矿浆吹散成较"松散"的悬浮状态进入选分空间，有利于提高选别指标。

在给矿区上部有底板（或叫尾矿堰板），底板上开有矩形孔，流出尾矿。底板和圆筒之间的间隙与磁选机的给矿粒度有关，粒度小于 1～1.5mm 时，间隙为 20～25mm；粒度为 6mm 时，间隙为 30～35mm。

B 选分过程

矿浆经过给矿箱进入磁选机槽体以后，在喷水管喷出水（或叫吹散水）的作用下，呈松散状态进入给矿区。磁性矿粒在磁系的磁场力作用下，被吸在圆筒的表面上，随圆筒一起向上移动。在移动过程中，由于磁系的极性交替，使得磁性矿粒成链地进行翻动（叫磁搅拌或磁翻），在翻动过程中，夹杂在磁性矿粒中的一部分脉石矿粒被清除出来，有利于提高磁性产品的质量。磁性矿粒随圆筒转到磁系边缘磁场弱处，在冲洗水的作用下进入精矿槽中。非磁性矿粒和磁性很弱的矿粒在槽体内矿浆流作用下，从底板上的尾矿孔流进尾矿管中。

8.6.4.4 干式强磁场磁选机

A 干式强磁场盘式磁选机

目前，生产实践中应用的干式强磁场盘式磁选机有单盘（直径 900mm）、双盘（直径 576mm）和三盘（直径 600mm）等三种。φ576mm 干式盘式强磁选机为系列产品，用的比较多，适合处理 2mm 以下的物料。

（1）设备结构。φ576mm 干式强磁场双盘磁选机的结构如图 8 - 108 所示。磁选机的主体部分由"山"字形磁系、悬吊在磁系上方的旋转圆盘和振动槽（或皮带）组成。磁系和圆盘组成闭合磁路。圆盘像一个翻扣的带有尖边的碟子，其直径比振动槽的宽度约大一半。圆盘用专用的电动机通过蜗轮蜗杆减速箱传动。转动手轮可使圆盘垂直升降（调节范围 0~20mm），用来调节圆盘和振动槽或磁系之间的距离，调节螺栓可使减速箱连同圆盘一起绕心轴转动一个不大的角度，使圆盘边缘和振动槽之间的距离沿原料前进方向逐渐减少。为了预先分出给料中的强磁性矿物，防止强磁性矿物堵塞圆盘边缘和振动槽之间的间隙，在振动槽的给料端装有弱磁场磁选机（现场称给料圆筒）。

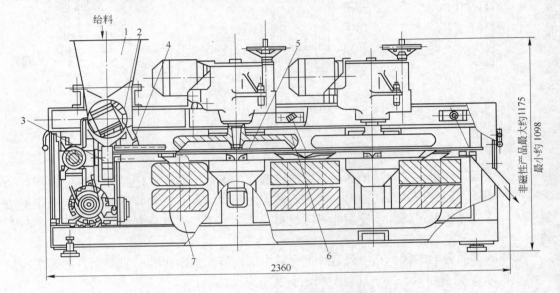

图 8-108　φ576mm 干式强磁场双盘磁选机
1—给料斗；2—给料圆筒；3—强磁性产品接料斗；4—筛料槽；5—振动槽；6—圆盘；7—磁系

（2）分选过程。将原料装入给料斗中并均匀地给到给料圆筒上，此时，原料中的强磁性矿物被给料圆筒表面的磁力吸住，并被带到下方磁场较弱的地方，在重力和离心力的作用下脱离圆筒表面落到接料斗中，未被给料圆筒吸出的部分进入筛料槽的筛网，筛下部分进入振动槽，筛上部分（少量）送去堆存。振动槽将筛下部分输送到圆盘下面的工作间隙，其中弱磁性矿物受不均匀强磁场的作用被吸到圆盘的齿尖上，并随圆盘转到振动槽外，由于此处的磁场强度急剧下降，在重力和离心力的作用下落入振动槽两侧的磁性产品接料斗中。非磁性矿物则由振动槽的尾端排出进入非磁性产品接料斗中去。

（3）磁选机的操作调节。操作调节因素主要是给料层厚度（给矿量）、振动槽的振动速度、磁场强度和工作间隙等。

1）给料层厚度：它与被处理原料的粒度和磁性矿物的含量有关。处理粗粒原料一般要比细粒的给矿层要厚些。处理粗级别时，给料厚度以不超过最大粒度的 1.5 倍左右为宜，而处理中级别时给料层厚度可达最大粒度的 4 倍左右，细级别可达 10 倍左右。原料中磁性矿物含量不多时，给料层应薄些。如果过厚，则处在最下层的磁性矿粒不但受到的磁力较小，而且除本身的重量外，还要受到上面非磁性矿粒的压力，降低磁性产品的回收率。磁性矿物含量多时，给料层可适当厚些。

2）磁场强度和工作间隙：它与被处理原料的粒度、磁性和作业要求有密切关系。工作间隙一定时，两磁极间的磁场强度取决于线圈的安匝数，匝数是不可调节的，所以可利用改变电流的大小来调节磁场强度。磁场强度的大小取决于被处理原料的磁性和作业要求。处理磁性强些的矿物和精选作业，应采用较弱的磁场强度；处理磁性弱些的矿物和扫选作业，应采用较强的磁场强度。电流一定时，改变工作间隙的大小可以使磁场强度和磁场梯度同时发生变化，因此改变电流和工作间隙的作用并不完全相同。减小工作间隙会使磁场力急剧增加。工作间隙的大小取决于被处理原料的粒度大小和作业要求。处理粗级别时大些，处理细级别时小些。扫选时，应尽可能把工作间隙调节到最小限度以提高回收率；精选时，最好把工作间隙调大些，减小两极间磁场分布的非均匀程度和加大磁性矿粒到盘齿尖的距离，以增加分离的选择性，提高磁性产品的品位，但同时要适当增加电流来补偿由于加大工作间隙所降低的磁场强度。

3）振动槽的振动速度：它决定矿粒在磁场中停留的时间和所受机械力的大小。振动槽的振动频率和振幅的乘积愈大，振动速度愈大，矿粒在磁场中停留时间愈短。作用在矿粒上的机械力以重力和惯性力为主，重力是一个常数，惯性力与速度的平方成正比增减。弱磁性矿物在磁场中所受的磁力超过重力不多，因此，振动槽的速度如果超过某一限度，会由于惯性力剧增，磁力不足以把它们很好地吸起，所以弱磁性矿物在磁选机磁场中运动速度应低于强磁性矿物的运动速度。一般来说，精选时，原料中的单体矿物多，它们的磁性较强，振动槽的振动速度可以高些；扫选时，原料中含连生体较多，而连生体的磁性又较弱，为了提高回收率，振动槽的速度应低些。处理细粒原料，振动槽的频率应稍高些（有利于松散矿粒），振幅小些；而处理粗粒原料，频率应稍低些，振幅应大些。

B 干式强磁场辊式磁选机

我国研制的 80 - 1 型电磁感应辊式强磁选机主要用于粗粒（最大给矿粒度 20mm）铁、锰矿石的预选，处理粒度范围 5 ~ 20mm。

（1）设备结构。该机结构如图 8 - 109 所示。全机由电磁系统、选别系统和传动系统三部分组成。

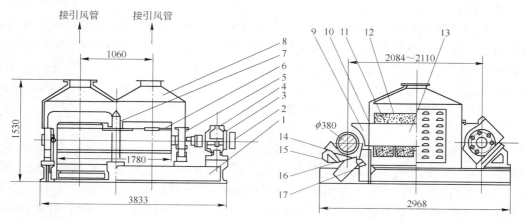

图 8 - 109 80 - 1 型电磁感应辊式强磁选机结构图

1—机架；2—皮带轮；3—减速机；4—联轴器；5—轴承；6—感应辊；7—中轴承；8—通风罩；
9—极头；10—压板；11—激磁线圈；12—隔板；13—铁芯；14—接矿斗；15—底座；16—分矿板；17—基梁

1）电磁系统是该设备的主要组成部分，用以产生分选区的强磁场。它包括激磁绕组（有 8 个激磁线圈）、铁芯、极头和感应辊，并组成"口"字形闭合磁路。极头与感应辊的间隙即为分选区。绕组导线采用双玻璃丝包扁铜线，并用真空浸漆，达到 B 级绝缘，线圈允许最高温度为 130℃。全机有两个铁芯，每个铁芯纵向端面上紧装着两个极头，铁芯和极头均采用工业纯铁。

2）选别系统包括给矿、选别和接矿三部分。该设备配置 4 台自制 DZL_1-A 型电磁振动给矿器，以达到均匀给矿、稳定便于调整的目的。全机有两个感应辊，它是直接分选矿物的部件，感应辊两端各有一套双列向心球面滚子轴承支撑。为弥补强磁场吸力造成过大的弯曲变形，在辊子中部设置中间滑动轴承。为尽可能减少涡流损失，辊体采用 29 片纯铁片叠加而成，其齿沟直径自辊两端向中间逐步递增，以保证各辊齿磁力分布均匀。接矿斗由矿斗和分矿板组成，分矿板可调节高低和不同的角度，以适应不同分选角度与高度的需要。

3）传动系统：由两台 JO_2-61-6 三相异步电机通过三角皮带各驱动一台 PM-400 三级圆柱齿轮减速机传动左右感应辊，在减速机与感应辊之间由十字滑块联轴器联结。机架由型钢焊接而成。

（2）分选过程。矿石由电磁振动给矿器均匀地给在感应辊上，非磁性矿物在重力作用下直接落入尾矿斗排出成为尾矿。磁性矿物受磁力作用被吸在感应辊的齿尖上，随着感应辊一起转动，由于感应辊转角的改变，磁场强度逐渐减弱，在机械力（主要为重力和离心力）作用下，磁性矿物离开感应辊落入精矿斗排出成为精矿。根据矿石的性质和粒度大小，通过调整磁场强度、感应辊转数以及挡板位置来达到较好的指标。

8.6.4.5　湿式强磁场磁选机

A　CS-1 型电磁感应辊式强磁选机

我国于 1979 年研制的 CS-1 型湿式感应辊式强磁选机是大型双辊湿式强磁选机。目前该机已较成功地用于锰矿石的生产。对于其他中粒级的弱磁性矿物，如赤铁矿、褐铁矿、镜铁矿、菱铁矿以及钨锡分离、锡与褐铁矿的分离等，也有着广泛的使用前景。

a　设备结构

该机的结构如图 8–110 所示。它主要由给矿箱、分选辊、电磁铁芯和机架等组成。磁选机主体部分是由电磁铁芯、磁极头与感应辊组成的磁系。感应辊和磁极头均由工业纯铁制成。两个电磁铁芯和两个感应辊对称平行配置，四个磁极头连接在两个铁芯的端部，感应辊与磁极头组成"口"字形闭合磁路，两个感应辊与四个磁极头之间构成的间隙就是四个分选带。由于没有非选别用的空气隙，磁阻小，磁能利用率高。

b　分选过程

原矿进入给矿箱，由给料辊将其从箱侧壁桃形孔引出，沿溜板和波形板给入感应辊和磁极头之间的分选间隙后，磁性矿粒在磁力作用下被吸到感应辊齿上并随感应辊一起旋转，当离开磁场区时，在重力和离心力等机械力的作用下脱离辊齿卸入精矿箱中；非磁性矿粒随矿浆流通过梳齿状的缺口流入尾矿箱内，然后分别从精矿箱、尾矿箱底部的排矿阀排出。

B　琼斯（Jones）型强磁场磁选机

我国使用的 SHP 型湿式强磁选机是在琼斯型湿式强磁选机结构的基础上进行了某些

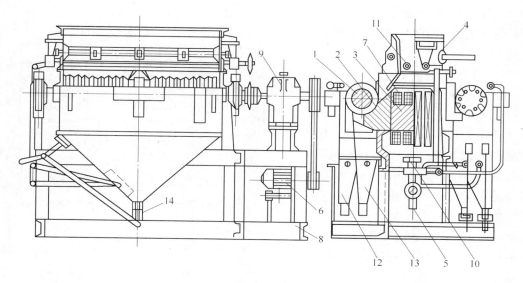

图 8–110　CS-1 型电磁感应辊式强磁选机

1—辊子；2—座板（磁极头）；3—铁芯；4—给矿箱；5—水管；6—电动机；7—线圈；8—机架；
9—减速箱；10—风机；11—给料辊；12—精矿箱；13—尾矿箱；14—球形阀

改进而研制成功的，如图 8–111 所示。目前 SHP-1000 型、SHP-2000 型和 SHP-3200 型三种规格的双盘强磁选机已在我国许多铁矿选矿厂得到成功的应用。

图 8–111　SHP 型湿式强磁选机

a　设备结构

琼斯型湿式强磁选机类型很多，但基本结构相同。DP-317 型强磁选机结构如图 8–112 所示。它有一个钢制门形框架，在框架上装有两个 U 形磁轭，在磁轭的水平部位上安装四组激磁线圈，线圈外部有密封保护壳，用风扇进行空气冷却（有的线圈冷却已由风冷改为油冷）。垂直中心轴上装有两个分选圆盘，转盘的周边上有 27 个分选室，内装有不锈导磁材料制成的齿形聚磁极板，极板间距一般在 1～3mm。两个 U 形磁轭和两个转盘之间构成闭合磁路，与一般具有内外极头的磁选机相比，减少了一道空气间隙，即减少了空气的磁阻，以利于提高磁场强度。分选室内放置的齿板聚磁介质可以获得较高的磁场强度和磁场梯度，同时大大提高了生产能力。分选间隙的最大磁场强度为 640～1600kA/m。转盘和分选室由安装于顶部的电动机通过蜗杆传动装置和垂直中心轴带动在 U 形磁极间转动。

b 分选过程

电动机通过传动机构使转盘在磁轭之间慢速旋转，矿浆自给矿点（每个转盘有两个给矿点）给入分选箱，随即进入磁场内，非磁性颗粒随着矿浆流通过齿板的间隙流入下部的产品接矿槽中，成为尾矿。磁性颗粒在磁力作用下被吸在齿板上，并随分选室一起转动，当转到离给矿点 60°位置时受到压力水（0.2～0.5MPa）的清洗，磁性矿物中夹杂的非磁性矿物被冲洗下去，成为中矿。当分选室转到 120°位置时，即处于磁场中性区，用压力水（0.4～0.5MPa）将吸附在齿板上的磁性矿物冲下，成为精矿。

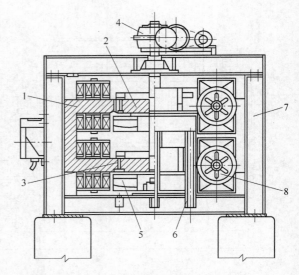

图 8-112 琼斯型双转盘式磁选机
1—C 形磁系；2—分选转盘；3—铁磁性齿板；4—传动装置；
5—产品接收槽；6—水管；7—机架；8—扇风机

c 影响因素

主要影响因素有给矿粒度、给矿中强磁性矿物的含量、磁场强度、中矿和精矿冲洗水压、转盘转速以及给矿浓度等。

为保证磁选机正常运转，减少齿板缝隙的堵塞现象，必须严格控制给矿粒度上限。琼斯强磁选机采用的缝隙宽度一般为 1～3mm，因此处理粒度上限为 1mm。为此，在琼斯强磁选机前必须配置控制筛分，以除去大颗粒和木屑等杂物。对于小于 0.03mm 的微细粒级弱磁性铁矿石，尽管减少缝隙宽度和提高磁场强度，在工业生产中也难以回收。因此，琼斯强磁选机的选别粒度下限一般认为是 0.03mm 左右。

给矿中强磁性矿物含量不得大于 5%，如果超过 5% 时，必须在琼斯磁选机前配置弱或中磁选作业，预先除去强磁性矿物。

磁场强度可根据入选矿物的性质和粒度大小进行调节。

精矿冲洗水和中矿清洗水的压力和耗量在生产过程中是可以调节的。精矿冲洗水主要应保证有一定的压力，在通常情况下精矿冲洗水压为 0.4～0.5MPa，同时不定期的用 0.7～0.8MPa 或更高水压的水冲洗，以消除齿板堵塞现象。中矿清洗水的压力高低直接影响中矿量和精矿质量，水压较高，水量过大，中矿量增加，磁性产品回收率下降，品位提高；同时中矿冲洗水量过大，中矿浓度必然大为降低，中矿再处理前就必须增加浓缩作业。反之，如水压不够，水量较小，则清洗效果不显著，通常水压为 0.2～0.4MPa。精矿和中矿冲洗水压的大小必须通过试验确定。

C 平环式磁选机

近十几年来，我国各有关单位研制了多种类型的湿式平环式强磁选机，即有电磁的，也有永磁的，并已在许多选矿厂用于处理弱磁性的赤铁矿、褐铁矿等，取得了一定的效果。湿式平环式强磁选机类型虽多，但其结构和分选原理基本相同。下面介绍 SQC-6-2770

型电磁平环式强磁选机。其给矿粒度上限 1mm，有效回收粒度下限为 20μm。

　　a　设备结构

　　SQC-6-2770 型平环强磁选机的结构如图 8-113 所示。它主要由给矿装置、分选转环、磁系、精矿和中矿冲洗装置、接矿装置、传动机构等部分组成。该机的特点是采用了环式链状闭合磁路、空心铜管绕制线圈、低电压大电流、水内冷散热降温、齿板做分选介质。

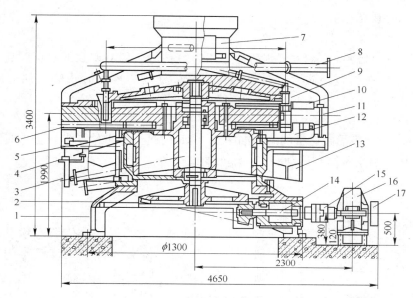

图 8-113　SQC-6-2770 型平环式磁选机

1—下机座；2—大伞齿轮；3—内铁芯座；4—外铁芯座；5，6—内外铁芯铝垫块；7—给矿装置；

8—精、中矿清洗装置；9—分选环；10—线圈；11—铁芯；12—防溅槽；13—接矿槽；

14—小伞齿轮轴；15—联轴器；16—减速箱；17—皮带轮

　　磁系由内外同心环形磁轭、放射状铁芯和线圈构成（图 8-114），形成了环式链状闭合磁路。主轴位于环状闭合磁路中心，无磁力线通过。铁芯高度为 210mm、宽度为 450mm、极头高度为 160mm。线圈由 22mm × 15mm ×4mm 方铜管绕制而成。每个外铁芯线圈 33 匝，内铁芯线圈 66 匝，并且紧靠极头。用低电压高电流激磁，水内冷散热。该磁系具有结构紧凑、磁路短、漏磁少、磁场强度高、温升低等特点。

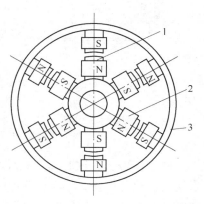

图 8-114　SQC-6-2770 型磁选机磁系
1—铁芯；2—线圈；3—磁轭

　　分选转环由环体和分选介质（齿板）组成。整个分选环由非导磁隔板分成 79 个分选室（单数个分选室可避免磁力共振及圆环抖动）。每个分选室内装有 2 块单面齿板和 11 块双面齿板，齿板之间用 2.5mm 厚的非导磁不锈钢薄片隔开，形成 12 道分选间隙。齿板高度 125mm、齿角 110°，组装方式可以尖对谷或尖对尖。全机共有 6 个给矿点，组成 6 个分选系统。

b 分选过程

带分选室的分选环在传动机构驱动下慢速旋转。当分选室进入磁场后,齿板介质被磁化,物料用六个分选点给到分选室内,磁性矿粒受磁力作用被吸在齿板的尖端上,并随分选环转动,当转到中矿清洗位置时,给入少量清洗水,将磁性矿粒中夹杂的脉石和矿泥冲掉排入尾矿槽中;当分选室转到精矿冲洗位置时(相邻两磁极之间的磁中性点),被压力水(水压为 0.3~0.5MPa)冲入精矿槽。非磁性矿粒在重力和矿浆流的作用下通过齿板介质缝隙排入尾矿槽中。

D 双立环式磁选机

我国研制的 ϕ1500mm 双立环强磁磁选机,最初用于稀有矿物的磁选,经改进后多用于弱磁性赤或褐铁矿石的磁选。该机的特点是:分选圆环是立式的。其给矿粒度上限 1mm,下限 0.02mm。

a 设备结构

ϕ1500mm 双立环强磁选机的结构如图 8-115 所示。它由给矿器、分选环、磁系、尾矿槽、精矿槽、供水系统和传动装置等部分组成。

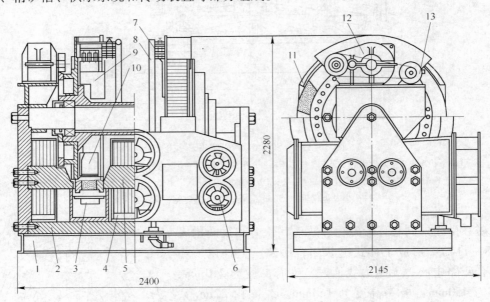

图 8-115 ϕ1500mm 双立环式磁选机

1—机座;2—磁轭;3—尾矿槽;4—线圈;5—磁极;6—风机;7—分选圆环;8—冲洗水管;
9—精矿槽;10—给矿器;11—球介质;12—减速箱;13—电动机

磁系由磁轭、铁芯和激磁线圈组成。磁轭和铁芯构成"日"字形闭合磁路。线圈为单层绕组散热片结构,用 4×230mm 的紫铜板焊接而成。每匝间用 4mm 的云母片隔开。中间的线圈为 48 匝,两边的各为 24 匝。三个线圈共 96 匝,串联使用。采用低电压大电流(电压为 12.5V,电流为 2000A)激磁。线圈用 6 台风机进行冷却。铁芯用工程纯铁制成,横断面积为 16cm×100cm,极头工作面积为 8cm×100cm,极距为 275mm。该机磁系磁路较短,漏磁较小,磁场强度可达 1600kA/m。磁系兼作机架,下磁轭为机架底座,上部磁轭即是主轴,两侧磁轭是主轴支架,因此节省了钢材,减轻了机重,设备结构也较为紧凑。

分选圆环有两个。分选圆环垂直安装在同一水平轴上,故名双立环式。环外径为 1500mm,内径为 1180mm,有效宽度为 200mm。环壁由 8 块形状和尺寸相同的纯铁板和相同数量的隔磁板组装而成。嵌入隔磁板的目的是为了减少漏磁,并使磁性产品卸矿区的磁场强度降到最小,以便磁性产品顺利卸出。在环体内外周边装有不锈钢筛箅,以防止粗粒矿石及杂物进入分选室。整个分选环用非导磁材料分隔成 40 个分选室,内装直径为 6 ~ 22mm 的球介质,充填率为 85% ~ 90%。

b 分选过程

装球介质的分选圆环在磁场中慢速旋转。矿浆经细筛排除粗粒和杂质后,沿整个圆环宽度给入处于磁场中的分选室中。非磁性矿粒在重力作用下,随矿浆穿过球介质间隙流到尾矿槽中排出。磁性矿粒被吸在球介质磁力很大的部分表面上,并随分选环一起转动离开磁场区,当运转到环体最高位置时,受到压力水的冲洗流入精矿槽中。

该机的特点是球介质随分选圆环的垂直运转可以得到较好的松动,较好地解决了介质的堵塞问题;有退磁作用,容易卸矿,所以精矿冲洗用常压水 0.1 ~ 0.3MPa 即可。

8.7 脱水设备

8.7.1 脱水设备的种类

脱水设备一般分为浓缩机、过滤机和干燥机三大类。

浓缩机按照传动方式分为中心传动式浓缩机和周边传动式浓缩机两大类,目前高效浓缩机是浓缩工艺的首选。

过滤机按获得过滤推动力的方法不同,分为真空过滤机和加压过滤机两大类。真空过滤机又分为间歇操作和连续操作两种。间歇操作的真空过滤机目前很少使用,连续操作的真空过滤机应用比较广泛。它主要分为转鼓真空过滤机、内滤面转鼓真空过滤机、圆盘真空过滤机和翻斗真空过滤机,它们的工作原理均相似。目前属于圆盘真空过滤机的陶瓷过滤机属于较为先进、高效的过滤设备。

加压过滤机:也分为间歇操作和连续操作两种。间歇操作的压滤机又分为板框式、厢式和立式三种,用途甚为广泛。在设备选择方面,以立式压滤机较为突出。连续操作的转鼓加压过滤机和圆盘加压过滤机在密闭壳体内进行压力过滤,其结构与转鼓真空过滤机和圆盘真空过滤机相似。由于结构复杂,应用较少。

干燥机分为回转式干燥机、沸腾干燥机、气流干燥机、带式干燥机、膛式干燥机等五大类,以回转式干燥机应用最为广泛。根据干燥介质与湿物料之间的传热方式又分为直接传热圆筒干燥机(干燥介质与湿物料直接接触传递热量)和间接传热圆筒干燥机(干燥所需热量由筒壁间接传递给湿物料)两种。直接传热圆筒干燥机按照干燥介质与物料流动的方向,又分为顺流与逆流两种。

8.7.2 高效浓缩机

在此以用于渣精矿浓缩的中心传动型浓缩机 NXZ-15 高效浓缩机(图 8 - 116)、用于渣尾矿浓缩的周边传动型浓缩机 GZN-30T 高效浓缩机(图 8 - 117)为例进行介绍。

图 8 – 116　NXZ-15 中心传动型高效浓缩机　　　图 8 – 117　GZN-30T 周边传动型高效浓缩机

8.7.2.1　NXZ-15 高效浓缩机

A　NXZ-15 高效浓缩机的结构与工作原理

该机为中心传动型浓缩机，如图 8 – 118 所示，主要由传动装置、桥架、入料管、固定筒、布料筒、刮板、传动轴、耙架、加药装置以及液压站、电控装置等组成。

图 8 – 118　NXZ-15 高效浓缩机内部结构

桥架安装在浓缩池上，它是操作人员进入浓缩机的通道，也是承受机器全部重量的部件。固定筒安装在桥架下面，入料管将固定筒与浓缩池外部相连，物料进入入料管流进固定筒，通过布料筒进入浓缩池内部。加药装置固定在桥架上面，储药箱内储存絮凝药剂。絮凝药剂通过加药管道进入入料管与物料混合，再一起进入浓缩池内部。通过阀门可调节絮凝药剂的用量。

传动轴、耙架与传动装置的主轴组装在一起，当传动装置的主轴转动时，耙架随之转动，耙架下部的耙齿将沉淀的物料刮向浓缩池中央，由底流泵排出。当提耙油缸的活塞上升或下降时，耙架也随之上升或下降。

液压站为传动装置提供动力，液压站油泵为变量泵，通过调节油泵的排油量，可改变耙架的转速，以达到最佳工艺效果。

当沉降到浓缩池底部的物料增多，底层增厚时，耙架的工作阻力也随之加大，当工作阻力增大到 4MPa 时，压力继电器、延时继电器、电磁阀动作，切断液压马达的油路，此时主轴停止转动，提耙油缸带动耙架向上提升，延时约 3 ~ 5s 后，电磁阀再次动作，恢复向液压马达供油，主轴又开始转动工作。当耙架提升后，工作阻力随之减小，若减小到

4MPa 以下时，则不再提耙，耙架停留在此高度上旋转工作，耙齿将物料刮向池中央，随着工作阻力逐步减小，耙架靠自身的重量逐步下降到正常工作位置。当工作阻力再次增大到设定值时，耙架再次被提升，重复以上动作，从而达到自动提耙、降耙的目的。

当耙架的工作阻力不断增大，提耙油缸的活塞上升接近极限行程时，行程开关动作，切断电源，整机停止运行。此时，应排除故障后，再手动恢复开机。

液压系统工作原理：启动电动机后，油泵开始工作，驱动液压马达减速器，使传动装置的主轴带动耙架运转，浓缩机开始投入运行。当沉淀在浓缩池底部的物料增多，又不能及时将物料排出，此时耙架刮泥的阻力加大，运行压力升高，当压力升高至 4MPa 时，压力继电器、电磁阀、延时继电器动作，切断供给液压马达的油路，液压马达停止运行，即耙架停止转动，提耙油缸将耙架提升，延时 5~6s，此时电磁阀动作，恢复向液压马达供油，耙架即在此高度上运转，随着工作阻力的减小，耙架靠自身重量逐步下降至正常工作位置。当工作压力再次提高到允许值时，耙架会再次提升，重复以上动作，达到自动提耙、降耙的目的。

当耙架的工作阻力继续增大，耙架上升接近极限位置时，行程开关动作，切断电源，浓缩机停止运行，此时，应排除故障，再手动开机。油泵为变量泵，调节油泵的流量，可调节耙架的转速，一般情况下，控制在每转一圈 5~12min。油泵流量调定后用锁紧螺母把手柄锁死。

B　NXZ-15 高效浓缩机的维护保养

（1）润滑要求：减速器用 N150-220 工业齿轮油。传动箱体内用 N150-220 工业齿轮油。液压站内，夏季用 N46 抗磨液压油，冬季用 N32 抗磨液压油。第一次加油运行一周时间后更换新油，以后每半年更换一次，平时应补充加油。

（2）维护保养：每班开机运转正常后才能供料。维护人员随身所带工具、器械以及其他物品不得掉入池内。经常检查油管是否渗漏，油路是否畅通，电路的接头及触点是否良好。各润滑点定时加油。经常保持机器的整洁。经常保持液压站的整洁，随时观察工作压力变化，经常检查油路是否有渗漏现象，发现故障，及时排除。更换液压油时，要清洗油箱及滤网。

（3）液压系统常见故障及排除方法见表 8-13。

表 8-13　NXZ-15 高效浓缩机液压系统常见故障及排除方法

故　障		产 生 原 因	排 除 方 法
严重噪声	油泵吸空	滤油网堵塞	清洗或更换滤网
		油温太低	加热油温至 15~25℃
		黏度过高	使用推荐黏度的液压油
		油产生蒸气	更换液压油
		油产生泡沫	补充液压油到液位线
		管道接头漏气	更换管道密封件
	机械振动	电动机和油泵不同轴	调整同轴度
		管道振动	紧固或加装管卡
	油泵转向不对	油管吸入空气	改变油泵旋转方向

故　障		产生原因	排除方法
压力不足或无压	油泵过热	油泵磨损或损坏	修理或更换油泵
		油的黏度过低	使用推荐黏度的液压油
	溢流阀	溢流阀调整不当	重新调整溢流阀
		溢流阀损坏	更换溢流阀

8.7.2.2　GZN-30T 高效浓缩机

A　GZN-30T 高效浓缩机的结构原理

该机为周边传动型浓缩机，如图 8 - 119 所示，由副耙、中央回转机构、稳流装置、桥架、周边驱动装置刮泥及提耙装置、液压及电控系统、轨道及齿条构成。

图 8 - 119　GZN-30T 周边传动型高效浓缩机内部结构

中央回转机构及稳流装置通过池中心水泥支柱固定在池子中央。桥架的一端固定在周边驱动装置上，另一端与中央回转机构采用铰销连接，桥架在作圆周运动时可上下摆动，弥补了轨道平面度误差。刮泥装置安装在桥架下面，随桥架作圆周刮泥行走，提耙装置及液压电控系统安装于桥架上面。

物料经设在浓缩机上方的入料管进入中心进料筒，在稳流装置内经缓冲后，一部分较大的颗粒直接进入下部沉降区，在 45°集料锥坑中沉淀，另一部分细小的颗粒经径向分流口进入池中平流沉降，大部分物料沉降在池中心区域，浓缩效率高。处理量可达 $2 \sim 2.5 t/(h \cdot m^2)$（传统浓缩机为 $1.5 t/(h \cdot m^2)$）。随桥架回转的刮泥装置将沉淀的物料沿池底刮入 45°锥坑中，进入锥坑的物料被副耙缓慢搅拌，浓度进一步提高，同时不会固结在坑底，易于被底流泵排出。

B　GZN-30T 高效浓缩机主要部件结构及特点

（1）副耙。副耙为焊接机构，连接在稳流装置下端，工作时连续运转，不因提耙而停止，保证集料坑内物料不固结。

（2）中央回转机构及集电装置。中央回转机构装有回转支承，既能承受轴向力，又能承受倾覆力矩。回转支承分别与固定支座及旋转支架连接。集电装置为全密封结构，能防止雨水及潮湿空气进入，性能可靠安全，其内圈为模压成形绝缘塑胶环，固定在中心进料筒上，环上镶嵌着导电铜环，碳刷及碳刷架固定在外罩上，随着桥架一起旋转。外部电源沿进料管桥、中心入料管连接在集电装置上，输至桥架上的电控系统及行走机构。集电罩外形小巧，方便操作者在桥架上通行。中心进料筒固定在固定支座上，其上端与进料管连接，物料经进料筒进入稳流装置内。

（3）稳流装置。稳流装置为筒形结构，筒体上设有 8 个带缓冲板的径向分流口，物料的出口均在浓缩池沉积层中，物料经缓冲后，一部分直接进入 45°集料坑沉淀，又不会把已沉淀的物料冲起，另一部分物料经径向分流口成为辐射水平流，有助于物料絮凝沉降，提高浓缩效果。

（4）桥架。桥架为幅板式焊接结构，两侧幅板为特制焊接 H 型钢，中部合理配置加强筋，两侧幅板与下部槽钢焊接成桥梁，起到连接承载、传递刮泥动力的作用。

（5）周边驱动装置。周边驱动系统是由一台全封闭的液压电动减速机、一套链轮传动装置带动与链轮同轴的大齿轮与齿条啮合传动，两个钢辊轮通过传动架，托起桥架沿轨道作圆周行走，滚轮轴系、齿轮轴系均装于密封良好的滚动轴承之上。由于是液压驱动，通过调整流量大小使桥架转速在一定范围内实现无级调整，可根据进料浓度含量选择速度，以保证底流浓度符合要求，调速范围为 15～25min/r。

（6）刮泥与液压提耙结构。刮泥耙架为双平行四连杆机构，四连杆机构的固定架固定在桥架下沿，四连杆机构下边与刮板框用调节臂、连接臂及销轴连接一体。刮泥板上焊有三根竖直的管柱，刮泥板通过这三根管柱用 U 形螺栓固定在刮板框槽钢上，每个刮板框固定两个刮板，全部刮板呈百叶窗式布置，通常的情况下，刮板底边与池底距离为 30～50mm，松开 U 形螺栓可方便地调整刮板高度。各个刮泥装置是相互独立的，能够单独或同时升降，分别由各自的液压提耙装置来实现。每个刮泥板装置上设有三个行程开关，用以控制刮泥板升降高度，最下面的行程开关控制在最低位工作，最上面的行程开关控制在上部终止位，在上部终止位时，整个刮泥装置被提至水面上。中下部的一个行程开关用于限定各刮泥板在升降过程中能在调定行程的高程范围内工作，一般调定 250～500mm，这项工作可通过调整行程开关的相对位置方便地进行。调定后，刮泥板就自动地在这些区域内工作，并在控制柜面板上得到显示。刮泥板升降可自动，亦可手动，手动用于调试或工作检修，通过操作控制柜按钮来实现，而自动用于日常工作状态，由浓缩机的自动控制系统实现。

（7）液压及电控系统。该机采用先进成熟电液联合控制系统，提耙机构及刮泥行走机构共用一个组合式液压泵站及电控系统，在液压泵站中装有压力传感器、液压泵及各种控制阀，电控柜中装有 PLC 程序控制器等各种电气元器件。

浓缩机正常工作时所有刮泥耙在最低位工作，当沉淀物料增多时，行走油路油压升高，当压力超过设定值时，压力传感器把液压信号转换为电信号，PLC 程序控制器发出指令，提耙电动机动作，液压缸带动刮泥耙提耙，如压力继续升高至额定值时，刮泥板将升至上部终止位，刮泥行走停止，并发出声光报警信号，而不会产生压耙现象，浓缩机受到良好保护。当压力不再升高时，刮泥耙将在上述区域内继续工作，当压力小于设定值时，刮泥耙将自动降至下一工作区域，直至最低位正常工作。

当因需要停止刮泥行走时，各刮泥耙将自动提升至水平面上。重新启动刮泥行走时，各刮泥耙边运转边下降至工作高度，并设定内侧第一耙先下降进行刮泥工作，其余各耙再先后逐次降至工作位置。这样就能避免启动冲击，使设备得到很好保护。

C　GZN-30T 高效浓缩机的操作维护

（1）开机顺序：启动底流泵→启动行走器（桥架）→给矿。

（2）停机顺序：停止给矿→停止行走器→停止底流泵。

（3）浓缩机在整个给料过程中，流量及浓度应均匀，为此应有规则地定时测量给入矿浆和排出矿浆的浓度及溢流水中的含固量，并将测量的结果记录在册，发现不正常现象应立即采取措施。

（4）在操作过程中，要防止金属或石块等物落入池中，在给矿流程中适当地点设过滤装置。

（5）浓缩机在使用时，必须对机器各运转部位进行经常检查，对润滑部位定期润滑，使液压油路保持畅通。

（6）经常检查集电装置中碳刷与集电环的接触情况，碳刷磨损较多要及时更换。

（7）对下面的润滑部位必须定期注入所需的润滑剂。行走机构上的滚动轴承每隔半年注入一次润滑脂；行走机构上的链条在设备投入运行工作 40h 和工作 300h 之后应清理一次链条并作润滑，以后经常润滑；行走机构上的驱动装置加速机第一次加油运转一周后更换新油，以后每 3 ~ 6 个月换油一次，加油采用 L-ckc150-220 中极压齿轮油，约 80L。中心回转支承至少每周加一次润滑脂；液压系统的液压油：冬季 N32号、夏季 46 号抗磨液压油约 80L。刮泥板提升臂上的铰接处（三个提升臂）共 18 处用润滑脂润滑。

D　GZN-30T 高效浓缩机的浓缩机液压系统

（1）周边传动系统。传动系统油泵电动机组装在液压站后面，通过液压电动机减速机把动力经链条传到齿轮上，带动桥架以 15 ~ 25r/min 的速度沿浓缩池周边旋转。

（2）提耙系统。提耙油泵电动机设在液压站面板上方，油泵在面板下，由电液联合控制系统控制油泵电动机及液压缸工作，带动刮泥耙自动升降。

两油泵采用下置式，使油泵具有良好的自吸性能，本系统集油箱泵站和控制阀块蓄能器于一体，具有结构紧凑、反应灵敏、传动平稳可靠等特点。

（3）液压系统的操作与使用。开机前应检查系统中各类元器件有无损坏，油箱油面是否在液位指示范围，各管道接口有无松动，以上若一切正常，液压系统即可投入运行。使用过程中应经常检查电动机、油温，观察系统的工作压力，检查各高压连接处是否松动，应及时处理。调整各液压控制阀时应在专业技术人员主持下进行，调定后，其他人员不得随意变动。

（4）维护保养。本系统初次使用三个月应更换一次液压油，以后每到冬季使用N32 号、冬季使用 46 号液压油，换油时应用滤油机、滤纸过滤后再加入油箱内，以保证系统的正常运行。应常备易损件及辅件以便及时处理故障。液压站台面应擦拭干净，擦拭完毕后，必须关紧箱门，防止灰尘进入箱内。每班检查液压站的工作状况，发现异常及时处理。

（5）常见故障排除方法见表 8 - 14。

表 8 – 14　GZN-30T 高效浓缩机的浓缩机液压系统常见故障及排除方法

故　障		产生的原因	排 除 办 法
严重噪声	油泵吸空	吸入滤油器堵	清洗或更换滤油器
		油温太低	把油加热到（15±5）℃
		油的黏度过高	使用推荐黏度的液压油
		油产生蒸气	更换适当的液压油
		油产生泡沫	用油不当，回油位置应在油面以下
		吸入管道接头漏气	更换管道的密封件
	机械振动	传动中心线不正	对正中心线紧固螺栓
		管道振动	坚固或加装管卡
压力不足或无压	油泵转向不对	油管吸入空气	修正油泵旋转方向
	油泵过度发热	油泵磨损或损坏	修理或更换油泵
		油的黏度过低	更换推荐黏度液压油
	溢流阀	溢流阀调整错误或松动	重新调整溢流阀
		溢流阀损坏或阀芯磨损	更换或检修溢流阀

8.7.3　陶瓷过滤机

在此仅介绍在炉渣选矿中成熟使用的适合处理高细度物料的过滤设备，即 HTG 型陶瓷过滤机。

8.7.3.1　HTG 型陶瓷过滤机的结构及工作原理

在此以江苏宜兴化工机械有限公司生产的 HTG-60- Ⅱ 陶瓷过滤机为例进行介绍，如图 8 – 120 所示。

图 8 – 120　HTG-60- Ⅱ 陶瓷过滤机

HTG 型陶瓷过滤机主要由转子、搅拌器、刮刀组件、料浆槽、分配器、陶瓷过滤板、管路系统、清洗设备和自动化控制系统等组成。料浆槽采用耐腐蚀钢板或衬胶板，起承载料浆的作用，搅拌器在料浆槽内搅拌混合料浆，避免料浆沉积；陶瓷过滤板安装在转子上。转子在减速机的带动下旋转，并可实现无级变速。HTG 型陶瓷过滤机选用的过滤介质为陶瓷过滤板，刮泥时刮刀与陶瓷板之间留有 0.4 ~ 1mm 间隙，以防止机械磨损，延长使用寿命。HTG 型陶瓷过滤机采用反冲清洗、超声清洗、化学清洗或混合清洗等方法，并配套了自动监控系统。该系统采用 PIC 控制机并配以各种变送器、变频器、多路气动阀门、液位仪等设备。开机时，料浆阀门由料位仪监控，控制料浆料位高低，真空桶滤液由液位仪检测，当至高液位，PIC 控制机便迅速打开滤泵出口的旁路阀门，快速排水。陶瓷过滤机还可根据要求提供远程控制或中央集中控制。

陶瓷过滤板安装在转子支架上形成圆形过滤盘面，如图 8 - 121 所示。分为真空区、干燥区、卸料区、清洗区四个区。HTG 型陶瓷过滤机工作开始时，浸没在料浆槽的陶瓷过滤板的真空区在真空的作用下，在陶瓷板表面形成一层较厚的颗粒堆积层，滤液通过陶瓷板过滤至分配头到达真空桶。随着转子旋转到在干燥区，滤饼在真空作用下继续脱水，使滤饼进一步干燥形成滤饼，滤饼干燥后，继续随转子到达卸料区，在卸料区被刮刀刮下通过皮带输送至所需的地方。卸料后的陶瓷板最后进入反冲洗区，经过滤后的反冲液通过分配头进入陶瓷板，冲洗堵塞在陶瓷板微孔上的颗粒，至此完成一个过滤操作循环。当过滤机运行较长时间后，可采用超声及化学介质联合清洗，以保持过滤机的高效运行。

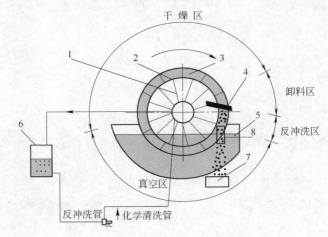

图 8 - 121　HTG 型陶瓷过滤机过滤盘面图

1—转子；2—滤室；3—陶瓷板；4—滤饼；5—料浆槽；6—真空桶；7—皮带输送机；8—超声装置

8.7.3.2　HTG 型陶瓷过滤机的操作

操作步骤及注意事项如下：

（1）HTG 型陶瓷过滤机的强电启动：1）打开电控柜门，将总开关 QF_0 合上，依次合上主轴空气开关 QF_1、搅拌空气开关 QF_2、超声波清洗机空气开关 QF_3、循环水泵空气开关 QF_4、真空泵空气开关 QF_5、酸泵空气开关 QF_6、调酸泵空气开关 QF_7、润滑泵空气开关 QF_8、管道泵空气开关 QF_9、电控柜单极空气开关 QF_{11}。2）打开触摸屏柜门，将触摸屏总开关 QF_{12} 合上。3）触摸屏柜门面板上有"人机触摸显示屏"、"自动/手动"、"运行/暂停"、"报警复位"、"润滑泵"、"点动允许"五个选择开关；一个"紧急停车"按钮；"主轴正转"、"主轴反转"两个点动按钮。"主轴"、"搅拌"两个调速电位器；自动指示灯、手动指示灯、暂停指示灯、报警蜂鸣器、润滑泵指示灯。主轴电位器可以调节主轴转速，搅拌电位器可以调节搅拌转速。电控柜有问题找专业维修，不得擅动。

（2）HTG 型陶瓷过滤机的整机开车注意事项：1）反冲洗压力为 60 ～ 80kPa。2）气源压力在 500 ～ 700kPa；挤压阀调整气压在 3.5kPa；其他阀调整气压在 400 ～ 500kPa。3）检查各运动件是否有杂音，是否加油。4）真空度在 -70 ～ -98kPa（视地区）。5）清洗前必须穿戴劳保用品后，可用99%浓硝酸供液，通过调酸系统配置成50%～60%硝酸进行冲洗，槽体必须冲洗干净，并放水至超声装置之上（超声装置没入水面）。6）维修时应轻拿轻放，不得敲打陶瓷板、刮刀及仪表等设备。7）出现陶瓷板损坏或其他紧急情况时，应按紧急停车。

（3）HTG型陶瓷过滤机的操作前面板说明：1）触摸柜单极空气开关 QF$_{12}$ 合上后，PLC通电并进入工作中，触摸屏显示"江苏省宜兴非金属化工机械厂"画面。2）按右下角"开始"触摸钮后，右下角弹出"回首页、调酸控制、手动操作、自动开车、自动停车、手动清洗、故障查询、运行状态、参数设定、操作记录"触摸钮菜单。3）分别按菜单上各个触键框，触摸屏转至所需画面。触摸屏画面出现主轴转速、搅拌转速、液位、料位、真空等显示。

（4）HTG型陶瓷过滤机的自动开车。旋转面板上"自动/手动"开关至"自动"位置，面板上自动指示灯亮，在触摸屏界面选择画面上按"自动开车"按钮，触摸屏画面出现正在自动开车画面；自动开车画面上有"自动开车确认"按钮，"自动开车复位"按钮；自动开车前先按"自动开车复位"按钮，再按"自动开车确认"按钮；自动开车执行下列程序：程序执行后触摸屏画面出现正在自动运行画面。（注意：自动开车前只能在等待状态，在执行自动开车程序过程中只能使用"暂停"和"紧急停车"；当使用"暂停"时可进行手动操作，手动操作完成后必须按手动操作画面中的恢复。然后旋转面板上第二个"暂停"开关至"运行"位置，恢复到暂停前状态。）1）复位。2）满足液位低于650mm，液位高于200mm（否则报警），皮带机已开的信号后，才能执行以下程序（否则处于等待条件满足）；开"搅拌"，开 AV$_{08}$。3）料位高于600mm（开机料位参数可修改），开"主轴"，开 AV$_{01}$ 及反冲水泵，开真空泵 VP$_{01}$，开 AV$_{04}$，开 AV$_{05}$，开 LP$_{01}$，开 AV$_{02}$。4）进入自动状态：料位高于820mm（料位参数可修改）关 AV$_{08}$。料位低于500mm（料位参数可修改）开 AV$_{08}$。液位高于650mm（液位参数可修改）开 AV$_{03}$。液位低于200mm（液位参数可修改）关 AV$_{03}$。

（5）HTG型陶瓷过滤机的自动停车。旋转面板上"自动/手动"位置，面板上自动指示灯亮，在触摸屏界面选择画面上按"自动停车"按钮，触摸屏画面出现自动停车画面；自动停车画面上有"自动停车确认"、"自动停车复位"按钮，按"自动停车确认"按钮，"自动停车"结束后要按下"自动停车复位"按钮。自动停车执行下列程序：（注意：进入自动停车前必须在自动正常运行状态；在执行自动停车程序过程中只能使用"紧急停车"按钮。）1）关 AV$_{08}$。2）满足料位低于450mm（停车料位1，参数可修改），关真空泵 VP$_{01}$，关 AV$_{04}$，关 AV$_{05}$，关水泵 LP$_{01}$，关 AV$_{02}$，关 AV$_{03}$。3）开 AV$_{07}$，开 AV$_{09}$。4）延时30s，关 AV$_{07}$。5）满足料位低于100mm后（停车料位2，参数可修改），开 AV$_{11}$。6）延时180s（停车冲洗时间，参数可修改），关 AV$_{09}$、关"搅拌"，关皮带机。7）料位高于820mm后，关 AV$_{11}$；开酸泵 AP$_{02}$，开超声 UC$_{01}$；料位低于750mm 关超声 UC$_{01}$（判定至延时结束并报警）；料位高于820mm后重新开超声 UC$_{01}$。8）延时2700s（停车清洗时间1，参数可修改），关酸泵 AP$_{02}$，延时180s（停车清洗时间2，参数可修改），关超声 UC$_{01}$。9）开 AV$_{09}$、关 AV$_{01}$ 及反冲水泵、关"主轴"。

（6）HTG型陶瓷过滤机的手动清洗。旋转面板上"自动/手动"开关至"手动"位置，面板上手动指示灯亮，在触摸屏界面选择画面上按"手动清洗"按钮，触摸屏画面出现手动清洗运行画面；手动清洗运行画面上有"手动清洗确认"按钮、"手动清洗复位"按钮。手动清洗开车前，先按"手动清洗复位"按钮，再按"手动清洗确认"按钮；以后按"手动清洗确认"按钮一次则执行一步；手动清洗开车执行下列程序：（注意：进入手动清洗前可以在正常运行状态和等待状态；在执行手动清洗开车程序过程中只能使用"紧急停车"按钮。请按"确认"一次后待执行一步完后再按"确认"，不能连续按"确认"。）1）复位。2）开"搅拌"，开 AV_{07}，开 AV_{09}，开"主轴"，开 AV_{01} 及反冲水泵。3）关 AV_{07}。4）开 AV_{11}。5）关 AV_{09}，关"搅拌"。6）料位高于820mm后，关 AV_{11}；开酸泵 AP_{02}，开超声 UC_{01}（料位未达到820mm，按"确认"不能执行下一步）。7）关酸泵 AP_{02}。8）关超声 UC_{01}。9）关 AV_{01} 及反冲洗泵，关"主轴"。10）开 AV_{09}。

（7）HTG 型陶瓷过滤机的手动操作。旋转面板上"自动/手动"开关至"手动"位置，面板上手动指示灯亮，在触摸屏界面选择画面上按"手动操作"按钮，触摸屏出现手动控制画面；手动画面上有"转自动"按钮；另外手动控制画面上还有加水阀（AV_{01}）、循环水阀（AV_{02}）、排水阀（AV_{03}）、吸水阀（AV_{04}）、真空阀（AV_{05}）、料槽冲洗阀（AV_{07}）、进料阀（AV_{08}）、放料阀（AV_{09}）、料槽放水阀（AV_{11}）、循环水泵（LP_{01}）、真空泵（VP_{01}）、酸泵（AP_{02}）、超声波（UC_{01}）（料位高于820mm后才能开启）、主轴（MA_{01}）、搅拌（AG_{01}）、皮带机按钮。按各按钮可开启阀门、泵等设备；"自动/手动"开关至"自动"位置，按"转自动"按钮，进料阀（AV_{08}）、排水阀（AV_{03}）等进入自动控制状态，"自动进入"灯闪亮；停车按自动停车。

（8）HTG 型陶瓷过滤机的调酸操作。在触摸屏界面选择画面上按"调酸操作"按钮，触摸屏出现调酸操作控制画面；调酸操作画面上有"自动调酸/手动调酸"按钮、"复位"按钮，另外画面上还有调酸阀（AV_{13}）、进酸阀（AV_{15}）、调酸泵（LP_{02}）按钮；画面上有"酸液位设定低值，酸液位设定中值，酸液位设定高值，时间设定"；手动调酸操作时，按"手动调酸"按钮，首先关进酸阀（AV_{15}），根据当前液位，开调酸阀（AV_{13}），调酸桶进水，进水液位高度为650减去当前液位除以2，当进水液位达到高度时，关调酸阀（AV_{13}），开调酸泵（LP_{02}）按钮，当液位高度为650时，关调酸泵（LP_{02}），等待1h（便于散热），开进酸阀（AV_{15}），手动调酸结束。（注意：进入手动调酸操作时先按"复位"按钮，方可进入手动调酸操作。）

（9）HTG 型陶瓷过滤机的调酸自动控制。按"自动调酸"按钮，调酸自动控制执行下列程序：按钮在自动位置状态时，进酸阀（AV_{15}）开，调酸阀（AV_{13}）关，调酸泵（LP_{02}）关；需要紧急停时可按"复位"按钮，再进入手动调酸操作；复位状态与自动位置状态相同。LT_{05} 液位低于100mm（酸液位设定低值，参数可修改）调酸系统执行下列程序：1）关 AV_{15}。2）开 AV_{13}。3）液位高于350mm（酸液位设定中值，参数可修改）关 AV_{13}。4）开调酸泵 LP_{02}。5）液位高于650mm（酸液位设定高值，参数可修改）关调酸泵 LP_{02}。6）延时1800s 开 AV_{15}（时间设定，参数可修改）。（注意：进入自动调酸控制时先按"复位"按钮，方可进入自动调酸控制。）7）暂停。旋转面板上"暂停"开关至"暂停"位置，面板上暂停指示灯亮，旋转"暂停"开关后，"搅拌"开，关闭所有设备（除调酸自动控制）。8）暂停恢复：旋转面板上"暂停"开关至"恢复"位置，面板上暂停指示灯暗，旋转"恢复"开关后；恢复原正常运行状态。（注意：进入暂停恢复前须在暂停状态，其他状态不起作用；在暂停后进行手动操作，待手动操作完成后必须按手动操作画面中的"恢复"，然后按暂停"恢复"，才能恢复至暂停前状态。）9）紧急停车（任何状态）：按面板上部红色"紧急停车"按钮后：除 AV_{09} 打开外强制关闭所有设备（除调酸自动控制）；紧急停车完成后，待"急停按钮"释放才能转换成"等待状态"，通过手动操作处理问题。（注意：任何状态都可以进入紧急停车状态。）10）报警恢复：当出现问题时，面板上报警指示灯亮并伴有尖叫声，旋转面板上"报警复位"开关至"报警复位"位置，可以屏蔽尖叫声。11）故障查询：在触摸屏界面选择画面上按"故障查询"按钮，触摸屏出现故障报警画面，画面显示发生时间，恢复发生时间及"主轴"、"搅拌"、"真空泵"、"超声"、"料位超高"、"料位超低"、"液位超高"、"液位过低"等报警内容；通过故障查询可以发现原因，故障消除按"报警恢复"按钮；按一次可消除一个。（注意：在正常运行状态，当真空小于 $-0.05MPa$ 时（真空低设定，参数可修改），除 AV_{09} 打开外，强制关闭所有设备；料位、真空进入自动状态下条件不满足情况报警。）12）开机/关机：面板上指示灯一栏第六个为"开机/关机"按钮，按"关机"按钮后设备处于关闭状态。13）参数设定：在触摸屏界面选择画面上按"参数设定"按钮，参数设定有"开机料位"、"料位高"、"料位低"、"液位高"、"液位低"、"停车料位1"、"停车料位2"、"停车冲洗时间"、"停车清洗时间1"、"停车清洗时间2"、"酸液位低"、"酸液位中"、"酸液位高"、"真空低"；可对液位高低、料位高低、停车料位、冲洗时间、清洗时间等进行修改；修改时只需要用手触摸屏幕上参数，屏幕跳出数字键，根据需要设定参数，按回车键确认。消除数字键只需要按边框角□。14）运行状态：在触摸屏界面选择画面上按"运行状态"按钮，触摸屏出现运行状态画面。15）点动允许：旋转面板上"点动允许"开关至"点动允许"位置，禁止主轴强电启动；此时用点动按钮主轴可以旋转，其作用是安装陶瓷板。（注意：使用"点动允许"须在暂停状态。）16）自动加油：开机后和关机前启动润滑泵进行自动加油，在"开停车记录"内可以查询自动加油时间。17）操作记录：在触摸屏界面选择画面上按"操作记录"按钮，触摸屏画面出现操作记录画面；操作记录有操作日期记录、内容记录。进入操作过程中，有问题找专业操作工程师。

8.7.4 立式自动压滤机

立式自动压滤机是精矿脱水系统的重要脱水设备，如图 8-122 所示。主要用来完成精矿脱水系统的第二段脱水任务。与陶瓷过滤机相比，具有滤饼水分低而且比较稳定的优点。在此以从国外进口设备为例进行介绍，其规格型号为 LAROX PF 22/32 $M_1$45。

图 8-122　LAROX PF 立式自动压滤机

8.7.4.1　LAROX PF 立式自动压滤机的结构及工作原理

LAROX PF 立式自动压滤机的滤板为水平放置，一副副迭加起来，整机呈立式。根据规格不同，滤板数目分别为 6～20 个。其每一个滤板部件均由上下板框、橡胶隔膜、滤室、滤布、格栅导向辊和刮板组成。滤框由一块活动底板和一块固定顶板构成。滤饼在两块板之间受压，滤框拧紧在基座的沟槽中。滤布为聚丙烯纤维编织而成的无极带，交错地迂回于滤板层之间。滤布从驱动轮起，绕过滤布张紧辊，进入冲洗水汇集槽，通过冲水喷嘴洗涤滤布使其再生，然后再返回滤布驱动辊。滤布的松紧程度可由张紧辊调节。

矿浆通过分配管进入滤室。滤液由滤室排出，通过软管，进入滤液收集管。整个过程分六个步骤来完成，如图 8－123 所示，即过滤、隔膜挤压 I（由压力泵送进高压水、借助隔膜压挤滤饼）、洗涤滤饼、隔膜挤压 II（洗涤后隔膜加压）、滤饼风干（吹入压缩空气除去饼中残留水分）、排卸滤饼。向滤饼吹气以后，压滤机的连杆动作，使滤室顶板和底部拉开，滤布驱动轮开始工作，滤布可以自由运动，像带式输送机那样，把滤饼分别向左右两侧排出。当滤布通过导向辊端部时，滤饼从滤布上掉下来，未脱落的滤饼由刮板刮下。当滤布向上运动时，滤布冲洗水系统开始工作。由于滤布在各滤板间交错运行，每个循环中，不会在滤布的同一侧形成滤饼，滤液的流动方向经常变化，滤布很容易洗净。滤布靠调整辊保持在平衡位置上。过滤全过程中各工序的时间控制和周而复始的工作由自动控制柜控制。各工序时间的长短取决于过滤物料的性质和其他条件。

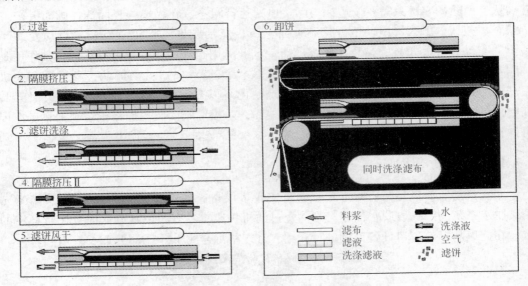

图 8－123　LAROX PF 立式自动压滤机过滤过程

由于 LAROX PF 立式自动压滤机属于高度自动化运行设备，需要由设备厂家根据每台设备的具体情况进行培训讲解，因此在此不宜阐述。

8.7.4.2　LAROX PF 立式压滤机常见的故障排除方法

LAROX PF 立式压滤机常见的故障与排除方法见表 8－15。

表 8-15　LAROX PF 立式压滤机常见的故障与排除方法

故障表现	产生原因	解决方法
过滤时滤板间有浆液泄漏	（1）滤布下的密封表面有结晶后的滤饼变硬，或者滤板之间有异物； （2）密封损坏； （3）滤板变形； （4）错位没有进行矫正； （5）滤液一端有反压力； （6）进料高于压滤机液压容量	（1）打开板框，清洁滤板，清洗滤布； （2）更换密封条； （3）更换或矫正滤板； （4）如需要，检查和矫正密封表面； （5）检查管路； （6）降低进料速率
滤饼水分过高	（1）料浆性质有变化； （2）隔膜损坏	（1）安装料浆控制装置； （2）更换隔膜
高压水站低位报警，压滤机停机	（1）高压水管渗漏； （2）隔膜损坏	（1）找到渗漏处并停止渗漏； （2）更换隔膜
滤布跑偏	（1）滤布接缝没有同边缘垂直； （2）导辊位置不当	（1）修补滤布； （2）调节导辊
滤布重叠	（1）滤布粘到导辊； （2）滤布接缝损坏	（1）调节导辊刮刀更接近导辊； （2）维修接缝
滤布运行不稳定，不通过驱动辊	（1）接缝卡在刮刀上； （2）刮刀阻碍滤布运行； （3）隔膜上遗留有水，挤压滤布	（1）检查刮刀，如需要，进行调节；检查接缝，如果损坏，更换滤布； （2）调节滤布刮刀； （3）排出隔膜残留水
滤布不运行，使压滤机停机	（1）滤布张紧力不够，使滤布聚集在驱动辊上； （2）隔膜上方遗留的高压水过多，挤压滤布，阻碍滤布运行； （3）滤饼太厚	（1）调节张紧压力； （2）在"试验"方式下小心关闭板框，打开 V04 阀，设置更长的干燥时间； （3）人工卸饼，检查进料口，检查进料时间
滤饼聚集在导辊上	滤布没有充分清洁	（1）调节滤布刮刀与接近滤布：调节导辊刮刀； （2）调节滤布洗涤系统
滤液固含量过高	（1）滤布破损； （2）滤布洗涤工作不正常	（1）马上缝补破损处； （2）检查滤布清洗喷头及其方向，检查喷嘴管的方向，清洁或更换堵塞的喷嘴
格子板堵塞	滤布破损	马上缝补破损处
滤液出口和管道磨损很快	滤布洗涤工作不正常	检查滤布清洗喷头及其方向，检查喷嘴管的方向，清洁或更换堵塞的喷嘴
滤饼很薄或没有滤饼形成	进料口堵塞	清洁进料口，检查料浆滤网
滤布导向困难，滤布边缘磨损，滤布限位报警	滑块磨损或调节错误	调节滑块，如需要，更换滑块
导辊不转动或转动不稳定	因为密封损坏，轴承不工作	更换轴承
张紧装置的链条脱离齿轮	链条拉长	上紧链条

故障表现	产生原因	解决方法
夹紧阀泄漏	夹紧阀套破损	更换阀套调节制动器
高压水泵故障,磨损,压力下降,引起滤饼水分升高	隔膜损坏	更换隔膜,清洁高压水泵
滤布驱动和调偏故障,滤布使用寿命缩短	(1) 驱动、挤压和调偏辊橡胶老化; (2) 驱动辊和挤压辊之间的压力过大	(1) 更换导辊; (2) 将挤压辊弹簧调节至 55mm 并更换损坏的辊子

8.8 辅助设备

8.8.1 炉渣缓冷设备

热熔态的铜炉渣的缓冷任务主要是在渣缓冷场(图 8 – 124)完成,渣缓冷场设有炉渣缓冷系统。炉渣缓冷系统设备主要包括渣包和循环冷却水泵。下面对渣包和循环冷却水泵进行介绍。

图 8 – 124 炉渣缓冷场

8.8.1.1 渣包

渣包分为 $11m^3$ 和 $12m^3$ 两种规格,用来装载热熔态的炉渣进行缓慢冷却。在热熔态的炉渣进入渣包时会发生炉渣冲刷现象,将对渣包造成严重损伤,严重时会发生渣包漏渣烧毁渣包车的安全事故。此外,渣包在使用过程中,总是受到冷热交互作用,渣包壁会因此产生裂纹,对渣包而言是致命的安全隐患。因此使用过程中要加强对渣包的检查和维修工作。

渣包使用过程中应检查的内容和注意事项如下:

(1) 渣包缓冷期间的检查:检查渣包外壁是否有明显裂纹,渣包是否有渗水和冒蒸汽现象,如有标注好位置,作为重点防护对象,待卸渣后重点检查与维修。

(2) 渣包卸渣后的检查:详细检查渣包内外壁裂纹和侵蚀(冲刷)情况,如发现有情况发生,要做好记录,并视情况决定是否要维修。

（3）空渣包接入熔融炉渣，放在渣包冷却位后，如图 8-125 所示，先自然冷却 18h 以上，然后加水冷却 50h 以上，经检测符合倒包温度（一般≤60℃）后，由渣包车送到卸渣区进行卸渣（即冷却渣与渣包分离），空渣包返回经点检无问题后再用，冷却渣进入炉渣破碎工序。

（4）新渣包或维修修补以后的渣包在使用之前必须进行烘包，防止因骤热应力作用损害渣包。

图 8-125　渣缓冷场渣包

8.8.1.2　循环冷却水泵

炉渣缓冷系统使用的循环冷却水泵为 KWFB 系列无密封自控自吸泵，如图 8-126 所示，用来给炉渣缓冷系统提供冷却水。

图 8-126　KWFB 系列无密封自控自吸泵

（1）工作范围：1）转速：2960r/min，1480r/min。2）吸入口排出口径：20～350mm。3）额定流量：2.5～1200m³/h。4）额定扬程：10～125m。5）自吸高度：3.5～5.5m。6）介质温度：不高于 100℃，环境温度：不高于 140℃。

（2）KWFB 系列无密封自控自吸泵使用须知：1）安装完毕，从引流口灌满排注的介质，作首次引流，以后使用不必引流，拧紧引流口柄帽，防止漏气影响自吸。2）输送有颗粒的流体时，最好在吸液口底部安装过滤网，防止超标颗粒吸入，损坏水泵和影响自吸功能。3）启动前必须检查水泵主轴是否灵活，用点动方式检查，检查运转方向是否与转向标记一致。4）不可将吸、出液管道的重量支撑在水泵法兰上，而应固定在支撑（支架）上。管道连接各部位必须紧密、不漏气，否则影响自吸功能和流量扬程。5）排注有结晶、沉淀物质的液体时，如一段时间内停泵不用，应从"放空口"排尽泵腔内引流液，防止结晶或沉淀物滞留泵腔内，下次使用时，再重新加液。再次使用时按第1）条重做引流。6）排注无结晶、沉淀物质的液体时，如一段时间内停泵不用，启动前，应检查泵内储液是否充足，如不足，应补足后再启动。7）冬天户外使用时，停机后应配热水或蒸汽盘管伴热，也可放空泵内的液体，以防止冻裂。8）泵出口管应加一段 0.5 ~ 1m 的垂直管，然后转弯。9）泵运行时，必须严格控制流量、扬程、吸程在规定的范围内，不允许超大流量运行，以免发生气蚀和电动机超功率。

8.8.2 胶带输送机

8.8.2.1 胶带输送机的结构

现场有水平输送机、倾斜输送机两种。输送带是拽引和承载物料的主要部件，采用内衬钢丝橡胶输送带和普通橡胶输送带，如图 8 – 127 所示。整机包括：驱动部分、滚筒、托辊、拉紧部分、清扫装置、机架、导料槽和头部漏斗、护罩等。

图 8 – 127 胶带输送机

（1）驱动部分：有开式驱动装置和闭式驱动装置两种。开式驱动装置由电动机、高速联轴器、制动器、减速器、低速联轴器、滚柱或带式逆止器等部件组成。它们或者组装在由型钢焊成的底座之上（一般功率在 100kW 以内），或者分别安装在混凝土底座之上（一般功率在 115kW 以上）。闭式驱动装置也称电动滚筒，是一种将电动机及减速器系统都放在滚筒空腔内的新型驱动装置。具有结构紧凑、操作安全、占地面积小、质量轻、外观整齐、成本低等优点。

（2）滚筒：分传动滚筒及改向滚筒两大类。

传动滚筒是传递动力的主要部件。输送带借其与滚筒之间的摩擦力运行。提高摩擦力将能增加输送机的负载量，而摩擦力又与输送带的张力大小、围包角的大小及滚筒与输送带之间的摩擦系数有关。改向滚筒用来改变输送带的运行方向和增加传动滚筒的围包角。所有滚筒采用整体滚动轴承座固定在机架上。

（3）托辊：托辊支承输送带和其上的物料并使之稳定运行。30°托辊用于输送散料；平行托辊用于输送成件物品和承托下分支输送带。上分支托辊间距一般取 1.2m，下分支托辊间距一般取 3m，在凸弧段和凹弧段的托辊间距应通过计算决定。为了防止输送带跑偏而影响运转，一般每隔 10 组槽形托辊（平行上托辊，平行下托辊）设置槽形及平形上下调心托辊一组。受料处设有弹簧支架或橡胶圈式缓冲托辊；当落料高度在 800 ~ 1200mm

或输送物料单块质量超过 50kg 时，应选用直接安装在地基上的弹簧支架式或橡胶圈式重型缓冲托辊。缓冲托辊的间距一般为 400～600mm，根据工作情况不同而定。

（4）拉紧部分：输送带需要一定的拉紧力才能正常运转。输送带设有螺旋拉紧、车式拉紧和垂直拉紧三种形式，后面两种需要占有较大的空间，但具有拉紧力恒定的特点，拉紧行程也较大，适用于较长的输送机。

（5）清扫装置：有空段清扫器和弹簧清扫器两种。空段清扫器是用来清扫粘在输送带非承载面上的黏着物，防止物料卡在尾部滚筒或垂直拉紧装置的拉紧筒里。因此一般在现场安装时将它焊接在这两个滚筒的前方的中间架上，使它的刮板与输送带的下分支接触。弹簧清扫器是用来清扫粘在输送带承载面上的黏着物，防止带上的黏着物污染环境和引起输送带跑偏。在现场安装时将它焊接在卸滚筒下方的机架上。

（6）机架、导料槽和头部漏斗、护罩：胶带输送机的机架分头架、尾架、中间架、中间支腿、垂直拉紧支架、驱动装置架等几大部分。导料槽有后段、中段和前段三种，每段长度为 1.5m，通常用一个后段、一个前段和若干个中段合成一个导料槽。头部漏斗一般与头部护罩配套使用，装在头架上。

8.8.2.2 输送带的调整

输送带的调整包括：

（1）调整输送带的跑偏。当头部输送带跑偏时，可调整头部传动滚筒，调整方向如图 8－128 所示。调整好后将轴承座的定位块焊死，此时驱动装置可以不再跟随移动。

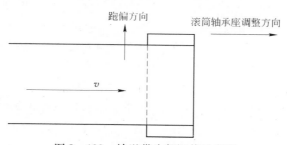

图 8－128　输送带头部调偏示意图

当尾部输送带跑偏时，可调整尾部改向滚筒或螺旋拉紧装置，调整方向如图 8－129 所示。调整好后将轴承座处的定位块焊死（垂直拉紧尾架）。

当中部输送带跑偏时，可调整上托辊（对上分支）及下托辊（对下分支），其调整方向如图 8－130 所示。当调整一组托辊仍不足以纠正时，可连续调整几组，但每组的偏斜角度不宜过大。

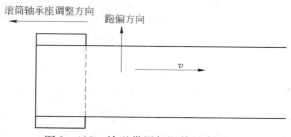

图 8－129　输送带尾部调偏示意图

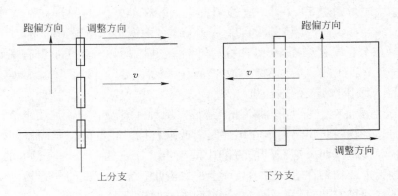

图 8 – 130　输送带中部调偏示意图

对局部地区局部时期的跑偏，用调心托辊可以自动调整解决。上述调整，应在输送机空载和满载时反复进行，使输送带至托辊边缘有 0.05B（B 为带宽）左右的余量为准。

若上述办法仍不能消除跑偏，则应检查输送带接头是否平直，必要时应重接；机架是否倾斜；给料方向是否合适；导料槽两侧的橡胶板压力是否均匀。

（2）调整输送带的预拉力，使输送机在满载启动及运行时输送带与传动滚筒间不产生打滑，并且使输送带在托辊间的垂度小于托辊间距的 2.5%。

（3）调整粉末联轴器中钢珠及红丹粉的质量，使输送机满载启动时间在 5s 左右，并且使正常运转时叶轮与外壳之间没有滑差为合适。钢珠质量不得超过说明书所规定的数量。若达到规定质量满载后启动仍困难，应及时与厂家联系，不可任意增加钢球数量。

（4）调整导料槽及各清扫器的橡胶板位置，使其与输送带间不产生过大的摩擦。

8.8.3　渣浆泵

在磨浮系统使用的渣浆泵为 ZJA 型系列渣浆泵，在精尾脱水系统使用的渣浆泵也是同类型的设备，如图 8 – 131 所示。主要用来完成选矿过程中各作业间的矿浆输送任务。

图 8 – 131　ZJA 型系列渣浆泵

8.8.3.1　ZJA 型系列渣浆泵工作原理

本系列渣浆泵属离心式泵。当电动机带动泵轴和叶轮旋转时，浆体一面随叶轮作圆周运动，一面在离心力的作用下自叶轮中心向外周抛出，当浆体从叶轮获得压力能和速度能并流经蜗壳到排液口时，部分速度能转变为静压力能。当浆体从叶轮抛出时，叶轮中心形成低压区，于是浆体不断被吸入，并以一定的压力排出。

8.8.3.2 ZJA 型系列渣浆泵结构

本系列渣浆泵可分为泵头部件、轴封部件和传动部件。

（1）泵头部件：ZJA 型渣浆泵为双泵壳结构，即前后泵壳带有可更换的金属内衬，包括前后护套、叶轮。前后泵壳为垂直中开结构，其材质分别采用普通灰口铸铁、球墨铸铁或铸钢。前后泵壳用螺栓连接，后泵壳有止口与托架连接，泵的吐出口一般可按 8 个方位 360°旋转，叶轮前后盖板带有背叶片，以减少泄漏、提高泵的使用寿命和效率，ZJA 型泵叶轮与轴为螺纹连接，这样拆装方便些。

（2）轴封部件：轴封有填料密封和机械密封两种形式。填料密封结构简单，维护方便，使用范围广，但须用轴封水。机械密封具有无泄漏、可靠性高，适于输送贵重、有毒或强腐蚀性浆体的优点。

（3）传动部件：ZJA 型渣浆泵一般采用同一系列的传动部件，包括托架和轴承组件。其泵轴直径大、刚性好、悬臂短，在恶劣的工况下也不会弯曲变形和振动，根据传递的功率不同，可选用深沟球轴承、角接触球轴承、普通重型单列或双列圆锥滚子轴承。轴承采用稀油润滑（或润滑脂），轴承体两端的压盖、高速油封（或端盖、迷宫套及迷宫环）等可有效防止渣浆泵等污物进入轴承，保证轴承能够安全运行，具有较高的寿命。

8.8.3.3 ZJA 型系列渣浆泵维护保养

要使泵运行安全可靠、寿命长，除运行操作正确外，日常维护保养也很重要，应注意以下几方面问题：（1）轴封的维护：填料轴封泵要定期检查密封水压和水量，要始终保持少量清洁水沿轴流过，定期调整填料压盖，检查填料并定期更换填料。副叶轮轴封泵，应定期用油杯注油，以润滑内部的填料。（2）过流部件：泵运行一段时间后，一般在 1 个月左右的时间要拆开对过流部件进行清洗一次，保证流道的畅通。（3）轴承组件在装配中，若装配正确、润滑脂（油）适量、维修及时，运转寿命会较长。因此，维修人员应定期检修轴承组件，检查轴承及润滑脂（油）情况，检修间隔一般不超过 12 个月。在运转中须定期添加润滑脂（油），间隔时间、注入量与泵的转速、轴承规格、连续工作时间、泵的停开次数、周围环境和运转温度等许多因素有关，并且润滑脂（油）过量会引起轴承发热。因此，应根据具体情况，逐渐积累经验，合理及时地添加润滑脂（油）。（4）对于备用泵，每周应将泵轴转动 1/4 圈，以使轴承均匀地承受静载荷和外部振动。（5）ZJA 型系列渣浆泵故障分析见表 8-16。

表 8-16　ZJA 型系列渣浆泵常见故障与解决方法

故　障	发 生 原 因	解 决 办 法
泵不吸水	（1）吸入管路或填料处漏气； （2）转向不对或叶轮损害； （3）吸入管路堵塞	（1）堵塞漏气部位； （2）检查转向； （3）排除堵塞
轴功率过大	（1）填料压盖太紧； （2）填料发热； （3）轴承损坏，驱动装置皮带过紧； （4）泵流量偏大，转速偏高，比重大； （5）电动机轴与泵轴不对中或不平行	（1）松填料压盖螺母； （2）消除摩擦，更换轴承； （3）调整皮带； （4）调节泵的运行工况，调节转速； （5）调节电动机轴与泵轴

故　障	发 生 原 因	解 决 办 法
轴承过热	(1) 轴承润滑脂过多或过少； (2) 润滑脂有杂质； (3) 轴承损坏； (4) 电动机轴与泵轴不对中不平行； (5) 轴弯曲	(1) 加润滑脂要适当； (2) 更换润滑脂； (3) 更换新轴承； (4) 调节电动机轴与泵轴； (5) 换轴
轴承寿命短	(1) 泵内有摩擦或叶轮失去平衡； (2) 轴承内进入异物或润滑脂量不当； (3) 轴承装配不当	(1) 消除摩擦，换新叶轮； (2) 清洗轴承； (3) 换轴承或重新装配轴承
填料处泄漏严重	(1) 填料磨损严重； (2) 轴套磨损严重； (3) 密封水不清洁	(1) 更换新填料； (2) 清洗轴承； (3) 换轴承或重新装配轴承
泵振动噪声大	(1) 轴承损坏； (2) 叶轮不平衡； (3) 吸入管进气； (4) 堵塞流量不均匀； (5) 泵抽空	(1) 更换轴承； (2) 更换叶轮； (3) 消除进气； (4) 清理堵塞处； (5) 改善泵进料情况

8.8.4　鼓风机

　　鼓风机是浮选系统的重要辅助设备，如图 8 - 132 所示为 CF300-1.54 鼓风机，主要用来为浮选系统提供空气。

图 8 - 132　CF300-1.54 鼓风机

8.8.4.1　CF300-1.54 鼓风机的结构

　　该风机为单吸双支撑结构，从电动机端看，风机转子逆时针方向旋转，风机进出口方向均向上。鼓风机本体由定子、转子等组成。定子包括左机壳、中机壳、右机壳、隔板、密封及轴承箱等。机壳用铸铁制成，并有水平和垂直剖分面，用螺栓紧固地连接为整体，拆卸维修方便，由于选用铸铁材料，使风机具有良好的稳定性，吸振降噪。左右机壳通过下半部的半圆形法兰，分别与左右轴承箱连成一体，并且风机的机壳和轴承箱采用一次加工到位的机械加工工艺，确保风机机壳、轴承箱等部件镗孔的同心度，提高风机轴承的同心度，延长其使用寿命，确保风机机组运行的稳定性和安全性。在每级叶轮的进口圈处，级间和机壳两端轴穿过的地方，均装有迷宫式密封，以防气体内外泄漏，提高风机的使用效率，在轴承箱上装有油封，以防漏油和灰尘进入。转子由主轴、三级叶轮、轴套及平衡盘组成，主轴用优质碳素钢制造，叶轮采用优质合金结构钢材料焊接而成，叶片为向后型，以使风机有较高的效率和宽广的工况范围。由于转子上设计有平衡盘，可以平衡转子的轴向推力，减小轴承的载荷，延长轴承的使用寿命。转子装配后作静、动平衡校正，保证风机运转平稳可靠。

8.8.4.2 CF300-1.54 鼓风机的工作原理

当电动机带动转子转动时，转子中的空气也随转子旋转，空气在惯性力的作用下，被甩向四周，汇集到螺旋形机壳中。空气在螺旋形机壳内流向排气口的过程中，由于截面积不断扩大，速度逐渐变慢，大部分动压转化为静压，最后以一定的压力从排气口压出。当转子中的空气被排出后，转子中心形成一定的真空度，吸气口外面的空气在大气压力的作用下被吸入转子。转子不断旋转，空气就不断地给吸入和压出。显然，鼓风机是通过转子的旋转将能量传递给空气，从而达到输送空气的目的。

8.8.4.3 CF300-1.54 鼓风机的使用与注意事项

鼓风机的使用与注意事项如下：

（1）新鼓风机在正式进行生产运转前，须经过机械运转试验，以检查安装的正确性和排除运转中出现的不正常故障。（2）鼓风机采用滚动轴承时所用润滑剂为二硫化钼润滑脂2号、3号，润滑脂装填量为轴承箱空间的 1/2～2/3。润滑脂装填不宜太多，太多会造成轴承温度升高。（3）风机启动前的准备工作：在运转前应检查所有螺栓是否拧紧，并确保一切正常后方可准备启动运转。检查电动机和鼓风机旋转方向是否符合规定。检查油箱中油位是否符合要求，鼓风机启动前油箱中的油面应低于油箱顶部约 20～40mm。检查稀油站冷却水流动是否畅通及冷却系统是否充满。检查所有测量仪表的灵敏性及安装情况。启动油站电动油泵检查润滑油管道安装的正确性及回流情况，并校正安全阀。检查润滑油的油温，不得低于 25℃。关闭鼓风机进口管道中的节流阀，并将出口管道中的闸阀或放空阀全部打开。（4）鼓风机的启动操作：启动油站的电动油泵，并检查油箱中的油位是否正常→检查通过鼓风机各轴承的润滑油量是否正常→润滑油在进入轴承前的压力不得低于 0.05MPa→根据电动机使用维护规定启动电动机，在启动时注意电流表上指定的数值→鼓风机在启动过程中，需仔细听测鼓风机内部的声响，并需特别注意轴承、密封等的工作情况→当鼓风机达到额定转速时，油压表的指示数应达到 0.05MPa 以上，此时应注意油压及轴承的润滑油流动情况→当冷却器出口的油温达到 30℃ 时，应接通油冷却器的冷却水，油温保持在 30～45℃。油冷却器的水压应小于油压。（5）鼓风机的停车操作：关闭鼓风机进口管道中的节流阀→保持油站继续正常供油，当电流突然断电时，由高位油箱中的油保证轴承的润滑→根据电动机使用维护关闭电动机，此时应注意油路中油压不得低于 0.05MPa→鼓风机完全停止转动后，再经过 20min 方可停止稀油站的工作，直到从所有轴承中流出的油温低于 45℃ 为止→半闭冷却水阀门。（6）鼓风机在运转中，如有下列情况之一时，需立即停车：鼓风机或电动机有强烈振动或机壳内部有碰撞和研磨声时；轴承进油管道中的油压降低至 0.03MPa；鼓风机的支撑轴承或止推轴承的油温超过 65℃，采用各种措施后，仍然超过 65℃ 时；油箱中油位下降至最低油位，继续添加润滑油，但仍未能制止时；轴承或密封处出现烟状时；机组中某一个零件出现危险情况时。（7）鼓风机停车后的工作：将鼓风机进出管道中的闸阀关闭。通过检视孔清扫聚集在叶轮上的污垢。保持机组及工作地清洁卫生。

8.8.4.4 CF300-1.54 鼓风机维护

CF300-1.54 鼓风机维护的注意事项如下：

（1）鼓风机严禁在飞动区工作，并禁止有气流反击鼓风机现象。（2）每小时应将所有仪表的数据记载于记录表上，如发现与上次记录有急剧变化时，应立即查找原因，并排除。（3）定期听测鼓风机内部音响及检查轴承振动情况。（4）经常检查轴承入口油压，正常油压为 0.05～0.07MPa，低于 0.05MPa 时，应利用一切可以利用的机会进行检修。（5）检查轴承温度、轴承入口油温，应保持在 30～45℃，轴承出口油温不应超过 65℃。（6）经常检查油箱油位及冷却水的流动情况和水压，水压应低于油压。（7）定期更换润滑脂和润滑油，第一次的换油时间大约在运行200h 后进行，第二次换油时间可在 3～4 个月后进行，每周应检查润滑脂和润滑油一次，如果润滑脂和润滑油没有变质，则换油工作可以延长至半年进行一次，在每次换油时必须对油箱彻底清洗干净。（8）定期清洗过滤器，彻底清除过滤网上的污垢杂物。（9）定期清洗与检查稀油站工作情况。（10）鼓风机每年应卸开彻底检查一次，每隔三四个月应进行小修一次，检查轴衬的磨损情况，此外在检查时，还必须将机壳和转子上附着物仔细清洗干净。（11）在每次检查时都必须对所有各部分进行检查，消除所有发现的缺点和故障。（12）为使鼓风机在停车期间主轴不致弯曲，需将主轴定期回转180°或120°。（13）检修时只松开水平中分面上的螺栓，不可卸开垂直中分面上的螺栓，打开上机壳和两侧轴承上盖取出转子即可检查。检修时应注意叶轮铆钉是否松动，焊缝是否有裂纹，不可随意拆下轴承下座，使转子失去支撑，损坏密封件。装拆上半机壳前，必须预先装好两根导柱，避免起吊时因机壳的摆动，损坏机件。对于滑动轴承鼓风机，除注意上述事项外，还应做到在起吊转子前，先松开起落架固定螺母，旋转起落螺钉使转子水平上升 25～30mm，方能吊起，重新组装时应按安装项目中规定的要求进行。高速风机在任何情况下从下机壳吊出转子前，应先把下机壳的全部密封和油封旋转取出；转子吊下机壳并用止推轴承定位后，再旋入密封和油封，否则转子吊起吊落稍有轴向窜动，密封片极易损坏。（14）CF300 - 1.54 鼓风机故障原因及消除方法见表 8 - 17。

表 8 - 17   CF300-1.54 鼓风机故障原因及消除方法

故障现场特征	故障产生的可能原因	消除方法
轴承温升过高	（1）轴承润滑油进口的调节圈孔径小，促使润滑油油量不足而发热； （2）轴衬与轴颈的径向间隙过小； （3）润滑脂过多或过小，润滑剂有杂质； （4）油中混有水或砂尘； （5）轴承进口油温高； （6）下半轴衬中分面处的存油沟斜度太小； （7）轴承的巴氏合金成分不正确，或是浇铸有缺陷； （8）轴承与轴承箱上的进油孔位置错开被遮盖，以致润滑油不足而发热	（1）适当加大节流圈孔径； （2）将轴衬重新刮研； （3）调节油脂用量，清洗油箱，更换润滑剂和过滤器； （4）检查油冷器并消除漏水故障和更换润滑油； （5）调节冷却水量； （6）将油沟斜度刮大； （7）重新浇铸巴氏合金； （8）用钻头将轴承箱内油孔按需要扩大

故障现场特征	故障产生的可能原因	消除方法
轴承振动	（1）由于转子与电动机主轴不同心； （2）鼓风机转子平衡度受到损坏； （3）轴承盖与轴衬间压合不紧密； （4）轴承润滑油油温过低； （5）转子与气封及机壳壁发生碰撞现象； （6）负荷急剧变化或处于飞动区工作； （7）机壳内聚集有液体； （8）基础灌浆不良或底座固定的不牢固； （9）油膜振荡	（1）重新找正； （2）擦净转子上黏着物，并进行检查，重新找到平衡； （3）刮研轴承箱中分面保持轴承盖与轴衬压合后有 0.04~0.06mm 的过盈紧力； （4）保持轴承进口油温在 30~40℃左右； （5）重新分别校正转子与机壳的同心度，并按规定的间隙重新刮研气封片； （6）缓慢调正工作负荷，绝对避免在飞动区工作； （7）打开机壳下部的排污管放出液体； （8）补修加固，拧紧所有螺栓； （9）油膜失稳引起油膜振荡应提高油温，降低油黏度
稀油站运转时，油管中没有油压或油压急剧下降	（1）油管系统安装不正确； （2）油管道破裂或泄漏； （3）油过滤网堵塞； （4）油箱中油位低于最低油位线； （5）压力表失灵或压力表有故障	（1）检查逆止阀和安全阀的工作情况； （2）检查并更换油管； （3）清洗过滤网； （4）添加润滑油； （5）检查并排除
经油冷却器冷却后的润滑油温度仍高	（1）油冷却器内有积垢； （2）油冷却器外壳内积有空气； （3）润滑油变质； （4）冷却水管道上闸阀堵塞； （5）冷却水供应量不足； （6）冷却水压力不足； （7）由于管道出现故障，使冷却水中断	（1）清洗油冷却器； （2）利用底部放油孔将空气抽出； （3）更换润滑油； （4）检查并更换； （5）完全拧开冷水管道上的闸阀； （6）调整冷却水压力； （7）检查并排除故障

9 铜冶炼渣选矿岗位操作规程的编制

渣选矿岗位操作规程是渣选矿厂每个生产岗位不可缺少的操作准则，尤其是新建的选矿厂非常需要一套完整、详细、适用的操作规程，它是安全生产的必备条件之一。在学校的教材里没有关于编写操作规程的课程内容，对于刚刚走上工作岗位的人员而言，面临第一次编写操作规程时，会觉得无从下手。下面结合工作经验和生产实际情况，介绍如何编写选矿操作规程，以此抛砖引玉，仅供初学者参考。

9.1 岗位操作规程的编写内容和依据

9.1.1 编写内容与人员要求

选矿岗位操作规程包括的主要内容有岗位名称、岗位职责、岗位工艺流程、岗位所属主要设备一览表、岗位工艺参数与指标控制、岗位单台设备操作规程、岗位系统设备操作规程、与其他相关岗位的协调操作规程、安全操作注意事项、设备点检维护内容、岗位工作记录、事故处理预案等。

选矿岗位操作规程包括工艺、设备、安全、操作和管理等方面的内容。选矿岗位操作规程的编写人员应该包括经验丰富的选矿技术人员、选矿设备技术人员、安全管理人员和生产管理人员及操作人员等。岗位操作规程应以实践经验丰富的岗位技术工人为主进行岗位设备操作规程（即岗位单体设备、机组设备和系统设备的具体操作）的编写；以选矿技术人员为主从现场选矿工艺角度进行工艺操作规程（即对每个岗位工艺流程和岗位间工艺衔接及开停车顺序、技术操作、工艺参数及指标控制和工艺事故的应急处理预案等内容）的编写并对岗位操作规程内容进行审核；以选矿设备技术人员为主从现场选矿设备角度进行设备操作规程（即每个岗位所属设备的操作、维护、点检、设备事故应急处理预案等内容）的编写并对岗位设备操作规程内容进行审核；以安全管理人员为主从现场工艺、设备、环境条件出发结合安全知识对岗位安全规程进行编写并对选矿岗位操作规程中所有涉及的安全操作和应急预案等内容进行审核；以生产管理人员为主编写岗位操作规程中的记录规程（即对各岗位的工艺、设备、安全、生产等进行检查、检测和记录的内容及格式等）并对整个岗位操作规程的内容进行审核。最后，由选矿技术人员进行汇编，整理成系统的选矿岗位操作规程，然后组织各编写人员进行会审。

选矿岗位操作规程的编写要达到全面性、科学性、实用性、可行性、安全性、通俗性、规范性、法规性。选矿岗位操作规程编写完成经批准执行后，要进行一段时间的试运行，发现问题或不足要及时修订以保证规程的实用性。

全面性：凡是在生产、操作过程中的设备，均应有操作规程。

科学性：所有规程要符合科学原理，数据要科学准确，用词要准确、简洁。

实用性：用以指导操作、维护保养和事故处理，内容要实用、可操作性强、有实效。

可行性：必须做到的一定要编制在规程中，规程中所有规定一定能做到。

安全性：一定要尽可能地保证设备安全运行、安全操作、安全维护保养、安全检修；一定要尽可能地保证操作、维护、检修人员的人身安全。

通俗性：语言要流畅、通俗易懂，保证操作、维护、检修人员经过培训后易于掌握、应用。

规范性：按一定的格式进行规范化编制。其内容应与有关法规和实际情况相符。

法规性：规程的内容编写要符合与选矿生产相关的法律、法规的要求，经认真审查、领导批准、正式颁布的岗位操作规程是公司的法规，所有人必须遵守。

试运行：岗位操作规程草案编制完成经过专家初步审查后，先由操作工人进行试操作，然后根据试验结果进行修改，再组织有关专家进行审定，使经过实践检验的规程更具有实际指导作用，更可靠。

及时修订：经过一段时间使用后，由于设备老化、生产工艺变化、条件变化或其他情况，实际操作与岗位操作规程发生矛盾时，必须根据新的情况及时修订。经实践检验发现岗位操作规程存在错误的，必须及时修订。

经过修订的岗位操作规程，同样应按程序进行审批、颁布，以保证其严肃性、法规性和权威性。

9.1.2　编写依据

根据选矿岗位操作规程的编写要求，选矿岗位操作规程内容的编写需要以选矿设计资料、工艺和设备变化资料、现场生产设备的设备资料、安全知识、操作人员的操作经验以及相关法律法规等为依据。

选矿设计资料和工艺变化资料中包括了工艺流程、工艺参数及控制方法以及工艺关联要求等内容；现场生产设备的设备资料包括了设备试车、操作、点检、维护以及安全操作事项等内容。安全知识是指安全专业知识，包括安全隐患、危险源、环境因素的辨别以及安全防护、安全设施等基本内容。操作人员的操作经验是指经过设备厂家培训参加设备试车或长期从事本岗位设备操作的操作人员，他们非常熟悉设备的操作顺序和操作方法，具有非常宝贵的实践经验。相关法律法规是指与选矿生产过程和生产条件相关的安全、环保等法律、法规性文件，制定规程必须保证选矿生产的合法性，才能保证安全合法生产。

9.2　选矿岗位操作规程的内容

在整个选矿生产系统中，由多台套设备组成生产工艺流程，要想保证选矿过程的安全生产，除了掌握单台设备的操作规程外，还得必须掌握单个系统以及整套系统的设备操作规程。选矿生产系统操作规程是从整个流程出发，根据实际流程及设备特点制定的分系统分设备的开车与停车的操作顺序和注意事项，它是保证安全生产的最佳操作方案。

在选矿生产过程中，根据选矿生产工序特点及工作需要，设置多个选矿岗位，由专人负责操作系统设备和控制技术参数，以确保安全完成各项选矿技术经济指标。选矿岗位操作规程是选矿生产各岗位必须遵守的、对设备或系统进行操作和控制，以完成生产过程检测与指标的可执行的操作方案；是根据工艺流程特点或工艺要求以及设备的操作、维护说明书编写而成的。主要包括岗位职责工艺流程的描述、设备开车与停车的操作方法、生产过程中工艺条件或参数的检测与控制、对设备的点检内容、生产故障或问题的处理方法等内容。本章节以祥光铜业炉渣选矿的岗位操作规程为例进行介绍，作为编写岗位操作规程的参考资料。根据祥光铜业炉渣选矿工艺流程特点，将整个工艺流程分为炉渣缓冷、炉渣破碎、炉渣磨矿、炉渣浮选、渣精矿脱水、渣尾矿脱水和中央控制室七个岗位。每个岗位的操作规程需要与选矿系统操作规程密切关联，以确保整体选矿流程的顺利开车、安全稳定生产和顺利停车等管理目标的高效实现。下面结合祥光铜业炉渣选矿工艺流程和岗位划分特点，按照从整套系统到单个子系统的顺序编排选矿岗位操作规程。

9.2.1　选矿系统操作规程

9.2.1.1　选矿生产系统开车、停车操作规程

A　开车操作规程

（1）当渣缓冷场生产正常，炉渣充足，能够保证选矿生产时，即可以安排开车生产。首先检查整个系统设备是否完好、处于安全状态，总电源供电、生产循环水系统、渣浆泵轴封水系统、设备冷却水系统、仪表压缩气系统以及工艺条件是否全部到位，通过确认具备开车条件后，方可进入准备开车状态。

（2）先开破碎系统，将粉矿仓备满物料以后，后续的磨浮系统、精矿和尾矿脱水系统才能够陆续开车。

（3）在磨浮系统和精尾脱水系统开车时，首先将工艺水打开，即将半自磨机、球磨机、浮选机、浓密机等设备的工艺水阀门打开。当流程内工艺水满足渣浆泵开车条件时，再陆续启动流程内的渣浆泵，用水打通整个流程，直到从浓密机有溢流水返回循环水泵池为止。然后尾矿脱水系统和精矿脱水系统开车，尾矿脱水系统和精矿脱水系统设备顺利开启后，再通知磨浮系统开车，磨浮系统接到通知后才能进行启动设备，最后投料。

（4）破碎系统要根据粉矿仓物料情况，及时开车备料，保证磨浮系统拥有充足的原料供应。只有当粉矿仓备满物料时或设备出现问题时方可停车。

B　停车操作规程

（1）当粉矿仓中的物料处理完毕或磨浮系统、脱水系统设备出现问题影响流程生产时，即可停车。

（2）磨浮系统停止给料，磨浮系统先停车，精尾系统处理完流程物料后方可停车。随后关闭工艺水、循环冷却水阀门、仪表压缩气和设备电源开关及总电源开关。

（3）最后关停仪表压缩器系统设备、生产循环水系统设备和设备循环冷却水系统设备、渣浆泵轴封水系统。

9.2.1.2　破碎系统开车、停车操作规程

A　开车操作规程

（1）破碎系统开车前，首先检查并确认破碎系统设备安全可靠，具备开车条件后，才能组织开车。

（2）破碎系统开车时，要从破碎系统后面的设备往前逐台空载启动设备。逐台检查、确认设备运转正常后，最后才能启动给料设备进行投料。

B　停车操作规程

（1）破碎系统停车时，要首先停止给料设备，停止破碎系统给料。

（2）逐台设备检查破碎物料的通过情况，按照设备处理完物料达到空负荷后就可以停车的原则，从前往后逐台关停设备。

（3）随后关闭各台设备电源开关。

9.2.1.3 磨浮系统开车、停车操作规程

A 开车操作规程

（1）磨浮系统开车前，要首先检查磨浮系统设备均安全可靠，确认具备开车条件，精尾脱水系统设备已经启动并正常运转，碎矿系统已经正常运转并且物料充足。打开电源开关、工艺水阀门，启动生产循环水系统设备、渣浆泵轴封水系统设备、设备循环冷却水系统设备和仪表压缩气设备。

（2）磨浮系统开车时，要从磨浮系统后面的设备往前逐台启动设备。即先开浮选系统设备，再开磨矿系统设备。逐台检查设备运转正常后，最后启动给料设备进行投料，同时可开动药剂添加系统的加药设备，为浮选添加药剂。

（3）磨矿系统开车时，要先开渣浆泵类和输送设备，再开球磨机循环系统设备，然后开半自磨机循环系统设备，最后开振动给料机。注意：半自磨机不能空载运转超过 5min，必要时在开车前进行盘车投料。

（4）浮选系统开车时，要先开鼓风机系统设备，再开渣浆泵类辅助设备。先开精选和扫选浮选机，然后开粗选浮选机和搅拌槽。浮选系统设备正常运转，待磨矿系统设备正常启动投料后，启动加药系统设备开始加药。

B 停车操作规程

（1）磨矿系统停车时，要首先停止给料设备，停止磨浮系统给料，然后停止加药系统设备停止加药。根据实际情况，运转一段时间后，再从前往后开始停车。即先停磨矿系统设备，再停浮选系统设备。

（2）磨矿系统停车时，要先停半自磨机循环系统设备，再停球磨机循环系统设备。一般，半自磨机在停止给料 5min 左右基本达到排净机内物料后，即可停车。球磨机在半自磨机停车 30min 左右基本达到排净机内物料后，即可停车。当磨矿系统停止投料后，应立即关停加药设备停止加药；浮选系统只有当浮选机内的矿物基本浮选完毕，才可以停车。浮选统统停车时，要按照从前往后的顺序，依次关停粗选浮选机和扫选浮选机、精选浮选机、渣浆泵等辅助设备，最后关停鼓风机系统设备。

（3）最后关闭电源开关、工艺水阀门。

9.2.1.4 精尾矿脱水系统开车、停车操作规程

A 开车操作规程

（1）脱水系统开车前，要首先检查并确认精矿或尾矿脱水系统设备均安全可靠、具备开车条件，方能开车。

（2）脱水系统开车时，要从精矿或尾矿脱水系统后面的设备逐台往前启动设备。先开陶瓷过滤机或压滤机系统设备，再开精矿或尾矿浓缩机系统设备。在启动浓缩机系统设备时，要先启动浓缩机底流排矿渣浆泵，再启动运转浓缩机，最后降落浓密机耙体。最后确认精矿或尾矿脱水系统正常后即可通知磨浮系统开车。

B 停车操作规程

（1）脱水系统必须在接到停车通知或当脱水系统设备出现问题需要停车处理时，方可

停车。脱水系统停车前，要通知磨浮系统提前停车。

（2）脱水系统停车时，精矿或尾矿脱水系统要按照从前往后的顺序逐台设备进行关停。浓密机系统设备停车时，要注意将池内物料处理干净后才可以停车。先停止浓密机运转，提起耙体，检查浓密机排矿为清水后，再停止底流排矿渣浆泵，然后再关停压滤机或陶瓷过滤机。

（3）随后关闭电源开关、工艺水阀门。

（4）最后确认不需要工艺水、仪表压缩气和设备循环冷却水时，即可关停生产循环水系统设备、渣浆泵轴封水系统设备、设备循环冷却水系统设备和仪表压缩气系统设备。

9.2.2　炉渣缓冷系统岗位操作规程

9.2.2.1　岗位职责

（1）负责对缓冷场的冷却位和渣包的使用以及堆渣场炉渣等物料的堆放进行规划和控制。

（2）负责与渣包车司机、移动式液压破碎机司机、渣包维修外协队伍进行沟通与协作，做到及时卸包、问题渣包及时维修、炉渣合理存放。

（3）负责做好预防检查工作，有问题及时向班长汇报。控制缓冷作业及冷却水控制系统的各项工艺参数准确无误的执行，确保炉渣良好的冷却效果。负责填写原始记录和运行记录、TPM 台账，保证记录真实有效。

（4）负责渣包使用前的烘烤、卸包前的抽水、卸渣后的渣包点检及渣包报修工作。

（5）负责缓冷场照明灯具和循环水泵房设备以及工艺管路、阀门的点检与维护工作，对设备存在的隐患提出意见。按照季节对照明灯具的开关时间向工段提出建议。

（6）负责缓冷场辖区地面清扫及所属设备的擦拭工作，保证回水池的合理补水及雨水的及时外排工作，防止水淹堆渣场现象的发生。

（7）遵守制度，服从领导，认真完成上级领导安排的临时性工作，做好与上级领导经常性的沟通，并保证及时向领导汇报工作。

（8）有义务根据岗位存在工艺问题、安全隐患及环境因素问题的实际情况，向工段提出整改或合理化改进建议。

9.2.2.2　工艺流程

空渣包接入熔融熔渣，放在渣包冷却位后，先自然冷却夏季 18h、冬季 24h 以上，然后加水冷却 50h 以上，经检测符合倒包温度（不高于 60℃）后，进行卸包（即冷却渣与渣包分离），空渣包返回经点检无问题后再用，冷却渣进入破碎工序。冷却水为循环冷却水，流程为泵池的循环冷却水由水泵吸入给入渣冷系统水网，先经过主管路分流到各渣冷区域的支管，再由支管分流到各渣包冷却位的次级支管流入渣包，对渣包进行冷却，冷却水不断从渣包流出，带走大量的热量，然后流入回流地沟，经回流地沟返回泵池，回流过程冷却水自然冷却降温，回到泵池后再由水泵将送入渣冷却系统水网，如此循环。当雨季水池水位高于生产要求水位时，开动雨水泵将多余的雨水排出降低水位。当浓缩倍数超过 10 时，开动雨水泵排出要求的水量，然后再补入新鲜水，以保证循环水的浓缩倍数处于低水平，确保炉渣最佳的冷却效果。

9.2.2.3 主要设备

炉渣缓冷系统主要设备见表9－1。

表9－1 炉渣缓冷系统主要设备

序号	设备名称	规格型号及主要参数	数 量
1	回水泵	125KWFB150-40	3
2	雨水泵	300KWFB720-17	2
3	渣包	$11m^3$、$12m^3$	400

9.2.2.4 岗位操作规程

A 新包或维修后的渣包的烘包操作规程

（1）烘包完毕到使用前的时间限制为2～4h。提前12h作准备。

（2）烘包使用的材料有木柴、柴油、木炭或焦炭。

（3）烘烤渣包必须在指定的地点进行。

（4）烘包的操作程序为：先把渣包放到指定地点，摆放平稳，向包内放入木柴约10kg，再在木柴上洒放柴油约2kg左右，然后点燃。待火旺后，逐量加入木炭或焦炭约100kg，保证焦炭能够充分燃烧。在燃烧过程中，定时间用测温仪检测渣包温度，最好达到120℃以上。

（5）最后将烘好的渣包通知渣包车司机使用。

B 缓冷场操作规程

（1）根据渣包冷却位情况，指示渣包车将盛放熔融炉渣的渣包放在指定的渣包冷却位进行自然冷却。

（2）炉渣缓冷要求：先自然缓冷夏季18h、冬季24h以上，待炉渣表面结皮遇水后不会发生爆炸时才可以打开冷却水阀门，然后水冷50h以上。

（3）含有大量冰铜的渣包不能直接被水冷却，必须经过至少96h的空气缓冷。

（4）当炉渣达到要求缓冷时间后，用温度检测仪检测炉渣温度是否符合卸包要求。卸包温度一般控制在40℃左右，最高不超过60℃。如果超过60℃则不能卸包。

（5）在记录本上详细记录要求记录的渣包号、渣包位号、进包时间、缓冷时间、冷却后温度、开冷却水时间和停冷却水时间、倒包温度倒包时间、总冷却时间以及冷却效果（大块、红包）等内容。

（6）如果冷却时间达到要求，经检测炉渣温度高出卸包温度要求时，要及时通知渣包车司机，防止出现事故。

（7）当卸包时出现整包或红包，要及时组织人员接消防水强制冷却红包或整包2～4h。若接班时间已到，要认真做好记录，并由接班人员继续冷却红包或整包，确保强制水冷却2～4h。在确保强制水冷却时间后，红包要自然冷却48h，到了48h由当班将红包破碎。

（8）当卸包时出现整包或红包后，先通知熔炼车间炉前工岗位，同时向选矿车间班长或工段长汇报情况，最后要做好详细记录。

（9）接到渣包车司机卸包完毕的通知后，要及时对渣包进行点检，并做好记录。

（10）点检发现渣包需要检修时，及时通知渣包车司机将问题渣包运送到渣包维修位，由外协单位负责维修后，通过点检无问题后方能再次使用。

（11）运行中检查内容：

1）检查渣包是否摆放到位，避免放歪或放偏；

2）检查管路或阀门是否漏水，检查冷却水喷头是否堵塞、冷却水流量是否满足冷却渣包要求；

3）检查回水地沟和回水管道是否畅通；

4）检查渣包倒包后、出场前有无问题，是否需要检修。具体检修标准见《渣包检修标准》。

C　缓冷场回水系统操作规程（雨水泵与回水泵通用）

（1）水泵启动前准备工作：

1）确认引流排气阀关闭；

2）检查液力自动阀是否正常；

3）确认液力自动阀排液阀开启少许，确认液力自动阀压力表进水阀开启；

4）将回水泵出水阀开到1/3（即阀门开度3）；

5）确认旁通阀（法兰连接蝶阀）关闭；

6）确认自清洗过滤器进出水阀门开启；

7）检查各部分紧固螺栓和地脚螺栓是否紧固。

（2）启动水泵：

1）将控制柜总电源开关打到"ON"位置；

2）将泵电源开关打到"ON"位置；

3）按启动按钮，启动泵；

4）待液力自动阀打开后，将回水泵出水阀慢慢开启到最大开度；

5）将自清洗过滤器控制箱 QF_1 总开关、QF_2 减速机、QF_3 电动阀、QF_4 控制开关依次开启；

6）将自清洗过滤器控制箱"自动/手动"开关打到"自动"，将"压差/定时"开关打到"压差"（手动清洗将"自动/手动"开关打到"手动"即可）。

（3）水泵停机：

1）按停机按钮，泵停止运行；

2）将控制柜上泵电源开关打到"OFF"位置；

3）将控制柜上总电源开关打到"OFF"位置；

4）将自清洗过滤器控制箱 QF_1 总开关、QF_2 减速机、QF_3 电动阀、QF_4 控制开关关闭；

5）将回水泵出水阀关闭。

（4）水泵运行中检查内容：

1）回水泵电流、电压、声音；

2）电动机和轴的温度；

3）阀门是否泄漏；

4）各压力表是否正常，自清洗过滤器压力表是否存在压差；

5）各部分紧固螺栓和地脚螺栓；

6）补加新水阀门、补加硫酸处理水阀门是否泄漏；

7）回水泵池液位是否合适（以缓冷场回水管下沿为高位，并根据液位开启或关闭泵池补加水阀）。

9.2.2.5 生产中安全注意事项

（1）严肃认真执行操作规程、车间及工段操作指令，确保渣包冷却效果。

（2）认真做好进、倒渣包记录，及时向班长、工段汇报工作情况。

（3）严格控制和掌握渣包冷却用水、冷却时间和冷却速度。当装满熔渣的渣包达到空冷时间后，在开冷却水之前，必须核实好渣包号，必须点检熔渣表面是否冷却结皮、并确认不会遇水发生爆炸后，方可手动开启冷却水阀门放水冷却渣包。在夏季，要根据具体气温和炉渣表面空冷情况，具体调整空冷时间和开冷却水时间，并做好记录和汇报工作。

（4）倒渣包时，要确认渣包号，保证渣包符合倒包温度，防止渣包司机粗心大意倒错、进错渣包。

（5）仔细检查渣包使用具体情况，包括渣包裂缝、渗水、漏水、冲刷磨损等，并做好记录。发现问题，及时通知维修，禁止使用存在安全隐患的渣包。对维修的渣包进行验收确认安全后方能使用。

（6）进渣包时，要远离进包点50m以上，5min内禁止靠近渣包记录渣包号，防止出现"放炮"造成事故。

（7）严格执行规定，防止外来人员及车辆进入缓冷场作业范围。

（8）及时配合液压破碎机岗位并指挥好粘包清理作业。

（9）出现渣包放爆、红包、分层要及时提醒液压式破碎机司机注意安全，并向工段汇报。汇报内容：进包时间、倒包时间、倒包温度、总冷却时间及冷却效果。

（10）当出现红包或整包时，要用消防水强制冷却2~4h，再自然冷却48h。出现粘包时，控制在40℃以下才可以处理，岗位人员要通知移动式液压破碎机司机并由其协助用破碎锤进行捶击清理。若接班时间已到，要认真做好记录，并由接班人员继续冷却红包或整包，确保强制水冷却2~4h。

（11）渣包车倒包时，禁止人员站在缓冷场卸包侧的护墙上，确保距离卸包桌100m以上，并确保周围100m内无人员逗留。

（12）堆渣场倒包区禁止积水，防止热渣遇水发生爆炸。如果倒包区存在积水，必须用碎炉渣做好垫层，防止热炉渣与水接触爆炸。

（13）严禁在缓冷场控制室内指挥渣包车。上下桥架开关冷却水阀脚要踩牢，手要抓稳。

（14）严格执行倒包前抽水规定，防止倒包爆炸。

（15）严格、认真点检待用渣包，及时填写各项记录，保证渣包使用的安全。

（16）缓冷场盲区大，渣包车进包、倒包时要与渣包车司机勤沟通，操作人员远离指挥。

（17）岗位人员一旦发现渣包在运输过程中出现炉渣泄漏情况，马上启动应急预案；先联系医务室值班人员，检查人员是否有伤害，同时上报班长、工段长；工段长在组织人员抢救的同时及时报告给车间主任。

（18）热包放在缓冷渣包位上；放冷却水前必须自然缓冷夏季 5h、冬季 8h 以上。放水时操作工必须先将主阀门关死，再开冷却水管，最后再开主阀门。

（19）岗位人员按时点检渣包，做好渣包出场台账，保证使用合格的渣包。禁止存在安全隐患的渣包被使用。

（20）操作工必须联系渣包车司机将空渣包放在指定的点检区里。

（21）缓冷场岗位工在交接班时必须保证下一班有 6 个已经点检待用的渣包。

（22）岗位员工一定要对隐患渣包及时挂牌，防止渣包车司机拉错渣包。

（23）在开关水管时，上爬梯必须脚蹬稳、手抓牢；防止蹬空坠落。冬季雪天结冰时及时清雪清冰。

（24）缓冷场渣包缓冷时间必须严格执行规程规定时间，防止渣包冷却不到位导致爆炸。

9.2.2.6 安全生产事故处理操作规程

A 停电事故处理

（1）事故停电后：

1）关闭设备电源开关。

2）有备用应急电源的立即启动备用电源，重新启动冷却水系统，检查冷却水系统有没有故障，有故障要及时排除，并做好记录。

3）如果没有应急电源，应该关闭冷却水总阀门。及时赶到现场记录新到热渣包的位置和冷却开始时间，渣包的缓冷方式以及水冷或空冷的时间一定要记录清楚。

（2）恢复供电前的处理工作：

1）检查冷却水泵是否能够正常工作，检查吸入管路内水位是否符合开车要求，如果不符合应加水到合适位置。

2）来电时，打开冷却水阀门，启动循环冷却水系统，检查个各喷淋位是否工作正常，如果不能正常工作要及时处理。

B 缓冷场高温熔融炉渣伤人事故处理

（1）在渣包车运输或卸倒炉渣时要求周围 50m 范围内不得有人员停留。

（2）一旦有人被迸溅的炉渣烫伤，应立即组织人员撤离现场，同时及时采用冷水降温处理等急救措施，受伤严重时要及时打急救电话 120 呼救。

（3）立即向主管领导或公司有关领导汇报情况。

9.2.2.7 点检规程

炉渣缓冷系统点检规程见表 9-2。

表 9-2 炉渣缓冷系统点检规程

序号	点检设备名称	点 检 内 容	点检时间
1	缓冷水泵、雨水泵	（1）检查缓冷水泵和雨水泵、电动机是否稳固，轴承温度是否正常。检查过滤器各部是否异常，如果堵塞要及时更换过滤介质。检查出口压力是否在正常范围之内。 （2）检查管路是否破损漏水。 （3）液力自动阀和手动蝶阀是否有漏水现象	1 次/h

序号	点检设备名称	点检内容	点检时间
2	补加水阀门和水池	（1）及时清理水池内漂浮杂物。 （2）控制好循环水的 pH 值，保持水清澈和合理的水位。 （3）检查补加水阀门是否漏水	1 次/h
3	缓冷场管路、阀门、冷却水喷头	检查管路或阀门是否漏水，检查冷却水喷头是否堵塞、冷却水流量是否满足冷却渣包要求	1 次/h
4	缓冷场地和回水地沟	（1）检查缓冷场地是否存有杂物或泥土，防止进入地沟造成堵塞；防止场内存留大量积水。 （2）检查回水地沟和回水管道是否畅通，及时清理地沟内的杂物或细泥沙	1 次/h
5	渣包	（1）渣包缓冷期间的检查： 　1）检查渣包四周外壁是否有明显裂纹，渣包是否有渗水和冒蒸汽现象，如有标注好位置。 　2）检查冷却水压力、流量，记录冷却时间。检查每个渣包温度和冷却时间是否符合要求。 （2）渣包倒渣后的检查： 　1）详细检查渣包内外壁裂纹情况，如发现，要作出标记，并记录。 　2）检查渣包内部粘包的清理情况，如发现有清理不干净的渣包，要及时处理，保持渣包内壁光滑，防止再次挂包。 　3）检查渣包内外壁的侵蚀（冲刷）情况，如发现有侵蚀情况发生，要做好记录，并视情况决定是否要维修。 　4）检查渣包车司机是否按照分类要求摆放渣包，防止误用待修渣包出现事故	1 次/h

9.2.2.8　记录

（1）缓冷场点检运行记录。

（2）缓冷场进渣包记录。

（3）缓冷场倒渣包记录。

（4）渣包倒包后点检记录。

（5）渣包出场前点检记录。

（6）渣包专业点检记录。

（7）渣包检修台账。

9.2.3　炉渣破碎系统岗位操作规程

9.2.3.1　岗位职责

（1）负责做好预防检查工作，有问题及时向班长汇报。保证破碎作业和皮带运输的正常工作，保证破碎粒度 $P_{100} = 200\text{mm}$。

（2）负责检查破碎粒度是否符合技术要求，破碎粒度超标时保证及时调整破碎机的工作间隙。

（3）负责移动式液压破碎机、转载机、棒条振动给矿机、外动颚式破碎机以及 1～5号皮带运输机、地下排污泵等设备的操作、点检、维护、润滑以及现场清理清扫工作。负责皮带减速机、电动葫芦、行车的维护，钢丝绳的润滑工作。对设备存在的隐患提出意见。

（4）负责每天除铁器杂物的清理以及电源的开、关管理工作。负责原矿仓，棒条给料机，破碎间，1～5号皮带廊，1号、2号转运站，粉矿仓照明灯的管理工作。

（5）负责皮带调偏工作，及清理皮带下积料工作及所属场地的清扫与设备擦拭工作。

（6）保证磨矿作业合适的粒度及充足供料。负责填写原始记录和运行记录、TPM 台账，保证记录真实有效。

（7）有义务根据岗位存在工艺问题、安全隐患及环境因素问题的实际情况，向工段提出整改或合理化改进建议。

（8）遵守制度，服从领导，认真完成上级领导安排的临时性工作，做好与上级领导经常性的沟通，并保证及时向领导汇报工作。

9.2.3.2　工艺流程

渣包车将冷却好的渣包内的炉渣卸到卸渣区后，由移动式液压破碎机将炉渣破碎到 -450mm 占 100%，再由转载机将破碎后的炉渣转运到堆渣场或原矿仓，原矿仓设有 450mm 的格筛，大于 450mm 的炉渣返回，由液压破碎机再进行破碎，小于 450mm 的炉渣进入原矿仓。原矿仓的物料下到棒条给料机，经 1 号皮带进入颚式破碎机破碎为不大于 200mm，最后经 2 号、3 号、4 号、5 号皮带进入粉矿仓。

9.2.3.3　主要设备

炉渣破碎系统主要设备见表 9-3。

表 9-3　炉渣破碎系统主要设备

序号	设备名称	规格型号及主要参数	数量	备注
1	棒条给料机	GZZ1300×6000	1	
2	1号皮带运输机	DTⅡB = 1400mm	1	
3	除铁器	QCDG14	1	
4	颚式破碎机	PEWD75150、破碎机最大给料粒度 500mm，排矿口调整范围 100～120mm	1	给矿量由棒条振动给矿机的变频振动电动机控制
5	2号皮带运输机	TD75 B = 1000mm	1	
6	3号皮带运输机	TD75 B = 1000mm	1	
7	4号皮带运输机	B = 1000mm	1	
8	5号皮带运输机	B = 1000mm	1	

9.2.3.4　岗位操作规程

A　手动操作规程

（1）手动开车顺序：依次启动 5～2 号皮带运输机—外动颚式破碎机—1 号皮带—棒式振动给料机。

（2）手动停车顺序：与开车顺序相反。即依次停棒式振动给料机—1 号皮带—外动颚式破碎机—2~5号皮带运输机。

B 中控室操作规程

（1）运输科装载机司机把破碎粒度合格（-450mm）的物料，上到原矿仓里，至少达到80%以上仓位。

（2）破碎岗位工首先对各台设备进行彻底检查，确认无问题后方可通知中控室开车。

（3）中控室人员接到通知后，响铃依次启动5号、4号、3号、2号皮带运输机、颚式破碎机、1号皮带运输机、电磁除铁器、棒条振动给料机上料。

（4）当粉矿仓装满炉渣后，破碎岗位工通知中控室，停止棒条振动给料机，停止破碎系统的供矿。然后由岗位工人根据设备运转情况，等物料运输完毕后依次手动停止1号皮带、颚式破碎机、2~5号皮带。

C 棒式振动给料机操作规程

（1）启动前准备工作：

1）检查确认所有的紧固件是否紧固；

2）检查确认是否有足够的润滑油脂；

3）确认检查三角带传动拉紧装置良好，拉紧程度适当。发现皮带有破损现象应及时更换。当三角带或皮带轮上有油污时应用干净抹布将其擦干净。

（2）启动、运转、停机：

1）确认电源（MA150总电源开关、TM160D电源开关、控制电源开关）均打至"ON"位置；

2）检查确认转速表是否在"0转/分"；

3）将控制柜选择开关打至"机旁"位置；

4）按控制柜上"运行"按钮，启动棒条给料机。

5）旋转"转速设置"旋钮，将转速缓慢调至指定数值。

6）停机方法：旋转"转速设置"旋钮，将转速缓慢调至"0转/分"；按控制柜上"停止"按钮，停止棒条给料机。

（3）棒条振动给料机安全操作规程：

1）开车前检查振动棒条给料机周围是否有人工作，检查传动皮带是否松紧适度，检查各部固定螺栓是否紧固。

2）运转过程中防止杂物落入传动皮带，注意检查给料机的振幅是否合适，如果下料不畅应及时停车调整。同时检查棒条间隙是否堵塞，如果堵塞要及时停车清理，保证棒条给料机的筛分作用。在进入到棒条给料机上部、罩体内部作业时，必须在控制开关上挂警示牌和有人监护。

3）岗位人员在开车时必须对设备进行彻底检查，确认设备周围无人，不在检修中，方可通知中控鸣笛开车。

D 皮带运输机操作规程

（1）启动前准备工作：

1）检查确认皮带上面和周围无异物，如铁块、钢钎等；

2）检查确认拉绳开关复位，即拉绳在松弛状态；

3）检查确认所有两极跑偏检测仪未被顶出；

4）检查确认所有的紧固件是否紧固；

5）检查确认是否有足够的润滑油脂。

（2）启动、运转、停机：

1）经检查确认机器状况正常，方可启动。启动前给信号铃。

2）启动步骤：将控制柜上选择开关打至"机旁"位置；按控制柜上"启动"按钮，启动机器。

3）启动后若发现有不正常情况，应立即停止开动，必须在查明和消除不正常的情况后，方可再启动皮带运输机。

4）停车方法是：等皮带上的物料运送完毕后方可停止皮带运转。按控制柜上"停车"按钮停机；将控制柜上选择开关打至"切"位置。

5）运转中检查：检查输送机各运转部位应无明显噪声；检查各轴承有无异常温升；各滚筒、托辊的转动及紧固情况；清扫器的清扫效果是否良好；卸料车带料正反向运行的情况及停车后有无滑移；卸料车通过轨道接头时有无明显冲击；输送带不得与卸料车星座轮轴摩擦；调心托辊是否灵活可靠；输送带的松紧程度是否合适；各电气设备、按钮应灵敏可靠。

（3）皮带运输机系统安全操作规程：

1）班前按规定着装，严格做到"三紧"（三紧为袖口紧、领口紧、下摆紧），戴好安全帽，系好帽带。

2）操作人员要熟悉掌握本岗位电器机械设备和安全装置，做到熟练操作。

3）运转前，检查各传动部位有无障碍物，确认不在检修中。检查确认安全防护装置是否齐全有效，设备上方是否四周无人，联锁是否可靠，螺栓是否松动，防护罩是否完好，皮带接头是否完好等，发现问题及时处理。无异常情况时发出信号后方可开车。开车时要两次启动，第一次启动皮带时，时间要短，等停稳30s后再二次启动。空载运转3～5min，经检查确认无问题后方可进行负荷运转。停车后或开车前要检查各下料漏斗衬板是否松动，要保持牢固，防止脱落造成堵塞或伤害皮带。设备长期未运转，启动时，应先用手或工具空载转动设备盘车，开车后发现设备有冒烟冒火等现象时，应立即停车处理。在正常上料操作中，如果在控制室内连锁启动，开车后要精力集中，信号联系要确认无误。

4）运转中，禁止跨越皮带或在皮带下面穿行。必须走安全过桥或绕行，严禁在皮带上坐卧休息，严禁隔皮带传递物品，严禁用手触摸皮带、滚筒、托辊等转动部位。严禁清扫转动部位及皮带下卫生，严禁更换零部件。工作期间严禁脱岗，要随时巡检，确保设备安全运行。

5）处理皮带跑偏时，禁止用钢钎、木棍等物件调皮带。

6）皮带打滑时，严禁拖拉、脚踢或用脚踏皮带或将物料、棍棒塞进传动部位。

7）运转时，严禁用铁铲、钢钎等物件捅、刮清理滚筒、托辊上黏结的矿泥。清理滚筒粘料和杂物时，必须停机，严禁皮带运行时进行，如必须进入溜槽或漏斗中要有人监护，并系安全绳，同时挂安全牌。如果皮带内卷入杂物，禁止在运转中拉拽或清理；要及时停机点动清除，防止损坏皮带。

8）手选皮带运输机上较小的铜、铁、杂物时，人与运转皮带之间保持一定距离，以确保安全。清除大块时，按手选中"停止"按钮，皮带停止运转后方可进行，不得用脚代手清除大块，捡出杂物时，要防止伤及附近的人和设施。

9）设备各部的安全防护罩不允许任意拆除，检修设备时拆下的，检修后应立即恢复好。

10）皮带机和振动棒条给料机压料时，操作工应及时停机，关闭电源开关并及时汇报处理。处理故障要和中控室人员联系好。

11）电磁除铁器应可靠接地。

12）如果确认 4h 内不上料，停 1 号皮带后，需清理电磁除铁器杂物。清理电磁除铁器杂物，操作检查时应选择安全位置，并且断电戴手套。

13）电磁除铁器运行期间，不要身带铁器靠近机体，以防人身伤害事故。

14）设备检修时必须严格执行挂牌制度，并将开关打到"切"，解除联锁，做好记录。换托辊时，有拉绳开关的应断开开关，无拉绳开关的将现场控制选择开关打至"切"，要注意安全，防止挤伤。

15）在各皮带的拉紧装置下方严禁人员停留或站人，以防对人体造成伤害；并保证各护栏完好。

16）清理皮带下积料一定要远离托辊，以防卷入皮带对人员造成伤害。

17）严禁工作中从上面朝机器内窥视。

18）工作人员必须正确佩戴长袖工作服、安全帽、劳动防护用品。

19）运转中的颚式破碎机的传动皮带必须安防护罩，防止对员工造成伤害。

20）运转时禁止做任何调整、清理或检修工作。

21）运转时禁止用手直接在进料口上破碎腔内搬运或挪动物料。

22）在处理颚式破碎机堵料时必须停车、切断电源、挂牌、设监护人，进入料斗内将吊带、钢丝绳系牢，方可开车。

23）在进入颚式破碎机下料口处测量排矿口或清理物料时，必须将 1 号皮带和破碎机开关打到切断并设专人监护；清理漏斗堵料时，禁止运转中入内清理。

E　电磁除铁器操作规程

（1）启动前的准备：

1）检查吊装装置是否牢固；

2）确保周围或身上无铁器。

（2）启动：

1）电磁除铁器在皮带正上方合适位置（否则，通过电器控制柜上"向南行走"和"向北行走"调整）；

2）按 KGLA50/150 控制柜上"启动"按钮，启动。

（3）停机：

1）按 KGLA50/150 控制柜上"停止"按钮，停机；

2）清理电磁铁杂物时一定在停了 1 号皮带后，关闭电源，让杂物落在皮带上用铁锹清理；禁止将电磁铁开出以免摆动时撞坏墙壁与人员。

F　手选操作规程

（1）先停止棒条振动给料机再停 1 号胶带运输机。

（2）清除异物后，再启动 1 号胶带运输机、棒式振动给料机。

G 颚式破碎机操作规程

（1）启动前的准备：

1）认真检查破碎机的主要零部件，确认颚板、轴承、肘板等完好；

2）检查确认所有的紧固件紧固；

3）检查确认轴承内及肘板连接处有足够的润滑脂；

4）确认传动皮带良好，拉紧程度适当。发现皮带有破损现象应及时更换。当皮带或皮带轮上有油污时应用干净抹布将其擦干净；

5）确认防护装置良好，如发现防护装置有不安全现象，应立即消除；

6）检查确认破碎腔内无矿石，如有矿石或其他杂物应立即清除；

7）确认排料口的尺寸合适，排料口的尺寸是指两颚板齿顶到齿根的距离。

（2）启动、运转、停机：

1）经检查确认机器状况正常，方可启动。

2）启动步骤：确认电源、电压表有电压指示；将控制柜上选择开关打至"机旁"位置；按控制柜上"启动"按钮；将110kW电气柜控制总电源开关、电源开关打至"ON"位置；待110kW电气柜上"电源指示"灯亮后，按电气柜上"启动"按钮，启动。

3）启动后，若发现有不正常的情况，应立即停止开动，必须在查明和消除不正常的情况后，方可再次启动破碎机。

4）停机步骤是：按110kW电气柜上"停止"按钮；按控制柜上"停止"按钮；将控制柜上选择开关打至"切"位置。

5）破碎机正常运转后，方可开始投料。

6）待破物料应均匀地加入破碎腔内，应避免侧面加料，以防止负荷突变或单边突增。

7）在正常情况下，轴承温升不应超过30℃，最高温度不超过75℃，如超过75℃应立即停车，查明原因消除故障。

8）停机前，首先停止加料，待破碎腔内破碎物料完全排出后，方可关闭电动机。

9）破碎时若因破碎腔内物料阻塞造成停机，应立即关闭电动机，将物料清除后，再启动。

10）颚板一端磨损后，上部动颚颚板及上部静颚颚板可以调头使用。

9.2.3.5 运转监视操作

（1）炉渣中混有铁块、铜块等杂物，其中的铁器可用皮带上的电磁铁自动清除，铜块则清除不掉。这些杂物可能损坏破碎机，必须事前清除。故由破碎岗位在1号皮带进行人工监视，以便及时清除混入炉渣中的铜块等杂物。发现铜块等异物时执行手选操作规程。

（2）碎矿系统的运转检查：

1）检查各传动机械有无异常，检查除铁器及其信号是否正常。

2）检查棒条振动给料机给料情况，电动机、吊拉装置、偏振装置等有无异常。

3）皮带运输机有无跑偏现象，转筒、托辊是否磨损或不转动，清扫器是否磨损。

4）检查颚式破碎机给料情况。轴承、电动机等有无异音、振动、发热、异味等，衬板是否松动，传动皮带是否磨损、松弛等现象。

5）定期检查各地坑水位，及时启动排水地坑泵。

9.2.3.6 安全生产事故处理操作规程

A 棒条振动给料机被压住

（1）先停止棒条振动给料机，防止烧毁电动机。

（2）然后组织 2~3 人，人工清理棒条振动给料机，把积压物料清理到 1 号皮带上。清理过程中要注意人身安全。待棒条振动给料机的积压负荷减轻后，再启动棒条振动给料机。

（3）如果不成功，继续清理，直到正常启动为止。

B 颚式破碎机被大块物料卡住

（1）首先立即停止颚式破碎机，防止损坏肘板或烧毁电动机。随后停止棒条振动给料机和 1 号皮带。

（2）组织 2~3 人清理破碎腔内的物料，原则是大块用天车吊出，小块采用调大排矿口的方法排出。

（3）破碎腔清理完毕后，先点动颚式破碎机，正常运转后，检查棒条振动给料机下料漏斗，如果堵塞，立即清理，防止刮坏皮带，处理完毕后，开动 1 号皮带，如果压住皮带立即清理积压物料。

（4）清理地上下落的物料。

C 运输皮带被（杂物或尖锐物料）划破

（1）发现皮带出现划痕，应立即停车，防止损坏整条皮带。

（2）清理皮带上造成皮带被划的物料或杂物，如果皮带刮坏应立即联系设备维修人员到现场进行处理。

（3）直到处理完毕能够开车时才开车。

D 停电引起的停车事故

（1）事故停电后：

1）关闭设备电源开关。

2）检查颚式破碎机内是否有矿石。

3）检查各条皮带是否正常。

4）检查各漏斗是否堵塞。

5）清除电磁铁上或卸落到周围的铁片、杂物等。

（2）恢复供电前的处理工作：

1）将排矿口调大，排出矿石或人工清理破碎腔内卡矿，并手动盘车。

2）人工清理被堵塞漏斗。

3）恢复供电时所有设备在机侧单机点动试车。

4）按正常操作规程开车。

E 运输皮带卷住伤人事故处理

（1）一旦有人被卷入皮带，应立即停车处理，如果伤害严重应立即拨打 120 呼救。

（2）立即组织人员进行抢救，抢救方法为：调松皮带，把人从皮带中救出。如果调松螺栓锈死无法调松皮带，则可以用刀或钢锯迅速割断皮带。

（3）根据事故者的受伤情况，可以采取迅速止血或人工呼吸等方法实施抢救。

F 高空坠落、滑跌摔伤或被坠落物击伤事故处理

一旦有人出现高空坠落、滑跌摔伤或被坠落物击伤事故，应立即组织人员实施抢救，根据受伤情况可以采取紧急止血或人工呼吸处理，如果受伤严重，应立即拨打 120 紧急呼救。

G 落入物料漏斗被矿埋住事故处理

(1) 如果有人不慎落入物料漏斗被物料埋住，应立即停止前段运转设备防止物料继续掩埋事故者。

(2) 立即组织人员手工清理物料营救事故者，能够给事故者系安全绳时必须系好安全绳，不准用力强行把事故者从物料深处拉出。

(3) 根据事故者情况，可以采取人工呼吸等方法进行紧急处理，严重者应及时拨打 120 呼救。

H 落入原矿仓或粉矿仓事故处理

(1) 一旦有人落入原矿仓或粉矿仓内，应该躲避到角落或物料稳定点，事故人必须想各种办法呼救。

(2) 如果发现有人落入原矿仓或粉矿仓内，应立即停止上段工序作业的运转，防止物料继续落入。

(3) 立即组织人员进行抢救，如果人被物料埋住，营救人员必须系好安全带或安全绳进入，先给事故者系好安全绳或安全带，清理其周围的掩埋物料，清理完毕后，通知上部的人把事故人拉出。根据具体情况对事故人员采取人工呼吸或心脏激活等急救措施进行救护处理，严重时立即拨打 120 呼救。

I 运输皮带被矿物压住

(1) 先立即停止被压住的皮带，防止烧坏电动机或撕刮皮带。

(2) 然后立刻停止该皮带前面的运转设备，最后清理被压皮带上堆积的物料，清理完毕后，点动试车，确认没有问题后，继续清理前方设备上积压的物料。

(3) 清理完毕后，按照正常操作规程开车。

J 特殊安全规程和安全设施

(1) 正常生产情况下，人员不应进入矿石流动空间，如矿仓、漏斗、流槽等。

(2) 固定格筛和粗破碎机受矿槽的周围（给矿侧或翻车侧除外），以及直线振动筛靠近磨矿机的排矿端，均应设栏杆。

(3) 作业人员应系好安全带，其长度只限到作业点。

(4) 设专人监护。

(5) 进入机体前，预先清理矿槽壁上附着的矿块或有可能脱落的浮渣。

(6) 用吊车吊大块矿石时，矿石应绑好挂牢，并设专人指挥缓慢起吊，吊物下不应有人。

(7) 清理原矿仓内积矿时，作业人员应系安全带，并应设专人监护。

(8) 处理颚式破碎机囤（堵）矿时，应首先处理给矿皮带头部的矿石，然后从上部进入处理；不应采用盘车的方法处理或从排矿口下部向上处理。进入颚式破碎机进料口作业时，应系安全带，在 1 号皮带和颚式破碎机控制柜挂安全警示牌，并设专人监护。

（9）处理颚式破碎机下部漏斗堵塞时，应与上下作业岗位联系好，断开设备电源开关，在1号、2号皮带和颚式破碎机控制柜挂警示牌，并设专人监护人。

9.2.3.7 点检规程

破碎系统点检规程见表9－4。

表9－4 破碎系统点检规程

序号	点检设备名称	点 检 内 容	点检时间
1	原矿仓	（1）检查原矿仓料位情况。 （2）检查物料粒度情况，严禁将格筛上大块强行压入原矿仓，防止片状、长条大块炉渣堵塞流程。 （3）检查格筛是否有堵塞、开焊等现象	1次/h
2	棒条振动给料机	（1）电动机声音、温度是否异常；三角带是否有松动打滑现象。 （2）支撑弹簧是否有疲劳断裂。 （3）下矿口是否堵塞。 （4）各部紧固螺栓是否松动；衬板是否有松动脱落。 （5）振动筛的振幅是否符合生产要求，检查棒条间隙和磨损情况。 （6）各部件润滑情况，油位是否在规定的位置；给矿机框体磨损情况	1次/h
3	1～5号皮带运输机	（1）电动机和减速机运转是否正常，减速机的油位是否在规定的位置，电动机和减速机的温度不超过规定值，电动机及皮带首、尾轮轴承座润滑是否良好。 （2）检查头部、尾部清扫器和裙板磨损情况。 （3）检查运输皮带的张紧程度。 （4）检查下矿漏斗是否破损、堵塞，漏斗内衬板螺栓是否有松动脱落，防止衬板脱落造成堵塞。 （5）检查托辊是否运转灵活，检查支架是否磨损、变形，托辊支架紧固螺栓有无松动脱落现象。 （6）检查皮带是否跑偏、开裂、断头；皮带上的杂物及时清理。 （7）皮带运输机的拉绳开关是否安全可靠。 （8）检查电磁除铁器，及时清除其上的金属物件。 （9）检查滚筒是否有异响、磨损，及时清理滚筒上黏附的物料；头部滚筒的衬胶有无磨损。 （10）检查皮带附近有无杂物、障碍物、闲杂人员。 （11）尾部重锤拉紧装置基座无松动变形，钢丝绳润滑良好，无损伤	1次/h
4	PEWD75150颚式破碎机	（1）检查地脚螺栓有无松动现象，基础有无破损。 （2）检查电动机声音、温度、电流是否正常。三角带是否有松动、打滑、翻边等现象。 （3）检查工作运行是否稳定；检查各传动部件磨损及润滑情况。 （4）检查动、静颚板和肋板的紧固螺栓有无松动现象。 （5）检查传动皮带，动颚、定颚内部衬板磨损，下矿漏斗情况；检查排矿间隙是否符合工艺要求。 （6）检查轴承温度是否正常，润滑是否良好	1次/h
5	除铁器	检查除铁器各部是否正常工作	1次/h
6	中转站	（1）检查下料斗是否堵塞，磨损是否严重。 （2）检查是否有漏矿现象，挡矿板是否松动、损坏	1次/班

序号	点检设备名称	点 检 内 容	点检时间
7	地坑泵	(1) 检查电动机、温度是否正常。 (2) 主轴承的润滑是否良好。 (3) 检查地坑是否进入异物，泵是否堵塞。 (4) 检查管道是否泄漏。 (5) 检查液位计是否准确	1 次/h
8	粉矿仓	(1) 检查粉矿仓小车轨道是否异常；检查粉矿仓内料位情况。 (2) 检查料位计是否准确检测料位，是否准确控制小车完成分矿、放矿动作。 (3) 检查粉矿仓基础有无明显沉降	1 次/h

9.2.3.8 记录

(1) 破碎岗位记录本。

(2) 设备润滑记录本。

9.2.4 炉渣磨矿系统岗位操作规程

9.2.4.1 岗位职责

(1) 负责做好预防检查工作，与副操作搞好配合工作，有问题及时向班长汇报。确保半自磨机、球磨机及两台磨机附属设备的正常运转，保证磨矿作业保持持续稳定工况。

(2) 负责检查磨机台时效率、磨矿浓度、磨矿细度以及入选浓度等数据，保证磨机台时效率、磨矿浓度、磨矿细度以及入选浓度符合工艺要求。

(3) 负责振动给矿机、半自磨机和球磨机及润滑系统设备、岗位所属渣浆泵、给矿皮带、返料皮带、振动筛、旋流器、粒度分析仪、地下排污泵等设备的操作、点检、维护、润滑工作。对设备存在的隐患提出意见。

(4) 负责磨机补加磨球，停车检查磨机内部衬板和球量情况以及岗位所属场地清理、设备擦拭、物品摆放工作。

(5) 负责开行车、开电动葫芦，协助外协人员的维修工作及对行车、电动葫芦的维护保养工作。

(6) 负责控制磨矿参数，填写原始记录和运行记录、TPM 台账，保证记录真实有效。

(7) 有义务根据岗位存在工艺问题、安全隐患及环境因素问题的实际情况，向工段提出整改或合理化改进建议。

(8) 遵守制度，服从领导，认真完成上级领导安排的临时性工作，做好与上级领导经常性的沟通，并保证及时向领导汇报工作。

9.2.4.2 工艺流程及工艺指标控制

储存在粉矿仓的炉渣经过振动给料机给到 6 号/7 号皮带，经 6 号/7 号皮带给半自磨机进行碎磨作业，碎磨后的炉渣排到直线振动筛进行分级处理，筛上物料经 8 号/10 号、9 号/11 号皮带返回 6 号/7 号皮带进入半自磨机再磨。筛下物料由渣浆泵给入一段分级旋流器组进行分级，分级后的细物料（溢流矿浆）经控制分级渣浆泵给入控制分级旋流器组进行分级，经控制分级旋流器组分级后的细物料（溢流矿浆）进入浮选机搅拌槽后进入浮选工序。一段分级旋流器组和控制分级旋流器组分级产生的粗物料（沉砂）合并后进入球磨机进行磨矿作业，球磨机排矿和直线振动筛的筛下物料合并后由渣浆泵给入一段分级旋流器组，进行下一个磨矿分级循环。要求半自磨机台效控制在（95±2）t/h，半自磨机磨矿浓度控制在 75% ~ 85%，球磨机磨矿浓度控制在 65% ~ 75%，最终磨矿细度控制在 -0.043mm 占 80%以上。

9.2.4.3 主要设备

磨矿系统主要设备见表 9-5。

表 9-5 磨矿系统主要设备

序号	设 备 名 称	规格型号及主要参数	数 量
1	粒度分析仪	PS1200	1×2
2	6 号/7 号皮带运输机	$B = 1000mm$	各 1
3	8 号/10 号皮带运输机	$B = 650mm$	各 1
4	9 号/11 号皮带运输机	$B = 650mm$	各 1
5	湿式半自磨机	$\phi 5.03 \times 5.8$	1×2
6	溢流型球磨机	$\phi 5.03 \times 8.3$	1×2
7	直线振动筛	ZUSL2.1×4.8	1×2
8	一段分级旋流器	$\phi 660 \times 4$	1×2
9	控制分级旋流器	$\phi 150 \times 18$	1×2
10	控制分级渣浆泵	150ZJA-T-A48	2×2
11	一段分级渣浆泵	150ZJA-I-A50A	2×2
12	半自磨机渣浆泵	100ZJA-I-A48	2×2
13	振动给料机	GZZ90150	4×2

9.2.4.4 岗位操作规程

A 磨矿系统操作规程

（1）启动操作顺序。准备开车（开车前的检查）——启动循环冷却水系统和轴封水加压泵——打开各台渣浆泵轴封水阀门和冲洗水阀门——半自磨机、球磨机采用慢速驱动装置盘车——启动粒度分析仪系统——打开半自磨、球磨机的工艺水阀门——机旁或联锁启动半自磨机排矿渣浆泵——机旁或连锁启动球磨机附属设备（一段分级、控制分级的渣浆泵）——启动球磨机主电动机——启动半自磨机主电动机——磨矿岗位接到浮选岗位允许开车通知后，启动球磨机——机旁或联锁启动半自磨附属设备（振动筛、6 号、8 号、9 号皮带）——启动半自磨机——启动振动给矿机进行给料。

（2）停车操作顺序。停止振动给矿机——半自磨机运转一段时间（5 ~ 6min）排矿完毕后关闭给矿端工艺水阀门停车——连锁停半自磨机附属设备（振动筛、6 号、8 号、9 号皮带）——球磨机运转 40 ~ 50min 后停车——停自动加药系统——冷却风机运转 2h 停半自磨机主电动机——冷却风机运转 2h 停球磨机主电动机——将控制柜上的旋转开关打至检修状态——抽清水打循环 8h 后停半自磨排矿渣浆泵——停一段分级渣浆泵——停控制分级渣浆泵——通知浮选岗位磨矿系统停车操作完毕。

（3）轴封水、循环冷却水系统。设备运转前，先启动循环冷却水系统。停车时，确认磨浮系统和精尾系统相关设备停车后，再停轴封水加压泵和循环冷却水系统。

B　半自磨机操作规程

（1）启动前的准备工作：

1）检查确认慢驱装置脱开。

2）检查确认循环冷却水系统是否正常，阀门是否开启。

3）检查确认油站、油路系统是否正常，阀门是否开启，油位、油温是否正常。

4）检查确认气源压力是否达到要求。

5）检查确认有无螺栓松动。

6）与总降联系确认是否可以启动。

（2）半自磨启动操作：

1）开启循环冷却水泵（主轴冷却水、高低压稀油润滑站冷却水、主电动机冷却风机冷却水）。

2）励磁柜灭磁：将励磁柜选择开关打至"试验"状态。观察灭磁电压及电流，待电压稳定后，按"灭磁"按钮。将励磁柜选择开关打至"工作"状态。

3）按 PLC 控制柜"消警"按钮。

4）旋转转换开关，选择"本柜自动"。

5）低压泵选择 1 号低压泵（或 2 号低压泵）。

6）高压泵选择 1 号高压泵（或 2 号高压泵）。

7）加热器选择"自动"（冬季需先加热至 20～25℃）。

8）按"油泵总启动"按钮，启动油站。

9）旋转转换开关，选择"工作"状态。

10）将喷射润滑电源开关打开，启动喷射润滑。

11）油站正常以后，延时 20s，主电动机冷却风机自动启动。启动 15～20min，并且确认待允许主电动机启动信号发出后，才可以启动主电动机（按控制柜"启动"按钮）。

12）主电动机启动 10～15min 后，并且确认待允许气动离合器闭合信号发出后，启动气动离合器（按气动离合器控制柜上"RUN"按钮）。

13）半自磨运转时，若发现有不正常的情况，应立即按气动离合器控制柜上"STOP"按钮，使空气离合器松闸，必须在查明和消除不正常的情况后，方可再使空气离合器抱闸。

（3）正常运转时操作人员必须遵守和注意以下事项：

1）不给料时，磨机不能长时间运转，以免损坏衬板，消耗介质。

2）均匀给料是磨机获得最佳工效的重要条件之一，因此操作人员应保证给入物料的均匀性。

3）定期检查磨机筒体内部的衬板和介质的磨损情况，对磨穿和破裂的及时更换；对松动或折断的螺栓应及时拧紧或更换，以免磨穿筒体。

4）经常检查和保证各润滑点（小齿轮轴轴承、主轴承橡胶密封圈等处）有足够和清洁的润滑油（脂）。对稀油站的回油过滤器每月最少清洗一次，每半年检查一次润滑油的质量，必要时更换新油。

5）经常检查磨机大小齿轮的啮合情况和接口螺栓是否松动。

6）根据入磨物料及产品粒度要求调节钢球加入量及级配，并及时向磨机内补充钢球，使磨机内钢球始终保持最佳状态，补充钢球为首次加球中的最大直径规格（但如果较长时间没有加球，也应加入较小直径的球）。

7）磨机各处安全防护罩完好可靠，并在危险区域内挂警示牌。

8）磨机在运转过程中不得从事任何机件拆卸检修工作，当需要进入筒体内工作时，必须事先与有关人员取得联系，做好监控措施。如果在磨机运行时观察主轴承的情况，应特别注意，以防被端盖上的螺栓刮伤。

9）对磨机进行检查和维护检修时，只准使用低压照明设备，对磨机上零件实施焊接时，应注意接地保护，防止电流灼伤齿面和轴瓦面。

10）主轴承及各油站冷却水温度和用量应以轴承温度不超过允许的温度为准，可以适当调整。

11）使用过程中，应制定定期检查制度，对机器进行维修。

12）必须精心保养设备，经常打扫环境卫生，并做到不漏水，不漏浆，无油污，螺栓无松动，设备周围无杂物。

（4）半自磨停车操作：

1）按气动离合器控制柜上"STOP"按钮，使空气离合器松闸。

2）按主电机控制柜上"停止"按钮，停主电动机。

3）主电动机停止运行15～30min后，按控制柜上"油泵总停止"按钮，停高低压稀油润滑站高低压油泵，然后手动每隔30min开2min高压油泵，直至筒体冷却至室温。

4）将喷射润滑电源开关关死，停喷射润滑。

5）主电动机停止运行2h后，风机会自动停止运行。

（5）半自磨慢驱启动操作：

1）旋转转换开关，选择"检修"状态。

2）旋转转换开关，选择"本柜自动"。

3）低压泵选择1号低压泵（或2号低压泵）。

4）高压泵选择1号高压泵（或2号高压泵）。

5）加热器选择"自动"。

6）按压油泵总启动按钮，启动高低压油站。

7）将手动离合器啮合。

8）待允许慢驱启动信号发出后，启动慢驱电动机（按控制柜"启动"按钮）。

（6）半自磨慢驱停车操作：

1）按"停止"按钮停止慢驱电动机。

2）脱开手动离合器，使之完全脱开（可借助控制柜"正转"、"反转"使啮合处脱离，然后手动脱开）。

3）如果需要停止高低压油站，操作人员可以依据现场情况手动停止高低压油站（直接按PLC控制柜"油泵总停止按钮"）。

4）注意：慢驱开车时间控制在15min以内。

（7）半自磨紧急停车的情况：

1）磨机在运转过程中，有时会遇到某种特殊情况，为了保证设备安全，有下述情况时必须采取紧急停车措施：大小齿轮啮合不正常，突然发生较大振动；主轴承振动振幅超过 0.6mm；衬板螺栓松动或折断脱落时；主轴承、传动装置和主电动机的地脚螺栓松动时；筒体内没有物料而连续空转时；主轴承轴瓦温度达到 65℃ 并继续上升；润滑系统发生故障，不能正常供油时；电动机温升超过规定值或主电动机电流超过规定值；输送设备发生故障并失去输送能力时；气动离合器发生异常现象；其他需要紧急停车的情况发生时。

2）在突然发生事故紧急停车时，必须立即停止给料，切断电动机和其他机组电源后，再进行事故处理。并挂警示牌，未经指定人员许可，任何人不得擅自启动磨机。

3）如果磨机在运转过程中突然断电，应立即将磨机及其附属设备的电源切断，以免来电时发生意外事故。

（8）半自磨长期停车注意事项：

长期停车时，筒体逐渐冷却收缩，轴颈将在轴瓦上产生滑动，为了降低摩擦，减少由于筒体收缩产生的轴向拉力，高压油泵应该在停车后每隔 30min 开 2min，使轴颈与轴瓦之间保持一定的油膜厚度。在冬季停车时，应将有关水冷却部分的冷却水全部放尽（用压缩空气吹干），避免冻裂有关管道。

一般正常情况下，停车之前停止喂料，随即停止磨机运转，继续加水稀释磨机内的存料，当磨机内物料基本排净时方可停车，否则黏稠的料浆干涸后，会把磨矿介质粘在一起，增加下次启动磨机的困难。

若长时间停车，应把钢球倒出，以免时间长久使筒体变形。

C　直线振动筛操作规程

（1）启动前准备工作：

1）开车前必须检查好筛机各部分安装是否正确，所有紧固螺栓是否全部拧紧。

2）检查各润滑部分是否加好润滑脂。

3）用手盘动激振器。要求盘动时主轴能灵活转动，无摩擦、卡死现象（特别提示：激振器内外保护罩内不得有杂物）。

（2）启动步骤：

1）将控制柜上选择开关打至"机旁"位置。

2）按控制柜上"启动"按钮，启动。

（3）停机方法：

1）按控制柜上"停止"按钮。

2）将控制柜上选择开关打至"切"位置。

D　球磨机操作规程

（1）启动前的准备工作：

1）检查确认慢驱装置脱开。

2）检查确认循环冷却水系统是否正常，阀门是否开启。

3）检查确认油站、油路系统是否正常，阀门是否开启，油位、油温是否正常。

4）检查确认气源压力是否达到要求。

5）检查确认有无螺栓松动。

6）与总降联系确认是否可以启动。

（2）球磨机启动操作：

1）开启循环冷却水泵（主轴冷却水、高低压稀油润滑站冷却水、主电动机冷却风机冷却水）。

2）励磁柜灭磁：将励磁柜选择开关打至"试验"状态。观察灭磁电压及电流，待电压稳定后，按"灭磁"按钮。将励磁柜选择开关打至"工作"状态。

3）按 PLC 控制柜"消警"按钮。

4）旋转转换开关，选择"本柜自动"。

5）低压泵选择 1 号低压泵（或 2 号低压泵）。

6）高压泵选择 1 号高压泵（或 2 号高压泵）。

7）加热器选择"自动"（冬季需先加热至 20～25℃）。

8）按"油泵总启动"按钮，启动油站。

9）旋转转换开关，选择"工作"状态。

10）将喷射润滑电源开关打开，启动喷射润滑。

11）油站正常以后，延时 20s，主电动机冷却风机自动启动。启动 15～20min，并且确认待允许主电动机启动信号发出后，才可以启动主电动机（按控制柜"启动"按钮）。

12）主电动机启动 10～15min 后，并且确认，待允许气动离合器闭合信号发出后，启动气动离合器（按气动离合器控制柜上"RUN"按钮）。

13）运转时，若发现有不正常的情况，应立即按气动离合器控制柜上"STOP"按钮，使空气离合器松闸，必须在查明和消除不正常的情况后，方可再使空气离合器抱闸。

（3）正常运转时操作人员必须遵守和注意以下事项：

1）不给料时，磨机不能长时间运转，以免损坏衬板，消耗介质。

2）均匀给料是磨机获得最佳工效的重要条件之一，因此操作人员应保证给入物料的均匀性。

3）定期检查磨机筒体内部的衬板和介质的磨损情况，对磨穿和破裂的及时更换；对松动或折断的螺栓应及时拧紧或更换，以免磨穿筒体。

4）经常检查和保证各润滑点（小齿轮轴轴承、主轴承橡胶密封圈等处）有足够和清洁的润滑油（脂）。对稀油站的回油过滤器每月最少清洗一次，每半年检查一次润滑油的质量，必要时更换新油。

5）经常检查磨机大小齿轮的啮合情况和接口螺栓是否松动。

6）根据入磨物料及产品粒度要求调节钢球加入量及级配，并及时向磨机内补充钢球，使磨机内钢球始终保持最佳状态，补充钢球为首次加球中的最大直径规格（但如果较长时间没有加球，也应加入较小直径的球）。

7）磨机各处安全防护罩完好可靠，并在危险区域内挂警示牌。

8）磨机在运转过程中不得从事任何机件拆卸检修工作，当需要进入筒体内工作时，必须事先与有关人员取得联系，做好监控措施。如果在磨机运行时观察主轴承的情况，应特别注意，以防被端盖上的螺栓刮伤。

9）对磨机进行检查和维护检修时，只准使用低压照明设备，对磨机上零件实施焊接时，应注意接地保护，防止电流灼伤齿面和轴瓦面。

10) 主轴承及各油站冷却水温度和用量应以轴承温度不超过允许的温度为准，可以适当调整。

11) 使用过程中，应制定定期检查制度，对机器进行维修。

12) 必须精心保养设备，经常打扫环境卫生，并做到不漏水，不漏浆，无油污，螺栓无松动，设备周围无杂物。

E 球磨机停车操作

(1) 按气动离合器控制柜上"STOP"按钮，使空气离合器松闸。

(2) 按主电机控制柜上"停止"按钮，停主电动机。

(3) 主电动机停止运行 15～30min 后，按控制柜上"油泵总停止"按钮，停高低压稀油润滑站高低压油泵，然后手动每隔 30min 开 2min 高压油泵，直至筒体冷却至室温。

(4) 将喷射润滑电源开关关死，停喷射润滑。

(5) 主电机停止运行 2h 后，风机会自动停止运行。

F 球磨机慢驱启动操作

(1) 旋转转换开关，选择"检修"状态。

(2) 旋转转换开关，选择"本柜自动"。

(3) 低压泵选择 1 号低压泵（或 2 号低压泵）。

(4) 高压泵选择 1 号高压泵（或 2 号高压泵）。

(5) 加热器选择"自动"。

(6) 按压油泵总启动按钮，启动高低压油站。

(7) 将手动离合器啮合。

(8) 待允许慢驱启动信号发出后，启动慢驱电动机（按控制柜"启动"按钮）。

G 球磨机慢驱停车操作

(1) 按"停止"按钮停止慢驱电动机。

(2) 脱开手动离合器，使之完全脱开（可借助控制柜"正转"、"反转"使啮合处脱离，然后手动脱开）。

(3) 如果需要停止高低压油站，操作人员可以依据现场情况手动停止高低压油站（直接按 PLC 控制柜"油泵总停止按钮"）。

(4) 注意：慢驱开车时间控制在 15min 以内。

H 球磨机紧急停车的情况

磨机在运转过程中，遇到以下特殊情况时，为了保证设备安全，必须采取紧急停磨措施：

(1) 大小齿轮啮合不正常，突然发生较大振动。

(2) 主轴承振动振幅超过 0.6mm。

(3) 衬板螺栓松动或折断脱落时。

(4) 主轴承、传动装置和主电动机的地脚螺栓松动时。

(5) 筒体内没有物料而连续空转时。

(6) 主轴承轴瓦温度达到 65℃并继续上升。

(7) 润滑系统发生故障，不能正常供油时。

（8）主电动机温升超过规定值或主电动机电流超过规定值。

（9）输送设备发生故障并失去输送能力时。

（10）气动离合器发生异常现象。

（11）其他需要紧急停车的情况发生时。

在突然发生事故紧急停车时，必须立即停止给料，切断电动机和其他机组电源后，再进行事故处理。并挂警示牌，未经指定人员许可，任何人不得擅自启动磨机。如果磨机在运转过程中突然断电，应立即将磨机及其附属设备的电源切断，以免来电时发生意外事故。

I 球磨机长期停车注意事项

（1）长期停车时，简体逐渐冷却收缩，轴颈将在轴瓦上产生滑动，为了降低摩擦，减少由于简体收缩产生的轴向拉力，高压油泵应该在停车后每隔30min开2min，使轴颈与轴瓦之间保持一定的油膜厚度。在冬季停车时，应将有关水冷却部分的冷却水全部放尽（用压缩空气吹干），避免冻裂有关管道。

（2）一般正常情况下，停车之前停止喂料，随着磨机运转，继续加水稀释磨机内存料，当磨机内物料基本排净时方可停车。否则黏稠的料浆干涸后，会把磨矿介质粘在一起，增加下次启动磨机的困难。

（3）若长时间停车，应把钢球倒出，以免时间长久使简体变形。

J 一段分级旋流器、控制分级旋流器操作规程

（1）开车前，检查确认控制柜电源（控制柜上开关指示灯亮，若指示灯不亮，打开控制柜后盖合上电源开关）。

（2）检查确认控制柜气源（控制柜上压力表指示压力为0.7MPa，若无压力，打开控制柜后盖，打开气源开关，若压力不够，调整压力）。

（3）选择好要使用的旋流器，按控制柜上气动阀门开关。

（4）检查确认旋流器气动阀门是按设定情况开关的。

（5）定时检查旋流器底流，发现旋流器沉砂嘴堵塞要及时疏通。

（6）停车后，按控制柜上气动阀门开关关闭旋流器气动阀门，最后关闭控制柜的电源、气源开关。

K 渣浆泵操作规程

（1）渣浆泵的启动前检查工作：

1）泵及电动机地脚螺栓应全部拧紧，泵应安放在牢固的基础上以承受泵的全部重量并消除振动。

2）管路和阀门应分别支撑，有些泵的蜗壳或前护板高出法兰是为防止损坏密封垫，此时螺栓不应拧得太紧。

3）按泵的旋转方向用手盘车，泵轴应能带动叶轮旋转，且不应有摩擦，否则应调叶轮。

4）检查电动机的转向时要求联轴器中的尼龙棒要取出，保证泵的转动方向正确无误后，再把联轴器连接好，绝不允许反转，否则会使叶轮螺纹脱扣，造成泵的损坏。

5）直联传动时，泵轴应精确对中，皮带传动时，泵轴应与电动机轴平行，调整槽轮位置，使之与皮带垂直，以免引起剧烈的振动和磨损。

6）在泵的吸入口处应装配一段可拆卸短管，其长度应足以拆开前泵壳以便更换易损件和泵的检修工作。

7）轴封检查：副叶轮轴封泵，应通过减压盖上的油杯加润滑脂。润滑脂可用钙－钠基润滑脂。填料密封泵，应检查轴封水量、水压是否合适，调节填料压盖压紧螺栓，以调节填料的松紧程度，调节轴封水，以水从填料压盖处一滴滴渗出为好。如填料太紧，轴容易发热，同时功率耗费过大；反之填料太松，则液体泄漏太大。轴封水压一般应高于泵出口压力 0.035MPa。调节三角带预紧力（直接传动时无此步骤）。以上检查步骤完成之后，再次检查叶轮转动是否正常，在可能的情况下，应在泵送渣浆前用清水启动泵，开吸水管阀门、开电动机，检查进出口压力和流量，检查填料处的泄漏量，如果填料发热，可先松填料压盖螺栓，使泄漏量加大，待填料与轴跑合后再调节泄漏量至规定值。

8）确认轴封水阀门和冲洗水阀门已经打开、渣浆泵周围不存在杂物和无人工作后方可开车。

（2）运转中的检查工作：

1）运转中应定期检查轴封水的压力和流量，及时调节填料压盖或更换填料，以保证始终有少量的清洁水通过轴。

2）定期检查轴承组件运转情况。开始运转时，如果轴承发热可停泵待轴承冷却后再次运行；若轴承仍严重发热，温度持续上升，则应拆卸轴承组件，查明原因。一般轴承发热是由于润滑脂（油）过量或润滑脂（油）中有杂质引起的，因此，轴承润滑脂（油）应适量、清洁并定期添加。

3）随着使用时间的延长，叶轮与护板的间隙将不断增大，泵的性能会逐渐变坏，应及时将叶轮向前护板方向调整，以保持较小的间隙，使泵保持在高效率运行。当泵磨损到其性能不能满足系统要求时，应更换过流部件（易损件）。

4）为避免过流部件因磨损失效对系统产生的严重后果，要定时拆检泵估计过流部件的寿命，以便及时更换。

（3）渣浆泵停泵的注意事项：

1）停泵过程中，绝对不允许泵轴反转。

2）停泵之前，应使泵抽送一会儿清水，以清洗泵内的渣浆，然后一次关闭泵、阀门、填料轴封水。

3）运转中的泵禁止做任何调整与擦拭，防止对人体造成伤害。

9.2.4.5 注意事项

（1）半自磨机、球磨机启动前，必须通知总降。

（2）磨机各处安全防护罩必须完好可靠，并在危险区域内挂警示牌。

（3）磨机在运转过程中不得从事任何机件拆卸维修工作，当需要进入筒体内工作时，必须事先与有关人员取得联系，做好监控措施。如果在磨机运行时观察主轴承的情况，应特别注意，以防被端盖上螺栓刮伤。

（4）对磨机进行检查和维护修理时，只准使用低压照明设备，对磨机上的零件实施焊接时，应注意接地保护，防止电流灼伤齿面和轴瓦面。

（5）主轴承及各油站冷却水温度和用量应以轴承温度不超过允许的温度为准，可以适当调整。在运转过程中，要经常检查冷却水系统、润滑系统是否畅通，润滑油是否充足，润滑是否到位、是否符合标准，保持正常的设备温度和润滑状态。检查筒体螺栓是否松动，防止矿物进入衬板与筒体的夹缝损坏筒体。

（6）使用过程中，应制定定期检查制度，对机器进行维修。

（7）油箱上面的污物、污油应及时清理。所有油路不允许人员踏踩，以免引起油液泄漏，造成系统工作不正常。

（8）清洗润滑站油箱或液压、润滑元件内部时，必须使用汽油、煤油和不起毛的棉布，最好使用尼龙布或绸布，也可使用不起毛的化纤布料，这些布料最好使用旧的，严禁使用棉纱。

（9）磨矿机两侧和轴瓦侧面应有防护栏杆。磨矿机运转时，人员不应在运转筒体两侧和下部逗留或工作；并应经常观察人孔门是否严密，严防磨矿介质飞出伤人。封闭磨矿机人孔时，应确认磨矿机内无人，方可封闭。

（10）检修、更换磨矿机衬板时，应事先固定筒体，并确认机体内无脱落物，通风换气充分，温度适宜，方可进入。起重机的钩头不应进入筒体内。

（11）处理磨矿机漏浆或紧固筒体螺栓时，应固定磨机筒体；或通过盘车将松动螺栓转到人员站在操作平台能够操作的位置；当在磨机筒体上方工作时，必须系安全带，保证磨机筒体固定；若磨矿机严重偏心，应首先消除偏心，然后进行处理。

（12）半自磨机"胀肚"时，应立即停止给料，然后按"加大给矿冲洗水量、排矿水不变"的原则处理。

（13）用专门的钢斗给球磨机加球时，斗内钢球面应低于斗的上沿；不应用布袋吊运钢球。

（14）磨矿机停车超过8h以上或检修更换衬板完毕，开车之前应用慢驱装置盘车，禁止利用主电动机盘车。

（15）半自磨机和球磨机不能同时启动，防止用电负荷过高造成总降"跳闸"。

（16）更换沉砂嘴或溢流管时，须切换旋流器组后才可以更换。

（17）维修和更换衬板时必须遵守磨机衬板使用注意事项的要求。

（18）振动给料机堵料时，禁止从下料口往上探视或从下料口进入。

（19）处理旋流器气阀故障时，必须停止对应的渣浆泵，方准处理。

9.2.4.6　事故处理预案

A　运输皮带被矿物压住

（1）先立即停止被压住的皮带，防止烧坏电动机或撕刮皮带。

（2）然后立刻停止该皮带前面的运转设备，最后清理被压皮带上堆积的物料，清理完毕后，点动试车，确认没有问题后，继续清理前方设备上积压的物料。

（3）清理完毕后，按照正常操作规程开车。

B　渣浆泵吸矿管或排矿管堵塞

（1）立即停车倒换备用设备。

（2）如果是吸矿管路堵塞，可以打开放矿阀门，用水管冲洗，如果无效，可以卸下中间接管，仔细清理，清理完毕后把中间接管接好，用清水试车。

（3）如果是排矿管堵塞，先打开管路易堵塞处的冲洗水管冲洗，并做好清理工作，然后清理泵池和吸矿管，在泵池加入清水，反复点动试车，直到渣浆泵和管路畅通为止。

C 运输皮带被（杂物或尖锐物料）划破

（1）发现皮带出现划痕，应立即停车，防止损坏整条皮带。

（2）清理皮带上造成皮带被划的物料或杂物，如果皮带刮坏应立即联系设备维修人员到现场进行处理。

（3）直到处理完毕能够开车时才开车。

D 高压油或矿浆击中眼睛事故处理

（1）如果被高压油或矿浆击中眼睛，事故者应立即呼救，不准乱跑。

（2）发现有人被高压油或矿浆击中眼睛，应立即对事故者进行帮助和救护。

（3）救护方法：先用干净的毛巾或布料粘水擦拭，除去眼睛周围的脏物，再用清洁水冲洗。如果受伤严重，清洗后立即用纱布包扎好，要及时拨打120救护。

E 停电事故的处理

突然停电时，要及时关闭电源开关和各工艺水阀门，停车处理工作做完后，关闭水网总阀门。如果在冬天，气温低于 $-3\,^\circ\!C$ 时，工艺水管阀门不要关闭完全，防止结冰冻坏阀门与管路。

电力恢复以后，恢复工艺水系统供水，对岗位设备进行盘车，清理皮带、渣浆泵、直线振动筛等设备的积料负荷，疏通工艺流程、管路，经检查确认可以开车后方可开车。

F 被皮带输送机卷住伤人事故处理

（1）一旦有人被卷入皮带，应立即停车处理，如果伤害严重应立即拨打120呼救。

（2）立即组织人员进行抢救，抢救方法为：调松皮带，把人从皮带中救出。如果调松螺栓锈死无法调松皮带，则可以用刀或钢锯迅速割断皮带。

（3）根据事故者的受伤情况，可以采取迅速止血或人工呼吸等方法实施抢救。

9.2.4.7 点检规程

磨矿系统点检规程见表9-6。

表9-6 磨矿系统点检规程

序号	点检设备名称	点 检 内 容	点检时间
1	振动给料机	（1）检查电动机声音、温度是否正常，电动机固定螺栓有无松动。 （2）检查本体是否破损。检查挂钩是否断裂、开焊。 （3）检查是否堵塞	1次/2h
2	半自磨机	（1）检查小齿轮轴承的温度是否正常，齿轮啮合有无异常声音。 （2）检查进料口是否堵塞。 （3）检查磨机筒体是否漏浆。 （4）检查各部紧固螺栓是否松动。 （5）检查稀油站润滑系统是否泄漏或存在异常，油位是否正常，高低油压是否在规定的范围之内；检查慢驱减速机的油位、油质是否正常，自动喷射润滑装置运行是否正常。 （6）检查油泵轴端密封圈是否有漏油现象。 （7）检查冷却水是否适量。 （8）检查各运行参数是否正常。 （9）检查给矿漏斗和排矿漏斗是否破损、衬板是否松动。 （10）在停车时检查衬板的磨损情况	1次/2h

序号	点检设备名称	点 检 内 容	点检时间
3	USL 直线振动筛	（1）检查传动电动机声音、温度是否异常。 （2）激振器轴承润滑是否良好，温度是否异常。 （3）检查振动筛网是否破损，筛体坡度是否合适。 （4）橡胶弹簧有无明显变形。 （5）检查下矿是否畅通、下矿漏斗是否堵塞。 （6）检查下矿漏斗是否破损，传动部件磨损及润滑情况	1 次/2h
4	半自磨机排矿渣浆泵	（1）检查电动机声音、温度是否异常，轴承箱温度有无异常。 （2）检查电动机润滑是否正常，轴承箱油位是否符合要求。 （3）检查基础混凝土无明显腐蚀，地脚螺栓有无松动。 （4）检查泵体盘根是否漏浆。 （5）检查矿浆管路是否漏浆。 （6）检查水封水是否适量。 （7）检查排矿放空阀有无泄漏。 （8）检查泵池是否破损泄漏。 （9）检查泵进出口管道是否破损。 （10）检查泵池的防护筛网是否完好	1 次/2h
5	一段分级给矿渣浆泵	同半自磨机排矿渣浆泵	1 次/2h
6	一段、分级旋流器组	（1）检查旋流器是否正常工作无堵塞。 （2）检查旋流器是否漏浆。 （3）检查旋流器及连接管路是否渗漏及破损情况。 （4）检查气动阀开关是否处于正常使用状态，是否符合要求	1 次/2h
7	溢流型球磨机	（1）检查小齿轮轴承的温度是否正常，齿轮啮合无异常声音。 （2）检查进料口是否堵塞。 （3）检查磨机筒体是否漏浆。 （4）检查各部紧固螺栓是否松动。 （5）检查稀油站润滑系统是否泄漏或存在异常，油位是否正常，高低油压是否在规定的范围之内；检查慢驱减速机的油位、油质是否正常，自动喷射润滑装置运行正常。 （6）检查油泵轴端密封圈是否有漏油现象。 （7）检查冷却水是否适量。 （8）检查各运行参数是否正常。 （9）检查给矿漏斗和排矿漏斗是否破损。 （10）在停车时检查衬板的磨损情况	1 次/2h
8	6号、8号、9号皮带运输机	（1）检查电动机和减速机运转是否正常，减速机的油位是否在规定的位置，电动机和减速机的温度是否超过规定值，电动机及皮带首、尾轮轴承座润滑是否良好。 （2）检查头部、尾部清扫器和裙板磨损情况。 （3）检查运输皮带的张紧程度。 （4）检查下矿漏斗是否破损、堵塞，漏斗内衬板螺栓是否有松动脱落，防止衬板脱落造成堵塞。 （5）检查托辊是否运转灵活，检查支架是否磨损、变形，托辊支架紧固螺栓有无松动脱落现象。 （6）检查皮带是否跑偏、开裂、断头，及时清理皮带上的杂物。 （7）检查皮带运输机的拉绳开关是否安全可靠	1 次/2h

序号	点检设备名称	点 检 内 容	点检时间
9	地坑泵	（1）检查电动机、温度是否正常。 （2）检查地坑是否进入异物，泵是否堵塞。 （3）检查管道是否破损、泄漏	1 次/2h
10	循环冷却水泵	（1）检查电动机声音、温度是否正常。 （2）检查泵前后阀门是否按要求开关。 （3）检查回水池液位是否正常	1 次/2h
11	回水泵	同循环冷却水泵	1 次/2h

9.2.4.8 记录

（1）设备点检记录本。

（2）设备润滑记录本。

（3）TPM 台账记录本。

9.2.5 炉渣浮选系统岗位操作规程

9.2.5.1 岗位职责

（1）负责做好预防检查工作，有问题及时向班长汇报。负责浮选机、鼓风机、岗位所属加药机、渣浆泵等设备的正常运转，保证浮选作业保持持续稳定工况。

（2）负责保证精矿品位、尾矿品位和回收率指标符合工艺和生产计划要求；在保证精矿品位合格的前提下，努力提高回收率。

（3）负责浮选机、鼓风机及稀油站、加药机、岗位所属渣浆泵、地下排污泵等设备的操作、点检、维护，对设备存在的隐患提出意见；负责现场清理和设备擦拭及物品摆放工作。

（4）有义务根据实际生产情况对浮选作业进行相应的技术操作和药剂量的调整工作。

（5）负责原矿取样器、精矿取样器、尾矿取样器的管理及维护。取样器出现问题时，有义务采用人工采样方式保证指标的完整性。

（6）负责填写原始记录和运行记录、TPM 台账，保证记录真实有效。

（7）有义务根据岗位范围内存在的工艺问题、安全隐患及环境因素问题的实际情况，向工段提出整改或合理化改进建议。

（8）遵守制度，服从领导，认真完成上级领导安排的临时性工作，做好与上级领导经常性的沟通，并保证及时向领导汇报工作。

9.2.5.2 工艺流程

矿浆经控制分级旋流器进入浮选搅拌槽后和选矿药剂混合后进入一次粗选，产出的精矿称为一粗精矿，直接进入总精矿泵池。一次粗选的尾矿进入二次粗选，二次粗选的尾矿进入一次扫选，一次扫选的尾矿进入二次扫选，二次扫选的尾矿经渣浆泵送到精尾工段的尾矿分级旋流器组进行分级。二次粗选的精矿进入一次精选，二次精选的精矿进入三次精选，三次精选的精矿称为精矿，由精矿泵送到总精矿泵池，与一粗精矿合并后由总精矿渣浆泵送到精尾工段的精矿浓密机。三次精选的尾矿返回二次精选，二次精选的尾矿返回一次精选，一次精选的尾矿与一次扫选的精矿、二次扫选的精矿合并后称为中矿，由中矿泵返回浮选搅拌槽。在二次粗选、一次扫选、二次扫选均加入选矿药剂。

9.2.5.3 主要设备及工艺参数

炉渣浮选系统主要设备见表9－7。

表9－7 炉渣浮选系统主要设备

序号	设 备 名 称	规格型号及主要参数	数 量
1	入选搅拌槽	$\phi3000 \times 3000$	1×2
2	浮选机	CLF-40	9×2
3	浮选机	CLF-8	8×2
4	鼓风机	CF300-1.54	3
5	自动程控给药机		1
6	药剂泵	压头20m，流7.8L/min	3
7	精矿泵	40ZJA-I-A17	2×2
8	总精矿泵	50ZJA-IA33	2×2
9	中矿泵	80ZJA-I-A36A	2×2
10	尾矿泵	100ZJA-I-A46	2×2
11	液下泵	65ZJLA-30	4×2
12	储药槽	$\phi2000 \times 2400$	3

炉渣浮选系统的主要工艺参数控制标准见表9－8。

表9－8 炉渣浮选系统的主要工艺参数控制标准

序 号	控 制 项 目	标 准 值
1	入选给矿浓度	$40\% \sim 45\%$
2	入选给矿细度	$-0.043mm$ 占$80\% \sim 85\%$
3	渣精矿品位	$23\% \sim 25\%$
4	渣尾矿品位	$\leqslant 0.30\%$

9.2.5.4 岗位操作规程

A 浮选系统开车操作规程

（1）开车前的准备工作：

1）确认电源（中央控制室操作盘电源指示灯亮）。

2）检查设备各部位是否正在修理，有无障碍物或杂物，检查各设备传动部位的润滑油，传动皮带是否完好并手动盘车。

3）打开各浮选机液位控制阀，将浮选机液位控制切为手动控制。

4）选择好浮选系统的矿浆输送泵。关闭备用泵的给矿阀门，将选择好的泵排矿阀门关上，打开给矿阀门，打开轴封水阀门和冲洗水阀门。

5）打开浮选用风机风量调节阀门（适量）。

（2）浮选系统开车操作：

1）与精尾工段联系确认允许开车后，打开各作业工艺水管阀门。

2）启动浮选选定的各作业渣浆泵。

3）按浮选用鼓风机风机油泵"运转"按钮（现场控制柜。确定回油畅通）。

4）按浮选用鼓风机风机"运转"按钮（现场控制柜）。

5）按扫选浮选机"运转"按钮（现场控制柜，5 槽）。

6）按精选浮选机"运转"按钮（现场控制柜，8 槽）。

7）按二粗选浮选机"运转"按钮（现场控制柜，3 槽）。

8）按一粗选浮选机"运转"按钮（现场控制柜，1 槽）。

9）按搅拌槽"运转"按钮（现场控制柜，1 槽）。确认浮选系统正常后，通知磨矿岗位进行开车操作。

（3）浮选系统停车操作：

1）接到停车通知后，确认磨矿停止投料后停止加药机加药。

2）浮选运转一段时间（20～30min）后手动打开尾矿闸板阀门直至露出浮选机叶轮停车；如果是短时间停车不需要排放浮选机内矿浆。

3）停鼓风机、中矿泵和精矿泵。

4）抽 5～10min 清水后停总精矿泵和总尾矿泵。

B 鼓风机操作规程

（1）启动前准备工作：

1）在运转前应检查所有螺栓是否拧紧，并确保一切正常后方可准备启动运转。

2）检查电动机和鼓风机旋转方向是否符合规定。

3）检查油箱中油位是否符合要求，鼓风机启动前油箱中的油面应低于油箱顶部约 20～40mm，且要求高位油箱中灌满油。

4）检查稀油站冷却水流动是否畅通及冷却系统是否充满。

5）检查所有测量仪表的灵敏性及安装情况。

6）启动油站电动油泵检查润滑油管道安装的正确性及回流情况，并校正安全阀。

7）检查润滑油的油温，不得低于 25℃。

8）关闭鼓风机进口管道中的节流阀，并将出口管道中的闸阀或放空阀全部打开。

9）与总降联系确认是否可以启动。

（2）启动：

1）将稀油润滑站控制柜上油泵状态开关打至选择好的位置。

2）按稀油润滑站控制柜上油泵状态开关的位置选择要开的泵，按"1 号油泵启动"或"2 号油泵启动"，启动油泵。

3）按鼓风机控制柜上"启动"按钮，启动。

4）待鼓风机运转稳定后，将鼓风机进口管道阀门缓慢开启至 30°左右。

（3）停机：

1）缓慢关闭鼓风机进口管道中的节流阀。

2）保持油站继续正常供油，当电流突然断电时，由高位油箱中的油保证轴承的润滑。

3）按鼓风机控制柜上"停止"按钮，停机。

4）鼓风机完全停止转动后，再经过 20min 按稀油润滑站控制柜上"1 号油泵停止"或"2 号油泵停止"，停止油泵。

5）直到从所有轴承中流出的油温低于45℃为止，关闭冷却水闸门。

6）将鼓风机出风口阀门关闭。

（4）鼓风机停车后的工作：

1）将鼓风机进出管道中的闸阀关闭。

2）通过检视孔清扫聚集在叶轮上的污垢。

3）保持机组及工作地清洁卫生。

（5）鼓风机安全操作规程：

1）使用前必须先确认设备的安全防护装置完好无缺，周围无障碍物，地面无油污及杂物。

2）盘车时，严禁戴手套，以防压伤。

3）开车前，检查泵的润滑部位、机械状况和紧固件坚固状况，并确认风机转向；鼓风机启动前，必须通知总降。在风机运行过程中，经常检查风机电动机温度和进风阀和出风阀的开度是否合适，防止因进风阀过大、排风阀过小造成风机出现喘动现象。

4）由于两台鼓风机存在进行切换作业，故必须保证风机出口止回阀或手动阀门的完好，以防风机倒转。

5）鼓风机在运转中如有下列情况之一时，需立即停车：鼓风机或电动机有强烈振动或机壳内部有碰撞和研磨声时；轴承进油管道中的油压降低至0.03MPa；鼓风机的支撑轴承或止推轴承的油温超过65℃，采用各种措施后，仍然超过65℃时；油箱中，油位下降至最低油位，继续添加润滑油，但仍未能制止时；轴承或密封处出现烟状时。机组中某一个零件出现危险情况时。

6）清扫卫生时严禁用水冲刷电器设备，以防触电。

7）检修或排除故障时，要先停机，切断电源，挂牌后，方可进行工作。

C　渣浆泵操作规程

（1）渣浆泵的启动前检查工作：

1）泵及电动机地脚螺栓应全部拧紧，泵应安放在牢固的基础上以承受泵的全部重量并消除振动。

2）管路和阀门应分别支撑；有些泵的蜗壳或前护板高出法兰是为防止损坏密封垫，此时螺栓不应拧得太紧。

3）按泵的旋转方向用手盘车，泵轴应能带动叶轮旋转，且不应有摩擦，否则应调叶轮。

4）检查电动机的转向时要求联轴器中的尼龙棒要取出，保证泵的转动方向正确无误后，再把联轴器连接好，绝不允许反转，否则会使叶轮螺纹脱扣，造成泵的损坏。

5）直联传动时，泵轴应精确对中，皮带传动时，泵轴应与电动机轴平行，调整槽轮位置，使之与皮带垂直，以免引起剧烈的震动和磨损。

6）在泵的吸入口处应装配一段可拆卸短管，其长度应足以拆开前泵壳以便更换易损件和泵的检修工作。

7）轴封检查：副叶轮轴封泵，应通过减压盖上的油杯加润滑脂。润滑脂可用钙-钠基润滑脂。填料密封泵，应检查轴封水量、水压是否合适，调节填料压盖压紧螺栓，以调节填料的松紧程度，调节轴封水，以水从填料压盖处一滴滴渗出为好。如填料太紧，轴容易发热，同时功率耗费过大；反之填料太松，则液体泄漏太大。轴封水压一般应高于泵出口压力 0.035MPa。调节三角带预紧力（直接传动时无此步骤）以上检查步骤完成之后，再次检查叶轮转动是否正常，在可能的情况下，应在泵送渣浆前用清水启动泵，开吸水管阀门、开电动机，检查进出口压力和流量，检查填料处的泄漏量，如果填料发热，可先松填料压盖螺栓，使泄漏量加大，待填料与轴跑合后再调节泄漏量至规定值。

8）确认轴封水阀门和冲洗水阀门已经打开、渣浆泵周围不存在杂物和无人工作后方可开车。

（2）运转中的检查工作：

1）运转中应定期检查轴封水的压力和流量，及时调节填料压盖或更换填料，以保证始终有少量的清洁水通过轴。

2）定期检查轴承组件运转情况。开始运转时，如果轴承发热可停泵待轴承冷却后再次运行；若轴承仍严重发热，温度持续上升，则应拆卸轴承组件，查明原因。一般轴承发热是由于润滑脂（油）过量或润滑脂（油）中有杂质引起的，因此，轴承润滑脂（油）应适量、清洁并定期添加。

3）随着使用时间的延长，叶轮与护板的间隙将不断增大，泵的性能会逐渐变坏，应及时将叶轮向前护板方向调整，以保持较小的间隙，使泵保持在高效率运行。当泵磨损到其性能不能满足系统要求时，应更换过流部件（易损件）。

4）为避免过流部件因磨损失效对系统产生的严重后果，要定时拆检泵估计过流部件的寿命，以便及时更换。

（3）渣浆泵停泵的注意事项：

1）停泵过程中，绝对不允许泵轴反转。

2）停泵之前，应使泵抽送一会清水，以清洗泵内的渣浆，然后一次关闭泵、阀门、填料轴封水。

（4）渣浆泵安全操作规程：

1）开车前，检查泵的润滑部位、机械状况和紧固件坚固状况，并确认泵转向，严禁电动机反转，以防叶轮脱落。

2）带轴封水的泵运行前，应先打开轴封水。

3）盘车时，严禁戴手套，以防压伤。

4）泵运转时，严禁用手调整泵的传动部位。

5）合理控制补加水或流程阀门，严禁渣浆泵抽空。

6）严禁将金属等杂物落入泵池。

7）运行的泵与电动机，严禁做任何调整与擦拭；防止未停稳擦拭对人体造成伤害。

D　自动加药系统操作规程

选矿药剂是通过自动加药机加入的，由于加药机与加药地点有一段距离，需要一定的时间，所以加药机要在浮选机之前启动。

（1）加药机的启动：

1）确认电源。

2）检查药剂接受槽（有无药剂，如药位低于下限应先加满药剂）。

3）检查药剂接受槽出药口、药剂输送管路是否畅通。

4）将自动加药机控制柜Ⅰ系统开关及Ⅱ系统开关旋至"开"状态，并将取样器开关旋至"开"状态。

5）开车完毕。

（2）加药机的停车操作：

1）将自动加药机控制柜Ⅰ系统开关及Ⅱ系统开关旋至"开"状态，并将取样器开关旋至"开"状态。

2）清理现场。

E　CLF浮选机操作规程

（1）CLF浮选机启动前准备工作：

1）检查确认槽内是否有杂物。

2）确认电源、气源。

（2）CLF浮选机启动：

1）空槽启动。首先开始给矿，待矿浆完全盖住转子时立即启动浮选机。浮选机启动顺序如下：首先充分打开风阀给气；随后将控制柜上选择开关打至"机旁"位置，按控制柜上"启动"按钮，开动浮选机电动机；调节风阀至正常操作状态。

2）停机后满槽启动。从最后一槽逐次向首槽启动。浮选机启动顺序如下：首先充分打开风阀给气；随后将控制柜上选择开关打至"机旁"位置，按控制柜上"启动"按钮，开动浮选机电动机；开启给矿调节风阀至正常操作状态；如果轴不能转动，应关闭电动机开关，然后重新启动电动机，如反复几次都不能启动，就需将电动机启动器锁在关闭状态，打开皮带罩，人工转动皮带轮，直至皮带轮能轻松转动，操作人员迅速远离V形皮带装置，并立即按上述方法打开给风阀和启动浮选机电动机，待运转几分钟后，关闭风阀和电动机，重新安装好皮带罩，再按上述方法打开给风阀和启动浮选机电动机。

（3）CLF浮选机停机操作：

1）浮选槽排空停机操作。先停止给矿；当确认给矿完全停止后，手动打开液位控制阀；浮选机正常运转，风阀处在正常状态；直至转子可见，按控制柜上"停止"按钮，将控制柜上选择开关打至"切"位置，关闭浮选机电动机，随后关闭给风阀；打开放矿阀排走槽内剩余矿浆。

2）保持满槽矿浆停机操作。先停止给矿；确认给矿停止后，从首槽逐次向后停浮选机。

3）如果浮选机电源发生事故，浮选机机构停转，此时应立即关闭给风阀，及时处理浮选机电源。如果风机电源发生故障，给风停止，此时应立即停止浮选机运转，因为无给风浮选机功率要上升，长时间运转对电动机不利。

（4）CLF浮选机风量调节及溢流堰清理：

在实际生产中需根据矿石性质和选别作业不同调节给风量的大小。在可能情况下给风量大些为好，提高给风量主轴的功耗会下降。

浮选机启动后需反复调节浮选机上的给风阀，直至一个作业中所有浮选机的泡沫表面处于同一水平为止，在正常操作中如需调节一个作业的风量，就要调节进入该作业的总风管上的阀门，浮选机上的给风阀不可随意调整。

泡沫槽溢流堰清洗：每24~48h清洗一次泡沫槽溢流堰，使泡沫易于流动。

9.2.5.5 安全注意事项

（1）正常生产情况下，人员不应进入矿石流动空间，如矿仓、漏斗、流槽等。

（2）精矿及尾矿的取样点应设在便于取样、安全稳妥的位置。

（3）开动浮选设备时，应确认机内无人、无杂物。启动浮选机时最好用两个操作工（一个开电动机，一个开给风阀），分别从最后一槽逐次向首槽启动。

（4）应随时检查设备运转状态，发现问题及时处理。

（5）如果槽体进行了衬胶，修补用 401 胶或 ROCK4801 胶有很强的挥发性和散发微量异味，因此，在操作过程中要远离明火地区，操作人员严禁吸烟及使用明火，避免引起燃烧。操作人员工作时要戴手套及口罩，防止胶挥发对人体造成损害。一旦此胶粘到操作者手上或身上，用棉丝沾少许丙酮擦拭即可。

（6）运行中的浮选槽应防止掉入铁件等杂物或影响运转的其他障碍物。

（7）更换浮选机的三角带必须停车进行。三角带松动时，不应用棍棒去压或用铁丝去勾三角带，有问题必须停车处理。

（8）更换机械搅拌式浮选机的搅拌器，应用钢丝绳吊运，不应用三角带、麻绳吊运。

（9）不应跨在矿浆搅拌槽体上作业。溅堆到槽壁端面的矿泥应经常用水冲洗干净。

（10）浮选机进浆管、排矿管和闸阀等应保持完好、畅通和灵活，发现堵塞、磨损应及时处理。

（11）浮选机槽体因磨损漏矿浆或搅拌器发生故障必须停车检修时，应将槽内矿浆放空，并用水冲洗干净。

（12）浮选机突然跳闸停电时，应立即切断电源开关，同时通知球磨停止给矿。

（13）使用给药机调整给药量，应按设备要求程序进行。

（14）药剂管路、药槽、药库等部位动火，必须办理动火证。

（15）浮选机必须安装防护罩，防止人员靠近运转浮选机的传动皮带，以免对人员造成伤害。

（16）浮选机运转时禁止用手触摸。

（17）低配室上锁，钥匙由班组长交接管理；电仪人员进入必须做好记录。

（18）当班人员应每天检查低配室绝缘板是否损坏并保证绝缘板完好无损。

（19）低配室电闸复位时必须是车间培训的电工，并且穿戴好劳动防护用品方可入内合闸。

（20）选矿药剂为松醇油、Z-200 号、硫化钠，装卸及运输时均应防止猛烈撞击；产品应储存在阴凉、干燥通风的仓库内。防潮、防火、防暴晒。开桶和使用时应使用橡胶手套、口罩和护目镜，如果不慎粘到皮肤或眼睛上，应立即用大量水冲洗。

9.2.5.6 断电、断水、断气事故的处理

（1）事故停电后：

1）关闭设备电源开关。

2）关闭给水系统的给水阀门。

3）关闭各矿浆输送泵的给矿阀门，打开排矿阀门。

4）关闭浮选用鼓风机风门。

5）各段浮选机、搅拌槽可原封不动（一般停电时间较短时，可原封恢复运转）。

（2）恢复供电前的处理工作：

1）各机械进行试运转，并在机侧启动。

2）启动各矿浆输送泵，补充清水，稀释清水阀门全开，检查矿浆管道是否堵塞。

3）对过负荷而不能运转的机械，应将矿浆排出并冲洗，手动盘车正常后才能运转。

4）启动浮选用风机，风门在闭置时启动。

5）启动浮选机，搅拌槽。

6）启动磨浮排水地坑泵。

7）启动球磨机、振动筛、半自磨机、9 号胶带运输机、8 号胶带运输机、6 号胶带运输机、振动给料机。

（3）长时间停电时，考虑到各槽体、矿浆输送泵内矿浆都会沉淀，故须全部放空矿浆并用水冲洗。恢复供电时各机械单独进行试运转后进入正常启动操作。

（4）断水事故的处理。由于选矿车间有废水循环处理系统，2/3 的用水为处理后的回水，因此，出现断水事故时可适当降低处理量，而不需要停车。

（5）停气事故的处理。除了压滤机在停气时自动停车外（及时做好设备停车与准备工作），停气对其他选矿设备影响不大，故不需要停车。但仪表压缩用空气停气后，浓度、粒度等数据没有显示，因此，现场操作人员应根据经验及时调整有关工艺参数。

9.2.5.7　人身安全事故处理操作规程

（1）落入运转中浮选机、搅拌槽或泵池：

1）事故人员必须紧急呼救或自救。

2）如果发现有人落入浮选机、搅拌槽或泵池、浓密池中时，应立即停止设备运转，然后采取营救措施。

3）根据具体情况可以采取相应营救措施，营救措施主要有使用棍棒或安全绳搭救法、营救人员身系安全绳进入营救法、打开事故防矿阀放空等。

4）事故人员被救出后，严重者必须及时拨打 120 呼救，同时必须清理其口腔和外呼吸道的杂物，排出体内污水，及时进行人工呼吸或心脏起搏等紧急救护处理。

（2）人员被转动机械挂住或卷住事故处理：

1）当人意外被转动机械挂住或卷住衣服时，首先挣脱衣服同时紧急呼救。

2）当发现有人被转动机械挂住或卷住衣服时，应立即停止转动机械的运转，立即组织人员盘车把事故人员救出后，根据受伤情况进行紧急抢救，严重时应立即拨打 120 救援。

（3）高压油或矿浆击中眼睛事故处理：

1）如果被高压油或矿浆击中眼睛，事故者应立即呼救，不准乱跑。

2）发现有人被高压油或矿浆击中眼睛，应立即对事故者进行帮助和救护。

3）救护方法：先用干净的毛巾或布料沾水擦拭，除去眼睛周围的脏物，再用清洁水冲洗。如果受伤严重，清洗后立即用纱布包扎好，要及时拨打 120 救护。

9.2.5.8　点检规程

炉渣浮选系统点检规程见表 9-9。

表9-9 炉渣浮选系统点检规程

序号	点检设备名称	点 检 内 容	点检时间
1	浮选搅拌槽	(1) 检查电动机声音、温度是否异常。 (2) 检查传动皮带是否有脱落、断裂、打滚等现象。 (3) 检查主轴轴承的润滑是否良好。 (4) 检查槽体是否破损、泄漏。 (5) 定期检查搅拌叶片的磨损情况	1 次/h
2	浮选系统渣浆泵	同半自磨机排矿渣浆泵	1 次/h
3	浮选机	(1) 检查电动机声音、温度是否异常。 (2) 检查传动皮带是否有脱落、断裂、打滚等现象。 (3) 检查主轴轴承润滑是否良好。 (4) 检查槽面是否存在跑槽、沉槽、死槽等情况,检查风量的大小是否合适。 (5) 检查充气调节阀是否正常灵活,检查液位控制阀是否灵活。检查槽体是否漏浆。 (6) 检查排矿放空阀有无泄漏。 (7) 检查刮板是否正常运转,刮板轴承润滑是否正常,刮板电动机和减速机运转是否正常,油位是否正常,三角带有无脱落、断裂、打滑现象。 (8) 定期检查锥阀和橡胶套的磨损情况。 (9) 定期检查定子和转子的磨损情况	1 次/h
4	自动加药机	(1) 检查设备加药是否正常,检查给药量显示数据是否准确真实。 (2) 检查各给药点是否按要求给药。 (3) 检查药剂管路是否破损泄漏。 (4) 检查药剂量是否符合技术要求,药剂量的大小是否符合浮选条件。 (5) 检查电磁阀有无堵塞。 (6) 检查储药剂槽中是否有充足的储备药剂	1 次/h
5	鼓风机	(1) 检查混凝土地基有无破裂,地脚螺栓有无松动。 (2) 检查电动机声音、温度是否正常,电动机轴承润滑是否正常。 (3) 检查风机转子是否有杂音。 (4) 检查风机风量、风压是否符合浮选要求。 (5) 检查进出口阀门是否按要求开关。 (6) 检查风机轴承润滑是否良好,温度、振动有无异常。 (7) 检查油站油位、油质是否正常,滤芯有无堵塞,出口油压是否在规定范围之内,冷却器冷却水是否正常,油站电动机和油泵有无异常声音	1 次/h
6	药剂泵	(1) 检查混凝土地基有无破裂,地脚螺栓有无松动。 (2) 检查泵运转是否正常。 (3) 检查管道是否破损	1 次/h
7	地坑泵	同磨矿系统地坑泵	1 次/h
8	取样器	(1) 检查气缸是否按时动作。 (2) 检查取样器出料口阀门是否堵塞。 (3) 检查冲洗水管是否正常供水,阀门大小是否合适	1 次/h

9.2.5.9　记录

（1）浮选岗位点检记录本。

（2）药剂用量记录本。

（3）TPM台账记录本。

9.2.6　中央控制室岗位操作规程

9.2.6.1　岗位职责

（1）负责监控、了解DCS控制系统的一切生产状况，精心操作和协调，保证安全生产。有问题及时向班长汇报。

（2）从事DCS控制的操作、数据记录与保存工作，并确保真实性。

（3）具有生产调度职能，负责开车前后磨浮工段与精尾工段之间的沟通联络、磨浮工段岗位间的协调与指挥。在生产过程中，负责DCS监控范围内的指挥与协调以及生产运作和故障处理工作。

（4）负责岗位范围的清理、擦拭工作。负责中控室、排班室、走廊卫生清扫及物品摆放工作。

（5）负责循环水池的液位控制和补加水工作，防止外排水。负责循环水泵房工艺管路及阀门的点检维护及泵房的卫生清扫工作。

（6）有义务根据DCS辖区范围存在工艺问题、安全隐患及环境因素问题的实际情况，向工段提出整改或合理化改进建议。

（7）遵守制度，服从领导，认真完成上级领导安排的临时性工作，做好与上级领导经常性的沟通，并保证及时向领导汇报工作。

9.2.6.2　选矿工艺流程

空渣包接入熔融熔渣，放在渣包冷却位后，先自然冷却夏天18h、春秋20h、冬季24h以上，然后加水冷却，总冷却时间65h以上，经检测符合倒包温度（不大于60℃）后，进行卸包（即冷却渣与渣包分离），空渣包返回经点检无问题后再用，冷却渣进入破碎工序。原矿仓的物料下到棒条给料机，经1号皮带进入颚式破碎机破碎至－200mm，最后经2号、3号、4号、5号皮带进入粉矿仓。备料至粉矿仓经振动给料机给入6号/7号皮带进入半自磨机；颗粒经直线振动筛，落入8号/10号、9号/11号皮带返回半自磨机再磨。矿浆流入半自磨接收槽，经半自磨机渣浆泵进入一段分级接收槽，经一段分级渣浆泵进入一段分级旋流器，底流进入球磨机再磨，溢流进入控制分级接收槽，经控制分级渣浆泵进入控制分级旋流器，沉砂进入球磨机再磨，溢流矿浆进入浮选搅拌槽。在搅拌槽矿浆与选矿药剂充分混合后进入一次粗选，一次粗选的精矿为最终精矿，一次粗选的尾矿进入二次粗选，二次粗选的精矿进入一次精选，一次精选的精矿进入二次精选，二次精选的精矿进入三次精选，三次精选的精矿与一次粗选的精矿合并成为最终精矿，进入精矿脱水系统。二次粗选的尾矿进入一次扫选，一次扫选的尾矿进入二次扫选，二次扫选的尾矿为最终尾矿，进入尾矿脱水系统。

9.2.6.3　中控室监视操作

中控室监视操作内容见表9－10。

表9-10 中控室监视操作内容

序号	项　目	内　容
1	各设备的运转情况	监视示意盘、仪表盘、操作盘的运行指示灯、各种异常报警指示灯、电流表、转速表等是否正常
2	棒式振动给料机	监视电动机频率、电流值
3	监视各胶带运输机	是否正常运转，电流是否正常
4	颚式破碎机	监视电流是否正常
5	粉矿仓料位监视	监视料位
6	监视粉矿仓给出量	监视仪表盘、瞬间指示表、累计指示表，1h记录1次
7	振动给料机	监视电流是否正常
8	半自磨机、球磨机	监视电流、轴温、油温、油压表是否正常，出现故障报警及时与现场操作人员联系
9	旋流器	监视压力表是否在正常范围
10	磨浮系统给水量	监视半自磨机、球磨机、旋流器、浮选系统的给水量是否正常，如有异常及时与现场操作人员联系
11	电流表	监视各设备的电流值是否正常，按时抄表、记录
12	渣浆泵	监视运转是否正常，电流是否正常，转数是否合适
13	粒度仪的工作情况	监视工作是否正常
14	药剂接受槽	监视液位计液位波动是否正常
15	地坑泵	监视液位、运转是否正常，电流是否正常
16	各渣浆泵池	监视液位
17	鼓风机	监视电流、出口压力
18	浓密机	监视运转是否正常，电流是否正常
19	其他	每隔1h抄表1次，做运转原始记录

9.2.6.4　操作规程

A　破碎系统操作规程

（1）首先与现场岗位人员联系，确认各生产设备无故障，无运行障碍，各设备状态处于"中央"位置。

（2）中控室人员接到现场岗位人员通知开车后，首先点击"启动预告"，"点击确认"10s后，依次启动5号、4号、3号、2号胶带运输机；岗位人员现场启动颚式破碎机后再启动1号胶带运输机；运转正常后，启动棒条给料机并设定适当的振幅，然后点击联锁投入点确认键，使设备状态投入联锁。

（3）停车顺序：中控室人员接到现场岗位人员停车通知后，点击顺控停车，点击确认键，依次自动停止振动棒条给料机、1号胶带运输机、颚式破碎机、2号、3号、4号、5号胶带运输机。若设备处于连锁切除状态则要先停棒条振动给料机，待物料完全送完后依次停1号胶带运输机、颚式破碎机、2号、3号、4号、5号胶带运输机。

（4）紧急停车：设备运转过程中，如遇突发情况，需要紧急停车时，中控室岗位人员接到现场岗位人员通知后，点击顺控停车点确认；此时棒条振动给料机、1 号胶带运输机、颚式破碎机、2 号、3 号、4 号、5 号胶带运输机同时停止运转。注：此时各设备状态必须处于联锁投入状态。

（5）运转期间中控室人员需时刻对运转设备进行检测，检查是否处于正常状态。

B　磨矿系统操作规程

（1）磨矿系统启动磨机时，中控室人员必须通知总降，详细告知需启动的设备及设备功率，得到许可后通知现场岗位人员准备启动。

（2）开车顺序：首先与现场岗位人员确认使用的设备是否正常，是否处于中央状态，确认无问题后准备启动；同时通知精、尾矿脱水系统开车。

启动生产工艺水泵——启动管道加压泵——启动循环冷水泵及冷却塔电动机——启动控制分级渣浆泵——启动一段分级渣浆泵——待现场岗位人员启动溢流型球磨机后启动半自磨机排矿渣浆泵——启动 9 号/11 号胶带运输机——8 号/10 号胶带运输机——启动直线振动筛——打开半自磨机补加水启动阀门并调整给水量——待现场岗位人员启动半自磨机后——启动 6 号/7 号胶带运输机——启动振动给料机并调整振动频率。

（3）停车顺序：现场岗位人员通知中控室人员停车：首先停止振动给料机——待半自磨机运转 5~6min 现场手动停车后——停直线振动筛——停 8 号/10 号胶带运输机——停 9 号/11 号胶带运输机——停 6 号/7 号胶带运输机——关闭半自磨机给矿补加水气动阀门——球磨机运转 40~50min 现场手动停车后——停止半自磨排矿渣浆泵——停止一段分级渣浆泵——停止控制分级渣浆泵——待浮选系统、精尾系统相关设备停车后停止生产工艺水泵——停管道加压泵——待冷却设备达到要求后停止循环冷却水泵及冷却塔电动机。

C　浮选系统操作规程

浮选系统启动鼓风机时，中控室人员必须通知总降，得到许可后通知岗位人员现场启动。

（1）开车顺序：准备开车前中控室岗位人员应与现场岗位人员联系确认设备是否正常，并确认设备处于中央启动状态同时通知脱水工段。启动总精矿输送渣浆泵——启动精矿输送渣浆泵——启动尾矿输送渣浆泵——启动中矿输送渣浆泵——启动精选浮选机——启动粗选机——扫选浮选机（启动浮选机是从最后一槽依次向前槽启动）——启动搅拌槽电动机。

（2）停车顺序：待球磨机停止向浮选机给矿，浮选机运转一段时间接到岗位人员通知后停车；停车时从浮选机首槽向最后一槽依次停止，最后停工艺和输送渣浆泵，然后通知脱水工段。

（3）运转时中控室岗位人员要密切注意磨机电流及浮选槽液位变化及设备的运行情况，工艺参数要求，各设备电流是否正常、温度是否正常，做到及时与现场岗位人员联系，出现问题及时解决，解决不了的及时联系机械维修和电仪等相关单位处理；并时刻做好各岗位间的联系沟通协调工作。

D　安全操作规程

（1）中控室岗位必须认真监控 DCS 系统、生产监控系统、设备温度、仪表、电流是否正常，按时抄表、做好记录，对发现的问题必须及时处理、及时上报，或者通知现场设备所属岗位人员处理。

（2）中控室岗位必须与现场岗位人员保持联系，及时沟通。

（3）禁止非中控岗位人员进行操作，防止出现设备或人身事故。

9.2.6.5　记录

（1）中控室运行记录本。

（2）电量记录本。

（3）指标记录本。

9.2.7　渣精矿脱水系统岗位操作规程

9.2.7.1　岗位职责

（1）负责做好预防检查工作，负责精矿浓密机、渣浆泵、压滤机等设备的正常运转，有问题及时向班长汇报；确保精矿脱水系统工况持续稳定，保证合适的底流浓度，保证合格的滤饼水分；及时处理浓密机内的精矿，防止精矿在浓密机内积压、溢流跑浑现象的发生。

（2）负责精矿脱水设备点检、维护、加油润滑、擦拭工作，对设备存在的隐患提出意见。

（3）负责精矿的倒运及装车工作，做到符合装车标准，防止矿物洒落污染。

（4）负责岗位区域内场地、设备、岗位室的卫生清扫及物品摆放工作。

（5）负责填写原始记录和运行记录、TPM台账，保证记录真实有效。

（6）有义务根据岗位存在工艺问题、安全隐患及环境因素问题的实际情况，向工段提出整改或合理化改进建议。

（7）遵守制度，服从领导，认真完成上级领导安排的临时性工作，做好与上级领导经常性的沟通，并保证及时向领导汇报工作。

9.2.7.2　工艺流程

浮选得到的最终渣精矿进入精矿浓密机后进行一次脱水，水直接返回磨浮工段的回水泵房。经浓密机浓缩的渣精矿由浓密机底流阀排出，称为排矿，经浓密机排矿渣浆泵送至压滤机或陶瓷过滤机进行二次脱水，滤液水返回精矿浓密机；脱水后的精矿（压滤机精矿由皮带输送机输送）被送入精矿仓，由行车装车运到熔炼车间的精矿库。

9.2.7.3　主要设备

渣精矿脱水系统主要设备见表9－11。

表9－11　渣精矿脱水系统主要设备

序号	设备名称	规格型号及主要参数	数量	备　注
1	浓密机	NXZ-15M	1×2	直径15m
2	渣浆泵	50ZJA-I-A33	2×2	
3	LAROXPF全自动压滤机	PF22/32M145	1	滤板尺寸900×1750mm
4	陶瓷过滤机	HTG-60-Ⅱ	1	过滤面积60m²
5	抓斗起重机	$Q=5t$，$L_k=22.5m$	1	
6	电动葫芦	MD11-12D，$Q=1t$	1	

9.2.7.4 精脱水系统的主要控制指标

精脱水系统的主要控制指标见表 9 - 12。

表 9 - 12 精脱水系统的主要控制指标

序号	控制项目	标准值	备　注
1	浓密机排矿浓度	55% ~75%	浓度高对滤饼脱水有利但使泵运转困难，浓度的控制与浓密机的
2	渣精矿滤饼含水率	≤8%	转速、排矿阀门的开度、排矿泵补加水的调节有关

9.2.7.5 精矿脱水系统操作规程

（1）开车顺序：开车前的检查准备——关精矿给矿搅拌槽放空阀并启动压滤机给料渣浆泵池的搅拌器——开浓密机底流矿浆输送泵——开启浓密机底流冲洗水阀门——开浓密机底流阀门——启动浓密机——根据矿浆浓度情况开启立式压滤机自动控制系统（压滤机、精矿输送渣浆泵、皮带联锁开启）或陶瓷过滤机。

（2）停车顺序：磨浮停料 4 ~5h——抽吸 10 ~20min 后停浓密机——关闭浓密机底流阀门同时打开冲洗水阀门——抽吸 3 ~5min 清水无矿后停浓密机底流矿浆输送泵（关闭冲洗水阀门）——停立式压滤机自动控制系统（压滤机、精矿输送渣浆泵、皮带联锁停止）或陶瓷过滤机——压滤机下部皮带输送机。

（3）精矿脱水系统停车操作规程：

1）关闭精矿浓密机排矿阀门（在过滤机给矿浓度降到15%以下进行）。

2）按精矿浓密机排矿渣浆泵"停止"按钮（先开泵前补加清水阀门，15 ~20min 后停），关闭冲洗水和轴封水阀门。

3）先关闭精矿脱水系统，再关闭精矿分配槽放矿阀门。

4）过滤机或陶瓷过滤机停车。

5）立式压滤机停车：根据压滤机给矿搅拌槽内的物料情况判断可以停车时，按照立式压滤机自动方式停车。打开压滤机给矿搅拌槽底部放矿阀，放完矿后关闭，最后关闭压滤机给矿渣浆泵冲洗水和轴封水阀门。等地坑内的矿浆抽干后，停地坑泵。

9.2.7.6 精矿浓密机操作规程

A 启动前准备工作

（1）检查各连接处是否有松动现象。

（2）检查各个运转部件有无障碍和憋劲现象。

（3）检查电源。

（4）检查各润滑部位，油位是否合适。

（5）检查集电装置中碳刷与集电环的接触情况。

B 启动、运转、停机

（1）经检查确认机器状况正常，方可启动。

（2）启动步骤：

1）启动浓密机排矿渣浆泵；

2）手动开启浓密机底流阀门；

3）将浓密机控制柜电源开关打至"ON"位置；

4）按浓密机控制柜上"自动运行"按钮，启动行走机构。

（3）停车步骤：

1）按浓密机控制柜上"停止运行"按钮，停止行走机构；

2）将浓密机控制柜电源开关打至"OFF"位置；

3）手动关闭浓密机底流阀门；

4）停止浓密机排矿渣浆泵。

（4）待行走机构运行后，方可给料。

（5）运行时，行车机构轴承温升不得超过周围介质温度35℃，最高温度不得超过65℃。

（6）在操作过程中，要防止金属、石块等杂物落入池中。

（7）浓缩机运行当中应监视电流值、系统工作压力、溢流水质和出矿浓度。防止过负荷，调整进出矿量，保持进出平衡。

（8）停机前先停给料，让把架继续运行，直至池底沉积物不妨碍耙齿运行再停电动机。

C 浓密机安全操作规程

（1）通往中心传动式浓缩机中心盘的走桥和上下走梯应设置栏杆。楼梯踏板、过道上的矿浆、油污必须及时清理干净，以防滑倒。

（2）浓密机溢流槽边禁止人员行走。

（3）冬季结冰时，点检户外设备时抓牢扶手，浓密机楼梯与走道积雪应彻底打扫干净，小心打滑摔跤。

（4）夜间检查中心传动式浓缩机中心盘或开关、管路阀门，应有良好照明，并在他人监护下进行。

（5）浓缩机停机之前，应停止给矿，并继续输出矿浆一定时间，待输出矿浆转为清水后，才能关闭排矿阀门，再停排矿渣浆泵；恢复正常运行之前，应注意防止浓缩机超负荷运行。

（6）粒径大、密度大的矿物、各种工业垃圾等，不应进入矿浆浓缩池。如果发现，要及时处理。

（7）浓缩池的来矿流槽进口和溢流槽出口的格栅、挡板装置及排矿管（槽、沟）等易发生尾矿沉积的部位，应定期冲洗清理。

（8）勤检查浓密池内物料厚度和溢流水情况，及时根据实际情况确定运行过滤机的数量或调整操作参数，防止浓密机内物料积存过多造成过负荷或溢流跑浑。否则，将会造成车间回水系统和工艺水系统瘫痪。

（9）加强点检，防止精矿浓密机排矿系统矿浆泄漏导致人员或设备被淹。

9.2.7.7 渣浆泵操作规程

A 渣浆泵的启动前检查工作

（1）泵及电动机地脚螺栓应全部拧紧，泵应安放在牢固的基础上以承受泵的全部重量并消除振动。

（2）管路和阀门应分别支撑，有些泵的蜗壳或前护板高出法兰是为防止损坏密封垫，此时螺栓不应拧得太紧。

（3）按泵的旋转方向用手盘车，泵轴应能带动叶轮旋转，且不应有摩擦，否则应调叶轮。

（4）检查电动机的转向时要求联轴器中的尼龙棒要取出，保证泵的转动方向正确无误后，再把联轴器连接好，绝不允许反转，否则会使叶轮螺纹脱扣，造成泵的损坏。

（5）直联传动时，泵轴应精确对中，皮带传动时，泵轴应与电动机轴平行，调整槽轮位置，使之与皮带垂直，以免引起剧烈的振动和磨损。

（6）在泵的吸入口处应装配一段可拆卸短管，其长度应足以拆开前泵壳以便更换易损件和泵的检修工作。

（7）轴封检查：

1）填料密封泵，应检查轴封水量、水压是否合适，调节填料压盖压紧螺栓，以调节填料的松紧程度，调节轴封水，以水从填料压盖处一滴滴渗出为好。如填料太紧，轴容易发热，同时功率耗费过大。反之填料太松，则液体泄漏太大。轴封水压一般应高于泵出口压力 0.035MPa。

2）以上检查步骤完成之后，再次检查叶轮转动是否正常，在可能的情况下，应在泵送渣浆前用清水启动泵，开吸水管阀门、开电动机，检查进出口压力和流量，检查填料处的泄漏量，如果填料发热，可先松填料压盖螺栓，使泄漏量加大，待填料与轴跑合后再调节泄漏量至规定值。

（8）确认轴封水阀门和冲洗水阀门已经打开、渣浆泵周围不存在杂物和无人工作后方可开车。

B 运转中的检查工作

（1）运转中应定期检查轴封水的压力和流量，及时调节填料压盖或更换填料，以保证始终有少量的清洁水通过轴。

（2）定期检查轴承组件运转情况。开始运转时，如果轴承发热可停泵待轴承冷却后再次运行；若轴承仍严重发热，温度持续上升，则应拆卸轴承组件，查明原因。一般轴承发热是由于润滑脂（油）过量或润滑脂（油）中有杂质引起的，因此，轴承润滑脂（油）应适量、清洁并定期添加。

（3）随着使用时间的延长，叶轮与护板的间隙将不断增大，泵的性能会逐渐变坏，应及时将叶轮向前护板方向调整，以保持较小的间隙，使泵保持在高效率运行。当泵磨损到其性能不能满足系统要求时，应更换过流部件（易损件）。

（4）为避免过流部件因磨损失效对系统产生的严重后果，要定时拆检泵估计过流部件的寿命，以便及时更换。

C 渣浆泵安全操作规程

（1）开车前，检查泵的润滑部位、机械状况和紧固件坚固状况，并确认泵转向，严禁电动机反转，以防叶轮脱落。

（2）带轴封水的泵运行前，应先打开轴封水。

（3）盘车时，严禁戴手套，以防压伤。

（4）泵运转时，严禁用手调整泵的传动部位。

（5）合理控制补加水或流程阀门，严禁渣浆泵抽空。

（6）严禁将金属等杂物落入泵池。

（7）停泵过程中，绝对不允许泵轴反转。

（8）停泵之前，应使泵抽送一会清水，以清洗泵内的渣浆，然后一次关闭泵、阀门、填料轴封水。

9.2.7.8　立式压滤机操作规程

A　立式压滤机启动前准备工作

（1）确认电源、气源。

（2）确保设备附近没有人员，确保没有梯子或其他物体斜靠在压滤机上。确保高压水站的水位低于水槽顶部150mm，且无杂物进入；检查滤布接缝的情况。

（3）确保滤板间没有异物，确保保护罩在压滤机运行时关闭；清除触摸屏周围的障碍物。

（4）清洁PC元件的灰尘；检查油量是否足够，检查油温，检查润滑装置及仪表有无毛病。

（5）确保水管、料浆管滤网、进料管等畅通。

（6）确保液压装置无泄漏。

（7）启动液压系统前检查下列几点：

1）检查液压管路和部件是否在运输途中损坏。

2）检查电源电压和频率是否正确。

3）检查泵的旋转方向是否与箭头所示一致。

4）检查蓄能器预先充电的压力值（10MPa N_2）。

（8）启动立式压滤机之前，先启动下部的皮带输送机，并确认运转正常。

B　立式压滤机启动、运行与停止

（1）将总开关S700旋转到"开"位置（这时S733/H733闪烁，S708/H708灯亮，如果不是这样，在柜子内部检查主电源和保险丝）。

（2）自动控制启动（为正常运行方式）：

1）在触摸屏上点击"运行方式"，选择"自动"方式。

2）将液压装置开关S755旋转到"开"的位置。

3）按S710"启动"按钮，从当前阶段重新启动压滤机（注意：在启动压滤机前，"启动"按钮信号灯闪烁，表示压滤机已经准备运行。如果不是这样，要确保没有警报出现）。

（3）手动控制启动：

1）在触摸屏上点击"运行方式"，选择"手动"方式。

2）将液压装置开关S755旋转到"开"的位置。

3）第4步可到达压力释放阶段。要选择其他阶段，使用左向或右向箭头触摸键来浏览不同的阶段。

4）按S710"启动"按钮（注意：在启动压滤机前，"启动"按钮信号灯闪烁，表示压滤机已经准备运行。如果不是这样，要确保没有警报出现）。

5）要进行下一个阶段，按一下S710"启动"按钮。

注意：在同一循环中，过滤阶段不能选择两次。如果过滤进行了10s或更多，然后停机并重新启动，程序会自动忽略进料阶段，从软管洗涤开始运行。板框没有完全密封时，不能选择工艺阶段。板框没有完全打开时，不能选择卸饼阶段。在人工方式下，预先过滤和过滤阶段必须有操作者在现场监控。如果没有，会引起滤腔进料过多，从而严重损毁滤板。严禁在人工方式下压滤机现场无人操作。观察滤饼情况、高压水站状况、清水箱状况、挤压压力、给料压力、洗涤液压力、板框间是否有泄漏，滤布是否跑偏或破损，隔膜状况，料浆管是否畅通。

（4）自动控制停车：

1）在触摸屏上点击运行方式的"结束"方式。

2）待滤布清洗完毕后，将液压装置开关 S755 旋转到"关"的位置。

3）将总开关 S700 旋转到"关"位置。

（5）手动控制停车。按 S708"停车"键。

C　立式压滤机安全操作规程

（1）启动压滤机前，确保设备附近没有人员，确保滤板间没有异物。

（2）牢记压滤机操作需要的高压空气、高压水和液压油和矿浆都是在高压下工作的，这些管路上的任何损坏都是非常危险的。

（3）禁止在压滤机工作时进行维护或维修工作，禁止在压滤机工作时打开软管保护罩。在压滤机工作过程中，禁止把手或其他物品放入板框内，禁止触碰滤布，禁止人员进入顶部压板平台区域。

（4）压滤机是全自动操作，不同的部件无需单独进行操作。在压滤机附近工作时，要戴安全帽、防护眼镜，穿长袖工作服。过滤腐蚀性或其他危险物料时，注意特殊安全须知。

（5）进行小的维修或调节时，等待循环结束，按"紧急停车"按钮使压滤机停止工作后开始维修。

（6）需长时间停止工作时，操作步骤如下：在循环结束后停止压滤机，关闭手动阀，从总开关处切断电源。

9.2.7.9　皮带运输机操作规程

A　启动前准备工作

（1）检查确认皮带上面和周围无异物，如铁块、钢钎等。

（2）检查确认所有的紧固件是否紧固。

（3）检查确认是否有足够的润滑油脂。

（4）启动、运转、停机。

（5）经检查确认机器状况正常，方可启动。

B　启动步骤

（1）将控制柜上选择开关打至"机旁"位置。

（2）按控制柜上"启动"按钮，启动机器。

（3）启动后若发现有不正常情况，应立即停止开动，必须在查明和消除不正常的情况后，方可再启动皮带运输机。

C　停车

等皮带上的物料运送完毕后方可停止皮带运转。

（1）按控制柜上"停车"按钮停机。

（2）将控制柜上选择开关打至"切"位置。

D 运转中检查

（1）输送机各运转部位应无明显噪声。

（2）各轴承有无异常温升。

（3）各滚筒、托辊的转动及紧固情况。

（4）清扫器的清扫效果是否良好。

（5）卸料车通过轨道接头时有无明显冲击。

（6）输送带的松紧程度是否合适。

（7）各电气设备、按钮应灵敏可靠。

E 皮带运输机系统安全操作规程

（1）班前按规定着装，严格做到"三紧"（三紧为袖口紧、领口紧、下摆紧），戴好安全帽，系好帽带。

（2）操作人员要熟悉掌握本岗位电器机械设备和安全装置，做到熟练操作。

（3）运转前，检查各传动部位有无障碍物，确认不在检修中。检查确认安全防护装置是否齐全有效，设备上方是否四周无人，联锁是否可靠，螺丝是否松动，防护罩是否完好，皮带接头是否完好等，发现问题及时处理。无异常情况时发出信号后方可开车。开车时要两次启动，第一次启动皮带时，时间要短，等停稳30s后再二次启动。空载运转3~5min，经检查确认无问题后方可进行负荷运转。停车后或开车前要检查各下料漏斗挡板是否松动，要保持牢固，防止脱落造成堵塞或伤害皮带。设备长期未运转，启动时，应先用手或工具空载转动设备盘车，开车后发现设备有冒烟、冒火等现象时，应立即停车处理。在正常运转过程中，如果在控制室内联锁启动，开车后要精力集中，信号联系要确认无误。

（4）运转中，禁止跨越皮带或在皮带下面穿行。严禁在皮带上坐卧休息，严禁隔皮带传递物品，严禁用手触摸皮带、滚筒、托辊等转动部位。严禁清扫转动部位及皮带下卫生，严禁更换零部件。要随时巡检，确保设备安全运行。

（5）处理皮带跑偏时，禁止用钢钎、木棍等物件调皮带。

（6）皮带打滑时，严禁拖拉、脚踢或用脚踏皮带或将物料、棍棒塞进传动部位。

（7）运转时，严禁用铁铲、钢钎等物件捅、刮清理滚筒、托辊上黏结的矿泥。清理滚筒粘料和杂物时，必须停机，严禁皮带运行时进行，如果皮带内卷入杂物，禁止在运转中拉拽或清理；要及时停机点动清除，防止损坏皮带。

（8）手选皮带运输机上较小的杂物时，人与运转皮带之间保持一定距离，以确保安全。清除大块时，按手选中"停止"按钮，皮带停止运转后方可进行，不得用脚代手清除大块，捡出杂物时，要防止伤及附近的人和设施。

（9）设备各部的安全防护罩不允许任意拆除，检修设备时拆下的，检修后应立即恢复好。

（10）设备检修时必须严格执行挂牌制度，并将开关打到"切"，解除联锁，做好记录。换托辊时，有拉绳开关的应断开开关，无拉绳开关的将现场控制选择开关打至"切"，要注意安全，防止挤伤。

（11）皮带检修时，严格执行停电挂牌制度，防止未挂牌带来机械伤害。

9.2.7.10 抓斗起重机安全操作规程

（1）配备专职人员操作。

（2）天车司机必须经特种作业培训和安全考试合格后持证上岗。

（3）工作前必须穿戴好劳动保护用品，穿合体的工作服并做到三紧，必须穿绝缘鞋、系好鞋带，戴好安全帽、系好帽带，登高作业有坠落危险时必须系安全带，安全带要高挂低用。

（4）上天车必须做好确认，攀登梯架要抓牢踏实，严禁跑步上下或打闹等。

（5）严禁班前、班中喝酒，严禁酒后上岗。

（6）非岗位人员严禁触动本岗位各类开关，任何电器设施在未验电以前，一律按有电对待。

（7）作业前全面检查并对各机构试运转几次，检查急停开关和限位开关等的动作灵敏性和各制动器的工作可靠性。

（8）遇到下列情况时，应发出警告信号：

1）启动后、开动前；

2）靠近相邻同跨的起重机时；

3）吊物起升或下降时；

4）吊物接近地面工作人员时，吊物经过工作人员上方时；

5）在吊运安全通道上方运行时；

6）在吊运过程中发生设备故障时。

（9）操作过程中，注意各机构制动行程，确保吊运和行驶安全；不准迅速扳转控制手柄，应逐级推进，防止抓斗游摆产生冲击；注意移动行程，不准猛击限位开关和缓冲器。吊物时天车工只听专职人员指挥，但对任何人发出的停车信号必须立即执行。吊运中发现制动器失灵时要反复点动，使抓斗降落到安全位置，严禁自然坠落。运行中停电时应将控制器扳回零位，根据情况落下吊物。开车时精神要集中，严禁开车过程中接打电话或与其他人员聊天等。

（10）发现钢丝绳、抓斗、滑轮组、轨道损伤达到报废标准时，必须立即停止使用。天车上、走梯上和轨道上不得存放和遗留工具等杂物。

（11）进行检查和维修或打扫卫生时应切断电源，天车未停稳，禁止上下天车。禁止从一台天车跨上另一台天车，严禁用一台起重机撞移另一台起重机。检查时应注意避开旋转和移动部位。确实需要停车，必须停车到安全位置。严格按操作顺序平稳运行，不允许三个以上的控制器同时工作，在接近限位终端或两车要相遇时应减速，严禁打反车制动。

（12）冬季取暖，夏季降温的设备要做到人走电停。发现漏电或电器火灾时应先切断电源，正确使用灭火器，严禁用水灭火。

（13）在桥架跨中安装吨位牌。

（14）起重机运行时，禁止人员在桥架的小车上停留。

（15）禁止在起重机上抛投物品。吊物上严禁站人或放置其他物品，特别是易燃物品。

（16）禁止吊运或抓运物品或物料从人头和重要设备或车辆上方通过或停留，吊运过程中应注意观察下面情况。吊运物品从一般设备上通过时，确保在设备上方0.5m以上。并严禁在空中长时间停留。

（17）起重机械应装设过卷、超载、极限位置限制器及启动、事故信号装置，并设置安全联锁保护装置。

（18）轨道式起重机的运行机构应有行程限位开关和缓冲器。轨道端部应有止挡或立柱。同一轨道上有两台以上起重机运行时，应设防碰撞装置。不准用限位开关、急停开关等做正常情况下断电停车手段。

（19）在有可能发生起重机构件挤撞事故的区域内作业，应事先与有关人员联系，并做好监护。

（20）操作起重机应遵守下列规定：

1）烟雾太浓，视线不清或信号不明，均应停止作业。

2）不应斜拉斜吊、拖拉物体及吊拔埋在地下且起质量不明的物体。

3）起吊用的钢丝绳应与固定铁卡规格一致，并应按起重要求确定铁卡的使用数量。

4）被吊物体不应从人员上方通过。

5）不应利用极限位置限制器停车。

6）起重机工作时，吊钩与滑轮之间应保持一定的距离，防止过卷。

7）在同一轨道上有多台起重机运行时，相邻两台起重机的突出部位的最小水平距离应不小于2m；两层起重机同时作业时，下层应服从上层。

8）吊运物体时不应调整制动器，制动垫磨损不正常或磨损超过一半应立即更换。

9）起重机吊钩达到最低位置时，卷筒上的钢丝绳应不少于三圈。

10）不应用电磁盘代替起重机作业。

（21）工作人员应在指定的地点上下起重机，不应在轨道旁行走。

（22）抓斗起重机司机室，应布置在无导电裸滑线的一侧，并设置攀登司机室的梯子。若布置在导电裸滑线的同一侧，应采用安全型导电滑线，并在通向起重机的梯子和走台与滑线之间设防护板。

（23）严禁用天车作为提升载人工具。严禁运行中检查维修和打扫卫生，特别严禁带负荷调整制动器，调整提升、闭合制动器时必须将抓斗降落到料面等安全位置。打扫卫生时严禁站在主梁上，打扫端梁时要面向舱口，一手抓紧栏杆，防止失足坠落，确需登上主梁或轨道时应切断电源，专人监护。严禁用湿布湿手、擦拭电器设施。

（24）严格执行"十不吊"的规定。

（25）工作完毕后的职责：

1）将小车停在远离滑线的一侧，不得放于跨中，大车开到指定位置。

2）应将抓斗放在地面上，不得悬于空中；起重机在停止工作前要把吊钩提到高位，抓斗起重机停止工作时要把抓斗垂直放到水平承重面上，防止抓斗倾斜；同时保证钢丝绳拉紧，防止钢丝绳过松引起钢丝绳串槽或打扣。

3）所有控制器应回零位，紧急开关扳转位断路，拉下保护柜刀开关，对行车进行检查，将检查情况和运行中出现情况记录于记录表；清扫卫生；关闭司机室门后下车；严格进行交接班。

（26）精矿行车装车时，抓斗离车厢的高度保持在1.5m左右，不得高于1.5m。待装车辆周围不允许有人员，司机必须离开驾驶室。

9.2.7.11　电动葫芦安全操作规程

（1）使用前应先检查电葫芦减速机、电动机、钢丝绳传动部分及安全防护是否处于安全良好状态，如有缺陷，严禁启动。

（2）使用电动葫芦时，要注意运行状态是否良好，特别要防止挤住钢丝绳，造成事故。

（3）吊物件时要拴好钢绳，在吊物离开地面 50～100mm 时停止提升，确认制动系统是否良好，以免吊件落下伤人。

（4）要经常检查减速机油位，防止缺油造成事故。

（5）吊装物件时，吊物下严禁站人。

（6）有下列情况之一者不应进行操作：

1）超载或物体质量不清，吊拔埋置物及斜拉、斜吊等。

2）电动葫芦有影响安全工作的缺陷或损伤，如制动器、限位器失灵，吊钩螺母防松装置损坏，钢丝损伤达到报废标准等。

3）捆绑吊持不牢或不平衡而可能滑动。重物棱角处与钢丝之间未加衬垫等。

4）作业地点昏暗，无法看清场地和被吊物。

（7）吊装时严禁斜拉吊装，严禁吊物未落地停车和现场无人，严格执行"十不吊"的规定。

（8）检修时严格执行检修停电挂牌制度。

（9）电葫芦使用完后，要切断电源，锁好电源，锁好电源制动箱，停在安全通道以外安全位置。

9.2.7.12　停电事故的处理

突然停电时，要及时关闭电源开关。如果工艺水泵停电，必要的流程故障处理水管（浓密机底流冲洗水管）要及时关闭，防止矿浆堵塞水管路。停车处理工作做完后，关闭水网总阀门。如果在冬天，工艺水管阀门不要关闭完全，防止结冰冻坏阀门与管路。

A　事故停电后的处理工作

（1）关闭设备电源开关、开仪表用压缩空气阀门。

（2）关闭浓密机排矿阀门（打开反冲清水）。

（3）打开排矿渣浆泵的排矿阀门，排出管道内的矿浆。浓密机、过滤机、精矿搅拌槽以及精脱水地坑泵可原封不动（一般停电时间较短，可恢复运转）。如果长时间停电，必须把精矿搅拌槽内的矿浆及时放空，排空后及时关闭阀门。

B　恢复供电时的处理工作

（1）精矿浓密机先提耙再启动。如耙子过负荷，则应放矿冲干净。

（2）将面板上手动/自动旋钮转为手动控制（现场操作控制柜。单机启动，如耙子压死，则应放矿冲干净）。

（3）盘车、启动精矿分配槽搅拌器（如搅拌叶轮压死，则应放矿冲干净）。

（4）启动精脱水地坑泵（现场操作控制柜）。

（5）按生产回水泵"运转"按钮（切换到自动位置）。

（6）按精脱水地坑泵（或切到自动启动）。

（7）开仪表用压缩空气阀门。

（8）按精矿浓密机排矿泵"运转"按钮（先开泵前冲洗水阀门）。启动压滤机给料渣浆泵，按操作规程启动压滤机。

9.2.7.13　点检规程

生产设备点检规程见表 9-13。

表9－13　生产设备点检规程

序号	点检设备名称	点 检 内 容	点检时间
1	渣浆泵	（1）检查电动机声音、温度是否异常，轴承箱温度有无异常。 （2）检查电动机润滑是否正常，轴承箱油位是否符合要求。 （3）检查基础混凝土有无明显腐蚀，地脚螺栓有无松动。 （4）检查泵体盘根是否漏浆。 （5）检查矿浆管路是否漏浆。 （6）检查水封水是否适量。 （7）检查排矿放空阀有无泄漏。 （8）检查泵池是否破损泄漏。 （9）检查泵进出口管道是否破损。 （10）检查泵池的防护筛网是否完好	一次/h
2	立式压滤机	（1）检查滤布是否跑偏、完好和运行稳定。液压系统是否正常。 （2）检查板框间是否有浆液泄漏。 （3）检查格子板是否堵塞，调偏机构的紧固螺栓是否松动。 （4）检查高压水泵是否运转正常	1次/h
3	浓密机	（1）检查基础混凝土有无破裂，地脚螺栓有无松动。 （2）检查电动机声音、温度是否异常。 （3）检查过滤箱过滤情况。 （4）检查液压站运行有无异音，液压管路有无泄漏，有无明显振动，温度有无异常。 （5）检查液压电动机减速机运转是否平稳，油位、油质是否正常，温度有无异常。 （6）检查各传动部位是否运转灵活，有无异音，传动部位润滑磨损情况。 （7）检查给矿管道是否破损。 （8）检查排矿口是否全部开启，是否堵塞；排矿接受槽顶部孔盖是否密封完好。 （9）检查溢流水是否跑浑	1次/h
4	抓斗行车	（1）检查轨道有无明显高低不平，焊缝有无明显磨损。 （2）检查抓斗卷筒机构，卷筒槽有无明显磨损，钢丝绳压板是否牢固可靠。 （3）检查三角连板是否脱焊、变形、磨损，连接板是否脱出。 （4）检查上线滑轮组是否脱出，挡绳器是否损坏脱落。 （5）检查拉杆是否变形、脱落，颚板销是否脱出。 （6）检查抓斗包角、颚板、刀口板是否脱焊、变形、损坏。 （7）检查大小车减速器螺栓是否松动，油位是否在规定范围，运转过程中是否有异音。 （8）检查各联轴器螺栓是否断裂松动，各安全装置是否完好。 （9）检查大小车轨道是否松动、断裂、错位，限位开关动作是否正常，大小车电缆是否灵活。 （10）检查钢丝绳是否断丝、断股、露芯、扭结、腐蚀、松散、磨损。 （11）检查抓斗运动件是否运转灵活，抓斗是否闭合严密。 （12）检查大小车制动器是否完好灵活，缓冲器是否变形	2次/班

序号	点检设备名称	点 检 内 容	点检时间
5	精矿用地坑泵	检查扬量是否正常，有无杂音、振动等，过滤器是否被杂物堵塞，应定期检查清扫，轴承有无过热、杂音现象	1 次/h
6	浓密机液下泵	检查扬量是否正常，有无杂音、振动等，过滤器是否被杂物堵塞，应定期检查清扫，轴承有无过热、杂音现象	1 次/h
7	矿浆管路、阀门	检查有无堵塞、泄漏现象，自动阀门是否到位	1 次/h
8	精矿输送皮带	检查皮带是否堵塞，电动机有无过热、杂音等	1 次/h
9	浓密机底流缓冲箱	检查是否堵塞	1 次/h

生产工艺点检规程见表 9 - 14。

表 9 - 14 生产工艺点检规程

序号	点检项目	工艺点检内容		点检时间	
		专业人员点检内容	操作人员点检内容	专业点检	操作点检
1	浓密机/压滤机	（1）检查浓密机的底流浓度是否符合工艺要求。 （2）检查溢流是否跑浑。 （3）检查滤饼水分是否符合要求。 （4）检查脱水药剂用量是否合适	（1）检查浓密机的底流浓度是否符合工艺要求。 （2）检查溢流是否跑浑。 （3）检查滤饼水分是否符合要求	2 次/d	1 次/h
2	生产流程	检查生产流程的"跑、冒、滴、漏"问题	检查生产流程的"跑、冒、滴、漏"问题	2 次/d	1 次/h

9.2.7.14 记录

（1）精矿脱水岗位设备点检记录。

（2）精矿脱水岗位操作记录。

9.2.8 渣尾矿脱水系统岗位操作规程

9.2.8.1 岗位职责

（1）负责做好预防检查工作，负责浓密机、渣浆泵、旋流器、陶瓷过滤机等设备正常运转，有问题及时向班长汇报。确保尾矿脱水系统工况持续稳定，保证合适的底流浓度，保证合格的滤饼水分。及时处理浓密机内的尾矿，防止尾矿在浓密机内积压、溢流跑浑现象的发生。

（2）负责尾矿脱水设备点检、维护、加油润滑、擦拭工作，对设备存在的隐患提出意见。

（3）负责尾矿的倒运及装车工作，做到符合装车标准，防止矿物洒落污染。

（4）负责岗位区域内场地、设备、岗位室的卫生清扫及物品摆放工作。

（5）负责填写原始记录和运行记录、TPM 台账，保证记录真实有效。

（6）有义务根据岗位存在工艺问题、安全隐患及环境因素问题的实际情况，向工段提出整改或合理化改进建议。

（7）遵守制度，服从领导，认真完成上级领导安排的临时性工作，做好与上级领导经常性的沟通，并保证及时向领导汇报工作。

9.2.8.2　工艺流程

尾矿经尾矿旋流器组分级后，粗物料进入尾矿分配槽；细物料进入尾矿浓密机脱水，尾矿浓密机的溢流水返回磨浮工段的回水泵房。细物料经尾矿浓密机浓缩后由底流阀排出，称为排矿，经排矿渣浆泵送到尾矿分配槽，与旋流器分级后的粗物料混合后分配给入陶瓷过滤机进行脱水；滤液水返回尾矿浓密机，脱水后的尾矿送入尾矿库，由行车装车外运。

9.2.8.3　主要设备

渣尾矿脱水系统主要设备见表9－15。

表9－15　渣尾矿脱水系统主要设备

序号	设备名称	规格型号及主要参数	数量	备　注
1	陶瓷过滤机	HTG-60-Ⅱ	7	过滤面积60m²
2	浓密机	GZN-30	1×2	直径30m
3	抓斗行车	$Q=10t$，$L_k=25.5m$	3	
4	旋流器	FX100-GKx24	1×2	
5	电动葫芦	MD3-18D，$Q=5t$	1	
6	渣浆泵	100ZJA-Ⅰ-A33	2×2	

9.2.8.4　主要控制指标

渣尾矿脱水系统主要控制指标见表9－16。

表9－16　渣尾矿脱水系统主要控制指标

序号	控制项目	标准值	备　注
1	浓密机排矿浓度	55%～75%	浓度高对滤饼脱水有利但使泵运转困难，浓度的控制与浓密机的转速、排矿阀门的开度、排矿泵补加水的调节有关
2	尾矿滤饼含水率	≤10%	

9.2.8.5　尾矿脱水系统操作规程

A　开车顺序

开车前的检查准备——启动旋流器——开浓密机底流矿浆输送泵——开启浓密机底流冲洗水阀门——开浓密机底流阀门——启动浓密机——根据矿浆浓度情况启动尾矿分配槽选择并打开分矿阀门——启动选好的陶瓷过滤机。

B　停车顺序

磨浮停料后，浓密机运转4～5h——停浓密机——待浓密机底流浓度接近清水后，关闭浓密机底流阀门同时打开冲洗水阀门——抽吸3～5min清水无存矿后停浓密机底流矿浆输送泵（关闭冲洗水阀门）——10~20min 无矿后停陶瓷过滤机——启动清洗系统——清洗完毕后停车。

C 尾矿脱水系统停车操作注意事项

（1）关闭尾矿浓密机排矿阀门（在过滤机给矿浓度降到20%以下进行）。

（2）按尾矿浓密机排矿渣浆泵"停止"按钮（先开泵前补加清水阀门，15~20min 后停），关闭冲洗水和轴封水阀门。

（3）关闭尾矿分配槽分矿阀门。

（4）陶瓷过滤机要停车时：

1）根据陶瓷过滤机的运行状态（自动或手动）按照停车操作规程停车（过滤机放槽时根据事故泵池料情况确定开动地坑泵）。

2）关真空泵、循环水泵、地坑泵。

3）预期停机 24h 以上，关好水源、电源、压风机。

4）认真、如实清楚地填好操作记录。

5）清扫整理现场、冲洗地面。

6）停车完毕。

9.2.8.6 旋流器操作规程

（1）检查确认控制柜电源（控制柜上开关指示灯亮，若指示灯不亮，打开控制柜后盖合上电源开关）。

（2）检查确认控制柜气源（控制柜上压力表指示压力为 0.7MPa，若无压力，打开控制柜后盖，打开气源开关，若压力不够，调整压力）。

（3）选择好要使用的旋流器，按控制柜上气动阀门开关。

（4）检查确认旋流器气动阀门是按设定情况开关的。

（5）定时检查旋流器底流，发现旋流器沉砂嘴堵塞要及时疏通。

（6）旋流器安全操作规程：

1）更换沉砂嘴或溢流管时，需切换旋流器后才可以更换。

2）处理旋流器气阀故障时，必须停止与该旋流器组相对应的渣浆泵，方准处理。

9.2.8.7 渣浆泵操作规程

A 渣浆泵的启动前检查工作

（1）泵及电动机地脚螺栓应全部拧紧，泵应安放在牢固的基础上以承受泵的全部重量并消除振动。

（2）管路和阀门应分别支撑，有些泵的蜗壳或前护板高出法兰是为防止损坏密封垫，此时螺栓不应拧得太紧。

（3）按泵的旋转方向用手盘车，泵轴应能带动叶轮旋转，且不应有摩擦，否则应调叶轮。

（4）检查电动机的转向时要求联轴器中的尼龙棒要取出，保证泵的转动方向正确无误后，再把联轴器连接好，绝不允许反转，否则会使叶轮螺纹脱扣，造成泵的损坏。

（5）直联传动时，泵轴应精确对中，皮带传动时，泵轴应与电动机轴平行，调整槽轮位置，使之与皮带垂直，以免引起剧烈的振动和磨损。

（6）在泵的吸入口处应装配一段可拆卸短管，其长度应足以拆开前泵壳以便更换易损件和泵的检修工作。

(7) 轴封检查:

1) 填料密封泵,应检查轴封水量、水压是否合适,调节填料压盖压紧螺栓,以调节填料的松紧程度,调节轴封水,以水从填料压盖处一滴滴渗出为好。如填料太紧,轴容易发热,同时功率耗费过大,反之填料太松,则液体泄漏太大。轴封水压一般应高于泵出口压力 0.035MPa。

2) 以上检查步骤完成之后,再次检查叶轮转动是否正常,在可能的情况下,应在泵送渣浆前用清水启动泵,开吸水管阀门、开电动机,检查进出口压力和流量,检查填料处的泄漏量,如果填料发热,可先松填料压盖螺栓,使泄漏量加大,待填料与轴跑合后再调节泄漏量至规定值。

(8) 确认轴封水阀门和冲洗水阀门已经打开、渣浆泵周围不存在杂物和无人工作后方可开车。

B　运转中的检查工作

(1) 运转中应定期检查轴封水的压力和流量,及时调节填料压盖或更换填料,以保证始终有少量的清洁水通过轴。

(2) 定期检查轴承组件运转情况。开始运转时,如果轴承发热可停泵待轴承冷却后再次运行;若轴承仍严重发热,温度持续上升,则应拆卸轴承组件,查明原因。一般轴承发热是由于润滑脂(油)过量或润滑脂(油)中有杂质引起的,因此,轴承润滑脂(油)应适量、清洁并定期添加。

(3) 随着使用时间的延长,叶轮与护板的间隙将不断增大,泵的性能会逐渐变坏,应及时将叶轮向前护板方向调整,以保持较小的间隙,使泵保持在高效率运行。当泵磨损到其性能不能满足系统要求时,应更换过流部件(易损件)。

(4) 为避免过流部件因磨损失效对系统产生的严重后果,要定时拆检泵估计过流部件的寿命,以便及时更换。

C　渣浆泵停泵的注意事项

(1) 停泵过程中,绝对不允许泵轴反转。

(2) 停泵之前,应使泵抽送一会清水,以清洗泵内的渣浆,然后一次关闭泵、阀门、填料轴封水。

D　渣浆泵安全操作规程

(1) 开车前,检查泵的润滑部位、机械状况和紧固件坚固状况,并确认泵转向,严禁电动机反转,以防叶轮脱落。

(2) 带轴封水的泵运行前,应先打开轴封水。

(3) 盘车时,严禁戴手套,以防压伤。

(4) 泵运转时,严禁用手调整泵的传动部位。

(5) 合理控制补加水或流程阀门,严禁渣浆泵抽空。

(6) 严禁将金属等杂物落入泵池。

9.2.8.8　尾矿浓密机操作规程

A　启动前准备工作

(1) 检查各连接处是否有松动现象。

（2）检查各个运转部件有无障碍和憋劲现象，查看轨道及齿条。

（3）检查电源。

（4）检查各润滑部位，油位是否合适。

（5）检查集电装置中碳刷与集电环的接触情况。

B　启动、运转、停机

（1）经检查确认机器状况正常，方可启动。

（2）启动步骤：

1）启动浓密机排矿渣浆泵；

2）手动开启浓密机底流阀门；

3）将浓密机控制柜电源开关打至"ON"位置；

4）按浓密机控制柜上"自动运行"按钮，启动行走机构。

（3）停车步骤：

1）按浓密机控制柜上"停止运行"按钮，停止行走机构；

2）将浓密机控制柜电源开关打至"OFF"位置；

3）手动关闭浓密机底流阀门；

4）停止浓密机排矿渣浆泵。

（4）待行走机构运行后，方可给料。

（5）运行时，行车机构轴承温升不得超过周围介质温度35℃，最高温度不得超过65℃。

（6）在操作过程中，要防止金属、石块等杂物落入池中。

（7）浓缩机运行当中应监视电流值、系统工作压力、溢流水质和出矿浓度。防止过负荷，调整进出矿量，保持进出平衡。

（8）停机前先停给料，让耙架继续运行，直至池底沉积物不妨碍耙齿运行再停电动机。

C　浓密机安全操作规程

（1）通往周边传动式浓缩机中心盘的走桥和上下走梯应设置栏杆。楼梯踏板、过道上的矿浆、油污必须及时清理干净，以防滑倒。

（2）浓密机溢流槽边禁止人员行走。

（3）冬季结冰时，点检户外设备时抓牢扶手，浓密机楼梯与走道积雪应彻底清理干净，小心打滑摔跤。

（4）夜间检查周边传动式浓缩机中心盘或开关、管路阀门，应有良好照明，并在他人监护下进行。

（5）浓缩机停机之前，应停止给矿，并继续输出矿浆一定时间，待输出矿浆转为清水后，才能关闭排矿阀门，再停排矿渣浆泵；恢复正常运行之前，应注意防止浓缩机超负荷运行。

（6）大粒径、高密度的矿物、各种工业垃圾等，不应进入矿浆浓缩池。如果发现，要及时处理。

（7）浓缩池的来矿流槽进口和溢流槽出口的格栅、挡板装置及排矿管（槽、沟）等易发生尾矿沉积的部位，应定期冲洗清理。

（8）勤检查浓密池内物料厚度和溢流水情况，及时根据实际情况确定运行过滤机的数量或调整操作参数，防止浓密机内物料积存过多造成过负荷或溢流跑浑。否则，将会造成车间回水系统和工艺水系统瘫痪。

（9）加强点检，防止尾矿浓密机排矿系统矿浆泄漏导致人员或设备被淹。

9.2.8.9 陶瓷过滤机操作规程

A 陶瓷过滤机启动前准备工作

（1）确认电源、气源。

（2）清除各运转部件上所有松散物及障碍物。

（3）检查各润滑部位润滑是否到位。

（4）清水箱至少有半箱水，真空泵进水阀打开。

（5）检查调整陶瓷板与刮刀间隙（要求为 $0.5 \sim 1.0$ mm）。

B 陶瓷过滤机强电启动操作

（1）打开电控柜门，将三级总开关 QF_0 合上，依次合上主轴空气开关 QF_1、搅拌空气开关 QF_2、超声波清洗机空气开关 QF_3、循环水泵空气开关 QF_4、真空泵空气开关 QF_5、酸泵空气开关 QF_6、调酸泵空气开关 QF_7、管道泵空气开关 QF_9、电控柜单极空气开关 QF_{11}。

（2）打开触摸屏柜门，将触摸屏总开关 QF_{12} 合上。

（3）手动开车然后切自动。

1）手动开车。

①旋转面板上"自动/手动"开关至"手动"位置，在触摸屏界面选择画面上按"手动操作"按钮，触摸屏出现手动控制画面。

②手动控制画面上各阀门：加水阀（AV_{01}）、循环水阀（AV_{02}）、排水阀（AV_{03}）、吸水阀（AV_{04}）、真空阀（AV_{05}）、料槽冲洗阀（AV_{07}）、进料阀（AV_{08}）、放料阀（AV_{09}）、料槽放水阀（AV_{11}）、真空泵（VP_{01}）、酸泵（AP_{02}）、超声波（UC_{01}）（料位高于 820mm 后才能开启）、主轴（MA_{01}）、搅拌（AG_{01}）。

③开"搅拌"，开尾矿分配槽放矿阀。

④料位高于 600mm 开"主轴"，开 AV_{01}（注：清水泵与 AV_{01} 联锁），开 AV_{04}、AV_{05}（注：AV_{04}，AV_{05} 为联锁），开真空泵 VP_{01}，开 AV_{02}，开循环水泵。

2）手动切自动。在控制柜面板上按"暂停/运行"按钮进入暂停状态，再旋转控制柜面板上"自动/手动"开关至"自动"位置，3s 后自动运行。

注：如果停机 3 天以上，须在手动状态下先开主轴和反冲水泵、酸洗阀数分钟，待陶瓷板浸润后再转自动。

（4）过滤机运转正常后要加强点检，反冲洗压力为 $40 \sim 80$ kPa，真空度在 $-98 \sim -70$ kPa，根据滤饼水分情况调整真空度。

（5）观察滤饼情况，发现滤饼不正常要及时查找原因。

（6）检查各运转部位运行情况（如温度、声响是否正常），自动阀门是否到位，密封连接件是否泄漏及滤液清澈度；槽内液位与显示液位一致；刮刀架下的槽体及挡板上黏结的滤渣要定期铲除，以免堵塞落矿通道，确保陶瓷过滤板不受外力挤压。

C 陶瓷过滤机停机操作

处理小故障用"暂停"按钮，遇出现陶瓷板损坏或其他紧急情况时可按"急停"按钮，若突然停电，应及时设……将槽内矿浆排空，并用清水将陶瓷板及槽体冲洗干净，若正常停机按以下操作进行：

首先在旋转面板上将"自……手动"开关切至"手动"位置，在触摸屏界面选择画面上按"手动操作"按钮，触摸屏……现手动控制画面。

（1）关闭尾矿分配槽放矿阀门。

（2）满足料位低于 350mm，关真空泵 VP_{01}，关 AV_{04}，关 AV_{05}，关循环水泵，关 AV_{02}。

（3）开料槽冲洗阀 AV_{07}，开放料阀 AV_{09}。

（4）矿浆全部放完后，关 AV_{07}。

（5）开料槽放水阀 AV_{11}。

（6）冲洗干净后，关 AV_{09}、关"搅拌"。

（7）关 AV_{11}。

（8）关 AV_{01}、关"主轴"。

D　陶瓷过滤机调酸操作规程

（1）调酸自动控制（该功能暂不适用）：

按"自动调酸"按钮，进入自动调酸程序。

注意：进入自动调酸控制时先按"复位"按钮，方可进入自动调酸控制。

（2）手动调酸操作：

1）在触摸屏界面选择画面上点击"开始"，然后按"调酸操作"按钮，触摸屏出现调酸操作控制画面；调酸操作画面上有"自动调酸/手动调酸"按钮、"复位"按钮，另外画面上还有调酸阀（AV_{13}）、进酸阀（AV_{15}）、调酸泵（LP_{02}）按钮；另外画面上还有"酸液位设定低值，酸液位设定中值，酸液位设定高值，时间设定"。

2）手动调酸前准备工作：检查管路是否完好，检查确认进酸阀 AV_{15}、调酸桶出酸手动阀门处于关闭状态。

3）手动调酸操作时，按"手动调酸"按钮，根据当前液位（100 左右），开调酸阀（AV_{13}），调酸桶进水，进水液位高度 400mm 左右，当进水液位达到高度时，关调酸阀（AV_{13}），开调酸泵（LP_{02}）按钮，当液位高度为 650mm 时，关调酸泵（LP_{02}），等待几小时（便于散热），开进酸阀（AV_{15}）、调酸桶出酸手动阀门，手动调酸结束。

注意：进入手动调酸操作时先按"复位"按钮，方可进入手动调酸操作。

E　陶瓷过滤机清洗操作规程

（1）旋转面板上"自动/手动"开关至"手动"位置。

（2）在触摸屏界面选择画面上按"手动清洗"按钮。

（3）在手动清洗运行画面上先按"手动清洗复位"按钮，再按"手动清洗确认"按钮；以后按"手动清洗确认"按钮一次则执行一步。

（4）手动清洗开车执行下列程序：

1）手动开启陶瓷过滤机两边进酸阀门；

2）开"主轴"、开 AV_{01}；

3）料位高于 850mm 后，关 AV_{11}；开超声 UC_{01}（料位未达到 850mm，按"确认"不能执行下一步）、开酸泵 AP_{02}；

4）关酸泵 AP_{02}；

5）手动关闭陶瓷过滤机两边进酸阀门；

6）关超声 UC_{01}；

7）关 AV_{01}，关"主轴"；

8）开 AV_{09}。

注意：进入手动清洗前可以在正常运行状态和等待状态；在执行手动清洗开车程序过程中只能使用"紧急停车"按钮；请按"确认"一次，待执行完一步后再按"确认"，不能连续按"确认"。

（5）开始酸洗工作，各操作人员要穿戴好防酸劳保品，开超声、酸泵，注意超声电流，酸泵频率在 50～60Hz 左右，保持酸洗时间在 1～2h 左右，根据陶瓷板清洗效果在该时间范围内调整酸洗时间。

（6）酸洗过程中要注意酸泵运行情况、反冲水压，酸管脱落要及时处理。

（7）做好酸用量记录。

F　陶瓷过滤机安全操作规程

（1）开车前清除各运转部件上所有松散物及障碍物。检查各运动件是否有杂音，是否加油。

（2）检查陶瓷板与刮刀间隙（要求为 0.5～1.0mm），真空度在 -98～-70kPa。

（3）操作过滤机应保持均匀给矿，分矿箱和管路应畅通；运转时，检查各传动（物）部位运行情况（如温度、声响是否正常），自动阀门是否到位。

（4）确保陶瓷过滤板不受外力挤压。

（5）检查陶瓷过滤板吸浆情况，密封连接件是否泄漏及滤液清澈度。

（6）更换陶瓷板和刮刀必须在停车状态下进行。

（7）刮刀架下的槽体及挡板上黏结的滤渣要定期铲除，以免堵塞落矿通道。

（8）清洗前必须穿戴劳保用品，可用 99% 浓硝酸供液，通过调酸系统配置成 50%～60% 硝酸进行冲洗，槽体必须冲洗干净，并放水至超声装置之上（超声装置没入水面）。清洗完毕后，进酸阀门必须关闭，防止酸液倒吸。陶瓷板清洗完毕，再往槽体内添加 NaOH 中和时，要均匀散落加入，防止剧烈反应造成飞溅；同时要注意不要将 NaOH 撒落到陶瓷板上，防止陶瓷板被腐蚀损坏。

（9）反冲洗压力保持 40～80kPa。

（10）停机 3 天以上，需在"手动"状态下先开主轴和反冲洗泵数分钟，待陶瓷板浸润后再转自动运行。

（11）停机后按检修、维护要求，对设备进行维护、保养，同时搞好场地设备卫生。维修时应轻拿轻放，不得敲打陶瓷板、刮刀及仪表等设备；严禁对电源设备用水冲洗，并填好交接班记录。

（12）出现陶瓷板损坏或其他紧急情况时，应按紧急停车。

（13）硝酸罐及管路、法兰、阀门及泵故障或硝酸泄漏事故应急处理时，必须穿戴好劳保用品（耐酸防护服、防酸有机玻璃罩、防毒面具、耐酸碱手套、耐酸碱胶靴）。

9.2.8.10　抓斗起重机安全操作规程

（1）配备专职人员操作。

（2）天车司机必须经特种作业培训和安全考试合格后持证上岗。

（3）工作前必须穿戴好劳动保护用品，穿合体的工作服并做到三紧，必须穿绝缘鞋、系好鞋带，戴好安全帽、系好帽带，登高作业有坠落危险时必须系安全带，安全带要高挂低用。

（4）上天车必须做好确认，攀登梯架要抓牢踏实，严禁跑步上下或打闹等。

（5）严禁班前、班中喝酒，严禁酒后上岗。

（6）非岗位人员严禁触动本岗位各类开关，任何电器设施在未验电以前，一律按有电对待。

（7）作业前全面检查并对各机构试运转几次，检查急停开关和限位开关等的动作灵敏性和各制动器的工作可靠性。

（8）遇到下列情况时，应发出警告信号：

1）启动后、开动前；

2）靠近相邻同跨的起重机时；

3）吊物起升或下降时；

4）吊物接近地面工作人员时，吊物经过工作人员上方时；

5）在吊运安全通道上方运行时；

6）在吊运过程中发生设备故障时。

（9）操作过程中，注意各机构制动行程，确保吊运和行驶安全；不准迅速扳转控制手柄，应逐级推进，防止抓斗游摆产生冲击；注意移动行程，不准猛击限位开关和缓冲器。吊物时天车工只听专职人员指挥，但对任何人发出的停车信号必须立即执行。吊运中发现制动器失灵时要反复点动，使抓斗降落到安全位置，严禁自然坠落。运行中停电时应将控制器扳回零位，根据情况落下吊物。开车时精神要集中，严禁开车过程中接打电话或与其他人员聊天等。

（10）发现钢丝绳、抓斗、滑轮组、轨道损伤严重达到报废标准时，必须立即停止使用。天车上、走梯上和轨道上不得存放和遗留工具等杂物。

（11）进行检查和维修或打扫卫生时应切断电源，天车未停稳，禁止上下天车。禁止从一台天车跨上另一台天车，严禁用一台起重机撞移另一台起重机。检查时应注意避开旋转和移动部位。确实需要停车，必须停车到安全位置。严格按操作顺序平稳运行，不允许三个以上的控制器同时工作，在接近限位终端或两车要相遇时应减速，严禁打反车制动。

（12）冬季取暖，夏季降温的设备要做到人走电停。发现漏电或电器火灾时应先切断电源，正确使用灭火器，严禁用水灭火。

（13）在桥架跨中安装吨位牌。

（14）起重机运行时禁止人员在桥架的小车上。

（15）禁止在起重机上抛投物品。吊物上严禁站人或放置其他物品，特别是易燃物品。

（16）禁止吊运或抓运物品或物料从人头和重要设备或车辆上方通过或停留，吊运过程中应注意观察下面情况。吊运物品从一般设备上通过时，确保在设备上方 0.5m 以上。

并严禁在空中长时间停留。

(17) 起重机械应装设过卷、超载、极限位置限制器及启动、事故信号装置，并设置安全联锁保护装置。

(18) 轨道式起重机的运行机构应有行程限位开关和缓冲器。轨道端部应有止挡或立柱。同一轨道上有两台以上起重机运行时，应设防碰撞装置。不准用限位开关、急停开关等做正常情况下断电停车手段。

(19) 在有可能发生起重机构件挤撞事故的区域内作业，应事先与有关人员联系，并做好监护。

(20) 操作起重机应遵守下列规定：

1) 烟雾太浓，视线不清或信号不明，均应停止作业。

2) 不应斜拉斜吊、拖拉物体及吊拔埋在地下且起质量不明的物体。

3) 起吊用的钢丝绳应与固定铁卡规格一致，并应按起重要求确定铁卡的使用数量。

4) 被吊物体不应从人员上方通过。

5) 不应利用极限位置限制器停车。

6) 起重机工作时，吊钩与滑轮之间应保持一定的距离，防止过卷。

7) 在同一轨道上有多台起重机运行时，相邻两台起重机的突出部位的最小水平距离应不小于2m；两层起重机同时作业时，下层应服从上层。

8) 吊运物体时不应调整制动器，制动垫磨损不正常或磨损超过一半应立即更换。

9) 起重机吊钩达到最低位置时，卷筒上的钢丝绳应不少于三圈。

10) 不应用电磁盘代替起重机作业。

(21) 工作人员应在指定的地点上下起重机，不应在轨道旁行走。

(22) 抓斗起重机司机室，应布置在无导电裸滑线的一侧，并设置攀登司机室的梯子。若布置在导电裸滑线的同一侧，应采用安全型导电滑线，并在通向起重机的梯子和走台与滑线之间设防护板。

(23) 严禁用天车作为提升载人工具。严禁运行中检查维修和打扫卫生，特别严禁带负荷调整制动器，调整提升、闭合制动器时必须将抓斗降落到料面等安全位置。打扫卫生时严禁站在主梁上，打扫端梁时要面向舱口，一手抓紧栏杆，防止失足坠落，确需登上主梁或轨道时应切断电源，专人监护。严禁用湿布湿手、擦拭电器设施。

(24) 严格执行"十不吊"的规定。

(25) 工作完毕后的职责：

1) 将小车停在远离滑线的一侧，不得放于跨中，大车开到指定位置。

2) 应将抓斗放在地面上，不得悬于空中；起重机在停止工作前要把吊钩提到高位，抓斗起重机停止工作时要把抓斗垂直放到水平承重面上，防止抓斗倾斜；同时保证钢丝绳拉紧，防止钢丝绳过松引起钢丝绳串槽或打扣。

3) 所有控制器应回零位，紧急开关扳转位断路，拉下保护柜刀开关，对行车进行检查，将检查情况和运行中出现情况记录于记录表；清扫卫生，关闭司机室门后下车；严格进行交接班。

(26) 尾矿行车装车时，抓斗离车厢的高度保持在1.5m左右，不得高于1.5m。待装车辆周围不允许有人员，司机必须离开驾驶室。

9.2.8.11　电动葫芦安全操作规程

（1）使用前应先检查电葫芦减速机、电动机、钢丝绳传动部分及安全防护是否处于安全良好状态，如有缺陷，严禁启动。

（2）使用电动葫芦时，要注意运行状态是否良好，特别要防止挤住钢丝绳，造成事故。

（3）吊物件时要拴好钢绳，在吊物离开地面 50~100mm 时停止提升，确认制动系统是否良好，以免吊件落下伤人。

（4）要经常检查减速机油位，防止缺油造成事故。

（5）吊装物件时，吊物下严禁站人。

（6）有下列情况之一者不应进行操作：

1）超载或物体质量不清，吊拔埋置物及斜拉、斜吊等。

2）电动葫芦有影响安全工作的缺陷或损伤，如制动器、限位器失灵，吊钩螺母防松装置损坏，钢丝损伤达到报废标准等。

3）捆绑吊持不牢或不平衡而可能滑动。重物棱角处与钢丝之间未加衬垫等。

4）作业地点昏暗，无法看清场地和被吊物。

（7）吊装时严禁斜拉吊装，严禁吊物未落地停车和现场无人，严格执行"十不吊"的规定。

（8）检修时严格执行检修停电挂牌制度。

（9）电葫芦使用完后，要切断电源，锁好电源，锁好电源制动箱，停在安全通道以外安全位置。

9.2.8.12　停电事故的处理

突然停电时，要及时关闭电源开关。当工艺水泵停电时，必要的流程故障处理水管（浓密机底流冲洗水管）等要及时关闭，防止矿浆进入水管造成堵塞。停车处理工作做完后，关闭水网总阀门。如果在冬天，工艺水管阀门不要关闭完全，防止结冰冻坏阀门与管路。

A　事故停电后的处理工作

（1）关闭设备电源开关。

（2）关闭浓密机排矿闸门（打开反冲清水）。

（3）打开排矿渣浆泵的排矿阀门，排出管道内的矿浆。浓密机、过滤机、尾矿分配槽以及尾矿脱水地坑泵可原封不动（一般停电时间较短，可恢复运转）。如果长时间停电，必须把陶瓷过滤机槽体、尾矿分配槽的矿浆及时放空，排空后及时关闭阀门。

B　恢复供电时的处理工作

（1）尾矿浓密机前先提耙再启动浓密机（如耙子过负荷，则应放矿冲干净）；尾矿浓密机液压提耙，可以先提耙，运转后再下落耙体。

（2）将面板上"手动/自动"旋钮转为"手动"控制（现场操作控制柜。单机启动，如耙子压死，则应放矿冲干净）。

（3）启动尾矿分配槽搅拌器（如搅拌叶轮压死，则应放矿冲干净）。

（4）启动尾矿脱水地坑泵（现场操作控制柜）。

（5）按生产回水泵"运转"按钮（切换到自动位置）。

（6）按尾矿脱水地坑泵（或切到自动启动）。

（7）启动陶瓷过滤机，按陶瓷过滤机操作规程启动。启动尾矿分配槽搅拌器，再启动尾矿浓密排矿渣浆泵，最后打开尾矿浓密机排矿阀门。

9.2.8.13 使用硝酸注意事项

A 储运注意事项

应储存于阴凉、干燥、通风处；与易燃、可燃物、碱类、金属粉末等分开存放；不可混储混运。搬运时要轻装轻卸，防止包装及容器损坏；分装和搬运作业要注意个人防护。运输按规定路线行驶，勿在居民区和人口稠密区停留。废弃：处置前参阅国家和地方有关法规。废物储存参见"储运注意事项"。中和后，用安全掩埋法处置。

B 急救及处置预案

（1）皮肤接触：立即用水冲洗至少15min，或用2%碳酸氢钠溶液冲洗。若有灼伤，就医治疗。对少量皮肤接触，要避免将物质播散面积扩大。注意患者保暖并且保持安静。吸入、食入或皮肤接触该物质可引起迟发反应。确保医务人员了解该物质相关的个体防护知识，注意自身防护。

（2）眼睛接触：立即提起眼睑，用流动清水或生理盐水冲洗至少15min，就医。

（3）吸入：迅速脱离现场至空气新鲜处。呼吸困难时给输氧。给予2%～4%碳酸氢钠溶液雾化吸入，就医。如果患者食入或吸入该物质不要用口对口进行人工呼吸，可用单向阀小型呼吸器或其他适当的医疗呼吸器。

（4）食入：误服者给牛奶、蛋清、植物油等口服，不可催吐。立即就医。

（5）硝酸泄漏处置：疏散泄漏污染区人员至安全区，禁止无关人员进入污染区，建议应急处理人员戴好防毒面具，穿化学防护服。不要直接接触泄漏物，勿使泄漏物与可燃物质（木材、纸、油等）接触，在确保安全情况下堵漏。喷水雾能减少蒸发但不要使水进入储存容器内。将地面洒上苏打灰，然后收集运至废物处理场所处置。也可以用大量水冲洗，经稀释的洗水放入废水系统。如大量泄漏，利用围堤收容，然后收集、转移、回收或无害处理后废弃。

C 防护措施

（1）呼吸系统防护：可能接触其蒸气或烟雾时，必须佩戴防毒面具或供气式头盔。紧急事态抢救或逃生时，建议佩戴自给式呼吸器。如：NIOSH/OSHA系列连续供气式呼吸器、装药剂盒的全面罩呼吸器、装滤毒盒的空气净化式呼吸器、自携式呼吸器、全面罩呼吸器。应急或有计划进入浓度未知区域，或处于立即危及生命或健康的状况：自携式正压全面罩呼吸器、供气式正压全面罩呼吸器辅之以辅助自携式正压呼吸器。逃生：装滤毒盒的空气净化式呼吸器、自携式逃生呼吸器。

（2）眼睛防护：戴化学安全防护眼镜。

（3）手防护：戴橡皮手套。

（4）防护服：穿工作服（防腐材料制作）。

9.2.8.14 点检规程

生产设备点检规程见表9-17。

表 9 – 17　生产设备点检规程

序号	点检设备名称	点 检 内 容	点检时间
1	渣浆泵	（1）检查电动机声音、温度是否异常，轴承箱温度有无异常。 （2）检查电动机润滑是否正常，轴承箱油位是否符合要求。 （3）检查基础混凝土有无明显腐蚀，地脚螺栓有无松动。 （4）检查泵体盘根是否漏浆。 （5）检查矿浆管路是否漏浆。 （6）检查水封水是否适量。 （7）检查排矿放空阀有无泄漏。 （8）检查泵池是否破损泄漏。 （9）检查泵进出口管道是否破损。 （10）检查泵池的防护筛网是否完好	1 次/h
2	尾矿分配槽	（1）定期检查槽体磨损情况。分配槽下矿口是否堵塞。 （2）检查搅拌电动机、减速机声音、温度是否正常。 （3）检查减速机运转是否正常，油位、油质是否正常，温度有无异常	1 次/h
3	陶瓷过滤机	（1）检查电动机，减速机，搅拌装置声音、温度是否异常。 （2）检查陶瓷板是否完好，刮刀磨损及其间隙是否合适。 （3）检查陶瓷板清洗效果是否良好。 （4）检查真空泵、配酸是否正常。 （5）检查各运行参数是否正常。 （6）检查各管路是否正常，是否有泄漏。 （7）检查各传动部位润滑磨损情况，是否运转灵活，有无异音，检查分配头有无漏水情况。 （8）检查附带循环泵工作是否正常	1 次/h
4	浓密机	（1）检查基础混凝土有无破裂，地脚螺栓有无松动。 （2）检查电动机声音、温度是否异常。 （3）检查过滤箱过滤情况。 （4）检查液压站运行有无异音，液压管路有无泄漏，有无明显振动，温度有无异常。 （5）检查液压电动机减速机运转是否平稳，油位、油质是否正常，温度有无异常。 （6）检查各传动部位是否运转灵活，有无异音，检查传动部位润滑磨损情况。 （7）检查给矿管道是否破损。 （8）检查排矿口是否全部开启，是否堵塞；排矿接受槽顶部孔盖是否密封完好。 （9）检查溢流水是否跑浑。 （10）检查尾矿浓密机链条、链轮、大齿圈的磨损润滑情况	1 次/h

序号	点检设备名称	点 检 内 容	点检时间
5	抓斗起重机	（1）检查轨道有无明显高低不平，焊缝有无明显磨损。 （2）检查抓斗卷筒机构，卷筒槽有无明显磨损，钢丝绳压板是否牢固可靠。 （3）检查三角连板是否脱焊、变形、磨损，连接板是否脱出。 （4）检查上线滑轮组是否脱出，挡绳器是否损坏脱落。 （5）检查拉杆是否变形、脱落，颚板销是否脱出。 （6）检查抓斗包角、颚板、刀口板是否脱焊、变形、损坏。 （7）检查大小车减速器螺栓是否松动，油位是否在规定范围，运转过程中是否有异音。 （8）检查各联轴器螺栓是否断裂松动，各安全装置是否完好。 （9）检查大小车轨道是否松动、断裂、错位，限位开关动作是否正常，大小车电缆是否灵活。 （10）检查钢丝绳是否断丝、断股、露芯、扭结、腐蚀、松散、磨损。 （11）检查抓斗运动件是否运转灵活，抓斗是否闭合严密。 （12）检查大小车制动器是否完好灵活，缓冲器是否变形	2次/班
6	真空泵	检查有无杂音，振动、真空压力、电流是否正常；是否保持适当的水封量；真空度是否在900mmHg（－0.09MPa）以上	1次/h
7	过滤机槽	检查槽内矿浆液位是否与显示相符	1次/h
8	滤液泵	检查运转是否正常，有无漏液，有无振动、杂音、过热等现象，排水量是否正常	1次/h
9	地坑泵	检查扬量是否正常，有无杂音、振动等现象，过滤器是否被杂物堵塞，应定期检查清扫，轴承有无过热、杂音现象	1次/h
10	浓密机液下泵	同脱水用地坑泵	1次/h
11	矿浆管路、阀门	检查有无堵塞、泄漏现象，自动阀门是否到位	1次/h
12	旋流器	检查是否堵塞	1次/h
13	浓密机底流缓冲箱	检查是否堵塞	1次/h
14	硝酸罐	检查硝酸罐体、管路、阀门和酸泵是否漏酸，检查防护栏及门是否完好。	2次/班

生产工艺点检规程见表9－18。

表9－18　生产工艺点检规程

序号	点检项目	工艺点检内容		点检时间	
		专业人员点检内容	操作人员点检内容	专业点检	操作点检
1	旋流器	（1）检查旋流器溢流浓度、细度或脱水效果是否符合工艺要求。 （2）检查旋流器的沉沙嘴径和溢流管的磨损情况。 （3）定期检查旋流器的分级效率	（1）检查分级旋流器溢流浓度、细度是否符合工艺要求。 （2）检查脱水旋流器底流浓度是否符合工艺要求	2次/d	1次/h

序号	点检项目	工艺点检内容		点检时间	
		专业人员点检内容	操作人员点检内容	专业点检	操作点检
2	浓密机/过滤机	（1）检查浓密机的底流浓度是否符合工艺要求。 （2）检查溢流是否跑浑。 （3）检查滤饼水分是否符合要求。 （4）检查脱水药剂用量是否合适	（1）检查浓密机的底流浓度是否符合工艺要求。 （2）检查溢流是否跑浑。 （3）检查滤饼水分是否符合要求	2次/d	1次/h
3	生产流程	检查生产流程的"跑、冒、滴、漏"问题	检查生产流程的"跑、冒、滴、漏"问题	2次/d	1次/h

9.2.8.15　记录

（1）尾矿脱水设备点检记录。

（2）尾矿脱水岗位操作记录。

（3）班组交接班记录。

9.2.9　选矿车间通用安全规程

选矿车间通用安全规程包括：

（1）认真贯彻执行"安全第一、预防为主"的安全生产方针，本着"三不放过"、"三不伤害"的原则，做好安全生产工作。

（2）新职工入厂必须进行三级安全教育。

（3）新职工上岗前必须经过培训，考试合格，在师傅的正确带领下，能够达到单独熟练操作方可上岗作业。

（4）进入生产现场的工作人员，必须穿戴好符合自己岗位要求的劳动保护用品，安全帽必须系带，禁止穿高跟鞋、凉鞋、拖鞋，禁止穿短裤和裙子。上岗时要集中精力认真操作。

（5）进入厂区要严格遵守交通规则和公司行走规范。每天执行上下班点名制度，下班时如发现缺少人员应立即寻找和汇报，待人员到齐后方可下班。

（6）认真执行和遵守岗位操作规程及公司、生产部、车间安全制度，积极开展反"三违"活动。做到服从分配，听从指挥，不迟到、不早退，按时参加班前班后会，认真交接班，并做好运转记录。

（7）特种作业人员必须持证上岗，无证人员严禁操作，学徒必须在有证师傅的带领下才可操作。

（8）上岗前和工作中严禁饮酒。工作中禁止脱岗、串岗、睡岗和打逗。厂区内禁止吸烟。

（9）电气设备出现故障时，应立即通知电仪人员，不得擅自处理，以免扩大故障或发生触电事故。

（10）严禁湿手操作电气设备，禁止带电作业，禁止往电气设备上洒水，发现设备漏电应立即通知电仪人员，不得擅自处理，以免扩大故障或发生触电事故。操作电气设备前，必须严格检查确保电器开关防护设施齐全，接地、接零防护装置无缺失等，有问题时应立即通知班组和工段，待电仪人员处理完毕后，方能使用。

（11）现场禁止随便接用 220V 临时灯或其他临时活动照明线，需用时必须经有关领导批准，由电仪人员负责接线，做到用完后及时拆除。

（12）禁止触摸设备运转部位和带电线路，禁止跨越皮带。

（13）岗位人员必须保证各种电气开关盖的完好、关闭好，丢失和损坏按价考核。

（14）施工或维修必须三方确认到位，做到施工前、施工中、施工后三到位。需要实施危险作业的，必须按照公司规定与车间规定办理危险作业安全许可证。

（15）机电设备检修和电工处理故障时，需挂"有人工作，禁止合闸"警示牌。

（16）处理设备故障或进入停止运转的设备内部或上部，严格执行停电挂牌制度，切断电源，锁上电源开关，挂上"有人作业，严禁合闸"的标志牌，并设专人监护。停机检修后的设备，未经彻底检查，不准启用。处理压力气体管路时，需切断气源。

（17）上线楼梯要抓牢扶手，脚要踩稳。桥架、平台、通廊要及时清理积水、冰雪、散料及其他杂物。登高作业时必须办理高处作业许可证，系好安全带。

（18）确保岗位环境照明，出现问题要及时上报，增设照明设施。车间内禁止跑动作业，走路时应注意脚下、前方、上方环境。

（19）所有机械设备运转时禁止加油，确实需要加油时应使用长柄油嘴，注意力要集中。

（20）车间内压力管道、压力设备、压力管道阀门要及时检查，发现压力液体、矿浆或气体泄漏时，禁止操作；应穿戴好劳保用品，采取有效安全措施防止泄漏，必要时上报班组、工段、车间。

（21）运转设备的下列作业，应停车进行：

1）处理故障。

2）更换部件。

3）调整设备部件。

4）清扫设备。

（22）爱护车间所属的安全防护设施，要及时认真检查，不完善的及时整改，以保证良好的安全生产环境。同时要认真落实隐患整改指令，确保安全生产。禁止攀爬依靠护栏。禁止高空抛物。

（23）对现场的消防设施应保持完好，禁止随便动用。厂区内使用明火，必须事先办理动火证，经批准后做到"有监火人、有预防措施和有专人指挥负责"方可动火。

（24）加强作业现场"5S"（整理、整顿、清扫、清洁和素养）和"双定"（定值、定置）的管理。

（25）凡出现人身、设备事故要及时召开事故分析会，坚持"三不放过"的原则，防止重复性事故的发生。

（26）禁止闲杂人员和小孩进入车间，外来人员参观必须持有公司特许证，否则谢绝参观。

（27）按时参加由部、车间、班组定期组织的安全会议和安全活动，无故不参加者，按照相关制度考核处理。

10 铜冶炼渣选矿未来发展方向

10.1 铜冶炼渣选矿重要性和资源化趋势

随着人类社会不断发展，人们对铜的需求越来越大，导致自然界铜矿产资源和能源资源迅速减少，人类生存环境面临严峻挑战，为此，铜现代冶炼必须向资源节约型和环境友好型方向发展。先前铜冶炼渣主要采用火法贫化法处理，随着铜冶炼的富氧强化和高冰铜品位生产以及日益严峻的能源和环保形势，数量巨大的铜冶炼渣完全靠火法贫化法已无法满足现代铜冶炼要求，根据当前世界发展来看，全面解决铜冶炼炉渣中铜、金、银和铁等有价金属的回收以及有害杂质的脱除，甚至取消堆渣场的方式唯有渣选矿技术。在我国建立更多的铜冶炼渣选矿生产线对炉渣贫化处理和全面开发利用已刻不容缓。

目前，从富氧熔炼渣（如闪速炉渣）及转炉渣中浮选回收铜的技术，在炼铜工业上已经得到成功应用。同电炉贫化比较，它具有回收率高、能耗低的特点，与转炉渣返回熔炼相比，它可以将四氧化三铁及一些有害杂质从流程中除去，吹炼过程的石英用量大为减少。在金川铜镍冶金过程中，选矿技术还成功用于高镍铜硫的铜镍分离，解决了铜镍火法冶炼分离的技术难题。选矿技术取代传统某些火法冶炼技术，用于炉渣贫化和多金属分离过程将成为铜冶炼以及多金属综合回收冶炼技术的重要组成部分，具有广阔的发展前途。

在铜冶炼渣资源化利用方面，主要体现在对铜渣物理性质的利用，铜渣制造水泥、混凝土、防腐除锈剂已经实现了工业化生产，铜渣制造玻璃基复合材料、劈离砖也将在工业中得到广泛应用。铜冶炼渣中含有铜、铁、钴、镍、二氧化硅、金、银等多种有价成分，是潜在的资源宝库，在铜冶炼渣资源化回收铁、铜、硅方面，近年我国科技人员一直在做研究工作，已经取得可喜成果，但仍存在一些问题需要解决，如铜渣的组成和结构复杂不利于有价金属的提取，有价金属回收率较低，实现工业化生产有一定难度等。在深入开发铜渣资源化利用的理论研究工作中，物相优化、组分提取与分离技术的研究将是工作的重点；融合冶炼、选矿和化学等多种专业技术，研发出符合经济、节能、综合利用、环保等多种要求的资源化技术，并实现工业化生产，是未来的主流方向。我国现在的资源状况非常严峻，目前的资源保证度不乐观，优势地位在下降。铜渣里含有40%左右的铁，可以作为一种含铁丰富的资源。因此，铜渣将会拥有较好的开发前景。

10.2 铜冶炼渣选矿工艺的未来发展趋势

迄今国内外铜冶炼炉渣选矿贫化主要用于处理转炉渣，部分用于处理熔炼炉渣，就先进性而论，我国铜冶炼渣选矿的技术水平与发达国家大致相当。关于铜冶炼渣选矿工艺的发展趋势从如下几个方面进行分析。

10.2.1 铜冶炼渣处理方式的发展趋势

铜冶炼渣多在铸渣机、地坑、渣包等装置内缓冷处理。相对于急冷渣，缓冷渣单体解离难度低，选出的精矿质量高，金属回收较充分，能耗和物耗也较低。铜冶炼渣中铜矿物相和铁矿物相复杂多样，单一浮选难以很好回收其中的氧化铜、结合铜矿物，单一的磁选难回收并获得令人满意的铁选矿指标。控制炉渣缓冷速度和保证渣内矿物的结晶效果，开发相应的炉渣缓冷技术和设备，尤其在炉渣的改性预处理技术方面，是未来提高渣选矿回收率和炉渣资源化基础研究的主要方向。为了充分回收铜冶炼炉渣中的矿物资源，对冶炼工艺进行优化，设计合理渣型或对热熔渣进行改性处理，将渣中铜、铁等矿物转化为易选物相形式，采用更加合理的缓冷方式使炉渣内的矿物粒子最大化，是未来选、冶工作人员共同研究的课题。

铜冶炼渣选矿处理方式有单独处理、两种炉渣混合处理和渣矿混合处理三大类。以单独处理方式较为常见。根据炉渣的特性和选矿行为，单独处理较易把握其工艺过程和技术经济指标。渣矿混合处理方式分为炉渣和矿石分别磨好后混合入选、破碎之前混合起来再行破碎和磨浮两种方式。两种炉渣混合处理方式又分为转炉渣和电炉渣、熔炼渣和吹炼渣按比例混合破碎磨矿后进行浮选。两种炉渣混合选矿处理更有利于冶炼渣综合贫化处理、优化冶炼工艺过程。对于两种炉渣混合处理或在原有的矿石选矿厂能力有富余时混合处理炉渣是很自然的考虑，但混选工艺的研究要较为充分，混合比例和质量控制要求较严。随着未来通过冶炼厂规模大型化、规范化的发展趋势，将铜冶炼过程中产生的渣进行单独选矿处理是主要的模式。为了提高铜冶炼厂的经济效益，针对炉渣中富含的铜、铁、钴、镍、金、银、二氧化硅等多种宝贵资源，通过选矿工艺和其他工艺相结合使尾渣资源化的模式将是未来的必然趋势。

10.2.2　碎磨工艺流程发展趋势

从总体来看，根据铜冶炼渣性质，采用多段磨矿达到较高的磨矿细度，才能保证铜矿的单体解离。因此，目前铜冶炼渣选矿的碎磨流程从设备配置角度出发，可以归纳为两种主要流程，第一种是细碎磨矿流程，第二种是粗碎磨矿流程。细碎磨矿流程主要表现为三段一闭路破碎流程和两段或三段球磨流程；粗碎磨矿流程主要表现为一段粗碎开路破碎流程和半自磨加一段或两段球磨流程。

这两种流程相比，第二种流程具有流程短、设备数量少、事故率低、粉尘少、投资低、成本低、易管理等多项优点。因此，粗碎自磨流程将是未来工艺选择的主要流程模式。

10.2.3　选别工艺及未来资源化发展趋势

国内自行研究的铜冶炼渣选矿流程与国外比较较为简单，工艺较为常规，较为适合我国技术经济国情，而所取得的贫化指标与国外大致相当，这显示出我国铜冶炼渣选矿的一个特点。低品位反射炉空气熔炼炉渣选矿贫化总的看来我国属先行研究，国外仅见到前苏联曾有过室内研究的报道。而在流程中使用干式磁选或湿式磁选的办法预先选出渣中高品位冰铜、白冰铜和金属铜，用闪速浮选机在60%以上高浓度以及粗粒条件下提前产出优质铜精矿，铜炉渣和铜矿石混合入选等方面我国应做更深入的研究，无疑它将进一步提高我国铜渣选矿指标，拓宽铜渣选矿应用场合。在选矿处理之前，对铜渣进行改性的试验研究方面，我国已经取得了显著成果，但到目前为止仍未见到应用于生产实践的报道。为了节约能源，祥光铜业进行了工业试验，采用闪速炉热熔渣连续进行火法提取铁、铜、铅、锌等多金属产品，为火法冶金综合回收渣中有价资源提出了新的研究方向，随着国家能源政策的深入，该技术将会成为冶金工作者未来研究的热点。随着世界资源日趋枯竭，综合开发利用矿物资源是摆在世人面前的严峻课题；在铜冶炼过程中加强对铜冶炼渣进行预处理工艺和物理化学选矿综合工艺的研究与探索，并使铜冶炼渣最大资源化，将是未来铜冶炼渣选矿及资源开发的发展方向。

从总体来看，铜冶炼渣选别方法有磁浮联合、重浮联合和浮选三种。前者显示出越来越大的应用前景。转炉渣和熔炼渣（产出较高品位冰铜的）中常含有金属铜和冰铜或白冰铜局部富集，利用磨矿前干式磁选和磨矿后湿式磁选把它们从非磁性产物中分离出来非常有利。多采用2~3段磨矿，最终磨矿细度达到−0.043mm占80%以上，第二段和第三段对前段选别尾矿或中矿进行磨矿，或兼处理本段或后段选别中矿，工艺重点相对比较突出。磨矿浓度多在75%以上，浮选浓度多在40%以上。在第一段磨矿后设置闪速浮选机或独立浮选槽回收粗粒铜精矿常常方便有效。其方式有在第一段磨矿分级回路中插入快速浮选设备和在第一段磨矿分级回路后对分级溢流进行快速浮选之分。它们可以提供高质量的铜精矿，对总回收率的贡献相当可观。个别厂对第二段磨矿也作这种考虑。及时分批分出多份铜精矿实现早收多收。除干式磁选和湿式磁选产出各自的铜精矿外，阶段浮选也应紧紧服务这个目标。这样做的原因出于从炉子排出的热渣在冷却速度和金属结晶分异沉降上存在较大差别，其结果必是粗细不均匀嵌布十分突出。在阶磨阶选流程中，先后产出的粗粒铜精矿和细粒铜精矿合并脱水处理，对提高脱水效率和为熔炼炉返回质量稳定的铜精矿是有利的。铜冶炼炉渣选矿贫化流程上的这些特点在国内外普遍存在。因此，阶磨阶选将会成为未来高品位铜冶炼炉渣选别的主要磨浮流程；两段连续磨矿后进行浮选是未来处理低品位铜冶炼渣的主流磨浮流程。由于铜冶炼炉渣中铁矿物资源非常丰富，采用磁浮联合流程将会成为未来回收铜冶炼炉渣金属矿物的主要流程。

高品位铜炉渣大多采用阶段磨浮的生产流程，并于磨矿回路中设立中间浮选作业，直接产出高品位铜精矿。中间浮选作业采用的是闪速浮选工艺，是一种用于回收磨矿分级回路循环负荷中粗粒矿物的浮选技术。中间浮选作业在炉渣选矿工艺中处理的是分级设备的沉砂，在生产实践中已经取得良好的选别效果。随着闪速浮选技术的成熟，它在炉渣选矿中的应用将进一步推广。在一些处理转炉渣、电炉渣的半自磨分级回路中，经常发现大块的金属铜，为了防止过磨和尽早回收，增加了手选工艺；这是闪速浮选难以奏效的特殊情况。含有粗粒金属铜的炉渣，在磨矿过程中金属铜很难磨碎，浮选方法对这部分铜是无法回收的。粗粒金属铜与炉渣中脉石矿物的比重差异很大，可用重选法对粗粒金属铜进行有效回收。如果采用摇床重选来处理半自磨机的排矿，即可很好地提前回收金属铜，但到目前为止，还没有此工艺的应用报道。因此，在处理高铜品位冶炼渣工艺方面，采用闪速浮选或增加摇床重选工艺具有一定的特殊意义。

当利用铜铁矿物磨碎速率的差异而将它们分离开来时，只要铜损失能受到控制，铁精矿也注重及早产出。以旋流器分级方式产出的铁精矿有的能销售，有的不能销售，当它因含杂超标不能销售时，就会造成大量堆存积压。磁选法用于回收炉渣中强磁性成分，如渣中含有铁（合金）和磁铁矿时，可以考虑采用磁选法。由于钴、镍在铁磁矿物中相对集中，铜在非磁相，因而磨细结晶良好的炉渣可作为预富集的一种手段。由于有用金属矿物在炉渣中分布复杂，常有连生交代，且弱磁性铁橄榄石在渣中占的比例大，因而磁选效果不尽如人意。因此，我们应该意识到铜冶炼渣中铁矿物回收仍需技术开发的紧迫性。根据目前最前沿的研究发现，对铜冶炼炉渣浮选尾矿或由其经过磁选选出的铁精矿进行化学选矿方法处理，可以得到合格的铁矿物和粗铁产品。针对铜冶炼炉渣中含有较丰富的铁资源，采用化学选矿方法进行开发回收是未来研究和实践应用的主导方向。

根据铜冶炼炉渣选矿实际生产指标可知，铜炉渣经过选矿以后的尾矿仍含有 0.2% 以上的铜，在铜资源日益匮乏的今天，铜品位在 0.2% 以上的矿产资源仍是我们开发利用的宝藏。铜炉渣浮选尾矿铜的矿物形式以铜的氧化物、铜铁共生物、金属铜颗粒等存在，为了进一步提高铜冶炼炉渣中铜的回收率，可以采用化学选矿、化学选矿加浮选等方法进行进一步的回收。到目前为止，此方面的研究还比较少。因此，以利用化学选矿和浮选等联合选矿为主的选矿方法，将是未来研究和工业化生产常用的选矿工艺。

根据铜原矿资源的元素组成和发展趋势，单一铜矿越来越少，与铜矿物共生的多金属矿、难选矿等矿藏越来越多地成为获取铜矿精矿的主要来源，铜原矿性质复杂化，造成选矿产出的铜精矿杂质越来越多、杂质含量偏高。因此，处理高杂铜精矿是未来铜冶炼厂的发展趋势。为了做好铜冶炼过程的除杂，在熔炼过程中会有大量杂质通过造渣进入铜炉渣中。因此，深入研究铜冶炼炉渣选矿技术，在选别过程中进一步降低渣精矿的杂质含量，并将渣中杂质转化为有用资源，将是选矿研究的一项重点工作。

根据铜冶炼渣的成分组成可知，除了对铜、铁作为可利用的矿物进行回收外，二氧化硅是含量最大的非金属资源，当作为主要矿物的铜铁矿物回收完毕以后，主要矿物就是二氧化硅，目前主要作为水泥填料处理。为了利用这些独特的资源开发独特的产品，通过化学选矿方法使二氧化硅优质化、产品化，是将来铜炉渣资源化升级的发展趋势。

10.2.4 脱水工艺发展趋势

铜冶炼渣选矿的脱水主要是指用于渣精矿和渣尾矿的脱水处理工艺。目前流行的工艺流程主要是两段脱水工艺，即一段脱水为浓密机脱水，二段为过滤机脱水。随着铜冶炼厂规模的逐步大型化，渣选矿规模大型化是必然趋势。因此，随着渣选矿规模的增大，脱水设备规格也会大型化，为了减少投资和提高效率，优化传统的两段脱水工艺是必然趋势。为了提高浓密机脱水效率和减小浓密机设备规格，在浓密机前增加水力旋流器预先对脱水矿物进行分级浓缩处理，可以大幅度提高浓密机的脱水段的脱水效率，节省大量的设备和基建投资。在具备尾矿库的条件下，可采用尾矿库对渣尾矿进行脱水。在环保要求日益严格的今天，"零排"已经是时代的要求，一般采用水循环再用工艺流程，即浓密机溢流水直接返回循环利用，过滤机的滤液和溢流直接返回浓密机。因此，脱水工艺采用旋流器加浓密机高效脱水和水循环利用流程是未来的典范流程。

10.3 铜冶炼炉渣选矿药剂的发展趋势

铜冶炼渣选矿常用的捕收剂是 Z-200 号、丁基黄药。二者相比，Z-200 号价格昂贵，丁基黄药价格低廉；Z-200 号对铜矿物有较强的选择性，在相同条件下，丁基黄药的选择性比 Z-200 号差，但捕收能力比 Z-200 号强；同时丁基黄药有刺激性，且使用丁基黄药泡沫黏度大，会造成泡沫输送流程不畅，在使用时应该综合考虑各种因素。此外，还有采用联合捕收剂的，如贵冶二次粗选时将 BK301 和丁基黄药联合使用作为捕收剂，使得铜回收率比较理想。2010 年白银有色金属公司在进行白银炉熔炼渣选矿工业试验时，使用了新型捕收起泡剂酯－22，获得了比黄药和 Z-200 号更好的选矿效果，但是，由于酯－22 价格昂贵，很难得到推广。因此，为了降低生产成本和提高铜资源回收率，研发综合捕收能力强、价格低廉的捕收药剂或配方是将来铜冶炼渣选矿药剂的主要研究趋势。

硫化钠既可以作为炉渣浮选的调整剂，也可作为活化剂。适量的硫化钠调浆能改善炉渣中铜矿物的浮选特性，有利于提高精矿品位和选矿回收率；其主要作用是改善炉渣中金属铜和冰铜的浮游特性，硫化钠还可以活化氧化铜。在目前转炉渣中以氧化物形式存在的铜大幅上升的情况下，适量添加活化剂可以提高氧化铜的回收率。如添加硫化钠对铜的回收率和品位都有帮助。但应该指出的是，由于硫化钠抑制金、银，过量时反而降低铜回收率，实践中应控制其用量。在难选铜矿选矿研究过程中，发现通过化学方法改变矿浆电位，可以提高铜浮选回收率；在研究氧化铜矿物浮选时，可将氧化铜转化为金属铜，从而达到选别分离的目的；在铜冶炼渣中铜物浮选方面，通过控制矿浆电位和铜物相转化方面目前还没有人进行过研究。铜冶炼渣中铜物相复杂多样，对于渣中难选铜矿物的回收，矿浆电位和铜矿相变技术将是弥补常规浮选短板的有效突破口，因此，会有大量的化学选矿药剂被投入未来的铜冶炼渣选矿过程之中。

目前多数铜冶炼渣选厂没有使用水玻璃和絮凝剂，随着磨矿细度的增加和复合药剂的使用，浮选环境会变差。在未来的资源化技术发展过程中，水玻璃和絮凝剂会逐渐投入生产应用中。水玻璃是良好的分散剂和硅酸盐脉石矿物的有效抑制剂。若炉渣要求的浮选粒度很细，添加适量的水玻璃可以减弱颗粒间的电性，从而分散矿粒，消除颗粒间的相互团聚。若炉渣中含有一定量的硅酸盐脉石，水玻璃能够对其进行抑制，从而提高精矿品位和回收率。选别后得到的精矿或尾矿的矿浆细度非常高，在浓缩脱水的浓密机中沉降速度会大大降低，为了提高沉降速度，可使用絮凝剂。

在回收铁矿物方面，目前仅有磁选工艺方面的探索与应用；而在浮选工艺方面的研究，到目前为止还未曾出现。针对铜冶炼渣中铁物相中含有一定数量的赤铁矿，既可以通过强磁选又可以通过浮选进行回收，为了提高铁矿物的回收率，采用浮选工艺是非常可能的。因此，采用浮选回收铁矿物，浮选铁矿物的捕收剂如氧化石蜡皂等药剂将会引入铜冶炼渣选矿工艺之中。

10.4　选矿设备及应用发展趋势

根据炉渣性质和铜冶炼渣选矿实践特点，可以获取丰富的数据或经验，更加有利于铜冶炼渣选矿设备的选型，对新设备的研发提供了可靠的依据。

在炉渣粉碎过程中主要存在两种流程，一种是细碎磨矿流程，一种是粗碎磨矿流程。在细碎磨矿流程中，破碎为三段一闭路破碎，设备均为常规破碎设备，一段破碎常采用颚式破碎机、旋回破碎机，二段破碎机采用标准圆锥破碎机，三段破碎采用短头圆锥破碎机，圆锥破碎机以液压式使用效果最佳，非常受用户欢迎。在未来的细碎磨矿流程中，选择液压式旋回破碎机、标准圆锥破碎机、短头圆锥破碎机等配套设备将是未来的主要方案。与粗碎磨矿流程相比，细碎磨矿流程具有流程长、设备多、故障率高、不易管理、成本高等缺点，因此，粗碎磨矿流程取代细碎磨矿流程是未来工艺选择方案。根据炉渣易碎的特点，研究高破碎比、缩短破碎流程的高效破碎设备以取代半自磨机将是未来粉碎设备的研究方向，采用短流程完成碎磨工艺任务是未来粉碎流程的发展趋势。

由于绝大多数炉渣需经过细磨达到 $-0.043mm$ 占 80% 以上，才能达到最佳的铜浮选条件，较高的磨矿能耗是目前突出的成本问题，因此研究高效磨矿设备和磨矿流程是未来的研究方向。在粗碎磨矿流程中，半自磨磨矿流程多采用半自磨与分级振动筛或水力旋流器构成闭路磨矿，设备一般选型较大，能耗较高；当炉渣在半自磨机破碎到 50mm 左右时，可磨度就开始大幅度下降，如果采用在磨矿循环中加入短头圆锥破碎机，将会大大提高半自磨机的磨矿效率，缩小半自磨机规格，有利于降低能耗。因此，在半自磨磨矿流程中探索使用破碎设备以降低磨矿作业能耗是一种有前途的节能发展方向。

由于炉渣中的铜矿物嵌布粒度大小极不均匀，阶磨阶选将成为未来铜冶炼渣选矿的主要流程，针对不同粒度的铜矿物进行浮选，研制不同类型的浮选机，尤其是粗粒浮选机、细粒浮选机，将是主要的研究任务，目前仅有北京矿业研究总院研制的 CLF 型粗粒浮选机是铜炉渣浮选的成熟机型。为了减少占地面积和节能降耗，研究大型浮选机，包括浮选柱在内的浮选设备将是未来的研究方向。针对炉渣中含有大量金属铜的特点，重选设备如跳汰机、摇床的应用已经成为目前铜冶炼渣选矿的一个发展方向。

经过浮选以后的尾渣中仍含有 0.3% 左右的铜、40% 左右的铁、30% 左右的二氧化硅，是非常重要的资源，深入回收这些资源的研究方向主要集中在化学选矿方面。因此，对化学选矿药剂的选择和研制、化学选矿设备的研究以及预处理设备的研究将是一个重要的发展趋势。

铜冶炼炉渣选矿后的产品细度一般 $-0.043mm$ 占 80% 以上，往往给脱水作业带来很多困难，研发适合细粒矿物脱水的过滤设备是非常必要的。目前比较成熟的配套工艺流程就是两段高效脱水工艺，即旋流器加浓密机缩水和过滤机脱水。为了提高一段脱水效率，在浓密机前增加水力旋流器。浓密机一般采用高效浓密机，过滤机一般尾矿脱水多采用陶瓷过滤机，精矿水分由于受冶炼要求比较严格，精矿过滤设备多采用压滤机。两段高效脱水采用的设备和流程，是近期生产应用的典范。目前，压滤机使用效果良好的设备以进口设备为主，不足之处是设备价格昂贵。陶瓷过滤机与进口压滤机相比，具有设备价格低、效率高、易维护等优点，但是，在处理极细物料时，陶瓷过滤机会出现过滤效果恶化、效率降低等技术难题。因此针对极细物料，深入研究陶瓷过滤板的微孔结构、提高陶瓷过滤机的过滤性能，将是未来过滤设备的研发方向。

为了降低渣选矿生产成本，短流程化、选矿设备及生产规模大型化、铜冶炼渣资源利用最大化将是世界渣选矿技术发展的主要方向。

参 考 文 献

[1] 李启衡. 破碎与磨矿 [M]. 北京：冶金工业出版社，2002.

[2] 王资. 浮游选矿技术 [M]. 北京：冶金工业出版社，2006.

[3] 孙玉波. 重力选矿 [M]. 北京：冶金工业出版社，1982.

[4] 王常任. 磁电选矿 [M]. 北京：冶金工业出版社，1986.

[5] 王洪忠. 化学选矿 [M]. 北京：清华大学出版社，2012.

[6] 张泾生. 现代选矿技术手册（第2册）浮选与化学选矿 [M]. 北京：冶金工业出版社，2011.

[7] 耿连胜. 寿王坟铜矿选矿厂铁粗精矿再磨工艺的应用 [J]. 金属矿山，1994（10）：53.

[8] 耿连胜. 控制矿浆电位提高铜浮选回收率的研究 [J]. 矿业快报，2001（9）：13～15.

[9] 耿连胜. 我国浮选机的进展 [J]. 金属矿山，2000（2）：32～36.

[10] 萧有茂. 国内外铜冶炼炉渣选矿贫化技术水平和流程特点的分析 [J]. 白银科技，1993（2）：13～20.

[11] 萧有茂. 铜冶炼炉渣选矿贫化流程特点分析 [J]. 江西有色金属，1996（4）：14～19.

[12] 王少青，等. 炉渣选矿在我国的发展与应用 [J]. 有色矿山，1993（3）：42～46.

[13] 王红梅，等. 国内外铜炉渣选矿及提取技术综述 [J]. 铜业工程，2006（4）：19～22，86.

[14] 田锋，等. 炼铜炉渣浮选铜研究与实践进展 [J]. 矿业快报，2006（12）：17～19.

[15] 陈江安，等. 江西贵溪铜冶炼厂转炉渣选矿工艺研究 [J]. 江西理工大学学报，2010（3）：19～21.

[16] 科留金 Е Б，等. 处理转炉渣的浮选—磁选工艺流程 [J]. 国外金属矿选矿，2003（5）：43～44.

[17] 张翰臣. 介绍日本的几个铜矿选矿厂 [J]. 有色金属（冶炼部分），1965（3）：19～26.

[18] 杨峰. 转炉渣选矿工艺的研究与设计 [J]. 有色金属（选矿部分），2000（3）：6～10.

[19] 王国军. 内蒙金峰铜业铜转炉渣选矿生产实践 [J]. 有色金属（选矿部分），2010（1）：26～28.

[20] 凌云汉. 从炼铜炉渣中提取有价金属 [J]. 化工冶金，1999（2）：220～223.

[21] 李博，等. 从铜渣中回收有价金属技术的研究进展 [J]. 矿冶，2009（1）：44～48.

[22] 王国红. 电炉渣回收铜技术的生产实践 [J]. 铜业工程，2007（2）：5～7.

[23] 杨峰. 江铜贵冶电炉渣回收铜技术改造方案的研究与设计 [J]. 铜业工程，2005（4）：4～7.

[24] 沈政昌. 冶炼炉渣选矿设备研究与实践 [J]. 铜业工程，2009（4）：1～4.

[25] 边瑞民，等. 铜熔炼渣和吹炼渣混合浮选生产实践 [J]. 中国有色冶金，2012（2）：8～11.

[26] 韩伟，等. 从炼铜炉渣中提取铜铁的研究 [J]. 矿冶，2009（2）：9～12.

[27] 田锋. 从某冶炼厂水淬铜炉渣浮选回收铜的试验研究 [J]. 金属矿山，2009（8）：170～173.

[28] 金锐，等. 复杂铜冶炼渣浮选试验研究 [J]. 江西有色金属，2009（1）：12～14.

[29] 王珩. 炼铜转炉渣中铜铁的选矿研究 [J]. 有色矿山，2003（4）：19～23.

[30] 张亨峰. 诺兰达炉渣选矿的现状及改进 [J]. 有色矿山，2000（6）：28～31.

[31] 汤雁冰. 诺兰达炉渣选矿工艺探讨 [J]. 有色矿冶，2000（4）：15～20，24.

[32] 黄建芬. 冶炼渣浮选处理工艺及评价 [J]. 有色金属（选矿部分），2000（5）：15～18，4.

[33] 杨则器. 含铜灰土炉渣的二次开发利用 [J]. 环境保护，1990（5）：20～21.

[34] 雷贵春. 铜渣回收工艺研究 [J]. 金属矿山，2000（增刊）：390～393.

[35] 刘纲，等. 铜渣熔融氧化提铁的试验研究 [J]. 中国有色冶金，2009（1）：71～74.

[36] 胡建杭，等. 铜渣在不同煅烧温度的晶相结构 [J]. 湖南科技大学学报（自然科学版），2011（2）：97～100.

[37] 廖曾丽，等. 铜渣在中低温下氧化改性的实验研究 [J]. 中国有色冶金，2012（2）：74～78.

［38］杨慧芬，等．铜渣中铁组分的直接还原与磁选回收［J］．中国有色金属学报，2011（5）：1165~1170.

［39］李磊，等．铜渣综合利用的研究进展［J］．冶金能源，2009（1）：44~48.

［40］耿连胜．渣浆泵的选型与应用［J］．矿业快报，2004（2）：42~44.

［41］钟光生．"粗碎+自磨机+球磨机"破碎流程及生产实践分析［J］．湖南有色金属，2009（4）：19~20，44.

［42］耿连胜，等．祥光铜业有限公司渣选矿岗位操作规程（内部资料），2010.